第三版

PYTHON

程式設計的樂趣

範例實作與專題研究的20堂程式設計課

Eric Matthes 著／H&C 譯

no starch press

謹以此書獻給我的父親，謝謝他抽出時間
來回答我所提出的每個程式設計問題。
也獻給我的兒子 Ever，
他現在也開始向我提出問題了。

作者簡介

Eric Matthes 是位年資 25 年的老師，教授高中數學和資訊科學，他會配合學生程度並以切合課程的主題來教授 Python 入門的內容。Eric 現在是一名全職作者和程式設計師，他參與了多個開放原始碼的專案。他參與的專案種類很多，從協助預測山區塌方滑坡活動到簡化部署 Django 專案的處理等。當他不寫作或不寫程式時，主要興趣是爬山和與家人共度美好時光。

技術審校者簡介

Kenneth Love 與家人和他的貓住在美國西北岸。Kenneth 是位資深的 Python 程式設計師、開放原始碼專案的貢獻者、老師和技術研究討會的講師。

對本書的推薦與讚譽

「很高興 No Starch Press 出版了具有未來性的經典作品,這些經典作品能夠與傳統一流的程式設計書籍長存。**Python 程式設計的樂趣**就是其中一本。」

—Greg Laden, ScienceBlogs

「本書講解複雜的專案,並以一致、合理和愉快的方式配置內容,吸引讀者到這個主題中。」

—Full Circle Magazine

「程式實例片段講解的很好。這本書陪伴您一次一小步驟來建構複雜的程式專案,並詳實解釋所有過程。」

—FlickThrough Reviews

「以 **Python 程式設計的樂趣**這本書來學習 Python 有很正面的經驗!如果您是 Python 新手,這絕對是最佳的選擇。」

—Mikke Goes Coding

「按照其說明指示去做,真的做得很好...,這本書提供了大量有用的練習實例以及三個具有挑戰性和娛樂性的專題應用。」

—RealPython.com

「**Python 程式設計的樂趣**是關於 Python 程式設計的快速和全面的講解,是本很棒的書,可加到您的參考書庫中,它能幫助您精通 Python。」

—TutorialEdge.net

「對於沒有任何程式設計經驗的初學者來說,本書是絕佳的選擇。如果您想要一本紮實,由淺入深的程式設計書籍,那麼我必須推薦這本書。」

—WhatPixel.com

「這本書含有您所需要了解關於 Python 的一切,甚至更多。」

—FireBearStudio.com

「雖然 **Python 程式設計的樂趣**是用 Python 教授程式設計,但書中講解的整潔程式開發技巧也適用於大多數其他程式語言。」

—Great Lakes Geek

第三版　序

「**Python 程式設計的樂趣（Python Crash Course）**」的第一版得到非常多正面的支持，出版至今已發行超過 100 萬本，全球有多達 10 種語言的翻譯版本。我收到許多讀者的來信與 email，其中年紀最小的僅 10 歲，也有已退休的人士利用空閒時間來學習程式設計。本書在很多中學、高中和大學的課程中被當成上課的教材。許多學生在用了進階教科書後，還是使用本書當成配套參考教材，發現本書是很有價值的補充資料。有不少在職人士也利用本書來加強技能，並在他們工作的專案中使用。總而言之，大家對本書的運用已超出我所希望達到的全部目標。

真的很高興有機會能再編寫第三版，雖然 Python 是個成熟的語言，但它和其他程式語言一樣會與時俱進，我修訂改版的目標的主要目標是讓本書成為精緻完整的 Python 入門課程。透過閱讀和學習本書，讀者能學到從事程式專案開發所需的一切知識，並為讀者未來的所有學習打下堅實的基礎。我更新了一些內容來反映 Python 新版本更簡潔的用法。我還加強修訂了某些講解不太精確的部分。書中所有專題範例都使用目前流行、維護良好的程式庫來進行開發和更新，您可以放心地使用它們來建構自己的程式專案。

本書第三版中主要修訂彙整如下：

- 第 1 章介紹了文字編輯器 VS Code，這套工具在初學者和專業程式設計師都很受歡迎，並且能在所有作業系統上執行得很好。

- 第 2 章加入了新方法 removeprefix() 和 removesuffix()，它們在處理檔案和 URL 時很有用。本章還介紹了 Python 新改進的錯誤訊息處理，這些訊息提供了更具體的資訊，可協助我們在出現問題時對程式碼進行除錯。

- 第 10 章使用 pathlib 模組來處理檔案。這套模組中的方法能更簡單地讀取和寫入檔案。

- 第 11 章使用 pytest 模組來為您寫的程式碼編寫自動化測試。pytest 程式庫已成為用 Python 編寫測試的業界標準工具。這套程式庫非常友善好用，您的第一次測試可以用它來完成，如果您的職業是 Python 程式設計師，您也會在專業的環境中用到這套程式庫。

■ 外星人入侵專題實作（第 12-14 章）有加入一個控制影格速率的設定，這樣能讓遊戲在不同作業系統上執行的畫面更一致。這裡使用了更簡單的方法來建構外星艦隊，而且也對程式專案的整體組織結構進行了清理。

■ 第 15-17 章中的資料視覺化專題應用實作使用了 Matplotlib 和 Plotly 的最新功能。Matplotlib 視覺化功能更新了樣式的設定。隨機漫步專題應用進行了小幅的改進，提升了繪圖的準確性，在每次生成新的隨機漫步時，您都會看到更多類型的模式出現。所有使用 Plotly 的專題範例現在都用了 Plotly Express 模組，這套模組只需幾行程式碼就能生成初始的視覺化效果。在全力進行某種繪圖之前，您可以先輕鬆探索這些視覺化的效果，然後才專注於完善繪圖中的各個元素。

■ Learning Log 專題實作（第 18－20 章）使用了最新版本的 Django 來建構，並使用最新版本的 Bootstrap 進行樣式設定。程式專案中的某些部分已重命名，讓您更容易了解程式專案的整體組織結構。該程式專案現已部署到 Platform.sh，這是 Django 專案現今的託管服務。部署過程由 YAML 配置檔案控制，這讓您更好地控制程式專案的部署方式。專業程式設計師部署現今 Django 專案也是這樣處理。

■ 附錄 A 已全面更新，內容為目前在所有主流作業系統安裝 Python 所推薦的最佳實務方式。附錄 B 包含設定 VS Code 的詳細說明，以及目前大多數主流文字編輯器和 IDE 的簡要說明。附錄 C 指引讀者到更新、更主流的線上資源來取得協助。附錄 D 則繼續提供關於使用 Git 版本控制的速成教學。附錄 E 是第三版的全新內容，您所建立的應用程式就算有了很好的部署說明指引協助，也還是有可能在某些地方出錯。本附錄提供了詳細的故障排除指南，您可以在部署過程的首次嘗試失敗時利用本附錄的指南。

感謝您購買和閱讀本書！如果您有任何反饋或疑問，請隨時與我們交流連絡。作者的 Twitter 帳號為 @ehmatthes。

致謝

若沒有 No Starch Press 優秀的專業團隊協助，這本書根本不可能出版。Bill Pollock 邀請我寫一書入門書，因此要深深感謝他給我的機會。Liz Chadwick 參與了本書所有三個版本的製作，這本書因為她的持續參與而變得更好。Eva Morrow 為這個新版本帶來了全新的視角，她的見解也改進了本書的內容。我還要感謝 Doug McNair 在正確使用語法方面的指導，讓本書的內容正式但又不會過於嚴肅。Jennifer Kepler 是本書的監製，把我的許多檔案變成了精美的最終產品。

本書的成功是 No Starch Press 許多同仁的功勞，很遺憾沒有機會直接與他們共事。No Starch 有出色的行銷團隊，他們不僅僅是賣書，也會確保讀者能找到最適合他們的書籍，並幫助讀者達成目標。No Starch 也有一個強大的國外版權部門，由於這個團隊的努力，本書已經翻譯成多種語言在世界各地發行，讀者滿天下。對於這些我沒有單獨合作過的同仁，感謝你們幫這本書找到它的讀者。

感謝這本書的技術審校 Kenneth Love，我和 Kenneth 在一次 PyCon 大會上認識，他對 Python 和 Python 社群充滿熱情，也一直是我得到專業啟發的泉源。Kenneth 不只檢測了本書說明的知識是否正確，還以初學者對 Python 語言和程式設計時的角度來進行審校。雖然在前面幾個版本已做了這麼多努力，但若書中有任何不準確之處，一切都是我的責任，完全由我承擔。

我還要感謝所有閱讀過本書並分享其經驗的讀者。學習程式設計基礎知識是會改變你對世界的看法，有時會對我們會產生深遠的影響。每次聽到大家分享這些故事都會讓我不好意思，我真心感謝公開分享學習經驗的所有人。

感謝我的父親，謝謝他在我很小的時候就讓我接觸程式設計，而且一點也不擔心我會弄壞他的電腦。謝謝我的妻子 Erin 在我寫書和編修新版本期間對我一如以往的鼓勵與支持。還要感謝兒子 Ever，他的好奇心一直給我很多靈感。

目錄

Part I：基礎必修

第 1 章 新手入門

第 2 章 變數和簡單資料型別

第 3 章　串列簡介

第 4 章　串列的操作與運用

第 5 章　if 陳述句

第 6 章　字典

第 7 章　使用者輸入與 while 迴圈

第 8 章　函式

第 9 章　類別

第 10 章　檔案與例外

第 11 章　測試程式碼

Part II：專題應用實作

第 12 章　發射飛彈的太空船

第 13 章　外星人！

第 16 章　下載資料

第 17 章　使用 API

第 18 章　Django 初學入門

第 19 章　使用者帳號

第 20 章　對應用程式設定樣式和進行部署

附錄 A　安裝與疑難排解

附錄 B　文字編輯器與 IDE

附錄 C　尋求協助

附錄 D 　使用 Git 來做版本控制

附錄 E 　部署的故障排除

簡介

對於怎麼學習寫出第一支程式，每位程式設計師都有屬於自己的故事。當我還是個小孩子時就開始學習程式設計了，那時候我的父親在迪吉多（Digital Equipment Corporation）工作，在當時這是家很先進的電腦公司。我使用一台由我父親在地下室組裝出來的電腦寫出了第一支程式，這台電腦沒有機殼，只有主機板和鍵盤連接，顯示器還是露出的陰極射線管（CRT）螢幕。我寫出的這支程式是很簡單的猜數字遊戲，輸出的畫面如下這般：

```
I'm thinking of a number! Try to guess the number I'm thinking of: 25
Too low! Guess again: 50
Too high! Guess again: 42
That's it! Would you like to play again? (yes/no) no
Thanks for playing!
```

看著家人在玩我寫出來的遊戲，而遊戲也照我的預期執行，這樣的成就感和滿足感是我難以忘懷的。

早年的這種體驗一直影響著我，每當我設計寫出程式來解決某個問題時，心裡都是真實的滿足感。相較於童年，我現在設計的軟體滿足了更大的需求，但這份成就感與滿足感和童年時期幾乎是一樣的。

本書適合的讀者

本書的目標是讓讀者能快點學會 Python，可以寫出能正確執行的程式，例如電玩遊戲、資料數據的視覺化處理和 Web 應用程式等，並在學習的過程中同時能掌握程式設計必學的基礎知識。本書適合所有年齡層的讀者，不要求有任何 Python 的經驗，沒學過程式設計也適用。如果您想快速掌握基本的程式設計知識，然後專注在開發您感興趣的專題應用上，並想藉由解決實際問題來檢驗您對學習新概念的理解程度，這本書就是針對您所設計編寫的。本書適用於各種程度的教學課程安排，書中專案導向的專題應用實作會引導學生學習程式設計的基礎。如果您正在上大學的課程，並且想要得到比課程上教科書更易讀好學的 Python 解說教材，那麼這本書會讓您在上課時更輕鬆容易。如果你想轉職，本書也能協助你過渡到更理想的職場中。本書適用的讀者群十分廣泛。

本書能學到什麼？

本書的目標是希望讀者能成為一流的程式設計人員，尤其是成為優秀的 Python 程式設計師。經由閱讀本書，讀者可以快速掌握程式設計的概念，打下好的基礎，並養成好的程式設計習慣。讀過本書之後，您就有能力學習更進階的 Python 技術，並能更輕鬆地去學習其他程式語言。

在本書的 Part I 中，讀者將學到編寫 Python 程式時要熟悉的基礎程式設計觀念，這些都是在讀者剛接觸任何程式語言時一定要學會的基本概念。讀者可以學到各種資料類型，以及在程式中儲存資料的技巧。您將學會利用串列和字典來建構資料的集合，也學到多種快速遍訪這些集合的處理方式。書中會講解使用 while 和 if 陳述句來檢測條件，並在條件滿足時執行某部分的程式碼，而在條件不滿足時執行另一部分的程式碼－這些技能對自動化處理有很大的作用。

讀者可從書中學到怎麼取得使用者輸入的資料，讓程式能與使用者互動，並在使用者沒有停止輸入時維持執行的狀態。讀者會從範例中一起探索如何編寫函式來讓程式的各個部分可以重複使用,這樣在編寫執行某項工作的程式碼後,想要重複使用幾次都可以。隨後書中會教您使用類別來擴充延伸,好能實作出更複雜的行為,並讓很簡單的程式也能處理各種不同的狀況。讀者會在書中學到怎麼編寫能好好處理常見錯誤例外的程式。有了這些基本知識後,就能寫出越來越複雜的程式來解決一些特定的問題。讀者在這個 Part 的最後會學習邁向中級程度的程式設計,學習如何為程式碼編寫測試,以便在未來修改擴增程式時不用擔心會引入 bug。Part I 基礎必修章節所介紹的知識能讓讀者開發更大、更複雜的專案應用程式。

在 Part II 專題應用的專案開發中,讀者會用到 Part I 所學到的知識來開發三個應用專題。讀者可依據自己的需要,以最適合的順序來學習完成這三個大型專案,或是選擇只完成其中某些內容。在第一個專題(第 12~14 章)中,您會建立一個像小蜜蜂射擊的電玩遊戲,名稱為「外星人入侵」,此專案含有多個難度不斷增加的遊戲關卡。在您完成這個專案後,就有能力自己動手設計開發 2D 電玩遊戲了。就算您不想成為一名遊戲程式設計師,這個專案的內容也是讓您把 Part I 所學到的知識整合在一起的運用實作。

第二個專題(第 15~17 章)則是介紹資料的視覺化處理。資料科學家的目標是利用各種視覺化技術,以易讀好懂的方式來呈現大量的資訊。讀者在這裡會學習如何處理由程式碼生成、已從網路下載,或是程式自動下載的資料集合。完成這個專案後,讀者就有能力寫出對大型資料集合進行篩選的程式,並以視覺化的方式來把資料呈現出來。

在第三個專題(第 18~20 章)中,讀者會建置一個名為「Learning log(學習日誌)」的小型 Web 應用程式。這個專案應用程式能讓使用者對某個特定主題的學習歷程、概念、心得記錄下來。讀者能分別記錄不同的學習主題,還可讓其他人建立帳號,並開始記錄屬於他自己的學習日誌。讀者會學到如何部署這個專案應用程式到線上的伺服器,讓網路上的所有人都能使用這個系統。

線上資源

請連到 *https://nostarch.com/python-crash-course-3rd-edition* 或是作者主持維護的網站 *https://ehmatthes. github.io/pcc_3e* 取得本書的相關補充資源,其資源如下所示:

- **安裝指引**：這些說明與書中的說明完全相同，但網頁上有分開不同步驟的有效連結，方便您點按閱讀。如果您遇到安裝問題，可參考此資源。

- **更新**：Python 像其他語言一樣會持續更新，我會持續更新書中內容，如果您發現書中某些內容不能運作，可到這裡查看有什麼指示更新的內容。

- **練習題的解答**：您應該先花點時間嘗試解答書中的「實作練習」題目部分。如果真的碰到解不開的問題，這裡的連結有大部分題目的解答可讓您參考。

- **備忘清單（cheat sheet）**：這裡有全套可下載的備忘清單，可用來快速了解書中的主要概念。

為什麼要用 Python？

我每年都會思考是要繼續使用 Python，還是使用不同的語言－也許是程式領域中更新的語言？但答案仍是專注在 Python，其中的原因很多。相較於其他各種的語言來說，Python 是一套效率很高的語言，使用 Python 編寫程式時，需要的程式碼會更簡短。Python 的語法也有助於建構「整潔（clean）」的程式碼，與其他語言相比，使用 Python 寫出來的程式更好讀易懂，也更容易除錯和擴充。

大家都把 Python 在很多的領域，像編寫電玩遊戲、建置 Web 應用程式、解決企業問題和在各類公司中開發內部的應用程式。Python 也在科學領域中被大量用於學術研究和應用。

我一直都還在使用 Python 的最重要原因是，Python 社群中有各式各樣的熱情使用者。對程式設計師來說，社群是非常重要的，因為編寫設計程式是條孤獨的修行道路，有人相助相伴是很重要的。大多數程式設計師都需要向不同領域有經驗的老手們尋求問題的建議和解答，就算已是程式老手也不能例外。需要有人協助解決問題時，有個溝通順暢、相互幫助的社群就十分重要，對於 Python 新手來說，Python 社群更是堅實的後盾。

Python 是一套很優秀的程式語言，非常值得您去學習與運用，讓我們現在就開始吧！

PART I
基礎必修

本書 Part I 部分將講解在編寫 Python 程式時所需要具備的基礎概念，大多數的這些基礎概念和知識都適用於所有的程式語言，因此這些知識對於您的程式設計生涯會很有用處。

在**第 1 章**會教您安裝 Python 到電腦中，並執行第一支程式，在畫面上印出「Hello world!」訊息。

在**第 2 章**會講解怎麼把資訊儲存到變數內，以及處理和運用文字與數值。

在**第 3 章**和**第 4 章**則介紹串列（list）。串列資料型別可以在一個地方存放任意數量的資訊，讓我們處理資料時更有效率。只需要幾行程式碼，就能處理數百、數千，甚至是數百萬的值。

在**第 5 章**會教您使用 if 陳述句來編寫程式，當某條件為「真」時則執行某個動作，當條件為「假」時則進行其他不同的處理。

在**第 6 章**會講解怎麼使用 Python 字典（dictionary），讓不同的資訊建立關聯來存放。和串列一樣，字典可存放任意數量的資訊內容。

在**第 7 章**會學到如何取得使用者輸入的內容，讓程式變成可互動交流。本章也會講解 while 迴圈的應用，在特定條件為「真」的情況下能讓某個程式區塊重複不斷地執行。

在**第 8 章**會教您編寫函式（function）。函式是對處理某些特定工作的程式碼區塊進行命名，好讓我們在需要時呼叫來使用。

在**第 9 章**將介紹類別（class），它讓我們能夠對現實世界的物體進行仿造塑模，將小狗、小貓、人類、車子、火箭等等，以程式碼來表示這些真實或抽象的概念。

在**第 10 章**會示範如何處理檔案以及錯誤的例外處理，避免程式無預警當掉。我們將學到在程式結束前儲存資料，並在程式再次執行時讀取這些資料。本章也會介紹 Python 的例外處理，讓您能夠預測錯誤的發生，並讓程式能優雅地處理這些錯誤的應對。

在**第 11 章**會教您編寫測試程式碼，以確保程式有照您所期望的方式來運作。如此一來，在擴充程式時就不用擔心會引入新的錯誤（bug）。測試程式碼是讓您擺脫菜鳥、晉升為中階程式設計師的第一項重要技能。

第 1 章
新手入門

本章我們將要執行自己編寫的第一支程式：hello_world.py。首先要檢查 Python 是否已安裝好了，如果還沒安裝，請先安裝好。您還需要安裝一個文字編輯器，用來編寫和執行 Python 程式碼。在輸入 Python 程式碼時，文字編輯器會幫您組織管理程式碼，自動識別及標示輸入的命令，讓您能輕鬆掌握程式的內容與結構。

設定程式開發的環境

在不同的作業系統中，Python 會有稍許不同的差異，因此您需要留意幾點注意事項。以下各節的內容，能確保在您的系統上正確地安裝好 Python。

Python 版本

隨著新技術和新觀念的出現，每種程式語言都會更新推展，Python 的開發人員也會不斷地讓這個程式語言更豐富和強大。在本書編寫時，最新版本為 Python 3.11 版，但書中所有的內容都能在 Python 3.9 以上版本執行。在本小節中，您會學習怎麼確認在您的系統中已安裝好 Python 了，以及確認是否需要安裝較新的版本。附錄 A 含有關於在各種主要作業系統上安裝最新版本 Python 的綜合說明指南。

執行 Python 程式片段

Python 本身內建了一個在終端視窗內執行的直譯器，讓我們不用儲存完整的程式碼，就能直接在其中執行程式片段。

本書會以下列方式展示程式片段：

```
>>> print("Hello Python interpreter!")
Hello Python interpreter!
```

>>> 提示字元指出我們使用的是終端視窗 Python 提示符號，要輸入的部分為粗體字，輸入後按下 Enter 鍵即可執行。在書中大多數的範例都是小型且獨立的程式，您會在編輯器中而不是在終端視窗內輸入和執行，因為大部分的程式碼都是這樣編寫設計出來的。但有時候為了更有效率的示範和解說，會直接在 Python 的終端視窗中輸入和執行某些程式片段，當您看到程式碼前面有 >>>，就表示這是在終端視窗的輸入和輸出。隨後我們會示範在系統的直譯器中編寫設計程式。

我們會使用文字編輯器來製作一個名為 IIello World! 的簡易程式，這已成為學習程式設計一開始的基本。一直以來在程式設計的世界中有個不成文的傳統，在一開始接觸新的程式語言時，先編寫一支在螢幕上會顯示「Hello World!」訊息的程式，這會為您帶來好運哦！這樣的簡單程式有個主要的功用，如果它能在您的系統中順利執行，那表示其他您所編寫的 Python 程式也都能執行了。

關於 VS Code 編輯器

VS Code 是一套功能強大、具有專業水準,且免費又對初學者很友善的文字編輯器。VS Code 對於簡易或複雜的程式專案都能應付,如果您在學習 Python 的過程中用慣了這套編輯器,將來就算您要開發大型且複雜的程式專案,這套編輯器也能協助您。VS Code 能安裝在現今主流作業系統,能支援現今大多數的程式語言,當然也包括 Python。

附錄 B 提供了一些其他文字編輯器的介紹資訊,如果您對其他選擇感興趣,則可跳到附錄 B 參考。如果您想快速進入程式設計的世界,則可從使用 VS Code 來開始,當您在擁有一定的程式設計經驗之後再考慮其他編輯器。在本章中我將會引導您把 VS Code 安裝到作業系統內。

> **NOTE**
>
> 如果您已安裝了其他文字編輯器並知道怎麼設定和執行 Python 程式,請繼續使用這個您已熟悉的文字編輯器。

在不同作業系統中的 Python

Python 是跨平台的程式語言,可以在所有主要的作業系統中執行。任何您所編寫的 Python 程式都可以在任何裝了 Python 的電腦上執行。不過,在不同的作業系統中,安裝 Python 的方法會有些許不同。

本小節將會說明如何在自己的系統中安裝 Python。首先,請檢查自己的系統是否已安裝了 Python,接著還要安裝 VS Code。這是在不同作業系統中所要進行的一個步驟。

隨後要執行 Hello World 程式,如果有問題發生則要試著排除問題。我會指引您在各種作業系統中完成這些工作,如此一來,您就有一個對初學者很友善的 Python 程式開發環境。

在 Windows 中的 Python

Windows 系統沒有預設安裝 Python，因此需要下載和安裝，然後再下載和安裝 VS Code 文字編輯器。

安裝 Python

第一步先檢查系統中是否已安裝了 Python。請按下「開始」鈕輸入「**命令**」，後面的「提示字元」不用輸入系統就會顯示「**命令提示字元**」指令項目，請用滑鼠點選此指令。進入命令終端視窗中輸入 **python** 並按下 Enter 鍵，此時若出現 >>> 的 Python 提示字元，就表示您的系統已裝有 Python 程式，若出現錯誤訊息「'python' 不是內部或外部命令、可執行的程式或批次檔。」，那就表示系統沒有安裝 Python。如果 Microsoft Store 有開啟，請先關掉，我們去 Python 官網下載官方版本來安裝是比較好的做法。

若您的系統沒安裝 Python，或是安裝了比 Python 3.9 版更早期的版本時，您需要下載和安裝 Windows 版的 Python 程式。請連到 *https://python.org*，點按 **Downloads** 連結鈕，您會看到目前最新版本的 Python 下載按鈕，請點按這個按鈕，這樣就會自動下載並安裝到您的系統中。下載後請執行這個檔案，啟動安裝的過程。請確定在出現的安裝畫面中要勾選「**Add Python to PATH**」方塊，如圖 1-1 所示，這樣的安裝會更容易正確地設定好整個系統。

圖 1-1　勾選「Add Python 3.11 to PATH」方塊

啟動 Python 終端對話

請先開啟一個命令提示視窗，並在其中輸入都是小寫字母的 **python** 按下 Enter 啟動，您應該會看到畫面中出現 >>> 的 Python 提示字元，這表示 Windows 已正確裝好 Python。

```
C:\> python
Python 3.x.x (main, Jun . . . , 13:29:14) [MSC v.1932 64 bit (AMD64)] on win32
Type "help", "copyright", "credits" or "license" for more information.
>>>
```

> **NOTE**
> 如果您沒有看到上述類似的輸出結果，請參考附錄 A 中更詳細的安裝說明。

請在 Python 對話模式中輸入以下的命令：

```
>>> print("Hello Python interpreter!")
Hello Python interpreter!
>>>
```

您會看到輸出「Hello Python interpreter!」。只要想執行 Python 程式片段，就開啟命令提示視窗並啟動 Python 直譯器的終端對話模式來進行即可。若想要關閉終端對話，可按下 Ctrl+Z 再按 Enter 鍵，或是輸入 exit() 按 Enter 鍵即可關閉。

安裝 VS Code

要下載 VS Code 安裝程式，請連 *https://code.visualstudio.com/*，點按 **Download for Windows** 連結按鈕來下載安裝程式。跳過以下有關 macOS 和 Linux 的部分，並按照後面「執行 Hello World 程式」小節中的步驟進行操作即可。

在 macOS 中的 Python

在最新版本的 macOS 系統中並沒有內建 Python，如果您還沒安裝，請先下載安裝。在本小節中，您會學習安裝最新版本的 Python，然後安裝 VS Code，接著確認設定都正確無誤。

> **NOTE**
> Python 2 內建在舊版 macOS 中，但此版本已經過時，請不要使用。

檢查 Python 3 是否已安裝

點選「**應用程式→工具程式→終端機**（**Applications→Utilities→Terminal**）」
開啟終端機視窗；也可以直接按下 ⌘+空白鍵，再輸入 **terminal**，按下 Enter 鍵
來開啟。為了檢查是否已安裝了新版的 Python，請在終端機中輸入 **python3**，
隨即會顯示類似「…需要安裝命令列開發者工具…」的文字訊息，通常我們會
在安裝了 Python 之後才會安裝這些工具，所以請先按下「稍後再說」關閉這個
訊息視窗。

如果輸出的訊息顯示已安裝了 Python 3.9 或更新的版本，請跳到下一小節「在
終端對話中執行 Python 程式」繼續閱讀。如果您看到的輸出訊息為 Python 3.9
以前的任何版本，請按照下一小節中的說明安裝最新版本。

請留意，在 macOS 中，不管您在本書任何一處看到 python 命令時，您都需要
改用 python3 命令來代替，以確保您使用的是 Python 3 版本。在大多數 macOS
系統中，python 命令大都指向過時或是只用在內部系統工具的 Python 版本，輸
入 python 命令不會生成錯誤訊息而是進入舊的 Python 系統。

安裝最新版本的 Python

請連到 *https://python.org/* 找出您要用的最新版本安裝程式。移到 **Download** 連
結按鈕之後就會看到最新版本的 Python 按鈕可點按下載。請點按這個按鈕，這
樣就會自動下載並安裝到系統中。下載後請執行這個檔案，啟動安裝的過程。

執行下載的 installer 安裝程式之後會顯示 Finder 視窗，此時請連按二下「Install
Certificates.command」檔，執行這個檔案會讓您更輕鬆地安裝真實程式專案所
需的其他程式庫，包括本書後半部分的幾個專題實作專案所需要的程式庫。

在終端對話中執行 Python 程式

您可以試著開啟一個新的終端機視窗，並輸入 **python3** 來啟動 Python，隨後還
可以執行 Python 程式片段：

```
$ python3
Python 3.x.x (v3.11.0:eb0004c271, Jun . . ., 10:03:01)
[Clang 13.0.0 (clang-1300.0.29.30)] on darwin
Type "help", "copyright", "credits" or "license" for more information.
>>>
```

上面的命令會啟動 Python 終端對話，您會看到 >>> 提示字元，這表示系統已找到並啟動您剛才安裝 Python 版本。

請在終端對話中輸入下列程式片段：

```
>>> print("Hello Python interpreter!")
Hello Python interpreter!
>>>
```

「Hello Python interpreter!」文字訊息會直接印出到目前的終端機中。別忘了，若想要關閉 Python 直譯器，可按下 Ctrl+D 鍵，或在 >>> 後輸入 exit() 並執行。

> **NOTE**
>
> 在最新版本的 macOS 系統中，您所看到的提示字元為「%」而不是「$」。

安裝 VS Code

若要安裝 VS Code，請連到 *https://code.visualstudio.com/* 下載 installer 安裝程式，點按 **Download** 鈕，然後會開啟一個 **Finder** 視窗，請切換到 **Downloads** 資料夾，把 **Visual Studio Code** 安裝程式拖放到 Application 資料夾，隨後連按二下安裝程式即可執行安裝。

跳過以下有關 Linux 中的 Python 部分，並按照後面「執行 Hello World 程式」小節中的步驟進行操作即可。

在 Linux 中的 Python

Linux 是個設計給程式開發之用的系統，因此在大多數的 Linux 系統中已內建了 Python。設計和維護 Linux 系統的人期待及鼓勵您使用它來開發程式，因為這個原因，您只需非常少的安裝和設定動作就能開始編寫和設計程式。

檢查 Python 的版本

在您的系統上執行終端應用程式開啟終端視窗（在 Ubuntu 系統之中，可以按下 Ctrl+Alt+T 組合鍵來開啟）。若想要找出是否已安裝了 Python 程式，可輸入 **python3** 執行看看（p 是小寫的），接著應該會輸出如下列所示的文字，指示出

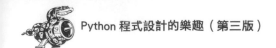

安裝了哪一個 Python 版本，最後的 >>> 是個提示符號，提示您可以在其輸入 Python 程式命令。

```
$ python3
Python 3.10.4 (main, Apr . . . , 09:04:19) [GCC 11.2.0] on linux
Type "help", "copyright", "credits" or "license" for more information.
>>>
```

這段輸出文字內容告知目前在電腦上預設的 Python 版本是 3.10.4 版。看完上面的輸出文字後，若想要離開 Python 回到終端視窗，可按下 Ctrl+D 鍵或輸入 exit() 命令。當您在書中看到要用 python 命令時，最好都改用 **python3** 命令。

本書的程式碼需要 Python 3.9 或更新的版本來執行。如果在您系統中安裝的是 Python 3.9 以前的任何版本，請參考附錄 A 中的說明來安裝最新版本。

在終端對話中執行 Python 程式

在確認完安裝的版本後，可開啟終端機視窗輸入 **python3** 來啟動 Python，並執行 Python 程式片段。當 Python 啟動後，請在終端對話中再次輸入下列程式片段內容：

```
>>> print("Hello Python interpreter!")
Hello Python interpreter!
>>>
```

文字訊息會直接印出到目前的終端機中。別忘了，若想要關閉 Python 直譯器，可按下 Ctrl+D 鍵，或在 >>> 後輸入 exit() 並執行。

安裝 VS Code

在 Linux 中可直接到 Ubuntu Software Center 來安裝 VS Code。請點按功能表中的 Ubuntu Software 圖示，然後搜尋 vscode，接著點按「**Visual Studio Code**」（有時叫作 **code**），再點按「**Install**」。安裝之後請搜尋系統中的「VS Code」來啟動這套工具。

執行 Hello World 程式

當最新版本的 Python 和 VS Code 都安裝好之後，幾乎已準備好可以在文字編輯器內編寫和執行第一支 Python 程式了。但在這之前還需要安裝 VS Code 的 Python 延伸模組（Python extension）。

安裝 VS Code 的 Python 延伸模組

VS Code 適用於多種不同的程式語言，身為 Python 程式設計師，若想要充分運用 VS Code，則還需要安裝 Python 延伸模組。此延伸模組加入了支援 Python 程式的編寫、編輯和執行等功能。

若想要安裝 Python 延伸模組，請用滑鼠按下「**管理（Manage）**」圖示，此圖示是 VS Code 應用程式視窗左下角的齒輪。在出現的功能表中按下「**延伸模組（Extensions）**」項。 在搜尋方塊中輸入 python，然後按下 Python 延伸模組來安裝（如果您看到多個名為 Python 的延伸模組，請選擇 Microsoft 提供的那個）。按下 **Install** 來安裝，它會提醒您安裝系統所需的任何其他工具。如果您看到需要安裝 Python 的訊息，而您已經這樣安裝好了，則可以忽略此訊息。

> **NOTE**
>
> 如果您用的是 macOS，而且彈出視窗要求您安裝命令行開發人員工具，請點按 **Install** 安裝。您可能還會看到一條訊息，提示安裝時間過長，但在合理的 Internet 連接下應該只需要大約 10 或 20 分鐘就能完成。

執行 Hello World 程式

在編寫程式之前，請先在電腦的桌面建立一個存放專案的資料夾，取命為 python_work，其檔名和資料夾名稱最好都用小寫英文字母，空格以底線來代表，因為這是 Python 的使用慣例。您可以在電腦桌面的任何其他位置建立資料夾，但如果您把 python_work 資料夾直接存放在桌面上，這樣會更容易執行後面的一些步驟。

請開啟 VS Code，如果 **Get Started** 標籤的畫面有開啟，請先關掉。選取 **File→ New File** 指令或按下 **Ctrl+N**（在 macOS 中是按下 ⌘+N）鍵來開啟新檔。把目前新開的空檔案儲存到 python_work 資料夾內，檔名為 hello_world.py。副檔名 .py 是讓 VS Code 知道所編寫的是 Python 程式，也能讓 VS Code 知道怎麼執行這支程式，並依據 Python 語法以顏色來標示其中的程式碼。

存檔之後，請輸入如下這行程式：

⬇ hello_world.py
```
print("Hello Python world!")
```

請選取**執行→執行但不進行偵錯**指令或按下 Ctrl+F5 鍵來執行程式。在 VS Code 視窗底部會出現一個終端畫面，輸出如下的文字內容：

```
Hello Python world!
```

您可能還會看到一些額外的輸出訊息，提示用來執行您的程式的 Python 直譯器相關資訊。如果您想簡化顯示的訊息只看到程式的輸出結果，請參閱附錄 B 的說明來進行設定，您還可以在附錄 B 中找到關於如何更有效活用 VS Code 的好用建議。

假如您沒看到這樣的輸出文字內容，有可能是程式出錯了，請好好檢查您所輸入的程式碼內容，看看是不是 print 的字首用了大寫的 P？或是漏打了引號、括弧？程式語言的設計和編寫要求非常嚴格，若您沒有遵守語法，就會出錯。如果您的程式還是不能執行，請參閱下一節內容。

相關問題的解決方案

如果您沒辦法成功執行 hello_world.py，可以嘗試以下這些補救措施，這些方法也是解決各種程式設計問題常見的方法：

■ 當程式有重大錯誤時，Python 會顯示 trackback 錯誤報告，Python 會巡遍各程式檔並試著找出問題內容。檢查 trackback 錯誤報告，這裡可能會提供一些線索告知我們不能執行的原因。

- 先離開電腦，休息一下，然後再試。請記住一點，在程式設計中語法十分重要，就算少一個冒號、引號或括弧括錯，都會讓程式無法正確執行。請再參閱本章前面的相關內容，再次檢查您所做的內容，看看哪裡出錯了。

- 重頭再來。雖然不需要重新安裝所有的東西，但把 hello_world.py 檔刪除掉，再重新建立和輸入，也許會是個值得一試的方法。

- 請參閱附錄 A 中的附加安裝說明。附錄內容中的一些詳細訊息可能會幫助您解決問題。

- 請別人在您的電腦或其他電腦上，照本書的指示重做一遍，過程中請仔細觀察，看看您是否有遺漏了什麼。

- 向熟悉 Python 的人求助。如果您問一問，就會發現您所認識的人中已有人在使用 Python 了。

- 在網路上也可找到關於本章的安裝說明指南，請連到 *https://ehmatthes.github.io/pcc_3e/* 網站找找，也許線上版本的安裝指南會對您有幫助，因為線上的內容可以讓您剪下並貼上使用。

- 在網路上尋求幫助。本書附錄 C 列出許多線上資源，有網路論壇或聊天室，您可以連到這些地方，在那裡的高手們也許早就碰過您所遭遇的問題，請有禮貌地向他們求助吧！

別擔心這樣會打擾那些程式設計老手們，每位程式設計人都可能會遇到問題，而大多數的程式設計師都會樂於幫您正確設定系統。但要把問題講述清楚，說明您要做什麼、試了什麼方法及其結果為何，這樣就有可能會有人來幫您了。如本書前言所提到的，Python 社群對初學者是很友善的。

Python 可以在現今任何一種電腦上執行。學習初期的安裝問題可能會讓人沮喪，但很值得我們花時間去解決。一旦您能夠讓 hello_world.py 順利執行，您就可以開始學習 Python 了，而您的程式設計學習之旅也會更有趣和滿意。

從終端機執行 Python 程式

大多數的我們所編寫的程式都會在文字編輯器中直接執行，但從終端機中執行程式也有其作用。舉例來說，您可能想要對現有的程式直接執行，而不想用編輯器將其開啟及修改。

如果您知道 python 直譯器程式放在哪個資料夾路徑，那您在任何裝了 Python 的電腦上都可以直接執行程式。接著我們試試，請確定已將 hello_world.py 程式檔存放到桌面的 python_work 資料夾內。

在 Windows 系統

在命令提示字元視窗中可用 cd 命令（change directory 縮寫，代表變更目錄）來切換檔案系統的各個資料夾路徑，用 dir 命令（directory 縮寫，代表目錄）來顯示目前資料夾中的所有檔案。

若要執行 hello_world.py 檔，請先開啟新的命令提示視窗，並執行如下命令：

```
C:\> cd Desktop\python_work
C:\Desktop\python_work> dir
hello_world.py
C:\Desktop\python_work> python hello_world.py
Hello Python world!
```

首先是用 **cd** 命令切換資料夾路徑，切換到 Desktop 桌面的 python_work 資料夾內。接著用 **dir** 命令確定 hello_world.py 檔真的有放在該資料夾內。最後使用 **python hello_world.py** 命令執行這支程式。

您所編寫的大多數程式都可直接從編輯器執行，但隨著愈來愈繁雜的情況，您所編寫的程式可能需要到終端機（命令提示視窗）中去執行。

在 macOS 和 Linux 系統

在 Linux 和 macOS 系統內以終端機執行 Python 程式的方法是相同的，在終端對話中可使用終端命令 cd（change directory 的縮寫，變更目錄）來切換檔案系統中各個路徑，而 ls 命令（list 的縮寫）顯示目前目錄中所有未隱藏的檔案。

若現在要執行 hello_world.py 檔，請先開啟新的終端視窗，並執行如下命令：

```
~$ cd Desktop/python_work/
~/Desktop/python_work$ ls
hello_world.py
~/Desktop/python_work$ python3 hello_world.py
Hello Python world!
```

這個例子中一開始是使用了 **cd** 命令切換到 Desktop/python_work/ 資料夾內，接著使用 **ls** 命令來確定該資料夾中真的有 hello_world.py 檔，最後則用 **python3 hello_world.py** 命令執行這支程式。

您所編寫的大多數程式都可直接從編輯器執行，但隨著愈來愈繁雜的情況，您所編寫的程式還是有可能需要到終端機中去執行。

實作練習

在本章的練習屬於探索性的，從第 2 章開始則是以您所學習的知識來出題，讓您動手實作演練。

1-1. python.org：請瀏覽 Python 的官網（*http://python.org/*），看看您感興趣的主題，隨著您愈來愈熟悉 Python，在官網上的某些內容會對您愈來愈有幫助。

1-2. Hello World 程式的打字錯誤：開啟您所建立的 hello_world.py，試著打錯一些輸入，然後執行看看。您知道什麼樣的輸入會引發錯誤嗎？您能理解產生的錯誤訊息嗎？您知道怎麼正確輸入不會引起錯誤的發生嗎？憑藉的理由是什麼？

1-3. 無限技能：假如您有無限的程式設計技能，您想要組建什麼樣的程式呢？現在的您正要起步學習程式設計，如果心中有個目標，就可以馬上將學到的新技能應用在這個目標上，現在正是草擬您想建制什麼樣內容的好時機，把「想法」記下來是很好的習慣，這樣在啟動新專案時就能參考回顧。現在請花幾分鐘時間草擬描繪三個您想要製作的程式。

總結

本章我們學到一點點 Python 的基礎，並在自己的電腦系統中安裝好 Python 的程式開發環境。也安裝了一個文字編輯器，讓我們在編寫 Python 程式時更能輕鬆上手。本章介紹如何在終端對話中執行 Python 程式片段，並執行第一支程式 hello_world.py。同時也學習到一些解決安裝問題的方法。

在下一章，我們將學習在 Python 程式中處理和使用各式各樣的資料型別，以及使用變數的方法。

第 2 章
變數和簡單資料型別

本章您將學到在 Python 程式中運用各種不同的資料型別，也將會學習如何使用變數在程式之中存放和表示不同的資料。

執行 hello_world.py 時程式做了什麼？

我們一起來瞧瞧執行 hello_world.py 時，Python 做了哪些事？事實上，就算只是執行很簡單的小程式，Python 也做了相當多的工作：

⬇ hello_world.py
```
print("Hello Python world!")
```

執行這行程式碼時，會顯示下列的輸出：

```
Hello Python world!
```

在執行 hello_world.py 檔時，副檔名 .py 已指出這是個 Python 程式，因此編輯器會以 Python 直譯器來執行它，直譯器會巡遍整支程式的內容，並確定程式中每個單字的意義，例如，當直譯器看到 print 單字時，不管括弧中的內容是什麼，都會印出到螢幕上。

當您在編寫程式時，編輯器會以顏色來標示程式碼不同的語法內容，舉例來說，它認出 print() 是個函式名稱，會以用一種屬於 Python 程式碼的顏色來標示，它認出 "Hello Python world!" 不是 Python 程式碼，就以另外一種顏色來標示，這樣的功能稱為「**語法突顯（Syntax highlighting）**」，在剛開始學習編寫程式時會很有用。

變數

讓我們試著在 hello_world.py 中使用變數吧！在這個檔案的開頭新增一行程式碼，並修改第 2 行程式碼：

⬇ hello_world.py
```
message = "Hello Python world!"
print(message)
```

執行這支程式看看會發生什麼事情。您應該會看到和前面一樣的輸出結果：

```
Hello Python world!
```

我們在這裡新加入一個名稱為 message 的**變數**，每個變數都會存放一個**值**（**value**），這個值是與變數相關聯的資訊，在這個範例中，值就是「Hello Python world!」。

加入變數會讓 Python 直譯器多做一些工作，當它在處理第 1 行指令時，會把「Hello Python world!」和 message 變數關聯起來，而在處理第 2 行時，會把 message 變數關聯的值印在螢幕上。

接著再對 hello_world.py 修改擴充，讓它印出第二條訊息文字。在 hello_world.py 加上一行空行，然後輸入二行新的程式指令：

```
message = "Hello Python world!"
print(message)
```

```
message = "Hello Python Crash Course world!"
print(message)
```

現在執行程式就會看如下兩行輸出：

```
Hello Python world!
Hello Python Crash Course world!
```

在程式中我們可以隨時修改變數的值，而 Python 也會記錄下它現在最近的值。

變數的命名和使用

當您在 Python 中使用變數，需要遵守幾項規則和準繩，若違反這些規則會引起錯誤的發生，而準繩指引會讓您編寫出來的程式更易讀和易懂。請一定要記住下列的變數規則：

- 變數名稱只能有英文字母、數字和底線。變數名稱可以字母和底線開頭，但不能以數字起頭，例如，變數名稱可以使用 message_1，但不能用 1_message。

- 變數名稱裡不能有空格，但可以用底線來做單字的分隔，例如，變數名稱可以用 greeting_message，但不能用 greeting message，否則會引發錯誤。

- 避免使用 Python 的關鍵字和內建函式名稱來當作變數的名字，換句話說，就是不要使用 Python 留作特殊程式功能的單字，例如 print 單字（詳情請參考附錄 A 的「Python 關鍵字和內建函式」）。

- 變數名稱最好是簡短又具備描述性，舉例來說，取名為 name 會比 n 好，student_name 也比 s_n 好，而 name_length 則比 length_of_persons_name 好。

- 小心使用小寫的 l 和大寫的 O，因為它們跟數字 1 和 0 很像，容易搞混。

想要取好變數名稱還需要多一點練習和實作，特別是當您編寫的程式愈來愈複雜和有趣時，更要留意變數名稱的重要。當您編寫設計愈多程式和看過更多別人所寫的程式碼後，您就愈來愈會取出好的變數名稱。

> **NOTE**
> 現階段建議您使用小寫英文字來取 Python 變數名稱，雖然用大寫字母取名不會引發錯誤，但具有特別的意義，後面的章節會講解。

使用變數時避免 NameError

編寫程式時難免會出錯，而且每天都會發生。好的程式設計師雖然也會犯錯，但他們知道並能有效快速地回應處理這些錯誤。接下來讓我們看一下大家可能犯的錯誤，並學習怎麼修復。

我們會故意編寫一些有錯的程式碼當例子，請輸入如下的內容，包括其中以粗體顯示但拼錯的單字 message：

```
message = "Hello Python Crash Course reader!"
print(mesage)
```

當程式中發生錯誤，Python 直譯器會盡量幫您找出問題所在。當程式執行失敗時直譯器會提供 traceback 訊息。**traceback** 是一條記錄（record），記下直譯器執行程式碼時在什麼位置遇到麻煩。下面是不小心打錯變數名稱，執行時 Python 直譯器所提供的 traceback 訊息：

```
   Traceback (most recent call last):
❶    File "hello_world.py", line 2, in <module>
❷      print(mesage)
           ^^^^^^
❸ NameError: name 'mesage' is not defined. Did you mean: 'message'?
```

在輸出報告❶中指出 hello_world.py 檔的第 2 行出現錯誤，直譯器會秀出這行內容，協助我們能快速找出錯誤❷，並且也會告知發生什麼樣的錯誤❸。在這個例子中顯示的是 NameError 的錯誤，回報要印出的變數 mesage 沒有定義，Python 無法辨識這個變數名稱。NameError 錯誤通常是我們使用某個變數前卻忘了對變數設定值，或是在輸入變數名稱時打錯字。如果 Python 在程式中找到一個與拼錯變數名稱相似的變數名稱，它會詢問這是否是您要使用的名稱。

當然，這個例子是我們在第二行故意對 message 變數名稱少打一個 s，Python 直譯器雖不會對程式碼進行拼字檢查，但會要求在設定值和使用上變數名稱要一致。舉例來說，如果程式碼中指定值的 message 也打錯成 mesage，那執行結果會怎樣呢？

```
mesage = "Hello Python Crash Course reader!"
print(mesage)
```

在這種情況下，程式執行會順利成功！

> Hello Python Crash Course reader!

程式語言很嚴謹，但它卻不會管單字拼寫的好與壞，因此，在建立變數名稱和編寫程式碼時，不需要考量英文的拼寫和文法。

很多程式設計上的錯誤其實都很簡單，只是某行程式中的某個字元打錯了而已。如果您花了很多時間在找這種錯誤，那表示您跟大家一樣，很多程式設計老手也會花上數小時來尋找這種微小的錯誤，很好笑，對吧！當您在程式設計生涯的路上繼續往前進時，您就會知道這種鳥事有多常發生。

變數是個標籤

變數通常都被描述成箱子，可以讓我們存放東西進去。這個概念在一開始使用變數時會很有幫助，但並不能準確描述變數在 Python 內部所代表的意義。最好把變數視為可以指定值的標籤（label）。您也可以把變數看成是參照引用了某個值。

在您的初始程式中，上述的區別看起來可能無關緊要，但這個觀念還是值得早點學習。在以後的某個時間點上，您可能會突然看到變數的行為與您所想的不同，若能準確了解變數的工作方式會有助於您識別程式碼中正在發生的事情。

> **NOTE**
> 想要理解某個新的程式設計觀念，最好的方式就是把它用在您的程式中。如果您在實作本書的練習題時遇到困難，先停下來試試別的東西，如果還有困難，就再複習書中的相關內容，如果情況依舊，則請參考附錄 C 的建議。

實作練習

請完成下列的練習題，在實作時都要編寫一支獨立的程式，儲存程式時要符合標準的 Python 對檔案名稱命名的慣例，使用小寫英文字和底線，例如 simple_message.py 或 simple_messages.py 等。

2-1. 一條簡單的訊息：將一條訊息文字指定到變數中，再把它印出。

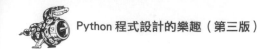

> **2-2. 多條簡單的訊息**：將一條訊息文字指定到變數中，把它印出；再把變數的值修改為另一條新訊息文字，再把它印出。

字串

因為大多數的程式都會定義和收集某些資料再拿來運用，所以對資料進行分類是有必要的，我們在這裡討論的第一種資料型別是字串，初看之下字串好像很簡單，但卻有很多不同的運用方式。

字串（String） 其實是一系列的字元所組成，在 Python 中以引號括起來的都是字串，引號可以是單引號或雙引號，如下列所示的實例：

```
"This is a string."
'This is also a string.'
```

兩種引號運用的彈性可讓我們在字串中也能放入不同的引號：

```
'I told my friend, "Python is my favorite language!"'
"The language 'Python' is named after Monty Python, not the snake."
"One of Python's strengths is its diverse and supportive community."
```

接下來介紹一些字串的應用方式。

使用方法來變更字串的大小寫

對字串進行變更最簡單的操作就是變更其字母的大小寫，請看下列程式碼範例，並試著判斷結果如何：

⬇ name.py
```
name = "ada lovelace"
print(name.title())
```

把這支程式儲存成 name.py 再執行，其輸出結果如下：

```
Ada Lovelace
```

在這個範例中，name 變數指到小寫字串 "ada lovelace"，在 print() 陳述句中變數的後面出現了 title() 方法。**方法（method）**是 Python 對某段資料所進行的操作，在 name.title() 中位在 name 後面的句點（.）是用來告知 Python 對 name 變數進行 title() 的操作。每個方法後面都會跟著一對括號，因為方法通常都需要額外的資訊來搭配一起完成工作，額外的資訊會放在括號內，由於 title() 方法不需要額外的資訊配合，所以括號中是空的。

title() 方法的功用是讓字串的單字以標題首字大寫的方式呈現，在常需要把名字當成某段資訊時這個方法還滿有用的，例如，我們希望程式把 Ada、ADA 和 ada 等輸入值都視為同一個名字，並都顯示為 Ada。

這裡還有幾個有用的方法可處理字串的大小寫，舉例來說，我們可以把字串都改成大寫字母或小寫字母，如下所示：

```
name = "Ada Lovelace"
print(name.upper())
print(name.lower())
```

這段程式碼執行結果會顯示為：

```
ADA LOVELACE
ada lovelace
```

lower() 方法在儲存資料上特別有用。在大多數情況下，我們不用依靠使用者在輸入時用了正確大小寫，因此把字串都先轉換為小寫再儲存，這樣就能確保資料的一致性。日後需要輸出顯示這些資訊時，再轉換適當的大小寫方式來顯示即可。

在字串中使用變數

在某些情況下，您需要在字串中使用變數。舉例來說，您可能需要用兩個變數來表示名字的姓和名，當在顯示時才組合起來讓別人看到完整的名字：

⬇ full_name.py

```
    first_name = "ada"
    last_name = "lovelace"
❶ full_name = f"{first_name} {last_name}"
    print(full_name)
```

若想要把某個變數的值插入字串中，可用字母 f 緊接在引號之前❶來括住變數。在字串中要使用的任何一個或多個變數名稱是需要在兩邊加上大括號。當在顯示字串時，Python 會把變數替換為其指到的「值」。

這樣的字串稱為 **f-strings**。其 **f** 是指 format（格式）的簡寫，因為 Python 會把大括號中的變數名稱替換為其指到的值，以此來格式化字串，所以前面程式碼的輸出結果為：

```
ada lovelace
```

f-strings 的用途很多，舉例來說，我們可以用 f-strings 把變數中所關聯的資訊連接起來組成完整的訊息。讓我們來看個範例：

```
  first_name = "ada"
  last_name = "lovelace"
  full_name = f"{first_name} {last_name}"
❶ print(f"Hello, {full_name.title()}!")
```

在❶這裡的句子使用了完整名字來問候，並用了 title() 方法把完整姓名設成標題式首字大寫的格式呈現，這段程式執行後返回經過格式美化的問候語句：

```
Hello, Ada Lovelace!
```

我們可以利用 f-strings 把訊息組合起來再指定到一個變數內：

```
  first_name = "ada"
  last_name = "lovelace"
  full_name = f"{first_name} {last_name}"
❶ message = f"Hello, {full_name.title()}!"
❷ print(message)
```

這段程式碼也會顯示「Hello, Ada Lovelace!」訊息，在❶這裡是把整段訊息字串指定到一個變數內，這樣讓 print() 陳述句變簡潔許多❷。

使用定位符號或換行來增加空白

在編寫程式的過程中，**空白（whitespace）**是指不會印出來的各種字元，例如空格、定位符號和換行符號等。我們可以利用空白來組織編排輸出的呈現，讓顯示的內容更容易閱讀。

若想要加個定位空白到字串中，可使用字元連接 \t，如下所示：

```
>>> print("Python")
Python
>>> print("\tPython")
    Python
```

若想要加個換行符號到字串中，可使用字元連接 \n，如下所示：

```
>>> print("Languages:\nPython\nC\nJavaScript")
Languages:
Python
C
JavaScript
```

我們也可以把定位符號和換行符號放在同個字串中，「\n\t」字串會讓 Python 先換行，然後在新行開頭加入定位符號空白。下列的範例展示了怎麼以一行字串產生四行輸出：

```
>>> print("Languages:\n\tPython\n\tC\n\tJavaScript")
Languages:
    Python
    C
    JavaScript
```

在下二章的內容中，當我們以很少行的程式碼來產生多行輸出時，定位符號和換行符號將會發揮很大功用。

刪除空白

在程式中多餘的空白可能會引起混亂，對設計程式的人來說，以下的 'python' 和 'python ' 看起來好像沒什麼多大差別，但對程式來說，這是兩個完全不同的字串。Python 會偵測到 'python ' 中的空白，並視這個空白是有其意義的，除非您告知它並不是這麼一回事。

在比對兩個字串判斷是否相同時，空白也很重要，例如，像使用者登入網站時要比對檢查其輸入的帳號名稱，這就是重要的應用實例。多餘的空白在一些更簡單的情況中也會產生混淆，好在 Python 要刪除使用者輸入資料中多餘的空白是很簡單的事。

Python 能找出某個字串其左側和右側是否有多的空白。要確定某個字串其右側沒有空白，可使用 rstrip() 方法。

```
❶ >>> favorite_language = 'python '
❷ >>> favorite_language
   'python '
❸ >>> favorite_language.rstrip()
   'python'
❹ >>> favorite_language
   'python '
```

關聯到 favorite_language 變數內的字串結尾處有多了空白❶，當我們在終端對話中向 Python 要求顯示此變數的值時，就會看到這個值結尾處有多了空白❷，當我們對 favorite_language 變數使用 rstrip() 方法❸，結尾的空白就會去掉了，不過這只是暫時的刪除而已，接著再次輸入 favorite_language 要求 Python 顯示其值時，您會發現此字串和當初是一樣的，還是有多餘的空白在結尾❹。

想要永久刪掉字串的空白，則要把刪除空白後的字串再指定回變數中：

```
   >>> favorite_language = 'python '
❶ >>> favorite_language = favorite_language.rstrip()
   >>> favorite_language
   'python'
```

若想要刪除掉字串的空白，要先呼叫 rstrip() 刪除結尾的空白後，再將其結果關聯指定到變數中❶。在編寫和設計程式的過程中，修改變數的值並將新的值指定回原本的變數中是很常見的處理，這就是為什麼變數中存放的值會隨著程式的執行或使用者的回應而產生變化。

我們也可以使用 lstrip() 刪除字串左側開頭的空白，或是使用 strip() 同時把左右兩側的空白都刪掉：

```
❶ >>> favorite_language = ' python '
❷ >>> favorite_language.rstrip()
   ' python'
❸ >>> favorite_language.lstrip()
   'python '
❹ >>> favorite_language.strip()
   'python'
```

在範例中，一開始就放了一個左右都有空白的字串關聯到 favorite_language 變數內❶，接著分別把右側❷、左側❸和兩側❹的空白都刪除。好好活用這幾個刪除函式會讓我們能夠靈活操作字串的內容。在實際的應用中，這些刪除函式最常用來處理使用者的輸入，刪除整理好輸入的內容後才儲存起來。

刪除前置內容

在運用字串時，另一個常見的處理是刪除前置內容。請思考某個帶有通用前置內容「https://」的 URL 網址。我們想要刪除這個前置內容，只關注使用者在網址欄中需要輸入的 URL 部分。以下是實作的方法：

```
>>> nostarch_url = 'https://nostarch.com'
>>> nostarch_url.removeprefix('https://')
'nostarch.com'
```

輸入變數名稱後跟一個句點（.），然後是方法 removeprefix()。在括號內，輸入要從原始字串中刪除的前置內容。

與刪除空格的方法一樣，removeprefix() 會保留原始字串不變。如果要把刪除前置內容的新值保留下來，請將它重新指定到原來的變數，或是將它指定給新的變數：

```
>>> simple_url = nostarch_url.removeprefix('https://')
```

當您在網址欄中看到某個 URL 並沒有顯示 https://，這表示瀏覽器可能在幕後使用了類似 removeprefix() 的方法來進行處理。

字串的使用要避免產生語法錯誤

語法錯誤（**syntax error**）是一種很常會碰到的錯誤，當 Python 沒辦法識別程式中所含有的不合法程式碼時，就會告知有語法錯誤的發生。舉例來說，在用單引號括住的某個字串中又放了單引號時，就會發生語法錯誤。這是因為 Python 把括住字串的第一個單引號和字串中的第一個單引號搞混，以致於引號不能相配合，讓剩下的文字被當成 Python 程式碼而引發語法錯誤。

接下來示範正確使用單引號和雙引號，範例會存成 apostrophe.py 檔並執行：

⬇ apostrophe.py
```
message = "One of Python's strengths is its diverse community."
print(message)
```

字串中的單引號（ ' 撇號）是放在兩個雙引號之間，因此 Python 直譯器能正確識別這是字串的一部分，執行結果也順利顯示：

```
One of Python's strengths is its diverse community.
```

不過，如果我們把改用單引號來括住字串，則 Python 就無法正確識別字串結尾的位置：

```
message = 'One of Python's strengths is its diverse community.'
print(message)
```

當我們執行這段程式，就會產生如下的錯誤訊息：

```
  File "apostrophe.py", line 1
    message = 'One of Python's strengths is its diverse community.'
                                                                  ❶ ^
SyntaxError: unterminated string literal (detected at line 1)
```

在輸出中您會看到錯誤定在最後的單引號❶位置上，這個 SyntaxError 指出直譯器無法識別程式中的某些不合法程式碼，告知可能是字串的引號使用出問題。錯誤的發生可能源自於很多不同的因素，這裡我只點出一些常見的。在您學習編寫程式時可能會常碰到語法錯誤，這種錯誤是最不具體也難以分辨的一種，有時很難發覺和修改，如果您在程式設計的過程中陷入這樣的泥淖中，可參閱本書附錄 C 所提供的建議。

> **NOTE**
>
> 編寫和設計程式時，文字編輯器的語法突顯（顏色標示）功能可幫您快速找出某些語法錯誤，若看到編輯器把 Python 程式碼以普通文字的顏色顯示時，或者把普通文字以程式碼的顏色來標示的話，就有可能是其中使用的引號不能配合。

實作練習

在實作每個練習時都請都編寫成獨立的程式檔，儲存程式時檔名取名為 name_cases.py 之類的檔案。如果實作過程遇到困難，請先休息一下或參閱附錄 C 的建議。

2-3. 個人訊息：使用變數來代表某個人的名字，並對那個人印出個人訊息。顯示的訊息文字要簡單明瞭，如 "Hello Eric, would you like to learn some Python today?"。

2-4. 英文名字的大小寫：使用變數來代表個人名字，再以全都小寫、大寫和字首大寫等方式顯示出來。

2-5. 名言：找出您所欣賞名人的名言，印出名人的名字和名言，其印出的格式如下所示，包括引號也在內：

> Albert Einstein once said, "A person who never made a mistake never tried anything new."

2-6. 名言 2：重複 2-5 的實作練習，但請用 famous_person 變數來代表名人的名字，再組合要顯示的名言訊息，一起指定關聯到 message 變數內，然後印出這個訊息。

2-7. 刪除名字中的空白：使用變數來代表某個人的名字，這個名字的前後有加了空白字元，空白字元至少要使用 "\t" 和 "\n" 一次。

先印出含有空白的名字。然後分別使用 lstrip()、rstrip() 和 strip() 函式來整理名字，並將結果印出來。

2-8. 副檔名：Python 有一個 removesuffix() 方法，其功能和處理方式與 removeprefix() 完全相同。把值 "python_notes.txt" 指定給名為 filename 的變數，然後使用 removesuffix() 方法顯示沒有副檔名的檔案名稱，就像某些檔案瀏覽器所顯示的那樣。

數值

在程式設計中很常使用「數值」來記錄遊戲的分數、呈現視覺化的資料、儲存 Web 應用程式的資訊等。Python 會依據程式使用數字的方式來進行不同的處置，由於使用上很簡單，我們就一起來看看 Python 是如何管理整數的應用。

整數

在 Python 中可以對整數進行 +（加）、-（減）、*（乘）、\（除）的運算。

```
>>> 2 + 3
```

```
5
>>> 3 - 2
1
>>> 2 * 3
6
>>> 3 / 2
1.5
```

在終端對話模式中，Python 會直接返回顯示運算的結果。Python 使用 **（兩個乘號）來表示次方的運算：

```
>>> 3 ** 2
9
>>> 3 ** 3
27
>>> 10 ** 6
1000000
```

Python 也支援運算順序（由左而右、先乘除後加減等順序），因此可以在一個表示式中使用多個運算子，我們還可以用括號來改變運算的順序，讓 Python 依照我們指定的順序來運算，舉例來說：

```
>>> 2 + 3*4
14
>>> (2 + 3) * 4
20
```

在這幾個範例中可得知表示式中的空格不影響 Python 運算，空格協助我們在閱讀表示式時能快速確定運算子的執行順序。

浮點數

Python 把帶有小數點的數值都稱為**浮點數**（**float**），這個詞在大多數的程式語言中都有用到，它指出了小數點可放在數字的任一位置這樣的事實。每種程式語言都要小心設計妥善管理浮點數，好讓小數點不管出現在什麼位置，數值都是正確的。

在大多數的情況下，使用浮點數並不用擔心它們有什麼影響，只需輸入想要使用的數值，Python 都會以我們所期待的方式來運算和處理：

```
>>> 0.1 + 0.1
0.2
```

```
>>> 0.2 + 0.2
0.4
>>> 2 * 0.1
0.2
>>> 2 * 0.2
0.4
```

但請注意您所得到的運算結果，其小數位數有可能不是那麼精確：

```
>>> 0.2 + 0.1
0.30000000000000004
>>> 3 * 0.1
0.30000000000000004
```

所有程式語言都有這樣的問題，不需要太擔心。Python 會盡可能找出最精確的方式來表示結果，但受限於電腦內部表示數值的方式，所以有時會很難十分精確。以現階段來看，可暫時忽略多餘的小數位置，等到本書 Part 2 的專題實作範例中，就能學到處理多餘小數位置的方法。

整數與浮點數

當我們對兩個數值進行除法運算時，就算兩個數值都是整數且能整除，其運算的結果仍會以浮點數呈現：

```
>>> 4/2
2.0
```

如果在其他的運算式中混和了整數與浮點數進行運算，其結果也是浮點數：

```
>>> 1 + 2.0
3.0
>>> 2 * 3.0
6.0
>>> 3.0 ** 2
9.0
```

Python 在使用浮點數的任何操作中，就算輸出結果是整數，預設還是會以浮點數來呈現。

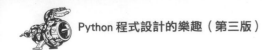

在數字中使用底線

當我們使用長位數的數值時，可用底線來進行三位劃分，讓長數字更好閱讀：

```
>>> universe_age = 14_000_000_000
```

當我們印出用了底線劃分位置的數值時，Python 只會印出數值，沒有底線：

```
>>> print(universe_age)
14000000000
```

當我們在存放這種加了底線的數值時，Python 會忽略掉底線。就算數字不是以三位來加底線劃分，也不會有影響。對 Python 來說，1000、1_000 和 10_00 都是一樣的，這項功能可用在整數和浮點數上。

多重指定

我們可以僅用一行語法就能將多個值指定給多個變數。這樣能縮減程式行數，也讓程式更容易閱讀。這項技巧大都用在一組數值的初始化處理時。

舉例來說，下列是對 x、y 和 z 變數以 0 值進行初始化的處理：

```
>>> x, y, z = 0, 0, 0
```

變數和值都是以逗號來分隔，Python 會依其位置順序來進行值指定到變數中。變數的數量和值的數量要一致，不然 Python 會顯示錯誤訊息。

常數

常數（constant）也是個變數，其中所存放的值在整支程式中都會維持相同。Python 沒有內建的常數型別，但是 Python 程式設計師會以全都是大寫字母的變數當作常數，且都不更改其常數內的值：

```
MAX_CONNECTIONS = 5000
```

當您想在程式碼中把變數當成常數時，請將該變數的名字全都改用大寫字母來表示。

實作練習

2-9. 數字 8：編寫 4 個表示式，分別使用加、減、乘和除法運算，讓運算的結果都為 8，使用 print 陳述句來顯示結果，表示式要放在 print() 的括號內，也就是要編寫設計出像下列這樣的 4 行程式碼：

```
print(5+3)
```

輸出要分成 4 行，其中每行的結果都只能為數字 8。

2-10. 最愛的數字：使用一個變數來表示您最愛的數字，再搭配使用這個變數製作一條訊息說明這是您最愛的數字，然後將這條訊息印出。

注釋

在大多數的程式語言中「注釋」是很有用的功能。本書前面所編寫的程式中都只放了 Python 程式碼，但隨著程式愈來愈長、愈來愈複雜，就需要在程式碼中加上說明注釋，大致描述程式解決問題的方法。**注釋（comment）**，或譯**註解**可以讓我們以口語的文字在程式中加入說明。

如何編寫注釋？

在 Python 中，井字符號（#）標識出注釋的內容，井字符號後面的內容都會被 Python 直譯器忽略，例如：

⬇ comment.py
```
# Say hello to everyone.
print("Hello Python people!")
```

Python 直譯器會忽略第 1 行，只執行第 2 行的指令。

```
Hello Python people!
```

要寫出什麼樣的注釋呢？

編寫注釋的主要理由是用來解釋程式碼是要做什麼的，並說明程式是怎麼運作的。當您身處在開發專案中，此時也許很能掌握理解專案的各部分並知道怎麼整合在一起，但時間一久，再回到專案時有些細節可能就忘了，雖然能透過研讀程式碼來重拾對整個專案的了解，但若在程式碼中編寫了好的注釋，以清楚的口語來描述專案的內容，這樣可以讓我們省下很多時間。

如果您想要成為專業的程式設計師，或與其他程式設計師一起協同工作，就要編寫出有意義的注釋。現在大多數的軟體應用程式都是很多人協同合作所開發出來的，設計和編寫的人可能是同一家公司的多位員工，也可能是開放原始碼專案中一起合作的一群人。程式設計老手大都希望程式碼中含有注釋，因此您最好從現在開始就養成在程式中加入描述性的注釋說明。以程式設計初學者來說，最值得養成的習慣之一就是在程式碼中編寫清楚、簡潔的注釋說明。

當您無法決定是否要編寫注釋時，先回頭問問自己在找到最合理的解決方案之前是否有考慮了多種方法；如果是，請寫下這解決方案的相關注釋說明。刪除多餘寫好的注釋會比回過頭為簡短的程式再編寫注釋要容易得多了。從現在開始，我會在整本書的範例中加上注釋來協助解釋程式碼內容。

實作練習

2-11. 新增注釋：選兩支您所編寫的程式，在程式中都至少新增一條注釋說明文字。如果程式太簡單沒什麼重點要說明，就在程式的開端加上您的姓名和日期的注釋，再用一句話描述程式的功用。

Python 之禪

有經驗的 Python 程式設計師都會建議您不要弄得太複雜,並盡可能簡化目標。Python 社群的哲學都放在 Tim Peters 的「Python 之禪(The Zen of Python)」中。若想要取得寫出一流 Python 程式碼的這套原則說明,可在終端對話中輸入 import this,直譯器就會顯示出來。在這裡我不再重述整個「Python 之禪」的內容,但會和大家分享其中幾條原則,協助您了解為什麼這些原則對程式初學者很重要。

```
>>> import this
The Zen of Python, by Tim Peters
Beautiful is better than ugly.
```

Python 程式設計師信奉程式碼可以寫得漂亮而優雅。程式設計能解決問題,程式設計師對於設計精良、高效率且優雅的解決方案是很推崇的,當您學會更多關於 Python 的功用,並用它來編寫更多程式碼時,也許某一天有人可能會在您身後說:「哇,這段程式碼寫得真漂亮!」

```
Simple is better than complex.
```

如果有一個簡單和一個複雜的解決方案都能用,請選擇簡單的那個吧!這樣一來,您的程式碼會更好維護,日後您或他人想要擴充使用這些程式碼時也會更容易。

```
Complex is better than complicated.
```

現實的世界沒那麼簡單,有時也沒有簡單的路可走,在這種情況下,就盡量選最簡單可行的那個解決方案吧!

```
Readability counts.
```

就算您的程式是複雜的,也要讓它們易讀好懂,當您在處理一個含有複雜程式碼的開發專案時,要記得為這些程式碼加上有用的註釋說明。

```
There should be one-- and preferably only one --obvious way to do it.
```

如果有兩位 Python 程式設計師被要求去解決同個問題,那麼他們所提出的解決方案應該大致相容。別說程式設計沒有創新的空間,其實剛好相反!但是在更大型、更有創新空間的專案中,大部分的程式設計工作也都還是用一般常見的

解決方案來處理簡單的問題。在您的程式中最基本且重要的部分，對其他
Python 程式設計師來說也是要合理且講得通的。

> Now is better than never.

花太多時間來學習 Python 的所有複雜內容和程式技巧，可能永遠不會完成什麼
專案。別試著寫出一切完美的程式，應該先寫出程式再說，然後再看看是否能
進一步改進這支程式，或是轉去重寫新的程式。

當您繼續下一章的內容，開始研究更深入的課題時，請記住「簡潔和清晰」這
個禪意，如此一來，就算是程式設計老手也會對您所編寫設計的程式產生敬
意，並且樂於給您回應，與您合作您感興趣的專案。

實作練習

2-12. Python 之禪：在 Python 的終端對話中輸入 import   this，然後按下
Enter，瀏覽一下列出的這些原則。

總結

本章我們學會了變數的使用，知道怎麼取個好的變數名稱，也學到了如何修正
NameError 名稱錯誤和 SyntaxError 語法錯誤；還學到什麼是字串，以及如何將
字串的英文字母以小寫、大寫和字首大寫等格式顯示出來；學會使用空白來顯
示分隔輸出顯示的內容，以及如何刪除字串中多餘的空白；學會如何使用整數
和浮點數，以及處理數值資料型別的多種方式；同時也學到編寫注釋說明，讓
程式碼內容更容易閱讀和好懂。最後還介紹了編寫程式時要盡量簡單的禪意。

在第 3 章，我們將要學習怎麼在「串列」的資料結構中儲存一組資訊，以及學
習遍訪整個串列來存取操控其中的資訊。

第 3 章
串列簡介

在本章和下一章的內容會介紹什麼是串列，以及如何使用串列中的元素。串列能夠在一個地方儲存一組資訊，這組資訊無論是只有幾個項目或數百萬個項目都可以。對程式新手來說，串列算是可直接使用的 Python 最強大功能之一，這裡結合了程式設計中許多重要的觀念。

什麼是串列？

串列（List）是個依特定順序排放的項目集合所組成。您可以建立一個含有所有英文字母、數字 0 到 9 或是所有家庭成員名字的串列。任何東西都可以放入串列中，項目之間也不需要有什麼關聯。由於串列通常都含有多個元素項目，為串列取個代表複數的名稱是不錯的想法，例如 letters、digits 或 names 等。

在 Python 中是用中括號（[ ]）來標示串列，其中個別元素是以逗號（,）分隔。下列為一個簡單的範例，這個串列中含有多個單車的廠牌：

⬇ bicycles.py
```
bicycles = ['trek', 'cannondale', 'redline', 'specialized']
print(bicycles)
```

如果您要求 Python 印出串列，Python 會返回串列的表示形態，包括中括號：

```
['trek', 'cannondale', 'redline', 'specialized']
```

因為這不是要讓使用者看到的輸出形態，所以要學習如何存取串列中想要的個別項目。

存取串列中的元素

串列是有順序性的集合，因此要存取串列中的某個元素，就要告知 Python 這個元素的所在位置或**索引足標**（**index**）。若想要存取串列中的元素，寫出串列的名稱並在中括號中指出元素的索引足標。

舉例來說，下列是存取 bicycles 串列中第一個單車廠牌：

```
bicycles = ['trek', 'cannondale', 'redline', 'specialized']
print(bicycles[0])
```

上述範例為存取串列元素的語法。若想要從串列中取得單個元素時，Python 返回的只有該元素的值，而不會有引號和中括號：

```
trek
```

這是我們要給使用者看到的結果：乾淨整齊的輸出。

您還可以對任何元素使用第 2 章所介紹的字串方法，舉例來說，使用 title() 方法來格式化 'trek' 這個元素：

```
bicycles = ['trek', 'cannondale', 'redline', 'specialized']
print(bicycles[0].title())
```

這個範例執行的結果和前面相同，只是第一個字母已轉成大寫 T，變成 'Trek'。

索引足標是從 0 開始，不是 1

在 Python 中串列第一個元素的項目位置之索引足標是 0，不是 1，在大多數的程式語言也都是如此，原因和串列操作的底層實作有關。如果在存取串列時得到的結果不是您想要的，請先想想是否犯了這個差一位的簡單失誤。

在串列中第二個項目元素的索引足標為 1，根據這樣的算法以此類推，要存取串列的任一項目元素，只要將其第幾個位置減 1 當成索引足標就可以了。例如，要存取串列第四個項目元素，其索引足標為 3。

下列為存取 bicycles 串列中索引足標為 1 和 3 的示範：

```python
bicycles = ['trek', 'cannondale', 'redline', 'specialized']
print(bicycles[1])
print(bicycles[3])
```

此段程式碼會返回 bicycles 串列的第 2 和第 4 個項目元素：

```
cannondale
specialized
```

Python 有個特別的語法可在存取串列的最後一個項目，將 -1 指定為索引足標就能讓 Python 返回串列的最後一個項目：

```python
bicycles = ['trek', 'cannondale', 'redline', 'specialized']
print(bicycles[-1])
```

此段程式會返回印出 specialized，這個語法很好用，尤其在不知道串列有多長的情況下想要取得最後一個項目時最有效。這種語法慣例也適用在其他負數上，變成由最後一個項目往回推的算法，舉例來說，索引足標 -2 是指串列的倒數第 2 個項目，-3 為倒數第 3 個項目，以此類推。

使用串列中的個別值

我們可以像使用其他變數一樣地使用串列中的個別值，例如，可以 f-strings 連接串列中的值來建立長條訊息字串。

下列是從串列中取出第一個單車廠牌來連接到訊息文字中：

```python
bicycles = ['trek', 'cannondale', 'redline', 'specialized']
```

```
message = f"My first bicycle was a {bicycles[0].title()}."

print(message)
```

這裡我們用了 bicycles[0] 的值連接成一個句子，並把句子指定到 message 變數。印出的簡單訊息文字就是指出我的第一台單車的廠牌：

```
My first bicycle was a Trek.
```

實作練習

請試著實作練習這些簡短的程式，以取得應用 Python 串列的第一手經驗。您可能需要為每個練習題建立一個資料夾來管理程式檔案。

3-1. 名字：建立一個 names 串列，並將您的一些朋友的名字儲存進這個串列中。依序存取串列中的每個項目元素，將每位朋友的名字印出。

3-2. 問候：延續使用 3-1 的串列，為每位朋友印出其名字和問候文句。每條訊息用相同的問候句子，但開頭為每位朋友的名字。

3-3. 關於自己的串列：回想一下您喜歡的交通工具，例如騎機車或開車，並建立一個含有多種交通工具的串列。使用這個串列印出一系列關於這些項目的陳述句，例如：「I would like to own a Honda motorcycle.」。

修改、新增和刪除串列中的元素

我們所建立的大多數串列都是**動態的**，這是指在串列建立後都會隨著程式的運作執行而修改增刪其中的元素。舉例來說，開發了一款讓玩家射擊從天而降外星人的遊戲，在開始時會把預設的一組外星人存放在串列中，被射到後就會從串列中刪除，而每次有新的外星人出現在畫面時，就加到串列中。在遊戲執行期間，外星人串列內的項目會不斷變動。

修改串列中的元素

修改串列元素所用的語法和存取串列元素的語法很類似。若想要修改串列中的元素，可先指定串列名稱和想要修改項目元素的索引足標位置，再指定新的值進去即可。

舉例來說，如果有一個 motorcycles 串列，其中第一個元素是 'honda'，要怎麼修改其值呢？

↓ motorcycles.py

```
motorcycles = ['honda', 'yamaha', 'suzuki']
print(motorcycles)

motorcycles[0] = 'ducati'
print(motorcycles)
```

首先是定義了一個 motorcycles 串列，其中第一個項目元素為 'honda'，接著將第一個項目元素的值指定為 'ducati'，從執行後輸出的結果來看，可看出第一個項目元素的值已改變，而其他元素則維持原樣：

```
['honda', 'yamaha', 'suzuki']
['ducati', 'yamaha', 'suzuki']
```

除了可以修改串列第一個項目元素外，其他的項目元素的值也一樣可以修改。

新增元素到串列中

新增元素到串列之中的理由百百種，舉例來說，像遊戲中希望畫面上出現新的外星人、新增視覺化資料，或讓網站加入新登錄註冊的使用者等。Python 提供了很多種可在現有串列中加入新資料的方法。

在串列尾端新增元素

若想要在串列的尾端新增一個元素，其最簡單的方式是把項目元素以「**附加（append）**」的方式新增到串列尾端。當我們對串列附加一個項目時，這個新的項目元素會新增到串列的尾端位置。使用前面相同的例子來說明，我們新增一個 'ducati' 項目元素到 motorcycles 串列中：

```
motorcycles = ['honda', 'yamaha', 'suzuki']
```

```
print(motorcycles)

motorcycles.append('ducati')
print(motorcycles)
```

append() 方法會把 'ducati' 新增到串列尾端，並不影響原有串列中的其他內容：

```
['honda', 'yamaha', 'suzuki']
['honda', 'yamaha', 'suzuki', 'ducati']
```

append() 方法使得動態建立串列變簡單了，舉例來說，我們可先建立一個空的串列，再利用一系列 append() 陳述句來新增項目。讓我們看一下建立空串列，再新增 'honda'、'yamaha' 和 'suzuki' 等項目元素的例子：

```
motorcycles = []

motorcycles.append('honda')
motorcycles.append('yamaha')
motorcycles.append('suzuki')

print(motorcycles)
```

執行結果與前面範例中的串列完全相同：

```
['honda', 'yamaha', 'suzuki']
```

這種建立串列的方式很普遍，因為有時要等到執行程式後才知道程式中要儲存的資料有哪些。為了配合使用者，可先建立一個用來存放使用者輸入值的空串列，然後把使用者所輸入的每個新值附加新增到剛建立的串列內。

在串列中插入元素

使用 insert()方法就可在串列的任一位置加入新元素，藉由指定新插入元素的索引足標位置和值即可：

```
motorcycles = ['honda', 'yamaha', 'suzuki']

motorcycles.insert(0, 'ducati')
print(motorcycles)
```

範例中我們把新值 'ducati' 插入到串列的開頭，insert() 方法是在位置 0 開啟新的空間來存放 'ducati'，這樣的操作會讓原本串列中的項目值都向右移一位：

```
['ducati', 'honda', 'yamaha', 'suzuki']
```

從串列中刪除元素

我們常需要從串列中刪除一個或一組元素，舉例來說，玩家從遊戲畫面上擊落一個外星人後，就可從存活外星人串列中刪除；另一個例子是，當使用者在您建立的 Web 應用程式中取消帳戶時，您也需要把該使用者從現存使用者串列中刪除。我們可以依據其在串列中的位置或其值來刪除項目。

使用 del 陳述句刪除元素

如果知道要刪除的元素在串列中哪一個位置，就可用 del 陳述句刪除。

```
motorcycles = ['honda', 'yamaha', 'suzuki']
print(motorcycles)

del motorcycles[0]
print(motorcycles)
```

這裡用了 dcl 陳述句來刪除 motorcycles 串列的第一個元素 'honda'：

```
['honda', 'yamaha', 'suzuki']
['yamaha', 'suzuki']
```

如果知道索引足標位置，使用 del 陳述句即可刪除串列中該索引足標位置的內容。舉例來說，下面刪除了串列中的第二個項目 'yamaha'：

```
motorcycles = ['honda', 'yamaha', 'suzuki']
print(motorcycles)

del motorcycles[1]
print(motorcycles)
```

motorcycles 串列中的第二個項目已刪除：

```
['honda', 'yamaha', 'suzuki']
['honda', 'suzuki']
```

在上述兩個範例中，串列中的值使用 del 陳述句刪除之後就不能存取了。

使用 pop() 方法刪除

有時候在刪除串列中的某個項目值後，卻想要使用這個值來進行其他處理。例如，在遊戲中您可能需要取得剛才擊落的外星人的 x 和 y 座標位置值（擊落的外星人要從存活串列中刪除喔），用此座標值來顯示爆炸的效果。另外的例子是，在 Web 應用程式中可能需要把使用者從活躍帳戶串列中刪除，並將其新增到非活躍帳戶串列內。

pop() 方法可刪除串列最尾端的項目，並讓我們能使用這個被刪除的項目。**pop**（彈出）這個術語源自於堆疊，把串列想像成堆疊，而堆疊的 pop 是把最頂端的項目彈出，在這個比喻中堆疊的頂端對應串列的尾端。

讓我們看一下從 motorcycles 串列中彈出一個項目：

```
❶ motorcycles = ['honda', 'yamaha', 'suzuki']
   print(motorcycles)

❷ popped_motorcycle = motorcycles.pop()
❸ print(motorcycles)
❹ print(popped_motorcycle)
```

我們先定義了 motorcycles 串列❶並印出，接著從這個串列中彈出一個值，並指定到 popped_motorcycle 變數內❷，隨即印出 motorcycles 串列❸，確定串列中是否已經刪除一個值，最後把彈出的值印出❹，證明我們還能繼續存取已被移除的值。

輸出顯示出串列尾端的 'suzuki' 已彈出刪除，現在已指定到 popped_motorcycle 變數內：

```
['honda', 'yamaha', 'suzuki']
['honda', 'yamaha']
suzuki
```

pop() 方法要如何發揮其功用呢？假設 motorcycles 串列是依照購買時間來存入的，那麼就可以使用 pop() 方法印出一條訊息，告知最後所購買的機車是哪個牌子的：

```
motorcycles = ['honda', 'yamaha', 'suzuki']

last_owned = motorcycles.pop()
print(f"The last motorcycle I owned was a {last_owned.title()}.")
```

輸出的是一句簡單的句子，指出關於我最近所擁有的機車是哪個廠牌：

```
The last motorcycle I owned was a Suzuki.
```

彈出串列中任一位置的項目

事實上，藉由在 pop()方法的括號中指定要刪除項目的索引足標位置，就能刪除串列中任一位置的項目。

```
motorcycles = ['honda', 'yamaha', 'suzuki']

first_owned = motorcycles.pop(0)
print(f"The first motorcycle I owned was a {first_owned.title()}.")
```

我們從串列中彈出第一個項目的機車廠牌，然後再印出這關於機車的訊息。輸出的內容是條簡單的句子，描述我所擁有的第一台機車的廠牌：

```
The first motorcycle I owned was a Honda.
```

請記住，每次使用 pop() 之後，串列中被彈出的項目就會刪除掉了。

如果您不確定要用 del 陳述句或是 pop() 方法，這裡有個簡單的方法可協助您判斷：如果您要刪除串列中某項目且不再使用這個項目時，可使用 del 陳述句；如果您在刪除某項目後還會用到該項目時，就使用 pop() 方法。

依據值來刪除項目

有時候我們並不知道要刪除的值在串列的哪個位置，如果只知道要刪除項目的值，則可使用 remove() 方法來處理。

舉例來說，我們要從 motorcycles 串列中刪除值為 'ducati' 的項目。

```
motorcycles = ['honda', 'yamaha', 'suzuki', 'ducati']
print(motorcycles)

motorcycles.remove('ducati')
print(motorcycles)
```

這裡的 remove() 方法告知 Python 要從串列中找出 'ducati' 的所在，然後移除掉這個元素：

```
['honda', 'yamaha', 'suzuki', 'ducati']
['honda', 'yamaha', 'suzuki']
```

您還可以使用 remove() 方法來處理從串列中刪除的值，下列的例子是刪除了 'ducati' 值，並印出刪除的理由：

```
❶ motorcycles = ['honda', 'yamaha', 'suzuki', 'ducati']
  print(motorcycles)

❷ too_expensive = 'ducati'
❸ motorcycles.remove(too_expensive)
  print(motorcycles)
❹ print(f"\nA {too_expensive.title()} is too expensive for me.")
```

在這裡定義了串列之後❶，把 'ducati' 值指定到 too_expensive 變數❷，接著使用這個變數來告知 Python 要從串列中刪除這個值❸。雖然 'ducati' 已從串列中刪除，但仍然可以從 too_expensive 變數存取，因此可讓我們把刪除的 'ducati' 組合在一條訊息文句中印出❹：

```
['honda', 'yamaha', 'suzuki', 'ducati']
['honda', 'yamaha', 'suzuki']

A Ducati is too expensive for me.
```

> **NOTE**
>
> remove() 方法只會刪除串列中找到的第一個值，如果串列中有多個相同的值要刪除，就需要用到迴圈來判斷和處理，本書第 7 章會介紹如何做。

實作練習

下列的練習會比第 2 章的複雜一些，但讓您有機會以前面所講述的各種方法來應用串列。

3-4. 客人名單的串列：如果您可以邀請任何人（無論生或死）來吃飯，您會邀請誰呢？請列出一個至少含有三個想要邀請來吃飯的客人的串列，然後使用這個串列對每位客人印出一條訊息以邀請他們來吃飯。

3-5. 變更客人名單的串列：您剛得知某位客人不能出席，所以要另外邀請另一位客人。

- 以完成的 3-4 練習編寫的程式為基礎，在程式尾端新增一條 print() 陳述句，指出哪位客人無法出席。
- 修改客人名單串列，將無法出席的客人名字替換成新邀請的客人名字。
- 依據仍然在串列中的每位客人名字印出第二組邀請訊息。

3-6. 增加更多客人：您剛找到更大的餐桌可坐下更多人，請再想想要多邀請哪三位客人出席。

- 以完成的 3-4 或 3-5 練習編寫的程式為基礎，在程式尾端加一行 print() 陳述句，說明您找到更大的餐桌。

- 使用 insert() 方法插入第一位新的客人到名單串列的開頭。

- 使用 insert() 方法插入第二位新的客人到名單串列的中間。

- 使用 append() 方法插入最後一位新的客人到名單串列的尾端。

- 用新串列對每位客人印出一條訊息邀請他們來吃飯。

3-7. 縮減客人名單的串列：您剛得知新買的大餐桌不能及時送達，因此只能邀請兩位客人。

- 以完成的 3-6 練習編寫的程式為基礎，在程式尾端加一行程式印出一條訊息顯示只能邀請兩位客人一起晚餐。

- 使用 pop() 從串列逐一彈出客人名字，直到只剩兩位客人為止，每次從名單中彈出一位客人時都要印出一條訊息，讓客人知道您很抱歉不能與他共進晚餐。

- 對於剩下的兩位客人都印出一條訊息告知他依然是受邀請的客人。

- 使用 del 把最後兩位客人從串列中刪除，讓客人名單串列變成空的，印出這個串列以確認程式結束時名單已變成空的。

組識串列

一般來說，我們所建立的串列中各項目的排列順序是不能預測的，因為我們並不能控制使用者提供資料的順序。雖然在大多數的情況下無法避免，但我們卻常常需要以特定的順序來顯示訊息。有時要保留串列原來的順序，但有時又需要改變原來排列的順序。還好 Python 提供幾個可以組織和調整串列的方式，可依不同情況來使用。

使用 sort() 方法對串列永久性改變排列順序

Python 的 sort() 方法可讓我們輕鬆地對串列進行排序。假設有個 cars 串列想要讓其中的項目按字母順序重新排列，為了簡化這項工作，我們假設串列中所有項目的值都是小寫。

⬇cars.py
```
cars = ['bmw', 'audi', 'toyota', 'subaru']
cars.sort()
print(cars)
```

這裡的 sort() 方法會永久性地變更串列項目的排列順序，執行後 cars 串列會依字母順序排列，且不能回復到原來的排列順序：

```
['audi', 'bmw', 'subaru', 'toyota']
```

只要在 sort() 方法中傳入 reverse=True 參數，我們也能依字母相反順序來排列串列中的項目。下列的範例會讓 cars 串列中的項目按照字母相反順序來排列：

```
cars = ['bmw', 'audi', 'toyota', 'subaru']
cars.sort(reverse=True)
print(cars)
```

同樣地，串列的項目已永久性變更了順序：

```
['toyota', 'subaru', 'bmw', 'audi']
```

使用 sorted() 函式對串列暫時性改變排列順序

若想要保留串列項目原本的排列順序，但在顯現出來時是以特定的排序來呈現，可用 sorted() 函式。此函式能讓我們依照特定排序來顯示串列的項目內容，但又不影響串列中原本的排列順序。

讓我們以 cars 串列來試用 sorted() 函式：

```python
cars = ['bmw', 'audi', 'toyota', 'subaru']

❶ print("Here is the original list:")
   print(cars)

❷ print("\nHere is the sorted list:")
   print(sorted(cars))

❸ print("\nHere is the original list again:")
   print(cars)
```

首先是以原本順序印出串列❶，再依照字母排序來顯示這個串列❷，在以新的排序顯示串列之後，我們再次印出串列來看串列還是以原本順序排列❸。

```
Here is the original list:
['bmw', 'audi', 'toyota', 'subaru']

Here is the sorted list:
['audi', 'bmw', 'subaru', 'toyota']

❶ Here is the original list again:
['bmw', 'audi', 'toyota', 'subaru']
```

請留意在使用 sorted() 函式之後，串列中的項目還是會以原本的順序排列❶。如果您想要按字母反序來顯示串列的項目，可在 sorted() 函式傳入 reverse=True 參數。

> **NOTE**
>
> 當串列中並不是所有項目的值都是英文字母小寫時，要對它進行依照字母順序排列會有點複雜。當我們決定排序時有多種處理大寫字母的方法，在現階段要指定精確的排序方式會有些複雜，不過，本節所介紹的排序知識已足夠運用在大多數的情況。

反序印出串列

若想要反轉串列項目原本的順序，可使用 reverse() 方法。如果我們在 cars 串列中存放的項目是依照時間順序來排放的，則可輕鬆地以反序的方式重新排列：

```
cars = ['bmw', 'audi', 'toyota', 'subaru']
print(cars)

cars.reverse()
print(cars)
```

請留意一點，reverse() 並不是指按字母反序排列串列的項目，而只是簡單地反轉串列項目的排列順序：

```
['bmw', 'audi', 'toyota', 'subaru']
['subaru', 'toyota', 'audi', 'bmw']
```

reverse() 方法會永久性地改變串列中項目的排列順序，但可以隨時再反轉回來，只要再對串列套用 reverse() 即可。

找出串列的長度

藉由使用 len() 函式能快速找出串列的長度。在下列範例中的串列有四個項目，所以長度為 4：

```
>>> cars = ['bmw', 'audi', 'toyota', 'subaru']
>>> len(cars)
4
```

在程式設計中，當您要處理遊戲中還有多少個外星人未被射中、了解管理的視覺化資料有多少、知道網站有多少登錄的帳戶等工作時，就會發現 len() 函式很好用。

> **NOTE**
> Python 計算串列的項目元素數量時是從 1 算起，因此找出的串列不會有差 1 的問題。

實作練習

3-8. 放眼世界：至少想出 5 個您想去旅行的地方。

- 把這些地方存放到一個串列中，並確定其中的項目並不是依英文字母順序排列。

- 依照原本排列順序印出這個串列，不用考量輸出顯示是不是很整齊，只要印出原本的串列。

- 在不修改原串列的情況下，使用 sorted() 方法讓串列以字母順序排列顯示。

- 再次印出原本串列，證實串列的原本順序沒有變更。

- 在不修改原串列的情況下，使用 sorted() 方法讓串列按照字母反序來排列顯示。

- 再次印出原本串列，證實串列的原本順序沒有變更。

- 使用 reverse() 反轉串列中項目的排列順序，印出該串列以證實串列中的項目排列順序已變更。

- 再次使用 reverse() 反轉串列中項目的排列順序，印出該串列以證實串列中的項目排列順序又反轉回原本的順序。

- 使用 sort() 讓串列的項目依字母順序重新排列，印出該串列以證實串列中的項目排列順序已變更。

- 使用 sort() 讓串列的項目依字母反序排列，印出該串列以證實串列中的項目排列順序已變更。

3-9. 晚餐客人名單：選擇在 3-4 或 3-7 練習時所編寫的程式之中的一個，使用 len() 方法印出一條訊息，告知邀請了幾位客人來共進晚餐。

3-10. 使用各個函式：請想一想可存放到串列的東西，例如山岳、河流、國家、城市、語言或任何您喜歡的東西等。請編寫一支程式建立含有這些項目的串列，隨後使用本章所介紹的各個函式，至少使用一次來處理這個串列。

使用串列時避免 IndexError

這是在剛開始用串列時常會遇到的一種錯誤。假設有個串列內含三個項目，但使用者卻要求了第四個項目：

⬇ motorcycles.py
```
motorcycles = ['honda', 'yamaha', 'suzuki']
print(motorcycles[3])
```

這個範例的執行結果會是個索引錯誤：

```
Traceback (most recent call last):
  File "motorcycles.py", line 2, in <module>
    print(motorcycles[3])
          ~~~~~~~~~~~^^^
IndexError: list index out of range
```

Python 試著提供索引足標 3 所在位置的項目，但當它搜尋 motorcycles 串列時，並沒有索引足標 3 所在的項目。由於串列的索引足標有差 1 的特質，所以這種錯誤很常見。大家常把串列第三個項目的索引足標想成是 3，因為是從 1 開始算起，但要從 0 開始算起才正確，所以串列第三個項目的索引足標為 2。

索引錯誤的意思是 Python 不能理解您所指定的索引足標，如果在程式中發生索引錯誤，請試著將您指定的索引足標數目減 1，然後再執行程式看看結果是否正確。

請記住，當需要存取串列最後一個項目時，可使用 -1 來當索引足標。這在任何一種情況下都適用，就算最近一次存取時串列長度已有變更也一樣適用：

```
motorcycles = ['honda', 'yamaha', 'suzuki']
print(motorcycles[-1])
```

使用 -1 當索引足標會返回串列的最後一個項目，這個例子為 'suzuki'：

```
suzuki
```

只有在串列是空的時候，使用 -1 來存取最後一個項目會產生錯誤：

```
motorcycles = []
print(motorcycles[-1])
```

motorcycles 串列是空的，沒有任何項目在其中，因此 Python 會返回索引錯誤的訊息：

```
Traceback (most recent call last):
  File "motorcyles.py", line 3, in <module>
    print(motorcycles[-1])
          ~~~~~~~~~~~~^^^^
IndexError: list index out of range
```

如果發生索引錯誤卻無法解決時，請試著把串列或其長度印出，串列可能和您所想的完全不同，若程式中有對串列進行了動態的處理時更是如此。透過查看串列內容和長度，能協助您找出這種邏輯錯誤。

實作練習

3-11. **故意引起錯誤**：如果您還沒在程式遇過這種錯誤，請試著故意引起這種索引錯誤。在您的程式中，修改其中的索引足標就可引發索引錯誤，但請記得在結束和關閉程式前要把錯誤修正回來。

總結

本章我們學到了什麼是串列，以及如何使用串列中的個別項目；同時學會如何定義串列和新增刪除串列的項目；另外，還學到怎麼永久性重新排序串列的項目內容，以及如何以顯示為目的暫時性重新排序串列的項目。最後學到如何找出串列的長度和避開索引錯誤的辦法。

在第 4 章，我們將學習如何更有效率地處理串列的項目，利用短短幾行程式來巡遍整個串列的內容，快速有效地處理它們，就算串列中的項目有數千到數百萬個都一樣。

第 4 章

串列的操作與運用

在第 3 章我們已學會怎麼建立簡單的串列,也學了如何處理串列個別的元素。本章我們將學習如何以迴圈來遍訪整個串列,不管串列有多長,只需要幾行程式碼就搞定。迴圈允許我們對串列中每個項目都進行相同的一個或一組操作處理,因此我們能夠很有效率地運用任意長度的串列,就算串列中有數千、甚至數百萬個項目都沒問題。

迴圈遍訪整個串列

我們在程式設計時常需要遍訪整個串列的所有項目,並對每個項目進行相同的操作處理。舉例來說,在遊戲程式內可能要把畫面上的每個元素移動相同的距離;對於含有數值項目的串列,則可能需要對每個項目進行相同的統計運算;若在網站中則可能要顯示文章串列中的每個標題。這些需要對串列中每個項目進行相同操作的處理,可使用 Python 的 for 迴圈來完成。

假設我們有一份魔術師名單串列，現在要把串列中每位魔術師的名字印出來，我們可以單獨取得串列中的每個名字，但這樣的作法會有不少問題，其中一個是，如果串列很長的話，則需要很長很長的程式碼；另外當串列的長度發生變化時，也要修改程式碼。使用 for 迴圈的話就能避開這些問題，Python 會在內部幫我們打理好。

讓我們來看看使用 for 迴圈印出 magicians 串列中每個名字的範例：

⬇ magicians.py

```
magicians = ['alice', 'david', 'carolina']
for magician in magicians:
    print(magician)
```

我們在範例開始時是先定義串列，作法就像第 3 章所介紹的。接著是定義了 for 迴圈，告知 Python 從 magicians 串列中取出名字，並將它指定關聯到 magician 變數。隨後告訴 Python 把指定到 magician 變數內的名字印出來。Python 會對串列重複執行最後的兩行程式碼。這段程式碼若是以口語白話來解釋，就是「將 magicians 串列中每位 magician 的名字都印出來」。執行的輸出結果就是把串列中的名字印出來：

```
alice
david
Carolina
```

更深入討論迴圈

迴圈（looping）這個概念很重要，因為它是讓電腦自動完成重複工作中最常見的幾種方式之一。舉例來說，像在 magicians.py 檔所用的簡單迴圈，Python 最先讀到迴圈中的第一行程式：

```
for magician in magicians:
```

這行程式讓 Python 從 magicians 串列中擷取第一個項目值，並將值指定關聯到 magician 變數，第一個值就是 'alice'。隨後 Python 會讀取下一次程式碼：

```
    print(magician)
```

這行程式會讓 Python 印出 magician 變數目前的值，也就是 'alice'。由於串列中還有其他的值，所以 Python 再回到迴圈的第一行：

```
for magician in magicians:
```

此時 Python 從串列中取得下一個名字 'david'，並將值指定到 magician 變數內，再執行下一行程式碼：

```
    print(magician)
```

Python 再次印出 magician 變數目前的值，目前變成 'david'。接著 Python 再次執行迴圈，對串列中最後一個值 'carolina' 進行相同的處理。由於串列中已沒有值了，Python 會移到迴圈後的下一行程式，在這個範例中，for 迴圈後面已沒有程式碼，因此程式就結束。

當您第一次使用迴圈，請記住它會對串列中每個項目都會執行一次這組步驟，不管串列中含有多少個項目都是如此。假如串列有一百萬個項目，Python 就會重複執行這組步驟一百萬次，通常會很快就處理完。

另外當您在編寫 for 迴圈時，請記住一點，您可以為用於指定關聯串列中每一個值的臨時變數取任何一個合法的名字。不過還是建議您取個具有描述性又有意義的名字比較好，例如，假如要處理的是貓咪、小狗和一般的串列，可以參考下列所編寫的 for 迴圈程式碼：

```
for cat in cats:
for dog in dogs:
for item in list_of_items:
```

這種取名的慣例有助於讓大家明白 for 迴圈中對每個項目要進行操作處理。利用英文單字的單數和複數來命名，能協助判斷這段程式是處理單個項目，還是整個串列。

在 for 迴圈中進行更多操作

在 for 迴圈之中可對每個項目執行任何的操作，讓我們以前面的範例來擴充，對每位魔術師都印出一條說明他的演出很精彩的訊息。

⬇ magicians.py
```
magicians = ['alice', 'david', 'carolina']
for magician in magicians:
    print(f"{magician.title()}, that was a great trick!")
```

這裡的程式與前一個例子相比唯一不同的是，對每位魔術師都印出一條以其名字開頭的文字訊息。第一次迴圈時，magician 變數的值為 'alice'，因此 Python 印出的第一條訊息的開頭為 Alice；第二次迴圈時，訊息的開頭為 David，而第三次迴圈時是 Carolina。

輸出的內容是對串列中每位魔術師都印出一條屬於他個人的訊息：

```
Alice, that was a great trick!
David, that was a great trick!
Carolina, that was a great trick!
```

我們想在 for 迴圈中放多少行程式碼都可以，在 for magician in magicians 這行程式之後，每行縮排的程式碼都算**在迴圈之內**，且都會對串列中每個項目執行一次。因此，我們可以對串列中的每個值進行任何操作處理。

讓我們新增第二行程式碼來秀出訊息，告知每位魔術師我們很期待再看到他們的表演：

```
magicians = ['alice', 'david', 'carolina']
for magician in magicians:
    print(magician.title() + ", that was a great trick!")
    print(f"I can't wait to see your next trick, {magician.title()}.\n")
```

因為兩條 print 陳述句都有縮排，所以它們在對串列中每位魔術師都執行一次，第二條訊息的 print 陳述句有用了換行符號（\n），在每次迴圈迭代結束印出第二條訊息後會插入一空行，讓串列各個魔術師的訊息有整齊分隔開：

```
Alice, that was a great trick!
I can't wait to see your next trick, Alice.

David, that was a great trick!
I can't wait to see your next trick, David.

Carolina, that was a great trick!
I can't wait to see your next trick, Carolina.
```

在 for 迴圈中要放多少行程式碼都可以。事實上，您會發現使用 for 迴圈來對串列中每個項目進行多個不同的操作是很有用的。

for 迴圈結束後的處理

一旦 for 迴圈執行結束後會怎麼樣呢？一般來說，都會提供彙總性的輸出或接著執行程式要完成的其他工作。

在 for 迴圈之後沒有縮排的程式碼都只執行一次，不會重複。用個例子來說明，這裡要印出一條向全體魔術師致謝的訊息，感謝他們的精彩演出。這條訊息會在印完對各個魔術師的訊息後面才再印出，其作法是不用縮排這行程式，如下所示：

```
magicians = ['alice', 'david', 'carolina']
for magician in magicians:
    print(f"{magician.title()}, that was a great trick!")
    print(f"I can't wait to see your next trick, {magician.title()}.\n")

print("Thank you, everyone. That was a great magic show!")
```

前二條 print() 針對每位魔術師印出訊息在前面已看過，而最後一行的 print 陳述句則是沒有縮排，它並不屬於 for 迴圈，不會重複執行，只在迴圈結束後才執行一次：

```
Alice, that was a great trick!
I can't wait to see your next trick, Alice.

David, that was a great trick!
I can't wait to see your next trick, David.

Carolina, that was a great trick!
I can't wait to see your next trick, Carolina.

Thank you, everyone. That was a great magic show!
```

當您使用 for 迴圈來處理資料，您會發覺這是彙總整個資料集執行操作的好方法。舉例來說，您可能會用 for 迴圈來處理遊戲程式中初始化每個遊戲角色，並讓它們顯示在螢幕上；然後在迴圈之後新增一個不縮排的程式碼區塊，在螢幕上繪製所有角色之後顯示一個 Play Now 的按鈕。

避免縮排的誤用

Python 會依據這行程式的縮排（indentation）來判斷與前一行程式的關係。在前面介紹的範例中，對各個魔術師印出訊息的那兩行程式有縮排，是屬於 for 迴圈的一部分。Python 會利用縮排讓程式碼變得更易讀，基本上它就是要我們使用空白縮排來讓程式碼整齊而結構分明。在較長的 Python 程式中，我們會注意到程式中可能有不同層級縮排的程式碼區塊，縮排的層級能協助我們掌握整體程式的組織結構。

當您開始運用適當的縮排來編寫程式時，需要注意一些常見的**縮排錯誤**。舉例來說，我們有時候對不需要縮排的程式區塊做了縮排，卻在需要縮排的地方又忘了要縮排。現在看一看這些錯誤的範例會幫助您日後避開這種錯誤，另外當這類錯誤出現時也能快速被修正。

讓我們一起瞧瞧這些常見的縮排錯誤吧！

忘了縮排

在 for 陳述句後面屬於迴圈的程式行都要縮排，如果忘了縮排，Python 會顯示錯誤訊息提醒：

⬇ magicians.py

```
    magicians = ['alice', 'david', 'carolina']
    for magician in magicians:
❶ print(magician)
```

在❶這行的 print() 陳述句應該要縮排卻沒有縮排，當 Python 找不到縮排的程式區塊時，會讓您知道哪一行程式碼可能有問題：

```
  File "magicians.py", line 3
    print(magician)
    ^
IndentationError: expected an indented block after 'for' statement on line 2
```

一般來說，只要把 for 陳述句後面的程式行或程式區塊縮排，就能修正這樣的錯誤。

忘了縮排其他程式行

有時迴圈能執行且沒有回報錯誤訊息，但呈現的結果卻不是我們想要的；當我們想要在迴圈中進行多項工作，卻忘了縮排某行程式時，這種情況就會發生。

舉例來說，迴圈中第二行程式是顯示對每位魔術師說明我們很期待下一場演出的訊息，但我們卻忘了縮排這行程式，就會發生這種狀況：

```python
magicians = ['alice', 'david', 'carolina']
for magician in magicians:
    print(f"{magician.title()}, that was a great trick!")
❶ print(f"I can't wait to see your next trick, {magician.title()}.\n")
```

在❶這裡的第二條 print() 陳述句原本要縮排，但因為已滿足 Python 要 for 陳述句後至少要有一行縮排的程式行，因此執行後不會有錯誤訊息。從執行結果來看，只對串列中每位魔術師執行第一條 print() 陳述句，因為這行程式縮排了，但第二條 print() 陳述句沒有縮排，因此只在 for 迴圈結束後才執行一次，由於 magician 變數最後迴圈關聯的值為 'carolina'，因此就只印出「I can't wait to see your next trick, Carolina.」：

```
Alice, that was a great trick!
David, that was a great trick!
Carolina, that was a great trick!
I can't wait to see your next trick, Carolina.
```

這算是個**邏輯錯誤**（**logical error**）。從 Python 程式語法上來看都是合法的，但有邏輯上的錯誤，導致執行結果不是我們想要的。如果我們期望是對每個串列中的項目都執行一次，但卻只執行一次時，請確定是不是要把這行或多行程式縮排歸屬到迴圈內。

不需要的縮排

如果程式中不小心縮排了不必要縮排的程式行，Python 會顯示意外縮排的錯誤訊息：

⬇ hello_world.py

```python
message = "Hello Python world!"
    print(message)
```

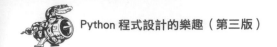

這裡的 print() 陳述句並不需要縮排，因為這行並不歸屬前一行程式碼，因此 Python 回報錯誤訊息：

```
File "hello_world.py", line 2
    print(message)
    ^
IndentationError: unexpected indent
```

為了避免意外縮排的錯誤，在縮排程式行時要小心。到現階段的程式範例中，只有歸屬在 for 迴圈中要對每個串列項目進行處理的程式行，才需要縮排。

迴圈之後不需要的縮排

如果不小心把應在迴圈結束後才執行的程式行縮排了，該程式行就會跟著迴圈對每個串列中的項目重複執行。有些時候 Python 會回報錯誤訊息，但大多數都是邏輯錯誤，不會顯示錯誤訊息。

舉例來說，如果不小心把對全體魔術師致謝的訊息程式行縮排了，結果會是：

```
magicians = ['alice', 'david', 'carolina']
for magician in magicians:
    print(f"{magician.title()}, that was a great trick!")
    print(f"I can't wait to see your next trick, {magician.title()}.\n")

❶      print("Thank you everyone, that was a great magic show!")
```

由於❶這行程式縮排，它也會對串列中每位魔術師印出一次，如下所示：

```
Alice, that was a great trick!
I can't wait to see your next trick, Alice.

Thank you everyone, that was a great magic show!
David, that was a great trick!
I can't wait to see your next trick, David.

Thank you everyone, that was a great magic show!
Carolina, that was a great trick!
I can't wait to see your next trick, Carolina.

Thank you everyone, that was a great magic show!
```

這是個邏輯錯誤，與前面「忘了縮排其他程式行」小節所談的錯誤相似。因為 Python 並不知道您要怎麼設計程式碼，只要是合法的程式它都會執行。如果原本設計的只應該執行顯示一次卻執行了多次，請確定是否對程式行做了不必要的縮排。

忘記加冒號

在 for 陳述句尾端的冒號是用來告訴 Python 下一行是迴圈的開始：

```
   magicians = ['alice', 'david', 'carolina']
❶ for magician in magicians
       print(magician)
```

如果忘了加冒號，如❶所示，就會導致語法錯誤，因為 Python 不知道您想要做什麼。

```
File "magicians.py", line 2
   for magician in magicians
                            ^
SyntaxError: expected ':'
```

Python 不會知道您是否只是忘了加冒號，或者您是否打算編寫額外的程式碼來設定更複雜的迴圈。如果直譯器能識別出可能的修復方法，它會提出建議，例如在行尾加冒號，所以在訊息中顯示了「expected ':'」來提醒您。有了 Python 所提供的 tracebacks 建議，有些錯誤的修復變得很簡單且明顯。但也有些錯誤卻不好解決，就算最終只是修改一個字元的小錯誤。當某個小錯誤的修復需要很長時間才能找到時，別難過灰心，有這種體驗的，絕對不只您一人。

實作練習

4-1. 披薩：想出至少三種喜歡的披薩口味，並將其名稱存放到串列中，再使用 for 迴圈將每種披薩名稱印出來。

- 修改 for 迴圈，印出有描述性的句子，在此句子中放入披薩的名稱，對每種披薩都印出像「I like pepperoni pizza.」的句子。

- 在程式尾端新增一行程式，在 for 迴圈之後，是要印出您喜歡披薩的句子。輸出的這句是總結，放在印出每種披薩訊息之後，句子像「I really love pizza!」。

4-2. **動物**：想出至少三種具有共同特質的動物，把這些動物名稱存放到串列內，再使用 for 迴圈將每種動物的名稱印出來。

- 修改這支程式，印出有描述性的句子，句子中結合動物名稱，對每種動物都印出像「A dog would make a great pet.」的句子。

- 在程式尾端新增一行程式，描述這些動物的共同特質，例如印出「Any of these animals would make a great pet!」的句子。

建立數字串列

想要儲存一組數字的原因有很多，例如，在遊戲程式內想要追蹤每個角色的位置，以及追蹤記錄玩家最高得分；或是在資料視覺化呈現上要處理的大多是由數字所組成的集合，這些數字集合（numerical set）可能是溫度、距離、人口數、經度和緯度等。

串列很適合用來存放數值集合，而 Python 也提供了許多工具可協助我們有效地處理數字串列。搞清楚怎麼有效率地活用這些工具，就算串列中含有數百萬個項目，編寫設計的程式也能執行得很好。

使用 range()函式

Python 的 range() 函式可以很輕鬆地產生一系列的數字，舉例來說，使用 range() 函式印出一系列的數字：

⬇ first_numbers.py
```
for value in range(1,5):
    print(value)
```

雖然這段程式看起來像要印出 1 到 5 的數字，但實際上 5 是不會印出來的：

```
1
2
3
4
```

在此範例內，range() 只印出 1 到 4 的數字，這是我們常在程式語言中所看到的差 1（off-by-one）因素所造成的結果。range() 函式會讓 Python 從指定的第一個值開始算起，到指定的第二個值就停止，因此輸出並不含第二個值，也就是這個例子中的數字 5。

若想要印出 1 到 5 這幾個數字，要使用 range(1, 6)：

```
for value in range(1,6):
    print(value)
```

這次執行的輸出結果是從 1 開始到 5 結束：

```
1
2
3
4
5
```

使用 range() 函式時，若輸出結果不符合預期，請試著對最後的值加 1 或減 1。

您也可以對 range() 函式只傳入一個引數，它會從 0 開始算起。舉例來說，range(6) 會返回 0 到 5 的數字。

使用 range() 製作數字串列

如果您想要製作數字串列，可使用 list() 函式把 range() 的結果直接轉成串列。當您把 range() 當成參數包在 list() 中來呼叫執行，那麼輸出的結果就會是個數字串列。

在前一小節所用的範例中，我們簡單地印出一系列的數字，現在我們可以用 list() 把相同的這組數字轉換成串列：

```
numbers = list(range(1,6))
print(numbers)
```

執行結果如下：

```
[1, 2, 3, 4, 5]
```

我們還可以用 range() 函式告知 Python 跳過給定範圍內的數字。如果在 range() 中傳入第三個引數，則 Python 在生成數字時會以這個引數值作為步長。

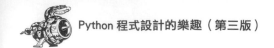

舉例來說，這裡列出 1 到 10 的偶數：

⬇ even_numbers.py
```
even_numbers = list(range(2,11,2))
print(even_numbers)
```

在這個範例內，range() 函式是從 2 開始起算，以 2 為步長來遞增，直到或超過第二個數值 11 才停止，產生的結果如下：

```
[2, 4, 6, 8, 10]
```

使用 range() 函式幾乎可以製作任何的數字集，例如，我們來製作一個存放了 1 到 10 平方值的串列。在 Python 中用兩個星號（**）來表示乘方的運算。這裡秀出怎麼把 1 到 10 的平方值存到串列的作法：

⬇ squares.py
```
    squares = []
    for value in range(1,11):
❶       square = value ** 2
❷       squares.append(square)

    print(squares)
```

一開始我們建立了空串列 squares，接著是使用 range() 函式讓 Python 以迴圈遍訪 1 到 10 的整數值，並在迴圈中以目前的值進行平方運算，將結果指定關聯到 square 變數❶。在❷這行會把每個 square 平方值附加新增到 squares 串列尾端。最後在迴圈結束後印出 squares 串列：

```
[1, 4, 9, 16, 25, 36, 49, 64, 81, 100]
```

若想要讓這支程式設計得更簡潔，可省去使用 square 變數，直接把每個平方運算的結果新增到 squares 串列尾端即可：

```
squares = []
for value in range(1,11):
    squares.append(value**2)

print(squares)
```

這行的程式碼與 squares.py 中兩行程式碼有相同的效用。在迴圈中的每個項目值都會進行平方運算，隨即把結果新增到 squares 串列的尾端。

當您想要建立更複雜的串列時，上述這兩種方式都可使用。有時候使用臨時性的變數能讓程式好讀易懂，但好像又會讓程式變得冗長。建議您還是先把焦點放在讓程式好讀易懂上來思考設計要完成的功能，等到重新回顧檢視完成的程式碼時，再來思考要不要用更有效率的方法。

數字串列的簡單統計運算

Python 中有幾個函式可專門用來處理數字串列的運算。舉例來說，我們可以很輕鬆地找出數字串列中的最大值、最小值與加總值：

```
>>> digits = [1, 2, 3, 4, 5, 6, 7, 8, 9, 0]
>>> min(digits)
0
>>> max(digits)
9
>>> sum(digits)
45
```

> Note
>
> 因為書本頁面寬度有限，本節所介紹的數字串列都很短，但這裡所說明的知識一樣適用在含有數百萬個項目的大型數字串列。

串列推導式（list comprehension）

前面所描述製作 squares 串列的方式用了三到四行程式碼，而**串列推導式（list comprehension）**則讓我們只用一行程式就製作出像這樣的串列。串列推導式把 for 迴圈和建立新元素的程式碼合併成一行，並自動地新增每個新的元素。串列推導式這項功能並不一定會對初學者講解，但我在這裡介紹的原因是，您有可能在閱讀別人所編寫的程式碼時會遇到。

下列的範例使用了串列推導式來建立前面介紹過的平方數字串列：

⬇ squares.py
```
squares = [value**2 for value in range(1,11)]
print(squares)
```

若要使用這種語法，首先要取一個具有描述性的串列名稱，例如 squares，然後用一組中括號，並在括號中間定義一個表示式來產生要存放到新串列中的值。

以這個範例來看，表示式 value**2 是計算平方值，隨後的是一個 for 迴圈提供表示式用來運算的值。範例中 for 迴圈是 for value in range(1, 11)，會把 1 到 10 數字提供給前面的表示式 value**2 來計算，請留意一點，這裡的 for 陳述句尾端並沒有冒號哦！

執行結果與前面所示的平方數字串列一樣：

```
[1, 4, 9, 16, 25, 36, 49, 64, 81, 100]
```

想要寫出屬於自己的串列推導式是需要一點練習，不過當您熟悉適應了建立一般的串列後，您會發現花點時間學習是值得的。若您發覺重複用三到四行程式碼來產生串列有點無聊，就思考怎麼寫出串列推導式吧！

實作練習

4-3. 從 1 數到 20：使用 for 迴圈印出數字 1 到 20（包含 20）。

4-4. 100 萬：請建立一個串列，內含 1 到 1000000 的整數，再用 for 迴圈將串列中的數字都印出來（如果執行輸出時間太長，可按 Ctrl+C 鍵停止執行，或關閉視窗即可）。

4-5. 100 萬的加總：請建立含有 1 到 1000000 整數的串列，再使用 min() 和 max() 確認串列是從 1 開始，而 1000000 是結尾。再使用 sum() 函式看看 Python 加總這 100 萬個數字有多快。

4-6. 奇數：在 range() 函式中使用第三個引數來建立奇數串列，內含 1 到 20 之間的奇數。再使用 for 迴圈把這些奇數都印出來。

4-7. 3 的倍數：建立一個串列，其中含有 3 到 30 之間是 3 的倍數的數字，再用 for 迴圈把這個串列中的數字都印出來。

4-8. 三次方：同一個數字乘三次就是三次方，也稱立方。舉例來說，在 Python 中 2 的三次方是用 2**3 來表示。請建立一個串列，內含 1 到 10 整數的三次方值，再用 for 迴圈把這些三次方數值印出來。

4-9. 三次方推導式：使用串列推導式來產生串列，其中為 1 到 10 整數的三次方值。

處理串列中某部分的內容

在第 3 章中我們學到如何存取串列中某個項目元素，在本章則是學習怎麼處理串列的所有元素。另外我們還可只處理串列中某部分的內容，在 Python 中稱之為「**切片（slice）**」。

切片

要作出切片，需要指定使用的第一個元素和最後一個元素的索引足標。與 range() 函式相同，Python 在算到指定的第二個索引足標前的元素就會停，所以處理範圍不含第二個索引足標的元素。例如，要輸出串列中前三個元素，則要指定 0 到 3 的索引足標，輸出的是 0、1 和 2 索引足標的內容。

下列的例子是以球隊的隊員名單來示範：

⬇ players.py
```python
players = ['charles', 'martina', 'michael', 'florence', 'eli']
print(players[0:3])
```

這裡會印出串列的切片，此切片有三名隊員，輸出的結果也是個串列：

```python
['charles', 'martina', 'michael']
```

對串列切片可產生任意的串列子集合，例如，想要擷取串列中第 2 到第 4 個元素，就把切片的起始索引足標設為 1，結尾索引足標設為 4：

```python
players = ['charles', 'martina', 'michael', 'florence', 'eli']
print(players[1:4])
```

這次執行結果的切片是從 'martina' 開始，'florence' 結尾：

```python
['martina', 'michael', 'florence']
```

如果沒有指定第一個索引足標，Python 會自動以串列的開頭作為切片的起始：

```python
players = ['charles', 'martina', 'michael', 'florence', 'eli']
print(players[:4])
```

由於沒有指定第一個索引足標，Python 就從串列的開頭擷取：

```
['charles', 'martina', 'michael', 'florence']
```

也有類似的作法讓切片可擷取到串列結尾，例如，想要擷取串列第 3 個到串列結尾的所有項目，切片的起始索引足標設為 2，結尾索引足標省略：

```
players = ['charles', 'martina', 'michael', 'florence', 'eli']
print(players[2:])
```

Python 會返回串列從第三個到結尾的所有項目元素：

```
['michael', 'florence', 'eli']
```

不管串列有多長，這種語法都能讓我們取出從指定位置到結尾的所有項目。此外，我們也可使用負數來當索引足標，負數是從尾端往回推的距離，因此可取出串列任意尾段的切片。舉例來說，我們想要取出名單串列中最後三名隊員，就可用切片 players[-3:]：

```
players = ['charles', 'martina', 'michael', 'florence', 'eli']
print(players[-3:])
```

這段程式會印出串列倒數後三名隊員的名字，就算串列長度有變化也不影響。

> **Note**
>
> 我們可以在括號中放入表示切片的第三個值。這個放入的第三個值，是告知 Python 在指定範圍內的項目之間可以跳過多少個項目。

迴圈遍訪切片

若想要以迴圈遍訪串列某部分的項目元素，可在 for 迴圈中使用切片來達成。以下的範例是遍訪串列前三名隊員名字，並將其印出：

```
players = ['charles', 'martina', 'michael', 'florence', 'eli']

print("Here are the first three players on my team:")
❶ for player in players[:3]:
    print(player.title())
```

在❶這行程式並沒有遍訪整個 players 串列，Python 只遍訪串列的前三項：

```
Here are the first three players on my team:
Charles
Martina
Michael
```

在多數的情況下切片功能是很有用的，例如，編寫遊戲程式時，可以在玩家遊戲結束時把最後得分存入到串列內，隨後可以讓串列依降冪重新排序，再建立一個擷取前三個得分的切片。另一個例子是，當我們處理大量資料時可用切片功能進行分批的處理。另外在編寫 Web 應用程式時，也可用切片來處理分頁顯示，切分成適當的內容數量在每個頁面中呈現。

複製串列

我們在編寫程式時，很常碰到需要以現有的串列為基礎來建立全新的串列。讓我們來探討一下複製串列的工作原理和其用處。

若想要複製串列，可先建立一個含有原本整個串列的切片，其做法就是都不放起始和結尾索引，只留冒號在中括號內（[:]），這樣就能複製整個串列了。

舉例來說，假設有個串列內含您最喜歡的三種食物，而您還想要建立另一個串列，其中是放另一位朋友喜歡的食物。您喜歡的食物也是您朋友所喜歡的，因此可以使用複製的方式來建立這個新的串列：

⬇ foods.py
```
  my_foods = ['pizza', 'falafel', 'carrot cake']
❶ friend_foods = my_foods[:]

  print("My favorite foods are:")
  print(my_foods)

  print("\nMy friend's favorite foods are:")
  print(friend_foods)
```

一開始先建立了一個 my_foods 串列，隨後在❶這行建立了一個全新的 friend_foods 串列，這是以不指定索引足標的方法下從 my_foods 串列擷取整個串列當切片，就等於複製了這個串列，並指定到 friend_foods 變數內。印出這兩個串列，您會發現列出的食物都相同：

```
My favorite foods are:
['pizza', 'falafel', 'carrot cake']

My friend's favorite foods are:
['pizza', 'falafel', 'carrot cake']
```

為了證明這分別是兩個串列，我們會分別新增不同食物到各自的串列內，確定這兩個串列都存放了您和朋友最喜歡的食物：

```
    my_foods = ['pizza', 'falafel', 'carrot cake']
❶ friend_foods = my_foods[:]

❷ my_foods.append('cannoli')
❸ friend_foods.append('ice cream')

    print("My favorite foods are:")
    print(my_foods)

    print("\nMy friend's favorite foods are:")
    print(friend_foods)
```

在❶這行我們把 my_foods 串列原本的項目複製一份到新的 friend_foods 串列內，如同前一個範例所做的。接著我們分別在兩個串列新增新的項目進去：在❷這行把 'cannoli' 附加到 my_foods 串列內，在❸這行把 'ice cream' 附加到 friend_foods 串列中。最後把這兩個串列都印出來，可看到新增的食物已放入對應的串列中。

```
My favorite foods are:
['pizza', 'falafel', 'carrot cake', 'cannoli']

My friend's favorite foods are:
['pizza', 'falafel', 'carrot cake', 'ice cream']
```

輸出內容顯示已經把 'cannoli' 附加到 my_foods 串列中了，但沒有 'ice cream'，而後面則顯示已經把 'ice cream' 附加到您朋友的 friend_foods 串列中，但沒有 'cannoli'。假如我們只是單純地把 my_foods 指定給 friend_foods（friend_foods = my_foods），這樣並不會真的建立兩個串列。以範例來說明，下列示範不使用切片來複製串列的情況：

```
my_foods = ['pizza', 'falafel', 'carrot cake']

# This doesn't work:
friend_foods = my_foods
```

```
my_foods.append('cannoli')
friend_foods.append('ice cream')

print("My favorite foods are:")
print(my_foods)

print("\nMy friend's favorite foods are:")
print(friend_foods)
```

在這裡是直接把 my_foods 指定關聯給 friend_foods，並不是把 my_foods 的複製品指定關聯到 friend_foods。這種指定語法在 Python 中是讓新的 friend_foods 變數連接到 my_foods 已存放的串列上，兩個變數都指向同一個串列（參照同一個串列）。因為這個原因，當我們把 'cannoli' 附加到 my_foods 中的串列內時，它也會出現在 friend_foods 中；同樣地，把 'ice cream' 附加到 friend_foods 的串列中時，也會出現 my_foods 的串列，因為兩個變數都參照到同個串列。

下列的輸出顯示這兩個串列是相同的，但這並不是我們想要的結果：

```
My favorite foods are:
['pizza', 'falafel', 'carrot cake', 'cannoli', 'ice cream']

My friend's favorite foods are:
['pizza', 'falafel', 'carrot cake', 'cannoli', 'ice cream']
```

> **NOTE**
>
> 現階段先別太擔心這個範例中的細節內容，基本上當您嘗試複製串列時，如果結果不是您想要的，請確認一下您是否像第一個範例是以整個切片來指定複製過去。

實作練習

4-10. 切片：請用本章編寫的程式，在尾端加幾行程式碼來完成下列工作：

- 印出「The first three items in the list are:」的訊息文字，再用切片來印出串列的前三個元素。
- 印出「Three items from the middle of the list are:」的訊息文字，再用切片來印出串列的中間三個元素。
- 印出「The last three items in the list are:」的訊息文字，再用切片來印出串列的最後倒數三個元素。

4-11. 我的披薩和你的披薩：以 4-1 所完成的程式為基底，在程式中複製 pizzas 串列，再指定到 friend_pizzas 變數中，然後完成下列工作：

• 在原來的 pizzas 串列中新增一種披薩。

• 在新的 friend_pizzas 串列中新增另一種披薩。

• 為了確認這是兩個不同的串列，先印出「My favorite pizzas are:」的訊息文字，再用一個 for 迴圈印出第一個串列的內容。再印出「My friend's favorite pizzas are:」的訊息文字，再用一個 for 迴圈印出第二個串列的內容。確定前面新增的披薩分別在不同的串列內。

4-12. 更多迴圈：在本小節中 foods.py 的各個版本都為了縮減篇幅而沒有使用 for 迴圈來印出串列，請選一個 foods.py，在其中編寫兩個 for 迴圈把兩個食物串列的內容印出來。

多元組

串列很適合用來存放在程式執行期間可能會變化的資料集合，串列是可以隨時修改的，這對於處理網站使用者帳戶串列或遊戲程式中的角色串列都很重要。不過，有時候我們應該會想要建立一個不能被修改的資料集合，這時「**多元組**（**tuples**，或譯為**元組**）」就能滿足這項要求。Python 把不能修改的值稱為**不可變的**（**immutable**），而這個不可變的串列就稱為多元組。

定義多元組

多元組很像串列，但用的是小括號（()）而不是中括號（[]）來定義。在定義完多元組之後就可用項目的索引足標來提取其中的元素，作法和串列相同。

舉例來說，假如有個矩形有固定的大小而不會隨意改變，那就可以把長度和寬度存放在多元組中，這樣就能確保不會被修改：

⬇ dimensions.py

```
dimensions = (200, 50)
print(dimensions[0])
print(dimensions[1])
```

我們先定義了 dimensions 多元組，這裡用的是小括號而不是中括號。接著把多元組的每個項目分別印出，使用的語法和我們以前用來存取串列中的元素時是一樣的：

```
200
50
```

接著讓我們瞧瞧試著修改 dimensions 多元組中的任一元素會有什麼結果：

```
dimensions = (200, 50)
dimensions[0] = 250
```

在這裡是想要修改多元組中第一個項目的值，這動作會導致 Python 返回型別錯誤的訊息。因為修改多元組是不允許的，所以 Python 會告知不能對多元組中的項目指定新值：

```
Traceback (most recent call last):
  File "dimensions.py", line 2, in <module>
    dimensions[0] = 250
TypeError: 'tuple' object does not support item assignment
```

這樣很有益處，當程式試圖修改 dimensions 多元組的尺寸大小時，我們希望 Python 回報錯誤訊息，執行後果真回報型別錯誤。

> **NOTE**
>
> 從技術上來看，多元組是由逗號來定義的；使用括號是為了讓它們看起來更整潔且更易閱讀。如果要定義只有一個元素的多元組，則需要有一個逗號來結尾：
>
> ```
> my_t = (3,)
> ```
>
> 使用只有一個元素來建構多元組一般來說並沒有意義，但是在自動生成多元組時，則可能會發生這種情況。

遍訪多元組中所有的值

就像在處理串列一樣，我們可以使用 for 迴圈來遍訪多元組中所有的值：

```
dimensions = (200, 50)
for dimension in dimensions:
    print(dimension)
```

結果與串列一樣，Python 會返回多元組中所有的元素：

```
200
50
```

重寫多元組

雖然我們不能修改多元組，但可以把新的值指定給代表多元組的變數。如此一來，若想要修改前面範例中矩形的尺寸大小，便可重新定義整個多元組：

```
dimensions = (200, 50)
print("Original dimensions:")
for dimension in dimensions:
    print(dimension)

dimensions = (400, 100)
print("\nModified dimensions:")
for dimension in dimensions:
    print(dimension)
```

首先這個區塊定義了一個多元組，並將其原本 dimensions 的值印出來。後面則是重寫新的多元組再指定關聯到 dimensions 變數。隨後在把新的 dimensions 多元組的內容全都印出來。執行後 Python 沒有回報錯誤訊息，因為重寫多元組並指定到變數是合法的：

```
Original dimensions:
200
50

Modified dimensions:
400
100
```

與串列相比，多元組算是個簡單的資料結構。如果在程式的整個生命週期中想要存放一組都不會改變的值，那就很適合用多元組來定義。

實作練習

4-13. 自助餐：假設有家自助餐廳只提供 5 種基本的食物，請試著想出 5 種食物，並以多元組定義和存放。

- 使用 for 迴圈把多元組中的 5 種食物都逐一印出。
- 請嘗試修改多元組中的某個項目，看看 Python 會不會拒絕您的請求。
- 餐廳調整了菜單，換了兩種基本食物，請編寫一段程式區塊：重寫新的多元組再指定到變數中，再使用 for 迴圈把新多元組的項目都逐一印出。

程式碼的編排風格

現階段我們編寫的程式已愈來愈長，有必要了解更多 Python 程式編排風格的規範和慣例。請花點時間讓程式碼變得更易讀且好懂，這有助於讓別人理解您程式的用途，也能協助他人了解您程式的內涵。

Python 程式設計師大都會同意依循約定慣用的編排風格，這樣就能確保每個人編寫出來的程式結構都會是一樣的。一旦您學會寫出簡潔的 Python 程式碼，您就能看懂別人同樣依循慣用編排風格所編寫的 Python 程式結構。假如您想成為專業的程式設計師，那您應該盡快學會遵循這些編排風格指南，養成好的程式編寫習慣。

編排風格指南

若想要對 Python 語言提出建議和修改，可編寫 **Python Enhancement Proposal**（**PEP**）。PEP 8 是最早期的 PEP 之一，是用來指導 Python 程式設計師如何設定編排風格的指南。PEP 8 的內容很長，但大多與複雜的程式設計結構有關。

Python 編排風格指南知道程式碼被閱讀的次數會比編寫的次數多，程式一寫出來之後，從除錯開始便是在閱讀它了。當我們想要為程式加入新的功能，可能會花很多時間在閱讀程式碼來研究怎麼新增功能。另外我們把程式分享給別人使用時，別的程式設計師也會閱讀我們的程式。

如果有兩個選擇只能選其一，一個是程式容易寫，一個是程式易讀好懂，那麼 Python 程式設計師幾乎都會選後者。下列的指南能協助您從一開始就寫出清晰簡潔的程式碼。

縮排

PEP 8 建議程式結構中每層縮排的層級都用四格的空格，這樣能增加可讀性，且能留下足夠的空間讓多層縮排結構可以運用。

在文書處理的文件中，大家常用 Tab 定位點而不用空格來縮排，雖然這在文書處理的文件中編排效果很好，但在 Python 中若混合使用 Tab 和空格時，容易讓直譯器產生混淆。很多文字編輯器都有一個設定，能將按 Tab 鍵轉換成多個空格，當您在編寫程式時雖然可用 Tab 來縮排，但請記得要在編輯器中設定，讓程式中的縮排插入的是四個空格而不是 Tab 符號。

在程式中混用 Tab 定位符號和空格可能會產生難以解決的問題，如果您在程式混用了這兩種空白，建議您將檔案中所有的 Tab 定位符號都取代轉換為空格，現在很多文字編輯器都提供了這種功能。

一行的長度

很多 Python 程式設計師都建議程式一行少於 80 個字元，早期的指南會這樣建議是因為終端視窗每行只能顯示 79 個字元，但現在電腦螢幕可容下的字元數多了很多，為什麼還是建議以 79 個字元的標準長度呢？

這是有原因的，專業的程式設計師一般會在螢幕上同時處理多份檔案，使用這樣的標準長度可讓他們在螢幕上並排開啟多個檔案，同時查看各個檔案完整的程式行。PEP 8 還建議注釋一行的長度不要超過 72 個字元，因為有些工具為大型專案自動產生文件時，會在每行注釋開頭加上格式化的字元。

PEP 8 中有關於一行長度的建議也並非固定不能改變的，有些小組把一行的最大長度設為 99 個字元。在學習階段我們還不需要太過考量程式碼的長度，但請留意，若和別人一起協作設計程式，最好遵守 PEP 8 指南的建議。在大多數的文字編輯器內都能設定垂直的界線，讓您了解一行的界線在什麼位置。

> **NOTE**
>
> 附錄 B 有介紹如何設定文字編輯器的說明，設定在按 Tab 定位符號時會插入四個空格。另外還有設定顯示垂直參考線，協助我們遵守一行長度不超過 79 個字元的規定。

空行

若想要從視覺上來區隔程式中不同的部分，可使用空行來分隔。我們應該要用空行來組織區分程式檔案的內容，但要小心不能濫用。只要依照本書範例所展示的作法，就能拿捏使用的時機。舉例來說，假如有五行是建立串列的程式碼，而有三行處理該串列的程式碼，用一行空行來把這兩個部分區隔開來是很適當的，但若用三四行空行來分隔就太超過了。

空行不會影響程式的執行，但會影響程式的可讀性。Python 直譯器會依照水平縮排來直譯解構程式碼，對垂直的間距則不關心。

其他編排風格

PEP 8 還有很多其他編排風格上的建議，但這些建議都用在更為複雜的程式結構中，本書目前介紹的程式還用不上，等我們學習到更複雜的 Python 結構時，我就會分享 PEP 8 相關的建議。

實作練習

4-14. PEP 8：請連到 *https://python.org/dev/peps/pep-0008/*，閱讀關於 PEP 8 的編排風格指南。現階段的您可能用到的並不多，請大致瀏覽研讀。

4-15. 程式碼回顧：隨意選用本章編寫出來的三支程式，依據 PEP 8 指南的慣例來檢視程式碼是否合乎其規範。

- 每一層縮排都是用四個空格。請對文字編輯器進行設定，讓它在您按下 Tab 鍵時都會插入四個空格，如果您還沒設定，請先進行相關設定（附錄 B 有設定的相關資訊）。

- 每一行不超過 80 個字元。請對文字編輯器進行設定，在第 80 個字元的位置顯示一條垂直參考線。
- 不要在程式中使用過多的空行。

總結

本章我們學到如何有效率地處理串列中的項目元素、如何使用 for 迴圈來遍訪串列、了解 Python 怎麼依據縮排來確定程式的層級結構、如何避免常見的縮排錯誤、如何建立簡單的數字串列和對數字串列執行相關操作、如何利用切片來取用串列中的某一部分、如何用切片來複製整個串列。然後也學到多元組的運用，保護程式中某些要固定不能變更的值，最後則學習如何在程式碼愈來愈複雜時，正確使用編排風格來讓程式易讀好懂。

在第 5 章，我們將討論如何使用 if 陳述句在不同條件下進行不同的處理，然後學習怎麼把一組複雜的條件合併在一起，在滿足特定條件或資訊時進行對應的處理。最後還會學習如何在遍訪串列時，利用 if 陳述句對特定的項目元素進行特別的處理。

第 5 章

if 陳述句

程式設計的工作中常會碰到要檢查一組條件，並依據條件來進行對應的處理。Python 的 if 陳述句能讓我們檢查程式目前的狀況，並依據該狀況來進行適當的回應。

本章我們將會學到怎麼編寫條件測試來檢查任何感興趣的狀況。首先會學到簡單的 if 陳述句，然後是建立一系列更複雜的 if 陳述句來檢查目前是處在什麼狀況下。接著會把學到的知識用在處理串列上，編寫 for 迴圈配合 if 陳述句依照不同條件和狀況來處理串列中的特定項目元素。

從簡單的範例開始

下面這個簡短的範例展示了怎麼用 if 陳述句正確地回應處理特別的情況。假如我們有個 cars 串列，想把存放在其中的每台車子的廠牌名稱印出來，對大多數的廠牌名稱來說，第一個字母要大寫來呈現，但對 'bmw' 則全部都要大寫。下列的程式碼會遍訪整個串列，並以第一個字母大寫來印出廠牌名稱，但碰到 'bmw' 時則全部都用大寫來印出：

↓ cars.py

```
cars = ['audi', 'bmw', 'subaru', 'toyota']

for car in cars:
❶    if car == 'bmw':
        print(car.upper())
    else:
        print(car.title())
```

在這個例子中的迴圈內會先檢查目前車子的廠牌名稱是否為 'bmw' ❶，如果是，則以全部大寫來印出，否則就以第一個字母大寫來印出：

```
Audi
BMW
Subaru
Toyota
```

這個範例結合了我們要在本章中學習的一些概念。接著就來看看我們可以用哪些檢測來檢查程式中的條件。

條件檢測

每一條 if 陳述句的核心就是表示式，它會運算求值為 True 或 False 的結果，這個表示式就稱為**條件檢測**（**conditional test**）。Python 會依據條件檢測的結果為 True 或 False 以決定是否要執行 if 陳述句內的程式碼。如果條件檢測的結果是 True，Python 會執行緊接在 if 陳述句後的程式碼區塊，如果是 False，則 Python 會忽略這些程式碼。

檢查是否相等

大部分的條件檢測中都是對變數內目前的值與特定的值進行比較，最簡單的條件檢測就是檢查看看變數的值是否與特定值相等：

```
>>> car = 'bmw'
>>> car == 'bmw'
True
```

第一行先用一個等號＝把 'bmw' 指定關聯到 car 變數內，這種作法您之前已看過很多次了。接著是用兩個等號 == 來檢查 car 中的值是否等於 'bmw'。如果在**相等運算子**左側和右側的值相等，就會返回 True，否則就會返回 False。在這個範例中，兩側的值相等，因此 Python 返回 True。

當 car 中的值不是 'bmw' 時，就會返回 False：

```
>>> car = 'audi'
>>> car == 'bmw'
False
```

單一個等號是敘述，就像上面第一行程式，可解讀成「將 car 變數的值指定成 'audi'」。使用兩個等號時則像在詢問，第二行程式可解讀成「car 變數的值等於 'audi' 嗎？」。大多數的程式語言在等號的使用上都是如此的。

檢查是否相等時忽略大小寫

在 Python 中檢查是否相等時是有區分大小寫的，例如，相同的單字但兩個大小寫不同時會被視為不相等：

```
>>> car = 'Audi'
>>> car == 'audi'
False
```

如果要區分大小寫，這樣的預設行為是很讚的，但如果不想要區分大小寫，只想要檢查變數中的值，我們可以先把變數的值轉換成小寫再來比較：

```
>>> car = 'Audi'
>>> car.lower() == 'audi'
True
```

不管存在 car 中的 'Audi' 大小寫格式是什麼，上述的檢測都會返回 True，因為這個檢測的 car.lower() 已轉成小寫，不再區分大小寫了。lower() 函式不會變更存放在變數的值，因此在這樣的檢測時不會影響原本的變數內容：

```
>>> car = 'Audi'
>>> car.lower() == 'audi'
True
>>> car
'Audi'
```

第一行把第一個字母大寫的字串 'Audi' 指定存到 car 變數內，這二行則是取得 car 變數的值並轉成小寫，其結果再和 'audi' 字串進行比較。這兩個字串相同，因此 Python 返回 True。最後再輸出 car 變數的內容，確認 lower()方法並沒有影響存放在 car 變數中的值。

網站對使用者輸入的資料也會用類似的方法來處理，舉例來說，網站會用這樣的條件檢測來確保使用者輸入的名稱是唯一的，不會因為大小寫而又有所區分。使用者在提交新的使用者名稱時會先轉換成小寫，並與所有現存的使用者名稱的小寫版本進行比較，進行這樣的檢測時如果已有人用過 'john'，不論大小寫，則使用者若提交 'John' 時也會被拒絕。

檢查是否不相等

若想要檢查兩個值是否不相等，可用驚嘆號和等號所合成的**不相等運算子**（!=）來處理，下列範例使用了一條 if 陳述句來展示怎麼使用 != 運算子，我們把要求的披薩配料指定到 requested_topping 變數，再印出一條訊息說明顧客要求的配料是否為 anchovies（鯷魚）：

⬇ toppings.py
```
requested_topping = 'mushrooms'

if requested_topping != 'anchovies':
    print("Hold the anchovies!")
```

這裡把 requested_topping 中的值與 'anchovies' 進行不相等的比較，如果不相等，則 Python 會返回 True 並執行 if 陳述句後面的程式；如果這兩個值相等，則返回 False，因此不會執行 if 陳述句後面的程式。

範例中 requested_topping 的值不是 'anchovies'，因此執行 print 陳述句：

```
Hold the anchovies!
```

我們所編寫的大多數是比較相等的條件表示式，但有時使用比較不相等的表示式會更有效率。

數值的比較

比較檢查數值是很直接的，如下列的程式碼是用來檢查是否為 18 歲：

```
>>> age = 18
>>> age == 18
True
```

我們還可以檢查兩個數值是否不相等，如下所示的程式碼實例在答案不正確時
會印出一條訊息文字：

⬇ magic_number.py

```
answer = 17
if answer != 42:
    print("That is not the correct answer. Please try again!")
```

這裡的 answer（17）並不等於 42，條件滿足通過，因此會執行 if 陳述句內縮
的程式區塊：

```
That is not the correct answer. Please try again!
```

在條件陳述句中是可放入各種數學的比較，如小於、小於等於、大於、大於等
於這類：

```
>>> age = 19
>>> age < 21
True
>>> age <= 21
True
>>> age > 21
False
>>> age >= 21
False
```

在 if 陳述句中可以使用各種數學比較，讓我們直接檢測感興趣的條件。

檢測多個條件

我們可能需要同時檢測多個條件，例如，有時我們需要在兩個條件都為 True 的
情況下才執行對應的處理，而有時只要求一個條件為 True 即可執行相關的操
作。在這些狀況下，and 和 or 關鍵字能幫得上忙。

使用 and 檢測多個條件

若想要檢測兩個條件是否為 True，可用 and 關鍵字把兩個條件連結起來，如果
兩個條件都通過（True），則整個連結起來的表示式就為 True，若只要有一個
條件沒通過（False），則整個表示式就為 False。

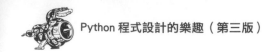

舉例來說，我們要檢查兩個人是否都不小於 21 歲，可用下列的檢測：

```
    >>> age_0 = 22
    >>> age_1 = 18
❶  >>> age_0 >= 21 and age_1 >= 21
    False
❷  >>> age_1 = 22
    >>> age_0 >= 21 and age_1 >= 21
    True
```

首先是定義了 age_0 和 age_1 兩個年齡的變數。隨後則檢測兩個變數的值是否都大於等於 21 ❶，左側的檢測通過了（True），但右側的檢測沒過（False），所以整個表示式的結果為 False。在❷這裡把 22 指定到 age_1 變數，這樣 age_1 的值就大於 21 了，左右兩個條件都通過，因此整個表示式的結果為 True。

若想要增進可讀性，可將每個單獨的檢測條件用括弧括起來，但這並不是必要的處理，不過如果使用了括弧，則看起來會像下列這般：

```
(age_0 >= 21) and (age_1 >= 21)
```

使用 or 檢測多個條件

or 關鍵字也允許我們進行多個條件的檢測，只要有一個條件滿足（True），就能通過整個檢測。若以 or 連接兩個條件，只有在兩個條件都沒通過時，整個 or 表示式才會是 False。

讓我們再次檢測兩個人的年齡，檢測條件是至少有一個年齡不小於 21 歲：

```
    >>> age_0 = 22
    >>> age_1 = 18
❶  >>> age_0 >= 21 or age_1 >= 21
    True
❷  >>> age_0 = 18
    >>> age_0 >= 21 or age_1 >= 21
    False
```

我們先從定義兩個年齡變數開始。接著在❶這裡的 age_0 檢測通過了，因此整個表示式的求值結果為 True。接下來在❷這裡把 age_0 的年齡減少為 18，檢測的兩個條件都不通過，所以整個表示式的求值結果為 False。

檢測某個特定值是否在串列之中

在進行處理動作之前有件重要的事是，先檢測某個特定值是否有在串列之中。舉例來說，在新使用者完成網站的登錄註冊之前，需要先檢測所提供的使用者帳號名稱是否已存在網站使用者名稱串列之中；另一個例子是在標示地圖的專案中，需要先檢測使用者所提交的地埋位置資訊是否已存在現有已知的位置串列內了。

若想要判別某個特定值是否在串列之中，可以使用 in 關鍵字來配合。讓我們用披薩店所編寫的程式碼為例，這段程式先建立了一個串列，存放了使用者要點的披薩配料，接著可以檢測某個特定配料是否有在這個串列內。

```
>>> requested_toppings = ['mushrooms', 'onions', 'pineapple']
>>> 'mushrooms' in requested_toppings
True
>>> 'pepperoni' in requested_toppings
False
```

這裡用 in 關鍵字讓 Python 檢測 'mushrooms' 和 'pepperoni' 是否有在 requested_toppings 串列中，這項技巧超有用的，在您建立串列並放入一些值之後，可輕鬆地檢測某個特定值是否已存在串列之中。

檢測某個特定值是否不在串列中

有些時候我們想要確定在串列中並沒有存放某個特定值，在這樣的情況下，可使用 not in 關鍵字來協助。舉例來說，如果有一個串列，所存放的是被禁止在討論區中發表評論的使用者帳號，那麼就可以在讓使用者提交評論前，檢測該帳號是否有被禁止發言：

⬇ banned_users.py
```
banned_users = ['andrew', 'carolina', 'david']
user = 'marie'

if user not in banned_users:
    print(user.title() + ", you can post a response if you wish.")
```

這裡的 if 陳述句很好懂，如果 user 的值沒有在 banned_users 串列中，Python 會返回 True，下面內縮的程式區塊會執行。

user 變數關聯的 'marie' 值並沒有在 banned_users 串列內，因此她會看到一條允許貼文的訊息：

```
Marie, you can post a response if you wish.
```

布林表示式

當您學習到更多關於程式設計的課題時，就會遇到「**布林表示式（Boolean expression）**」，它只是條件檢測的另一個稱呼而已。與條件檢測的表示式一樣，布林表示式的求值結果一定是 True 或是 False。

布林值常用來記錄條件，例如遊戲是否正在啟用中，或是使用者能不能編輯網站的某些內容：

```
game_active = True
can_edit = False
```

在追蹤程式狀態或程式中有某些重要的條件，布林值提供了很有效率的應用。

實作練習

5-1. 條件檢測：請編寫一系列條件檢測，印出每個檢測的陳述語句和結果預測，程式碼要像下列這般：

```
car = 'subaru'
print("Is car == 'subaru'? I predict True.")
print(car == 'subaru')

print("\nIs car == 'audi'? I predict False.")
print(car == 'audi')
```

- 仔細查看結果，確定您真的了解為什麼這些條件式求值結果為 True 或 False。
- 建立至少 10 個條件檢測，其中至少 5 個的求值結果為 True 和至少 5 個的求值結果為 False。

---

if 陳述句

當您學會條件檢測，就可以開始編寫 if 陳述句了。if 陳述句有很多種，要用哪一種取決於條件檢測的數量。前面已簡單介紹過 if 陳述句的幾個例子，現在要更深入探討這個議題。

簡單的 if 陳述句

最簡單的 if 陳述句是只有一個條件檢測和一個處理動作：

```
if conditional_test:
    do something
```

在第一行中可放入任何條件檢測，緊接在後的內縮程式區塊則是要處理的操作。如果條件檢測結果為 True 時，則 Python 就會執行緊接在後的內縮程式，若條件檢測結果為 False 時，Python 會忽略後面的內縮程式。

我們以一個例子來說明，假設有個變數代表某人的年齡，若您想知道此人是否有投票權時，可用下列程式碼處理：

⬇ voting.py
```
age = 19
if age >= 18:
    print("You are old enough to vote!")
```

這裡的程式會讓 Python 檢測 age 變數的值是否大於等於 18，因為 age 設為 19，所以結果為 True，而 Python 會執行這裡內縮的 print() 陳述句：

```
You are old enough to vote!
```

在 if 陳述句中，內縮的作用與 for 迴圈是一樣的，如果檢測通過（True），就會執行 if 陳述句後所有內縮的程式碼行，若沒有通過則忽略不執行。

緊接在 if 陳述句後的程式區塊中，可依照需求寫入任意行的程式碼，下面的例子是當某人過了投票年齡，則會多出一行，詢問是否有去登錄了：

```
age = 19
if age >= 18:
    print("You are old enough to vote!")
    print("Have you registered to vote yet?")
```

當條件檢測通過了，這兩條內縮的 print() 陳述句就會執行：

```
You are old enough to vote!
Have you registered to vote yet?
```

如果 age 的值小於 18 的話，這支程式就不會有任何輸出。

if-else 陳述句

一般來說，在條件檢測通過時執行某一種動作，而不通過時則執行另一種動作，若是在這樣的情況下，則可使用 Python 提供的 if-else 陳述句來達成這種處理。if-else 陳述句區塊和 if 陳述句很類似，只是其中 else 陳述句可讓我們寫入在條件檢測不通過時要執行的處理。

下列的程式實例是某個人到能投票年齡時顯示與前面範例相同的訊息文字，而在年齡還沒到時顯示另一條訊息：

```
    age = 17
❶ if age >= 18:
        print("You are old enough to vote!")
        print("Have you registered to vote yet?")
❷ else:
        print("Sorry, you are too young to vote.")
        print("Please register to vote as soon as you turn 18!")
```

如果在❶這裡的條件檢測通過（True），就會執行下面第一個內縮的 print() 區塊，如果檢測條件沒過（False），就會執行❷這裡 else 下的程式區塊。而這個例子 age 為 17，小於 18，條件檢測結果為 False，因此執行 else 程式區塊：

```
Sorry, you are too young to vote.
Please register to vote as soon as you turn 18!
```

範例程式碼可以執行是因為只有兩種狀況：小於 18 歲不能投票和大於等於 18 歲能投票。if-else 結構在您希望 Python 總是只執行兩個可能操作之一的情況時效果很好。在這種簡單的 if-else 路徑中都只會是二選一，執行其中一個。

if-elif-else 路徑

在編寫設計程式時常會需要檢測超過兩種以上的條件狀況，此時 Python 提供的 if-elif-else 語法就能派上用場。Python 只會執行 if-elif-else 路徑中的一個程式區塊，它會依序檢測每個條件，直到碰到符合條件的檢測，在檢測通過後，Python 才會執行緊接在後面的程式區塊，並跳過其他剩下的檢測。

現實生活中大多數的情況都會涉及兩個以上的可能條件。舉例來說，有個依據年齡來收費的遊樂園：

- 4 歲以下免費。

- 4~18 歲收 25 元。

- 18 或 18 歲以上收 40 元。

我們如何使用一條 if 陳述句來確定某個人的入園費用呢？以下的程式碼會檢測不同年齡區段，並印出一條入場收費的訊息：

⬇ amusement_park.py

```
    age = 12

❶ if age < 4:
        print("Your admission cost is $0.")
❷ elif age < 18:
        print("Your admission cost is $25.")
❸ else:
        print("Your admission cost is $40.")
```

在❶這行的 if 是檢測此人是否小於 4 歲，如果是，Python 會印出一條適當的訊息並跳過剩下的檢測。在❷這裡的 elif 算是另一個 if 檢測，只在前面條件檢測沒過時才到這裡執行。路徑走到這裡，我們已知道這個人的年齡至少 4 歲以上，因為第一個檢測沒過。如果此人小於 18 歲，Python 會印出對應的適當訊息，並跳過 else 區塊。如果 if 和 elif 的檢測都沒過（都 False），Python 就會執行❸這裡 else 區塊中的程式。

在這個範例中，❶這裡的檢測求值結果為 False，因此不執行其程式區塊，隨後第二個檢測求值結果為 True（12 小於 18），因此執行這個程式區塊，印出一個句子，說明入園費用：

```
Your admission cost is $25.
```

只要 age 起過 17 歲，前兩個條件檢測都不會通過，此時就會執行 else 程式區塊，印出入園費用為 40 元。

不要在 if-elif-else 區塊中印出入園費用，而是改成設定對應的入園費用到一個變數內，然後在 if-elif-else 都檢測執行完成後，再以設定的變數來印出訊息，這樣整個程式碼就會變得更加簡潔：

```python
age = 12

if age < 4:
    price = 0
elif age < 18:
    price = 25
else:
    price = 40

print(f"Your admission cost is ${price}.")
```

這裡的程式碼會像前一個範例那樣依據年齡條件來判斷，把入園對應的費用指定到 price 變數中。在 if-elif-else 部分設定好 price 的值之後，再呼叫一條沒有內縮的 print() 陳述句，依據 price 變數的值印出入園費用的訊息。

這段程式碼產生的輸出結果與前面的範例相同，但是 if-elif-else 路徑的用途更窄。這裡沒有確定價格後顯示訊息，而僅是確定入園門票的價格。這樣的寫法除了效率高之外，在修改時也相對容易，例如要修改印出的文字訊息時，只需要修改一條 print() 陳述句，而不用改三條。

使用多個 elif 程式區塊

在設計程式時可依照需求使用多個 elif 程式區塊,例如,前面例子中的遊樂園要提供老人入場折扣,此時可再新增一個條件檢測,檢查客人年齡是否符合打折的條件。以下是對 65 及 65 歲以上老人家提供入門費用半價,20 元的優待:

```python
age = 12

if age < 4:
    price = 0
elif age < 18:
    price = 25
elif age < 65:
    price = 40
else:
    price = 20

print(f"Your admission cost is ${price}.")
```

這段程式並沒有什麼大的變動,只是多新增了一個 elif 程式區塊檢測 age 不到 65 歲的 price 設為全票 40 元。請留意,在 else 程式區塊中要把 price 改指定為 20 元,因為這是 age 為 65 及 65 歲以上時才會執行這個區塊。

省略 else 程式區塊

Python 中的 if-elif 路徑結構後面並不一定要放 else 程式區塊,在某些情況下,else 程式區塊還是有其用途,但在某些情況下可直接只用一條 elif 陳述句來處理,這會讓程式的邏輯更清楚:

```python
age = 12

if age < 4:
    price = 0
elif age < 18:
    price = 25
elif age < 65:
    price = 40
elif age >= 65:
    price = 20

print(f"Your admission cost is ${price}.")
```

在第三個 elif 程式區塊的 age 大於等於 65 時,會把 price 設為 20 元,這比使用 else 程式區塊更清楚些。經過這樣的修改後,每個區塊都只有在條件檢測通過後才會進去執行。

else 是個較廣泛的陳述，只要不滿足指定的 if 或 elif 條件檢測，else 中的程式就會執行，這樣有可能會引入不合法或惡意的資料。如果知道最後要檢測的條件，應考慮再用一個 elif 程式區塊來代替 else，這樣才能確保只有在滿足該條件下，對應的程式碼才會執行。

檢測多個條件

if-elif-else 語法功能很強大，但只適用於僅有一種條件滿足時才執行的狀況，因為在語法中會由上而下依序檢測，當遇到條件檢測通過並執行後，就會跳過剩下的條件檢測。這種作法有其優點，效率也高，但僅能檢測滿足特定的一種條件。

然而有的時候我們希望檢測所有感興趣的條件，在這樣的情況下，就要使用一系列不含 elif 和 else 區塊的單純 if 陳述語法。在可能有多個檢測條件為 True，且需要替每個為 True 的條件都進行對應的處理動作時，這種一系列單純的 if 陳述句是很適合使用的。

接著以披薩店的範例再次重新思考，假如顧客點兩種配料，就要確定這兩種配料都會放入披薩中：

⬇ toppings.py

```
requested_toppings = ['mushrooms', 'extra cheese']

if 'mushrooms' in requested_toppings:
    print("Adding mushrooms.")
❶ if 'pepperoni' in requested_toppings:
    print("Adding pepperoni.")
if 'extra cheese' in requested_toppings:
    print("Adding extra cheese.")

print("\nFinished making your pizza!")
```

首先是新建立 requested_toppings 串列來放置顧客所點的配料，然後在這裡的 if 陳述句會檢查 'mushrooms' 是否有在顧客點的配料串列中，如果有，則印出一條確認已加上蘑菇的訊息。然後❶這裡檢查 'pepperoni' 是否有在顧客點的配料串列中的程式也是單純的 if 陳述句，不是 elif 或 else。因此不管前面一個檢測是否有通過，這個條件檢測都會進行。而檢測 'extra cheese' 是否有在顧客點的配料串列中，也不管前面兩個檢測的結果為何，這裡也會執行。當這支程式執行時，其中的這三個條件檢測都會進行處理。

因為在這個範例中所有檢測都會執行，而 requested_toppings 串列中存放了 'mushrooms' 和 'extra cheese'，所以會印出披薩加了對應的配料：

```
Adding mushrooms.
Adding extra cheese.

Finished making your pizza!
```

如果我們使用 if-elif-else 區塊，程式就不會正確執行，因為在一個條件檢測通過後就會跳過剩下的檢測：

```
requested_toppings = ['mushrooms', 'extra cheese']

if 'mushrooms' in requested_toppings:
    print("Adding mushrooms.")
elif 'pepperoni' in requested_toppings:
    print("Adding pepperoni.")
elif 'extra cheese' in requested_toppings:
    print("Adding extra cheese.")

print("\nFinished making your pizza!")
```

在第一個檢測 'mushrooms' 是否有在 requested_toppings 串列時通過了，因此 'mushrooms' 會加到披薩中。但是 Python 接下來會跳過剩下的條件檢測，不再檢查 'pepperoni' 和 'extra cheese' 是否有在串列內，所以程式執行的結果是只加了一種配料，多的不會再加入：

```
Adding mushrooms.

Finished making your pizza!
```

總而言之，如果只想要執行一個程式區塊，就使用 if-elif-else 路徑結構；如果想要執行多個程式區塊，就使用一系列單獨的 if 陳述句。

實作練習

5-3. 異形的色彩#1：假設在遊戲中射擊異形，請建立一個 alien_color 變數，並指定關聯 'green'、'yellow' 或 'red' 等色彩。

- 編寫 if 陳述句，檢測 alien_color 是否為 'green'（綠色），如果是，則印出訊息告知玩家得 5 分。

- 編寫兩個版本的 if 程式範例，一個版本如上述檢測有通過就印出訊息，而另一個版本則是沒有通過檢測，因此沒有印出任何東西。

5-4. 異形的色彩#2：比照 5-3 的練習設定異形的色彩到變數中，請編寫一個 if-else 語法。

- 如果異形是 'green'，印出一條訊息告知玩家因射中此種異形得 5 分。
- 如果異形不是 'green'，印出一條訊息告知玩家得 10 分。
- 編寫兩個版本，在一個版本中是執行 if 程式區塊，在另一個版本則執行 else 程式區塊。

5-5. 異形的色彩#3：將 5-4 的練習中 if-else 語法改寫成 if-elif-else 結構。

- 如果異形是 'green'，印出得一條訊息告知玩家 5 分。
- 如果異形是 'yellow'，印出得一條訊息告知玩家 10 分。
- 如果異形是 'red'，印出得一條訊息告知玩家 15 分。
- 編寫三個版本，分別設異形為 'green'、'yellow' 和 'red' 的色彩，讓範例在執行時各印出一條對應的得分訊息。

5-6. 人的生涯階段：設定一個 age 變數，編寫一個 if-elif-else 路徑結構以 age 為條件來檢測決定目前在哪個生涯階段：

- 如果 age 小於 2 歲，印出一條訊息顯示在嬰兒階段。
- 如果 age 大於等於 2 且小於 4 歲，印出一條訊息顯示在學步階段。
- 如果 age 大於等於 4 且小於 13 歲，印出一條訊息顯示在兒童階段。
- 如果 age 大於等於 13 且小於 20 歲，印出一條訊息顯示在青少年階段。
- 如果 age 大於等於 20 且小於 65 歲，印出一條訊息顯示在成年階段。
- 如果 age 大於等於 65 歲，印出一條訊息顯示在老年階段。

5-7. 最愛的水果：建立一個串列，存放您最愛的水果，再編寫一系列單獨的 if 陳述句，檢測串列中是否含有某種水果。

- 串列取名為 favorite_fruits，在其中放入三種水果名稱。
- 編寫 5 條單獨的 if 陳述句，每一條都檢測某種水果是否有在串列內，如果有則印出訊息文字，例如 You really like bananas!。

使用 if 陳述句來處理串列

如果您把 if 陳述句和串列合起來使用，就能進行一些有趣的處理。例如，觀察串列中某個特定值來對其進行特別的處置。另外能有效率地處理不斷更新變化的情況，例如餐廳在更換菜單時是否含有某種特定的食材項目。也能證明您的程式在所有可能的情況下，都會依照您所期望的條件來執行。

檢測特定項目

本章一開始的簡單實例示範了如何處理 'bmw' 這個特定值，讓這個字串以全部大寫的格式來顯示。現階段您已對條件檢測和 if 陳述句有一定的了解，接下來要更深入研究如何檢測串列中是否含有某個特定值，並對它進行適當的處理。

繼續以前面使用過的披薩店為例。這家店在製作披薩時，會在加上一種配料時印出一條對應的訊息。我們先建立一個串列，其中存放了顧客所點的配料，再使用迴圈以很高的效率來逐一把加到披薩的配料印出來：

⬇ toppings.py
```python
requested_toppings = ['mushrooms', 'green peppers', 'extra cheese']

for requested_topping in requested_toppings:
    print(f"Adding {requested_topping}.")

print("\nFinished making your pizza!")
```

輸出很直接，因為這段程式所用的只是個簡單的 for 迴圈：

```
Adding mushrooms.
Adding green peppers.
Adding extra cheese.

Finished making your pizza!
```

假如披薩店的 'green peppers'（青椒）用完了要怎麼處理呢？可以在 for 迴圈中加入一條 if 陳述句來處理這種狀況：

```python
requested_toppings = ['mushrooms', 'green peppers', 'extra cheese']

for requested_topping in requested_toppings:
    if requested_topping == 'green peppers':
        print("Sorry, we are out of green peppers right now.")
```

```
    else:
        print(f"Adding {requested_topping}.")
print("\nFinished making your pizza!")
```

這次我們在披薩加上配料之前都先檢測，在這裡的程式會檢測顧客是否有點 'green peppers'，如果有，則顯示一條青椒已用完的訊息。而 else 程式區塊則是確定其他配料都會加到披薩上。

輸出顯示已把顧客所點的配料作了適當的處置：

```
Adding mushrooms.
Sorry, we are out of green peppers right now.
Adding extra cheese.

Finished making your pizza!
```

檢測串列不是空的

到目前為止，我們對每個檢測都作了簡單的假設，那就是串列中至少都含有一個項目。隨後就要讓使用者輸入資訊來存放到串列內，因此不會再假設每次迴圈執行時串列不是空的。與其做假設，先在執行 for 迴圈之前檢測串列是不是空的就十分重要。

舉例來說，在製作披薩前先檢查顧客所點的配料串列 requested_toppings 是不是空的，如果是空的，就對顧客顯示一條訊息，告知他沒有點配料。如果不是空的，就以前面範例的程式來處理披薩：

```
requested_toppings = []

if requested_toppings:
    for requested_topping in requested_toppings:
        print(f"Adding {requested_topping}.")
    print("\nFinished making your pizza!")
else:
    print("Are you sure you want a plain pizza?")
```

我們先建立一個空的 requested_toppings 串列，接著不要馬上進入 for 迴圈，而是進行快速的檢測，當在 if 陳述句中使用了串列名稱，如果這個串列中至少有一個項目，那 Python 會返回 True，如果串列是空的就會返回 False。若 requested_toppings 通過條件檢測，那就會依照前面範例那樣執行 for 迴圈的處理。如果不是，則會跳到 else 執行，印出一條訊息。

在這個範例中 requested_toppings 串列是空的，所以印出詢問顧客是否都不點配料的訊息：

```
Are you sure you want a plain pizza?
```

如果這個串列不是空的，就會顯示披薩加入的配料。

使用多個串列

顧客的要求很多，尤其在點披薩時更是如此，假如顧客要在披薩中加上炸薯條當配料時又該如何處理呢？我們可以使用串列和 if 陳述句來確定所點的配料是否能正常提供。

一起來瞧瞧在製作披薩前不尋常配料加點的處理。以下的例子定義了兩個串列，其中第一個 available_toppings 串列是披薩店正常提供的加點配料，而第二個 requested_toppings 串列則是顧客所點的配料。這次會先對 requested_toppings 串列中的每個項目進行檢測，看看是否都是披薩店正常提供的配料，然後才進行加入披薩的處理：

```
  available_toppings = ['mushrooms', 'olives', 'green peppers',
                        'pepperoni', 'pineapple', 'extra cheese']

❶ requested_toppings = ['mushrooms', 'french fries', 'extra cheese']

  for requested_topping in requested_toppings:
❷     if requested_topping in available_toppings:
          print(f"Adding {requested_topping}.")
❸     else:
          print(f"Sorry, we don't have {requested_topping}.")

  print("\nFinished making your pizza!")
```

一開始先定義一個串列，其中存放了披薩店正常提供的配料，請留意，如果披薩店的配料項目是固定不能變的，可用多元組來存放。接著再建立一個串列，存放的是顧客點的配料，請注意其中有個不尋常的項目 'french fries' ❶。隨後的迴圈會遍訪顧客所點配料串列的每個項目，再對每個項目檢測看它是否有在披薩店正常提供配料的串列中❷，如果有，則將它加到披薩中，如果沒有，則跳到 else 程式區塊執行❸，印出一條訊息告知顧客沒有提供這種配料選項。

這段程式執行後輸出乾淨有用的結果：

```
Adding mushrooms.
Sorry, we don't have french fries.
Adding extra cheese.

Finished making your pizza!
```

這是只用幾行程式碼就有效率地打理了生活中的真實狀況！

實作練習

5-8. Hello Admin：建立一個串列，其中至少要有 5 個使用者帳號，而且其中有一個是 'admin'。請編寫程式，要對每位使用者在登入網站時會印出一條問候訊息。請以迴圈遍訪串列的每位使用者帳號，並對其印出問候訊息。

- 如果使用者帳號為 'admin'，就印出特別的問候訊息，例如「Hello admin, would you like to see a status report?」。

- 如果不是 'admin' 帳號，則以普通的問候訊息顯示，例如「Hello Eric, thank you for logging in again.」。

5-9. 沒有使用者帳號的情況：在 5-8 完成的練習中加入一條 if 陳述句，用來檢測使用者帳號串列是不是空的。

- 如果是空的，就印出「We need to find some users!」訊息。

- 刪除串列中所有的使用者帳號，並確定印出正確的訊息。

5-10. 檢測使用者帳號：請依照下列的說明來編寫程式，確認網站中每位使用者所用的帳號都是唯一的。

- 建立取名為 current_users 的串列，其中至少要有 5 個帳號。

- 再建立取名為 new_users 的串列，其中至少要有 5 個帳號，並確定其中有一或兩個新帳號名字和 current_users 串列是相同的。

- 以迴圈遍訪 new_users 串列，對每個帳號都檢測，看它是否已被使用。如果是，則印出請輸入其他帳號的訊息文字，如果不是，則印出這個帳號未被使用。

- 確定在檢測比較時不分大小寫：也就是說，如果 'John' 帳號已被使用，則新帳號若取 'JOHN' 時也要被拒絕（您需要把兩個串列中的項目改成小寫版本來進行比對）。

> **5-11. 序數**：以序數來循序存入串列，其順序就表示其位置，例如 1st 或
> 2nd。除了 1、2 和 3 之外，大多數的序數都以 th 結尾。
>
> - 建立一個串列，存放數字 1 到 9。
> - 用迴圈遍訪這個串列。
> - 在迴圈中使用 if-elif-else 語法結構，把每個序數正確地印出來，輸出內容
>   應為 "1st 2nd 3rd 4th 5th 6th 7th 8th 9th"，但每個序數都單獨一行。

if 陳述句的編寫風格

本章中的每個範例都展現了很好的編寫風格與習慣。在條件檢測的風格上，
PEP 8 提供的唯一建議是在使用如 ==、>= 和 <= 等比較運算子時，兩側都加入
一個空格，例如：

```
if age < 4
```

就比

```
if age<4
```

好。

這樣的空格不會影響 Python 直譯程式碼，但我們在閱讀程式時會更清晰好懂。

實作練習

5-12. if 陳述句的風格：請回顧本章您所編寫的程式，看看其中的條件檢測是否都用了正確的編寫風格。

5-13. 您的想法：和剛開始閱讀本書的時候相比，現階段的您已是位功力更強大的程計設計人了，您已更有能力在程式中解決現實生活上的問題，隨著功力愈來愈強大，您可能還會有其他想解決的問題，請把這些問題記錄下來。例如，您可以想一想可能設計的遊戲程式、想要挖掘的資料集，或者想要建立的 Web 應用程式。

總結

本章我們學習了如何編寫條件檢測，視條件通過與否、檢測求值結果通常為 True 或 False。學會了編寫單純的 if 陳述句、if-else 陳述句和 if-elif-else 結構，在程式中我們用了這些語法結構來檢測特定條件，確認這些條件是否滿足。學習了利用 for 迴圈遍訪串列每項元素時，針對某特定值進行特別的處理。也學習 Python 在條件檢測編寫風格上的建議，在編寫愈來愈複雜的程式時，其程式內容能保持易讀好懂。

第 6 章我們將討論 Python 字典。字典與串列很類似，但能讓不同的資訊關聯起來。我們將學習如何建立和遍訪字典，以及怎麼把字典、串列和 if 陳述句結合在一起運用。學習字典能讓我們對現實世界的更多情況進行建模和處理。

第 6 章

字典

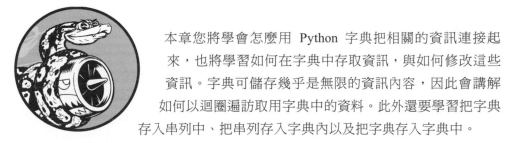

本章您將學會怎麼用 Python 字典把相關的資訊連接起來,也將學習如何在字典中存取資訊,與如何修改這些資訊。字典可儲存幾乎是無限的資訊內容,因此會講解如何以迴圈遍訪取用字典中的資料。此外還要學習把字典存入串列中、把串列存入字典內以及把字典存入字典中。

了解字典之後能讓我們更正確地對現實世界的問題進行塑模。我們可以建立一個代表「人」的字典,然後在其中存入各式各樣的資訊,數量不限,例如姓名、年齡、地址、職業或是要描述的任何東西。我們還可以把兩種相關的資訊對應地儲存在一起,例如一系列的單字和與其對應的解釋、一系列的人名和其對應喜愛的數字,以及一系列山脈名稱和其對應的高度海拔等資訊。

單純的字典

讓我們以遊戲程式為例，遊戲中有一些顏色和得分都不相同的外星異形，下列以一個單純的字典來存放關於特定外星異形的資訊：

⬇ alien.py
```
alien_0 = {'color': 'green', 'points': 5}

print(alien_0['color'])
print(alien_0['points'])
```

alien_0 字典存放了外星異形的顏色和得分數，並用了兩條 print 陳述句印出從字典存放的這些資訊，結果如下所示：

```
green
5
```

如同多數的程式語言一般，活用字典是需要一點時間來練習的，在使用一段時日之後，就會了解為什麼字典能如此有效率地對現實世界中的情況進行塑模。

使用字典

在 Python 中**字典**是一系列的**鍵－值對**（**key-value pairs**）的集合。每個**鍵**（**key**）都有一個**值**（**value**）相關聯，我們可以使用鍵來存取與它關聯的值。與鍵相關聯的值可以是數值、字串、串列，甚至是另一個字典也可以。實際上，任何由 Python 所建立的物件（object）都可以當作字典的值。

在 Python 中字典是用大括號 {} 括住一系列的鍵－值對來呈現，如前面例子：

```
alien_0 = {'color': 'green', 'points': 5}
```

鍵－值對是一組相互關聯的值，當您給定一個鍵（key），Python 會返回與這個鍵相關聯的值（value）。鍵和值之間是用冒號 : 來分隔，而鍵－值對之間則用逗號分開，您想要在字典中存入多少個鍵－值對都可以。

最簡單的字典是只有一個鍵－值對，下列為修改後的 alien_0 字典：

```
alien_0 = {'color': 'green'}
```

這個字典只存放了一個關於 alien_0 的資訊，就是外星異形的顏色。在字典中的 'color' 為鍵，與它關聯對應的值為 'green'。

存取字典中的值

若想要取得與鍵相關聯的值，可給定字典的名稱，然後以中括號括住指定的鍵，如下所示：

⬇ alien.py
```
alien_0 = {'color': 'green'}
print(alien_0['color'])
```

這個例子執行會返回 alien_0 中與 'color' 鍵相關聯的值：

```
green
```

字典中可以放入任意數量的鍵－值對，舉例來說，原本的 alien_0 字典中有兩個鍵－值對：

```
alien_0 = {'color': 'green', 'points': 5}
```

現在可存取 alien_0 字典的顏色和得分數了，在遊戲中如果玩家射中外星異形，就可用下列這段程式來確定玩家得多少分：

```
alien_0 = {'color': 'green', 'points': 5}

new_points = alien_0['points']
print(f"You just earned {new_points} points!")
```

在字典定義好之後，程式會從字典中取得與 'points' 鍵相關聯的值，並將此值指定關聯到 new_points 變數。接著把這個整數值轉換成字串，連接訊息文字印出，告知玩家得了幾分。

```
You just earned 5 points!
```

如果您每次在異形被射中時執行這段程式碼，就能擷取該外星異形的分數。

新增鍵－值對

字典是動態的結構，可隨時新增鍵－值對進去。若想要新增鍵－值對，可編寫字典名稱、再用中括號括住「鍵」，然後再指定相關聯的「值」進去。

接著就以 alien_0 字典為例，在其中新增兩項資訊：外星異形的 x 座標和 y 座標，讓外星異形在螢幕上特定的位置顯示。我們把外星異形放在畫面最左側的邊緣且離頂端 25 像素的位置，由於畫面座標系統的原點為左上角，因此將 x 座標設為 0 就能讓外星異形放在畫面最左側邊緣，若要離頂端 25 像素則將 y 座標設為 25，如下所示：

```python
alien_0 = {'color': 'green', 'points': 5}
print(alien_0)

alien_0['x_position'] = 0
alien_0['y_position'] = 25
print(alien_0)
```

首先定義的字典是前面一直使用的字典範例，隨後將原本這個字典印出來當參考。接著對這個字典新增了一個鍵－值對，其中鍵為 'x_position'，值則指定為 0。然後又重複這樣的寫法新增鍵－值對，鍵為 'y_position'，值則指定為 25。當執行程式印出修改新增的字典，就會看到剛新增的兩個鍵－值對在字典中：

```python
{'color': 'green', 'points': 5}
{'color': 'green', 'points': 5, 'y_position': 25, 'x_position': 0}
```

字典的最後版本有四個鍵－值對，其中原本的兩個是放外星異形的顏色和得分數，後面新增的則是外星異形的 x 和 y 座標位置。

字典會保留了原本定義時的鍵－值對順序。當我們以迴圈遍訪或印出字典內的元素時，會看到其原本新增入字典時的順序。

從建立空字典開始

一開始先建立空字典再新增鍵－值對的作法有時是為了方便，但有時卻是必要的。首先用一對大括號 {} 來定義空的字典，再分行逐一新增各個鍵－值對。舉例來說，這裡示範了怎麼使用這種作法來建立 alien_0 字典：

⬇ alien.py
```python
alien_0 = {}

alien_0['color'] = 'green'
alien_0['points'] = 5

print(alien_0)
```

此範例先定義了空的 alien_0 字典，再新增 'color' 和 'points' 的鍵－值對，結果就如前面例子一直使用的字典：

```
{'color': 'green', 'points': 5}
```

一般來說，會先定義一個空字典，通常是用來儲存使用者所提供的資料，或在編寫能自動產生大量鍵－值對資料的程式時才會使用。

修改字典中的某個鍵對應的值

若想要修改字典中的值，給定字典名稱、使用中括弧括住「鍵」，再把相關聯的新「值」指定過去即可。舉例來說，假設遊戲在進行時想要把外星異形從 green 改成 yellow：

⬇ alien.py
```
alien_0 = {'color': 'green'}
print(f"The alien is {alien_0['color']}.")

alien_0['color'] = 'yellow'
print(f"The alien is now {alien_0['color']}.")
```

首先定義了一個表示外星異形，其中存放了外星異形顏色的 alien_0 字典。隨後把 'color' 鍵所關聯的值改指定為 'yellow'，從輸出的結果看，這個外星異形字典的顏色已改成 'yellow'：

```
The alien is green.
The alien is now yellow.
```

以更有趣的例子來說明，我們想要記錄追蹤能以不同速度移動的外星異形的位置，首先要存放外星異形目前的速度，並以此來決定外星異形向右移的距離：

```
    alien_0 = {'x_position': 0, 'y_position': 25, 'speed': 'medium'}
    print(f"Original position: {alien_0['x_position']}")

    # Move the alien to the right.
    # Determine how far to move the alien based on its current speed.
❶ if alien_0['speed'] == 'slow':
        x_increment = 1
    elif alien_0['speed'] == 'medium':
        x_increment = 2
    else:
        # This must be a fast alien.
        x_increment = 3

    # The new position is the old position plus the increment.
❷ alien_0['x_position'] = alien_0['x_position'] + x_increment

    print(f"New position: {alien_0['x_position']}")
```

我們從定義外星異形字典開始，其中存放了初始的 'x_position' 和 'y_position' 座標值，還有 'speed' 鍵的速度設為 'medium'。為簡化範例說明，這裡省略掉 'color' 和 'points'，但就算留有這些鍵－值對，也不影響這個範例所要說明的工作原理。隨後印出原始的 x_position 座標值，目的是為了讓使用者知道這個外星異形向右移動了多遠。

在❶這裡使用了一個 if-elif-else 路徑結構來決定外星異形要向右移動多遠的距離，並把這個值指定關聯到 x_increment 變數。假如速度為 'slow'，則向右移動 1 單位；假如速度為 'medium'，則向右移動 2 單位；假如速度為 'fast'，則向右移動 3 單位。確定移動量之後，把這個值加到 x_position 目前的值❷，再把結果指定回字典中 x_position 鍵所關聯的值。

由於這個範例中的速度是 'medium'，所以是向右移 2 單位：

```
Original x-position: 0
New x-position: 2
```

這項技術還滿好用的：透過修改外星異形字典中的值，就能變更外星異形的行為，例如，若想要把移動速度變快，可將速度 'speed' 鍵所關聯的值設為 'fast'，新增一行指令來修改速度：

```
alien_0['speed'] = 'fast'
```

再次執行程式時，if-elif-else 區塊會把更大單位的數值指定關聯到 x_increment 變數中。

刪除鍵－值對

當您不再需要字典中的某些資訊時，可用 del 陳述句把對應的鍵－值對徹底刪除掉。使用 del 陳述句時必須給定字典名稱和要刪除的鍵。

舉例來說，要刪除 alien_0 字典中 'point' 鍵及其關聯的值：

⬇ alien.py
```
    alien_0 = {'color': 'green', 'points': 5}
    print(alien_0)

❶ del alien_0['points']
    print(alien_0)
```

在❶這行的程式會讓 Python 把 alien_0 字典中的 'points' 鍵和其關聯的值一起移除掉，從輸出可看出 'points' 鍵和其關聯的值 5 已從 alien_0 字典中刪除掉了，但其他鍵－值對不受影響：

```
{'color': 'green', 'points': 5}
{'color': 'green'}
```

> **NOTE**
> 請小心，刪除掉的鍵－值對會永遠消失。

同類物件的字典

在前述的範例中，字典所存放的是個物件（遊戲中的外星異形）的多種資訊，但也可使用字典來儲存多個物件的同一種資訊。舉例來說，假設我們要進行一項調查，詢問人們最喜歡的程式語言是哪一種，再用字典來存放這項調查的結果，其字典如下所示：

⬇ favorite_languages.py

```
favorite_languages = {
    'jen': 'python',
    'sarah': 'c',
    'edward': 'ruby',
    'phil': 'python',
    }
```

如您所見，我們把一個較大型的字典分成多行來呈現，其中各個鍵是一位被調查者的名字，與其關聯的值是被調查者最喜歡的程式語言。當您想要以多行的方式來定義和呈現字典時，在左大括號輸入後即按下 Enter 鍵換行，接著內縮四格空格，指定第一個鍵－值對，然後加上逗號。隨後再按下 Enter 鍵換行時，文字編輯器應該會自動內縮四格空格，讓您繼續輸入鍵－值對。

在定義和輸入好字典的內容後，在最後一個鍵－值對的下一行內縮四格空格並加上右大括號，讓它對齊字典中的鍵。還有一種不錯的作法是在最後一個鍵－值對後面加上逗號，為以後新增鍵－值對做好準備。

> **NOTE**
> 對於較長的串列和字典，大多數的文字編輯器都會有類似的編排功能來協助。以較長的字典來說，還有其他的編排風格可用，因此您可以在別的編輯器或別人的原始程式碼中看到不同於本書呈現的編排方式。

若想要使用字典，給定被調查者的鍵，就能從字典中擷取出對應的最喜歡程式
語言的值：

⬇ favorite_ languages.py

```
favorite_languages = {
    'jen': 'python',
    'sarah': 'c',
    'edward': 'ruby',
    'phil': 'python',
    }

❶ language = favorite_languages['sarah'].title()
   print(f"Sarah's favorite language is {language}.")
```

想要找出 Sarah 最愛的程式語言，可用這行程式碼來擷取：

```
favorite_languages['sarah']
```

範例中❶這行把 Sarah 最愛的程式語言從字典中取出，並指定到 language 變
數。這裡建立新的變數讓 print() 變簡潔，執行後輸出 Sarah 最愛的程式語言：

```
Sarah's favorite language is C.
```

我們可以使用相同的語法從字典中取出某個單獨的項目。

使用 get() 來取值

上述所介紹在中括號中使用鍵（key）來擷取字典中感興趣的值，這種作法有
個潛在的問題：萬一這個鍵（key）不存在字典中，那就會導致錯誤。

讓我們瞧瞧外星異形例子中當 point 的值不存在，而您又要擷取出來時會產生
什麼情況：

⬇ alien_no_points.py

```
alien_0 = {'color': 'green', 'speed': 'slow'}
print(alien_0['points'])
```

輸出的結果是個 traceback 錯誤訊息，顯示有 KeyError 發生：

```
Traceback (most recent call last):
  File "alien_no_points.py", line 2, in <module>
    print(alien_0['points'])
          ~~~~~~~^^^^^^^^^^
KeyError: 'points'
```

在第 10 章中我們將會學到如何處置這類錯誤的發生。就以字典來說，我們可以使用 get() 方法先設定預設值，如果在請求的鍵（key）不存在時，就返回這個預設值。

get() 方法中要放入的第一個引數是鍵（key），而第二個引數是可選擇性的（要放或不放都可以），此傳入的值會在鍵（key）不存在時返回：

```
alien_0 = {'color': 'green', 'speed': 'slow'}

point_value = alien_0.get('points', 'No point value assigned.')
print(point_value)
```

如果 'points' 這個鍵在字典中，則會取到該鍵所對應的值。若此鍵不存在，則會返回預設值。以上述的例子來看，'points' 這個鍵並不存在，我們會看到返回的是一條預設的訊息句子而不是 Python 的錯誤訊息：

```
No point value assigned.
```

如果在擷取字典的值時，鍵（key）有可能不存在，請考慮使用 get() 方法而不要用中括號表示法來擷取字典的值。

> **NOTE**
>
> 如果在使用 get() 方法時沒有放第二個引數，當鍵（key）不存在時，Python 將返回 None 值。這個 None 值代表「沒有值存在」的意思。這不是錯誤：這是個特殊值，代表空值的意思。在第 8 章中會有更多關於 None 值的介紹。

實作練習

6-1. 人：使用字典來存放「人」的資訊，包括姓、名、年齡和居住城市。此字典所用的鍵為 first_name、last_name、age 和 city。再將存放在字典中的每項資訊都印出來。

6-2. 最愛的數字：使用字典來存放一些人們最愛的數字。請想出 5 個人名當成字典中的鍵，再想出每個人對應的最愛數字，然後將其存放到字典中。印出每個人的名字和最愛的數字。為了讓這支程式更貼切真實，可以朋友為例，真的去詢問然後存放到字典中。

6-3. 詞彙表（Glossary）：Python 字典可用來模擬現實生活中真正的字典，為避免混淆，我們稱為 glossary 詞彙表。

• 想出曾學過的 5 個與程式相關的專有名詞，以此定義為 glossary 字典的鍵，再把其名詞的解釋說明當成關聯的值存放進 glossary 字典中。

• 整齊地印出每個專有名詞以及解釋說明。作法是先印出專有名詞，再加上冒號，隨後接著是解釋說明。另一呈現方式是，先印出一行專有名詞，再用換行（\n）插入空行，然後內縮幾格再印出解釋說明。

以迴圈遍訪字典

一個單獨的 Python 字典中可能僅存放數個鍵－值對，也可能存放數百萬個鍵－值對。因為字典能放入大量的資料，所以 Python 允許我們使用迴圈來遍訪字典的所有內容。字典允許用很多種方式來儲存資訊，因此迴圈遍訪的方式也有幾種不同的作法，可以迴圈遍訪字典的所有鍵－值對、或只遍訪所有的鍵、或只遍訪所有的值。

遍訪字典中所有的鍵－值對

在探討各種迴圈的遍訪方法之前，先來看一個新的字典範例，這是用來存放網站中關於使用者的資訊。下列字典中存放了使用者的帳戶名稱、姓和名等：

⬇ user.py

```
user_0 = {
    'username': 'efermi',
    'first': 'enrico',
    'last': 'fermi',
    }
```

利用前面所學習過的知識為基礎，您已能存取 user_0 字典中的任何一項資訊，但若想要取得此字典中的所有資訊時，又該怎麼做呢？做法是使用一個 for 迴圈來遍訪這個字典：

```
user_0 = {
    'username': 'efermi',
    'first': 'enrico',
    'last': 'fermi',
```

```
    }
for key, value in user_0.items():
    print(f"\nKey: {key}")
    print(f"Value: {value}")
```

在編寫出遍訪字典的 for 迴圈中，可宣告兩變數來存放鍵－值對中的鍵和值，這兩個變數可取任何名字。程式碼就算用了簡單的變數名稱，運用上也完成可行，如下列所示：

```
for k, v in user_0.items()
```

for 陳述句的第二個部分中包括字典名稱和跟在後面的 item() 方法，此方法會返回鍵－值對串列。隨後 for 迴圈會迭代重複依序將每個鍵－值對存放到指定的兩個變數內。以前面的範例來看，我們以這兩個變數和 print() 語法印出每個鍵和其關聯的值。第一條 print() 陳述句中使用了「\n」來換行，確定在輸出每個鍵和值時都會先插入一行空行，執行的輸出結果為：

```
Key: last
Value: fermi

Key: first
Value: enrico

Key: username
Value: efermi
```

前一小節所介紹的 favorite_languages.py 範例中，字典存放的是不同人的同一種資訊，這類字典以迴圈遍訪所有鍵－值對就很適合，假如以迴圈遍訪 favorite_languages 字典，就能取得其中每個人的姓名和其最愛的程式語言。由於其中的鍵都是人的名字，而值是最愛的程式語言，因此在迴圈中可用 name 和 language 來當存放的變數，不再用 key 和 value 這樣的名稱，這樣能讓人更容易了解其程式迴圈的作用和目的：

⬇ favorite_languages.py

```
favorite_languages = {
    'jen': 'python',
    'sarah': 'c',
    'edward': 'ruby',
    'phil': 'python',
    }

for name, language in favorite_languages.items():
    print(f"{name.title()}'s favorite language is {language.title()}.")
```

for 迴圈的程式讓 Python 以迴圈遍訪字典中的每一個鍵－值對，並將鍵存放到
name 變數中，而值存放到 language 變數內。這樣取名的變數有其字面描述性，
可讓人輕鬆明白 print() 陳述句中印的是什麼。

現在以這幾行程式碼，把調查研究的結果全都印出來：

```
Jen's favorite language is Python.
Sarah's favorite language is C.
Edward's favorite language is Ruby.
Phil's favorite language is Python.
```

就算字典中儲存了數千、甚至數百萬個人的調查結果，這樣的迴圈也一樣能順
利運作。

遍訪字典中的所有鍵

當您不需要運用字典中的「值」，只需處理「鍵」的時候，keys() 方法就很有
用。讓我們以 favorite_languages 字典為例，將字典中的每個名字都印出來：

```
favorite_languages = {
    'jen': 'python',
    'sarah': 'c',
    'edward': 'ruby',
    'phil': 'python',
    }

for name in favorite_languages.keys():
    print(name.title())
```

這裡的程式告訴 Python 擷取 favorite_languages 字典中所有的「鍵」，並逐一指
定到 name 變數內。執行後的輸出結果如下所示：

```
Jen
Sarah
Edward
Phil
```

以迴圈遍訪字典時，預設的處理動作就是遍訪所有的「鍵」，因此上面的「for
name in favorite_languages.keys():」可換成下列這行，其執行結果相同：

```
for name in favorite_languages:
```

把 keys() 方法明顯地寫在程式中會更容易讓人理解，或者也可省略不加。

在這種迴圈中，可使用目前迭代的「鍵」來存取其關聯的「值」。讓我們來印出兩條訊息文字，列出幾位好友最愛的程式語言吧！我們會以前面所用的迴圈遍訪字典中的名字（鍵），但當遍訪到指定好友的名字時，就印出一條訊息告知其最愛的程式語言：

```
favorite_languages = {
    --省略--
    }

friends = ['phil', 'sarah']
for name in favorite_languages.keys():
    print(f"H1 {name.title()}.")

❶    if name in friends:
❷        language = favorite_languages[name].title()
        print(f"\t{name.title()}, I see you love {language}!")
```

首先建立存放好友的 friends 串列，這是要對他們印出訊息文字的好友。在迴圈中會印出字典內每個人的名字，並檢查目前的名字是否有在 friends 串列內❶，如果有，則印出特別的問候訊息，也包括該好友最愛的程式語言。為了要取得最愛的程式語言，我們用字典名稱，並將目前的 name 變數當成「鍵」來存取其對應的「值」❷。然後印出特別的問候語，包括對其選擇語言的參照。

字典中每個名字都會印出來，但印到好友時會多印一條特別的訊息：

```
Hi Jen.
Hi Sarah.
    Sarah, I see you love C!
Hi Edward.
Hi Phil.
    Phil, I see you love Python!
```

您也可以使用 keys() 方法來確定某個特定的人是否有接受訪查，也就是名字有沒有出現在字典內。這次的程式是找出 Erin 是否接受訪查：

```
favorite_languages = {
    --省略--
    }

if 'erin' not in favorite_languages.keys():
    print("Erin, please take our poll!")
```

keys() 方法並不只用在迴圈遍訪，事實上它會返回一個串列，存放著字典中的所有「鍵」，因此在這裡只要檢測 'erin' 是否有在這個串列中即可，由於 'erin' 並不在此串列內，所以印出一條訊息來請她接受訪查：

```
Erin, please take our poll!
```

以特定順序遍訪字典的鍵

以迴圈遍訪字典時會按照原本插入字典時的順序來返回其中項目。不過，有時候我們希望以不同的順序來遍訪字典中的項目。

若想要以特定的順序來返回字典中的項目，就要在 for 迴圈中對返回的「鍵」進行排序。作法是使用 sorted() 函式以複製的方式來取得依照特定順序排列的「鍵」串列：

```python
favorite_languages = {
    'jen': 'python',
    'sarah': 'c',
    'edward': 'ruby',
    'phil': 'python',
    }

for name in sorted(favorite_languages.keys()):
    print(f"{name.title()}, thank you for taking the poll.")
```

這條 for 陳述句與其他 for 陳述句很類似，但用 sortrd() 函式對 dictionary.keys() 進行處理，讓 Python 在列出字典中所有「鍵」之後，並在遍訪之前對這些「鍵」進行了排序。從執行結果的輸出來看，印出的訪查名字已依照字母順序排列：

```
Edward, thank you for taking the poll.
Jen, thank you for taking the poll.
Phil, thank you for taking the poll.
Sarah, thank you for taking the poll.
```

以迴圈遍訪字典中所有的值

如果您感興趣的是字典中所存放的「值」，則可使用 values() 方法來處理，此方法會返回字典中所有「值」的串列，而不包含「鍵」。舉例來說，假如想取得 favorite_languages 字典中所記下的最愛語言，而不是受訪者的名字，可以像下列這樣處理：

```python
favorite_languages = {
    'jen': 'python',
    'sarah': 'c',
```

```
    'edward': 'ruby',
    'phil': 'python',
    }

print("The following languages have been mentioned:")
for language in favorite_languages.values():
    print(language.title())
```

上面這條 for 陳述句會擷取字典中所有的「值」，並將它們依序指定到 language
變數，當這些值被印出來時，就會得到如下受訪者所選的最愛程式語言清單：

```
The following languages have been mentioned:
Python
C
Rust
Python
```

上述的作法僅擷取字典中所有的值，並沒有考量到重複出現的問題。如果值很
少，這也許不算什麼問題，但若受訪者很多，那最後的串列可能會有大量重複
的值出現。若要刪除重複的值，可使用「**集合（set）**」來達成。set 的概念與串
列很相似，但存放其中的每個項目都必須是唯一的：

```
favorite_languages = {
    --省略--
    }
print("The following languages have been mentioned:")
for language in set(favorite_languages.values()):
    print(language.title())
```

使用 set() 來處理從字典取回的「值」串列，就會讓 Python 取出唯一不重複的
「值」項目，並以這些「值」建立成一個集合。在這裡的 for 迴圈中，我們是
用 set() 來處理 favorite_languages.values() 返回的串列，把唯一值取出。

執行的結果是個沒有重複項目的串列，其中列出所有字典中受訪者所選過的最
愛程式語言：

```
The following languages have been mentioned:
Python
C
Ruby
```

隨著您持續地學習 Python，通常就會發現一些好用的內建功能，這些功能大都
能依您的需要來處理您的資料。

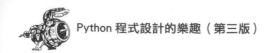

NOTE ─

您可以直接使用大括號並用逗號分隔元素來建構集合：

```
>>> languages = {'python', 'ruby', 'python', 'c'}
>>> languages
{'ruby', 'python', 'c'}
```

集合與字典兩者很容易誤認，因為它們都是用大括號括住的。當您看到大括號中沒有鍵－值對時，您看到的應該就是集合。與串列和字典不同，集合不會按任何特定順序存放其中的項目。

實作練習

6-4. 詞彙表 2：現在您已學過如何以迴圈遍訪字典，請整理 6-3 練習所編寫的程式，將其中一系列的 print() 陳述句換成一個可以遍訪字典中「鍵」和「值」的迴圈。確定迴圈無誤之後，在詞彙表中新增 5 個 Python 專有名詞和解釋，當您再執行這支程式時，這些新的專有名詞及其解釋也會出現在輸出中。

6-5. 河流：建立一個字典來存放三條大河及其流經的國家。舉例來說，其中一個鍵 - 值對為 'nile': 'egypt'。

- 使用迴圈來對每條河流印出一條訊息，例如：「The Nile runs through Egypt.」。
- 使用迴圈將字典中每條河的名字印出來。
- 使用迴圈將字典中所含有的國家名字都印出來。

6-6. 訪查：使用前面小節所建立的「favorite_languages.py」為基礎。

- 建立一個應該會接受訪查的名單，其中有些人名已在字典之中，而有些人名則還沒有。
- 以迴圈遍訪這份名單，對已受訪者印出一條感謝訊息文字。對還沒受訪者印出一條請接受訪查的訊息文字。

巢狀嵌套

有時候我們可能需要把多個字典存放在串列中，有時又需要一系列的項目當成值存在字典內，這些都叫作「**巢狀嵌套（nesting）**」。我們可以把一組字典巢狀嵌套入串列內，也可把一系列的串列項目巢狀嵌套入字典中，或是在字典中存入字典。如下列範例所展示的應用，讓您體會巢狀嵌套是一項很強大的功能。

字典串列

alien_0 字典內放了外星異形的各種資訊，但無法再放入另一個外星異形的資訊，因此也別談畫面上其他的外星異形了。那麼我們應該怎麼管理一大堆的外星異形呢？方法是先建立一個外星異形串列，其中每個項目都是一個外星異形的字典，該字典中又存放了外星異形的各種資訊。舉例來說，以下的程式是建立一個內含有三個外星異形字典的串列：

↓ aliens.py

```
    alien_0 = {'color': 'green', 'points': 5}
    alien_1 = {'color': 'yellow', 'points': 10}
    alien_2 = {'color': 'red', 'points': 15}

❶ aliens = [alien_0, alien_1, alien_2]

    for alien in aliens:
        print(alien)
```

首先建立三個字典，每個字典代表一個外星異形。我們把三個外星異形字典存放入 aliens 串列中❶，再以迴圈遍訪這個串列，將每個外星異形都印出來：

```
{'color': 'green', 'points': 5}
{'color': 'yellow', 'points': 10}
{'color': 'red', 'points': 15}
```

現實情況的例子中外星異形不只三個，而有可能外星異形是使用程式碼自動生成的。以下列的範例來看，我們用 range() 生成了 30 個外星異形：

```
    # Make an empty list for storing aliens.
    aliens = []

    # Make 30 green aliens.
❶ for alien_number in range(30):
❷     new_alien = {'color': 'green', 'points': 5, 'speed': 'slow'}
❸     aliens.append(new_alien)
```

```
    # Show the first 5 aliens.
❹  for alien in aliens[:5]:
        print(alien)
    print("...")

    # Show how many aliens have been created.
    print(f"Total number of aliens: {len(aliens)}")
```

在這個範例中先建立一個空的串列 aliens，用來存放後面自動生成的外星異形字典。在❶這行，range() 會返回一系列的數字，其用途只是告知 Python 要迭代重複迴圈幾次。每次迭代執行這個迴圈時都會生成一個外星異形字典❷，並將它新增到 aliens 串列的尾端❸。在❹這裡使用了切片（slice），切出串列前 5 個外星異形，並將其印出顯示。而最後是印出串列的總長度，以證實生成了 30 個外星異形字典：

```
{'speed': 'slow', 'color': 'green', 'points': 5}
{'speed': 'slow', 'color': 'green', 'points': 5}
{'speed': 'slow', 'color': 'green', 'points': 5}
{'speed': 'slow', 'color': 'green', 'points': 5}
{'speed': 'slow', 'color': 'green', 'points': 5}
...

Total number of aliens: 30
```

雖然這些外星異形都有相同的內容特徵，但對 Python 來說，每個外星異形字典都是獨立的物件，這讓我們能夠單獨修改各個外星異形。

在什麼樣的情況下會需要處理這麼一大堆的外星異形呢？請想像一下，在遊戲程式的進行中，我們希望外星異形會以不同顏色和不同移動速度呈現在畫面上，當需要變更顏色時，我們會用 for 迴圈和 if 陳述句來修改某些外星異形字典中的 'color'，例如，要將前三個外星異形的 'color' 改成 'yellow'、'speed' 改為 'medium'、'points' 改為 10，如下所示：

```
# Make an empty list for storing aliens.
aliens = []

# Make 30 green aliens.
for alien_number in range (0,30):
    new_alien = {'color': 'green', 'points': 5, 'speed': 'slow'}
    aliens.append(new_alien)

for alien in aliens[:3]:
    if alien['color'] == 'green':
        alien['color'] = 'yellow'
        alien['speed'] = 'medium'
        alien['points'] = 10
```

```
# Show the first 5 aliens.
for alien in aliens[0:5]:
    print(alien)
print("...")
```

因為我們要修改前三個外星異形，可用串列的切片來配合迴圈遍訪。一開始所有生成的外星異形的顏色都是 'green'，但有可能有其他因素而改變了，因此加了一條 if 陳述句來確保只改顏色是 'green' 的外星異形。如果外星異形的 'color' 是 'green'，就把 'color' 對應關聯的值改為 'yellow'，將 'speed' 改為 'medium'，也 'points' 改為 10。程式執行後的輸出如下所示：

```
{'speed': 'medium', 'color': 'yellow', 'points': 10}
{'speed': 'medium', 'color': 'yellow', 'points': 10}
{'speed': 'medium', 'color': 'yellow', 'points': 10}
{'speed': 'slow', 'color': 'green', 'points': 5}
{'speed': 'slow', 'color': 'green', 'points': 5}
...
```

我們還可以更進一步擴充這個迴圈，在其中加入 elif 程式區塊，把 'yellow' 黃色的外星異形改為 'color' 是 'red' 紅色、'speed' 速度是 'fast'、而得分 'points' 是 15。作法如下所示，這裡的程式範例僅列出迴圈部分：

```
for alien in aliens[0:3]:
    if alien['color'] == 'green':
        alien['color'] = 'yellow'
        alien['speed'] = 'medium'
        alien['points'] = 10
    elif alien['color'] == 'yellow':
        alien['color'] = 'red'
        alien['speed'] = 'fast'
        alien['points'] = 15
```

在串列中存放大量的字典，而每個字典又含有特定物件的多項資訊，這種情況在編寫程式的歷程中很常遇到。舉例來說，您可能要為某個網站的每位使用者帳號建立一個字典，就如前面小節的 users.py 這個例子，並將這些字典都存放在叫做 users 的串列內。在這個串列中的所有字典都要有相同的結構，這樣才能用迴圈來遍訪這個串列，並以相同的方式處理其中的每個字典。

字典中的串列

除了把字典存放在串列內，有時候也會有需要用到把串列存放到字典內的情況，舉例來說，要怎麼描述顧客點的披薩呢？如果使用串列，就只能存放加點披薩的配料，但如果用字典來儲存，就不僅能存放配料的資訊，還可存放其他關於披薩的描述。

以下列的範例來說，字典存放了兩種披薩的資訊：餅皮和配料的串列，其中配料串列所關聯的「鍵」是 'toppings'，若想要存取此串列，可用字典名稱和 'toppings' 鍵來處理，就像存取字典的其他值一樣，不過它會返回配料串列，而不是單一個值：

⬇ pizza.py

```
   # Store information about a pizza being ordered.
   pizza = {
       'crust': 'thick',
       'toppings': ['mushrooms', 'extra cheese'],
       }

   # Summarize the order.
❶ print(f"You ordered a {pizza['crust']}-crust pizza "
       "with the following toppings:")

❷ for topping in pizza['toppings']:
       print(f"\t{topping}")
```

一開始是先建立一個字典，其中存放了關於顧客所點披薩的資訊，在這個字典中的第一個鍵是 'crust'，關聯的值是字串 'thick'，第二個鍵是 'toppings'，關聯的值是個串列，其中放了顧客所點的配料。披薩製作前我們印出了客人要點的披薩描述❶，然後用 for 迴圈把所點的配料印出來❷。若想要存取配料串列，這裡用了 'toppings' 當成「鍵」，讓 Python 從字典中擷取配料串列。

下列的輸出是程式所彙整出來要製作披薩的結果：

```
You ordered a thick-crust pizza with the following toppings:
    mushrooms
    extra cheese
```

當您想要在字典中以一個鍵關聯到多個值時，可以在字典中巢狀嵌套串列進去。在本章前面所提到的最愛程式語言的範例中，如果把每個受訪者的回答都存放在一個串列內，受訪者就可以選擇多種喜歡的程式語言。字典以這種情況存放串列，則當我們以迴圈遍訪字典時，關聯每個受訪者的都是一個程式語言的串列，而不是單個程式語言項。因此在以 for 迴圈遍訪每位受訪者時，還需要再用一個 for 迴圈來遍訪與受訪者關聯的程式語言串列：

⬇ favorite_languages.py

```
    favorite_languages = {
        'jen': ['python', 'ruby'],
        'sarah': ['c'],
        'edward': ['ruby', 'go'],
        'phil': ['python', 'haskell'],
        }
❶   for name, languages in favorite_languages.items():
        print(f"\n{name.title()}'s favorite languages are:")
❷       for language in languages:
            print(f"\t{language.title()}")
```

現在與每位受訪者名字關聯的值都是個串列，請留意一點，有些人喜歡的程式語言只有一種，而有些人則是有多種喜歡的程式語言。當我們以迴圈遍訪字典時❶，使用了 languages 變數來存放從字典中取出的每個值，因為我們知道這些值是串列。在字典主迴圈的遍訪內，我們又加了一個 for 迴圈❷來遍訪每個人喜歡的程式語言。現在每位受訪者想列出多少種喜歡的程式語言都可以：

```
Jen's favorite languages are:
    Python
    Ruby

Sarah's favorite languages are:
    C

Phil's favorite languages are:
    Python
    Haskell

Edward's favorite languages are:
    Ruby
    Go
```

為了改進這支程式，可在 for 迴圈遍訪喜歡的程式語言之前加入一條 if 陳述句，檢測 len(languages) 的值來確定目前這位受訪者喜歡的程式語言是不是超過一種，如果超過一種，就以前述的方式輸出顯示，若只有一種時，就改用另一種輸出的句子，例如「Sarah's favorite language is C.」。

> **NOTE**
>
> 串列和字典的巢狀嵌套層級最好不要太多層，如果您所編寫的程式中所用的巢狀嵌套層級超過前面所介紹的範例，最好再思考一下，應該還會有更簡單的解決方案才對。

字典中的字典

您可以在字典中再巢狀嵌套另一個字典，但這樣程式碼很快就變得更複雜了，舉例來說，如果網站有多個使用者帳號，每個都是唯一的使用者帳號名稱，那麼使用者帳號就可當成「鍵」，而每位使用者的資訊則存入一個字典內，並將該字典與使用者帳號的「鍵」關聯起來。在下列的程式範例中，每位使用者帳號，我們都存放了三項資訊：姓、名和位置（'first'、'last' 和 'location'），若想要存取這些資訊，要先以迴圈遍訪所有使用者帳號取得其帳號和字典，並從每個使用者帳號關聯的字典中存取需要的資訊：

⬇ many_users.py

```
    users = {
        'aeinstein': {
            'first': 'albert',
            'last': 'einstein',
            'location': 'princeton',
            },

        'mcurie': {
            'first': 'marie',
            'last': 'curie',
            'location': 'paris',
            },

        }
❶ for username, user_info in users.items():
❷     print(f"\nUsername: {username}")
❸     full_name = f"{user_info['first']} {user_info['last']}"
       location = user_info['location']

❹     print(f"\tFull name: {full_name.title()}")
       print(f"\tLocation: {location.title()}")
```

首先定義了一個 uscrs 字典，其中有兩個鍵：使用者帳號 'aeinstein' 和 'mcurie'，而與這兩個鍵關聯的值都是個字典，其中含有姓、名和位置（'first'、'last' 和 'location'）的資訊。在❶這裡用迴圈遍訪 users 字典，讓 Python 將每個鍵指定到 username 變數，並依序把與鍵關聯的字典指定關聯到 user_info 變數。在主迴圈內❷這裡印出使用者帳號。

❸這行則開始要存取內部的字典資訊，user_info 變數是個內含使用者資訊的字典，此字典有三個「鍵」：'first'、'last' 和 'location'，對每位使用者帳號可使用這些「鍵」來存取其姓、名和位置等資訊，然後印出這些彙整的訊息文字❹：

```
Username: aeinstein
    Full name: Albert Einstein
    Location: Princeton

Username: mcurie
    Full name: Marie Curie
    Location: Paris
```

請留意，每位使用者帳號所關聯的字典內部結構是相同的，雖然 Python 並沒有要求一定要相同，但為了在處理巢狀嵌套字典時更簡單容易，這樣做才是正確的處理。假如每位使用者帳號所關聯的字典內部都用不同的「鍵」，那麼 for 迴圈內部要存取每位使用者的資訊時就會變得十分複雜。

實作練習

6-7. 人：以 6-1 的練習所完成的程式為基礎，在其中再建立兩個代表不同「人」的字典，然後將三個字典都存放到名為 people 的串列內，以迴圈遍訪這個串列，將每個字典（人）的所有資訊都印出來。

6-8. 寵物：製作幾個字典，每個字典都用一種寵物名稱來命名。在每個字典中放入寵物的種類和其主人的名字。把這些字典存放在一個名為 pets 的串列中，再以迴圈遍訪此串列，將寵物的所有資訊都印出來。

6-9. 最愛的地方：建立一個名為 favorite_places 的字典，在此字典中以三個人的名字為「鍵」，對每個人名存放 1 到 3 個最愛的地方。為了讓練習更真實有趣，可向朋友訪查詢問他們最愛的地方。以迴圈遍方這個字典，將存放其中每個人名和其最愛的地方都印出來。

6-10. 最愛的數字：修改 6-2 練習的程式，讓每個人都有多個最愛的數字，並將每個人名和其最愛的數字都印出來。

6-11. 城市：建立一個名為 cities 的字典，以三個城市名稱當作「鍵」，每個城市都關聯一個字典，建立三個「鍵」：country、population 和 fact，其關聯存放該城市所屬國家、人口數和該城市的事蹟。把每個城市的名稱和其相關的資訊都印出來。

6-12. 擴充：本章的範例已十分複雜，可以不同的方式來擴充延伸。請以本章的一個範例來進行擴充延伸，新增鍵和值、調整程式中要解決的問題或修改輸出呈現的樣貌。

總結

本章我們學會了如何定義字典，與如何運用字典中所存放的資訊。並學會如何存取和修改字典中的項目，與如何以迴圈遍訪字典中所有的資訊。同時也學習了如何以迴圈只遍訪字典中所有的鍵－值對、所有的鍵或所有的值。學到如何在串列內巢狀嵌套入另一個字典，或是在字典中巢狀嵌套入串列，甚至是在字典中巢狀嵌套入另一個字典。

在下一章，我們將要學習 while 迴圈與如何從使用者那裡取得輸入的內容。這一章的內容很精彩，會讓我們學會如何讓程式變成具有「互動性」，製作出讓使用者能輸入回應的程式。

第 7 章
使用者輸入與 while 迴圈

大多數的程式其製作出來的目的就是為了解決終端使用者的問題。要達到這個目的,通常需要從使用者那裡取得一些資訊。舉例來說,如果有人要判別自己是否符合投票年齡資格,編寫回答此問題的程式,需要讓使用者**輸入年齡**,這樣才能檢測並回應。因此這種程式需要讓使用者輸入其年齡,再將此年齡與投票年齡進行比較,檢測判別使用者是否符合投票年齡資格,並回應結果。

本章我們將學習如何接收使用者的輸入,讓程式能進行其他處理。若在程式中需要名字時,您就提示使用者輸入名字,若是需要一份名單時,就提示使用者要輸入一系列的名字。這些輸入的運用都要透過 input() 函式來達成。

我們還會學習如何讓程式不斷執行,好讓使用者能依照需要一直輸入資訊,並在程式運用這些資訊。只要指定的條件成立,Python 的 while 迴圈會持續讓程式一直執行。

透過使用者的輸入，以及控制程式執行多長時間的能力，我們就能編寫出完整的互動式程式。

input() 函式的工作原理

input() 函式會讓程式暫停，等待使用者輸入一些文字。Python 在取得使用者輸入的文字後，會把這些文字指定到一個變數內以方便您的運用。

舉例來說，下列的程式讓使用者輸入一些文字，並將這些文字再印出來顯示給使用者看：

⬇ parrot.py
```
message = input("Tell me something, and I will repeat it back to you: ")
print(message)
```

input() 函式中可放入一個引數，此引數為向使用者**顯示**的文字說明，讓使用者知道要做什麼。在這個例子中，Python 執行第一行程式時，使用者會在畫面上看到「Tell me something, and I will repeat it back to you:」的文字，然後程式會等待使用者輸入，並在使用者按下 Enter 鍵後繼續執行程式。輸入的文字會指定關聯到 message 變數，隨後會以 print(message) 印出來顯示給使用者看：

```
Tell me something, and I will repeat it back to you: Hello everyone!
Hello everyone!
```

> NOTE
>
> 有些文字編輯器不能執行提示使用者輸入的程式，但您可以在文字編輯器中先編寫好提示使用者輸入的程式，然後再到終端機內執行。請參考第一章關於「從終端機執行 Python 程式」的內容。

編寫清楚的提示

每次在您使用 input() 函式時，最好都提供清楚易懂的提示，精確告知使用者您希望他們輸入的是什麼樣的資訊。陳述的提示文字最好告知使用者要輸入什麼才能正常運作。舉例來說：

▼ greeter.py
```python
name = input("Please enter your name: ")
print(f"\nHello, {name}!")
```

在提示文字最尾端加上一個空格（上面的例子是冒號後加一格空白），可將提示文字和要輸入的內容分隔開，讓使用者清楚知道其輸入內容是從哪裡開始：

```
Please enter your name: Eric
Hello, Eric!
```

有時候提示的文字可能會超過一行，例如，您可能要詳實地告知使用者為什麼要請他們輸入特定東西的原因。這些很長的文字可以指定到一個變數內，再把此變數當成 input() 的引數，如此一來，就算提示超過一行，input() 陳述句也會很乾淨清楚。

▼ greeter.py
```python
prompt = "If you tell us who you are, we can personalize the messages you see."
prompt += "\nWhat is your first name? "

name = input(prompt)
print(f"\nHello, {name}!")
```

上述的範例展示了建立多行字串的方式，第一行程式把訊息文字前半部指定到 prompt 變數內，而第二行程式則用 += 運算子把接續的字串指定到 prompt 變數，這些字串會新增連接到原字串後面。

提示文字現在有兩行，且在問號後有一格空白，讓提示與輸入清楚分隔開來：

```
If you tell us who you are, we can personalize the messages you see.
What is your first name? Eric

Hello, Eric!
```

使用 int() 來取得數值的輸入

使用 input() 函式時 Python 會從使用者所取得的輸入是「字串」。請看看下列直譯器對話中讓使用者輸入的年齡是什麼型別：

```
>>> age = input("How old are you? ")
How old are you? 21
>>> age
'21'
```

使用者輸入的是數值 21，但我們請 Python 把 age 變數中的值取出時，返回的是 '21'，因為使用者輸入的數值是以字串型別來存放。我們怎麼知道 Python 把輸入的內容都解讀成字串呢？因為數字是用單引號 ' 括住的。如果我們只是想印出輸入的內容，那沒什麼問題，但如果想要把輸入的內容當成數字來運算，就會引發錯誤：

```
    >>> age = input("How old are you? ")
    How old are you? 21
❶  >>> age >= 18
    Traceback (most recent call last):
      File "<stdin>", line 1, in <module>
❷  TypeError: '>=' not supported between instances of 'str' and 'int'
```

當您想要把輸入的數字用來進行比較運算❶，Python 會顯示錯誤訊息，因為它不能用字串來和整數進行比較，也就是不能用指定到 age 的字串 '21' 與數值 18 來進行比較❷。

我們可以用 int() 函式來解決這個問題，告訴 Python 把字串轉換成數值。int() 函式會把數字字串轉換成數值型別，如下列所示：

```
    >>> age = input("How old are you? ")
    How old are you? 21
❶  >>> age = int(age)
    >>> age >= 18
    True
```

在這個範例中，當我們在提示文字後面輸入 21，Python 直譯器把數字 21 當成字串，但在❶這裡用 int() 把它又轉換成為數值型別，此時 Python 可以進行比較的條件檢測：比較 age（這裡所指定關聯的是已轉換成數值型別的 21）和 18，看看是否大於等於 18，運算結果為 True。

如何在實際程式使用 int() 函式呢？請思考下列這支程式，它的作用是判別某個人是否有達到坐雲霄飛車的身高要求：

⬇ rollercoaster.py

```
height = input("How tall are you, in inches? ")
height = int(height)

if height >= 48:
    print("\nYou're tall enough to ride!")
else:
    print("\nYou'll be able to ride when you're a little older.")
```

這支程式可以讓 height 和 48 進行比較運算，因為 height = int(height) 已將輸入的字串轉換成數值型別，如果輸入的數字大於等於 48，我們會告知使用者身高夠高，可以坐雲霄飛車：

```
How tall are you, in inches? 71

You're tall enough to ride!
```

輸入的數字要用來進行數學運算和比較運算之前，記得先轉換成數值型別。

模數運算子

（%）**modulo operator** 為**模數運算子**或譯為**取模運算子**，是處理數值資訊的好用工具，它會把兩個數字相除並返回餘數：

```
>>> 4 % 3
1
>>> 5 % 3
2
>>> 6 % 3
0
>>> 7 % 3
1
```

模數運算子不會算出某個數是另一個數的幾倍，它只會求出餘數是多少。

如果某個數能被另一個數整除，則餘數為 0，因此模數運算子會返回 0。我們可以利用這一點來判別某個數是奇數或偶數：

⬇ even_or_odd.py
```
number = input("Enter a number, and I'll tell you if it's even or odd: ")
number = int(number)

if number % 2 == 0:
    print(f"\nThe number {number} is even.")
else:
    print(f"\nThe number {number} is odd.")
```

偶數都能被 2 整除，因此如果某一數字和 2 進行模數運算的結果為 0，也就是「if number % 2 == 0」，此條件檢測為 True，那麼這個數字就是偶數，若不是則為奇數。

```
Enter a number, and I'll tell you if it's even or odd: 42

The number 42 is even.
```

簡介 while 迴圈

for 迴圈會執行處理一定次數，並在每次迴圈時執行一次其中的程式區塊。相較之下，while 迴圈會在條件為真時一直不斷地執行。

while 迴圈實作

我們可以用 while 迴圈處理一系列的數字來計數，舉例來說，下列的 while 迴圈會從 1 數到 5：

↓ counting.py
```
current_number = 1
while current_number <= 5:
    print(current_number)
    current_number += 1
```

在第一行程式，我們把 current_number 指定為 1 讓程式從 1 開始計數。接著的 while 迴圈的條件設為：只要 current_number 小於等於 5，就執行此迴圈中的程式區塊。迴圈內的程式印出 current_number 的值，再使用 current_number += 1（+= 運算子是 current_number = current_number + 1 的縮寫）將值加 1。

只要 current_number <= 5 的條件為 True，Python 就會一直執行這個迴圈。由於 1 小於 5，因此 Python 印出 1，再加 1 變成 2；由於 2 小於 5，因此 Python 印出

2，再加 1 變成 3，以此類推，一直到 current_number 大於 5 就停止，整個程式也就結束：

```
1
2
3
4
5
```

我們日常在使用的程式內很可能都用了 while 迴圈，舉例來說，遊戲程式使用 while 迴圈一直在執行，您想玩就可以馬上玩，想結束也可馬上結束程式。如果程式在使用者還不想停下來時就停止執行，而在想停止時卻繼續跑，那就太不好玩了，因為這樣，while 迴圈在程式中很有用處。

讓使用者決定什麼時候結束

在 parrot.py 程式中，我們放入一個 while 迴圈讓程式在使用者的意願下一直執行。我們有定義一個**結束值（quit value）**，只要使用者沒有輸入這個值，程式就會一直持續執行：

⬇ parrot.py
```
prompt = "\nTell me something, and I will repeat it back to you:"
prompt += "\nEnter 'quit' to end the program. "

message = ""
while message != 'quit':
    message = input(prompt)
    print(message)
```

我們先定義了提示的訊息文字，告知使用者有兩種輸入的選項：可輸入訊息或是輸入結束值（這個例子是 'quit'）。隨後設定一個 message 變數，用來追蹤使用者輸入的值，我們把 message 變數設為 "" 空字串，讓 Python 在第一次到達 while 迴圈時能通過 message 與 'quit' 的檢測比較而執行其中的程式區塊。當 Python 首次執行到 while 迴圈時，使用者還沒輸入訊息文字，如果 message 沒有東西可比較，Python 就無法執行程式，為了解決這個問題，需要對 message 變數指定初始值。由於剛才已指定空字串 ""，符合要求 while 條件的檢測比較，因此能讓 Python 執行迴圈中的程式區塊。只要 message 所指定的值不是 'quit'，這個迴圈就會一直執行。

程式第一次執行到這個迴圈時，message 是個空字串，因此 Python 可進入迴圈內執行。執行到 message = input(prompt) 時，Python 會顯示提示文字，等待使用者輸入。不論使用者輸入什麼內容，都會指定到 message 變數中，並印出來。隨後 Python 又跳回到 while 迴圈的條件檢測，只要使用者輸入的不是 'quit'，Python 就又進入迴圈再次顯示提示文字等待輸入。直到使用者最終輸入 'quit'，Python 就會停止 while 迴圈，而整支程式也就結束離開：

```
Tell me something, and I will repeat it back to you:
Enter 'quit' to end the program. Hello everyone!
Hello everyone!

Tell me something, and I will repeat it back to you:
Enter 'quit' to end the program. Hello again.
Hello again.

Tell me something, and I will repeat it back to you:
Enter 'quit' to end the program. quit
quit
```

這支程式執行的還不錯，但美中不足的是也把輸入的 quit 當成訊息印了出來，我們對程式作了簡單的修改，加了一條 if 陳述句：

```
prompt = "\nTell me something, and I will repeat it back to you:"
prompt += "\nEnter 'quit' to end the program. "

message = ""
while message != 'quit':
    message = input(prompt)

    if message != 'quit':
        print(message)
```

現在程式在印出訊息之前會進行檢測，如果不是 'quit' 時才會印出來：

```
Tell me something, and I will repeat it back to you:
Enter 'quit' to end the program. Hello everyone!
Hello everyone!

Tell me something, and I will repeat it back to you:
Enter 'quit' to end the program. Hello again.
Hello again.

Tell me something, and I will repeat it back to you:
Enter 'quit' to end the program. quit
```

使用旗標

在前一個範例中,我們讓程式在指定條件為 True 時才執行其特定的工作,但在更複雜的程式中可能會有很多不同的事件會讓程式停止,在這種情況下要怎麼處理呢?

舉例來說,在遊戲程式內有多種事件能讓遊戲結束,如玩家的船艦都用完了,或是保護的城市被毀滅了等。會讓程式結束的事件有很多種時,如果想要在 while 的條件式中都檢測這些條件,會變得複雜且困難。

若有支程式要在多個條件都為 True 的情況下才執行,則可以定義一個變數用來判別整支程式是否在作用中,這樣的變數稱之為「**旗標(flag)**」,用來當作程式執行的交通號誌。當這個旗標為 True 時讓程式可以繼續執行,若有任何事件讓旗標變成 False 時讓程式停止。如此一來,在 while 陳述句中就只需檢測一個條件,就是旗標是否為 True 即可,然而所有的檢測(查看是否有什麼樣的事件要把旗標設為 False)可放在別的地方來設定。

我們來為前一小節的 parrot.py 程式加一個旗標,把這個旗標取名為 active(可以取任意的名字),用它來判別程式是否要繼續執行:

```
prompt = "\nTell me something, and I will repeat it back to you:"
prompt += "\nEnter 'quit' to end the program. "

active = True
❶ while active:
    message = input(prompt)

    if message == 'quit':
        active = False
    else:
        print(message)
```

我們把 active 變數設為 True,讓程式開始的狀態為啟用。這樣做簡化了 while 迴圈的語法,條件式不需要在其中作比較運算,相關的處理邏輯放在程式其他部分。只要 active 變數為 True,迴圈就不斷執行❶。

在這個 while 迴圈中,我們在使用者輸入後用一條 if 陳述句來檢測 message 變數的值,如果使用者輸入的是 'quit',就把 active 變數設為 False,這樣 while 迴圈就會停止。如果使用者輸入的不是 'quit',那就把 message 的內容印出來。

這支程式的輸出結果與前一節的範例是一樣的，在前面範例中，我們把條件檢測直接放在 while 的條件式中，而在這支程式裡則用了一個旗標變數來確定程式是否在啟用狀態，以這樣的方式，如果要新增檢測條件（加 elif 陳述句）來把 active 設為 False 時會較為容易。在一些複雜的程式內，例如有些遊戲中有很多事件可讓遊戲結束，設定旗標的方式就很好用，若有任何一個事件把旗標設為 False，則主遊戲迴圈就停止並結束，此時還可顯示一條**遊戲結束**的訊息文字，讓使用者可選擇是否要再玩一次。

使用 break 離開迴圈

不管條件檢測結果為何，使用 break 可以馬上離開 while 迴圈不再執行迴圈剩下的程式。break 陳述句能導引程式的流程，可用它來控制程式是否要執行，程式碼只有在您想要時才執行。

舉例來說，我們來瞧一瞧讓使用者指出他去過哪些地方的程式。在此程式中，只有在使用者輸入 'quit' 後會使用 break 陳述句馬上離開 while 迴圈：

⬇ cities.py

```
    prompt = "\nPlease enter the name of a city you have visited:"
    prompt += "\n(Enter 'quit' when you are finished.) "

❶ while True:
        city = input(prompt)

        if city == 'quit':
            break
        else:
            print(f"I'd love to go to {city.title()}!")
```

在❶這行的迴圈是以 while True 開始，它會不斷執行，直到執行 break 陳述句時才離開。在這支程式內的迴圈會不斷要使用者輸入去過的城市名稱，直到他輸入 'quit' 後，才會執行 break，讓 Python 離開迴圈：

```
Please enter the name of a city you have visited:
(Enter 'quit' when you are finished.) New York
I'd love to go to New York!

Please enter the name of a city you have visited:
(Enter 'quit' when you are finished.) San Francisco
I'd love to go to San Francisco!

Please enter the name of a city you have visited:
(Enter 'quit' when you are finished.) quit
```

NOTE

在任何 Python 的迴圈內都可以使用 break 陳述句。舉例來說，在 for 迴圈遍訪串列或字典時也能用 break 來離開停止迴圈。

在迴圈中使用 continue

與 break 不執行剩下的程式並跳開迴圈不同，continue 陳述句會返回迴圈的開頭，並檢測條件再判別要不要繼續執行迴圈。舉例來說，這裡有支程式的迴圈會從 1 數到 10，並只印出其中奇數：

↓ counting.py

```
   current_number = 0
   while current_number < 10:
❶      current_number += 1
       if current_number % 2 == 0:
           continue

       print(current_number)
```

首先把 current_number 變數設為 0，此時它小於 10，所以 Python 會進入迴圈執行。進入迴圈後會以 1 來累加遞增❶，此時 current_number 變成 1，隨後 if 陳述句會檢查 current_number 與 2 的模數運算結果，如果結果為 0（表示 current_number 能被 2 整除），就執行 if 下的 continue 陳述句，讓 Python 忽略剩下的程式並跳回到 while 迴圈的開頭。如果 current_number 不能被 2 整除，就執行迴圈剩下的程式，Python 印出這個數字來：

```
1
3
5
7
9
```

避免發生無窮迴圈

每個 while 迴圈都需要有停止執行的方式，如此才不會永遠都在執行。舉例來說，這裡有個計數迴圈應該從 1 數到 5：

↓ counting.py

```
x = 1
while x <= 5:
    print(x)
    x += 1
```

但如果不小心像下面範例這樣漏了 x += 1，那麼迴圈就會永遠都在執行了：

```
# This loop runs forever!
x = 1
while x <= 5:
    print(x)
```

x 的值為 1，但都不會改變，因此迴圈的 x <= 5 的條件永遠都是 True，使得 while 迴圈永遠都在執行而印出一堆的 1，如下所示：

```
1
1
1
1
--省略--
```

每位程式設計師都有可能不小心寫出無窮迴圈，尤其是在迴圈的結束條件比較微妙時更會如此。如果程式陷入無窮迴圈時，可按 Ctrl + C 鍵或是關閉顯示程式輸出的終端視窗。

要避免寫出無窮迴圈的程式，一定要對每個 while 迴圈進行測試，確定是會依照您所期望的方式結束迴圈。如果您想要讓程式在使用者輸入某個特定值時結束，請執行程式並輸入資料測試看看。如果在這樣的情況下沒有結束程式，那就要檢查程式處理這個值的方式有無問題。請確定程式中至少要有個地方會讓迴圈的條件式變成 False，或是有條 break 陳述句可執行。

> **NOTE**
>
> VS Code 和有些文字編輯器都內嵌了輸出的視窗，若想要結束無窮迴圈的程式。請先點按一下編輯器的輸出區域，再輸入 Ctrl + C 鍵，這樣應該可以終止無窮迴圈。

實作練習

7-4. 披薩的配料：請編寫一個迴圈，提示使用者輸入一系列的披薩配料名稱，當使用者輸入 'quit' 時結束迴圈。每次使用者輸入完一種配料後都印出一條訊息文字，告知會在披薩中加入這種配料。

7-5. 電影票：有家電影院依不同年齡層提供不同票價的電影票：小於 3 歲免費、3~12 歲收 10 元、大於 12 歲收 15 元。請編寫一個迴圈，其中有詢問使用者幾歲的提示，輸入歲數後顯示其要收的票價。

7-6. 三個出口：以另一種方式實作 7-4 或 7-5 的練習題，在程式中採用下列
這些方式：

- 在 while 迴圈內使用條件檢測來結束迴圈。
- 使用 active 變數來控制迴圈是否要結束。
- 使用 break 陳述句在使用者輸入 'quit' 時結束迴圈。

7-7. 無窮迴圈：請編寫一個永遠都在執行的無窮迴圈，然後執行看看（要結
束無窮迴圈，可按下 Ctrl+C 或關閉輸出的終端視窗）。

使用 while 迴圈來處理串列和字典

到目前為止，我們的程式每次都只處理一項使用者的資訊，我們接收使用者的
輸入，再把輸入印出或印出回應的句子，隨後再次迴圈進行處理，再接收另一
個輸入值並作出回應，以此類推繼續下去。不過，當我們在要追蹤記錄使用者
的輸入和資訊時，就要在 while 迴圈中使用到串列和字典了。

for 迴圈對串列來說是很有效率的工具，卻不能在 for 迴圈中修改串列，不然
Python 很難追蹤處理其中的項目。若想要在遍訪串列的同時又進行修改，可使
用 while 迴圈來處理。把 while 迴圈和串列與字典整合起來運用，就能收集、
儲存並組織管理大量的輸入，隨後再進行檢視和印出都很容易。

從某個串列搬移項目到另一個串列

假設有一個串列存放了網站新登錄但還沒有驗證的使用者帳號，在驗證之後要
怎麼把它們搬移到另一個已驗證的使用者串列內呢？有一種方式是利用 while
迴圈，在驗證使用者帳號時把帳號從未驗證的使用者串列中提取出來，然後再
把該帳號新增到另一個已驗證的使用者帳號串列中。這裡列出程式範例：

⬇ confirmed_users.py

```
    # Start with users that need to be verified,
    #  and an empty list to hold confirmed users.
❶ unconfirmed_users = ['alice', 'brian', 'candace']
    confirmed_users = []
```

```
    # Verify each user until there are no more unconfirmed users.
    #  Move each verified user into the list of confirmed users.
❷ while unconfirmed_users:
❸     current_user = unconfirmed_users.pop()

    print(f"Verifying user: {current_user.title()}")
❹     confirmed_users.append(current_user)

    # Display all confirmed users.
    print("\nThe following users have been confirmed:")
    for confirmed_user in confirmed_users:
        print(confirmed_user.title())
```

我們從建立一個未驗證帳號的 unconfirmed_users 串列開始❶（其中放了 Alice、Brian 和 Candace），也建立了一個空串列 confirmed_users。在❷這行的 while 迴圈會一直執行，直到 unconfirmed_users 串列變成空的才結束。在此迴圈之中，❸這行的 pop() 函式每次迴圈迭代時會從 unconfirmed_users 串列尾端提取一個未驗證的帳號名稱出來。由於 Candace 是 unconfirmed_users 串列尾端的帳號名稱，因此會提取出來並刪除，然後指定到 current_user 變數，再新增到 confirmed_users 中❹。接著到 while 迴圈開端繼續以串列的下一個 Brian 來處理，最後是 Alice。

為模擬使用者帳號的驗證過程，我們印出一條驗證訊息，並將使用者帳號新增到已驗證的帳號串列內。未驗證帳號的串列會愈來愈短，而已驗證帳號的串列則會愈來愈長。unconfirmed_users 串列中的項目都提取完後就變成空串列，而此會結束迴圈的執行，然後再印出已驗證帳號的 confirmed_users 串列內容：

```
Verifying user: Candace
Verifying user: Brian
Verifying user: Alice

The following users have been confirmed:
Candace
Brian
Alice
```

刪除串列中含有某特定值的所有項目

在第 3 章我們使用 remove() 函式來刪除串列某特定值的項目，然而 remove() 能順利運作是因為要刪除的串列中含有該值的項目只出現一次，如果串列中含有某特定值要刪除的項目有很多個時，要怎麼處理呢？

假設我們有一個 pets 串列，內含有多個 'cat' 值的項目，若要刪除此串列中所有 'cat' 項目時，可用一個 while 迴圈不斷執行刪除，直到串列中不再有 'cat' 值時才停止，程式範例如下所示：

↓ pets.py

```python
pets = ['dog', 'cat', 'dog', 'goldfish', 'cat', 'rabbit', 'cat']
print(pets)

while 'cat' in pets:
    pets.remove('cat')

print(pets)
```

我們先建立一個含有多個 'cat' 值項目的 pets 串列，隨即印出這個串列後，Python 就進入 while 迴圈，因為它發現 'cat' 有在 pets 串列中出現至少一次。在進入迴圈之後，Python 會刪除發現的第一個 'cat' 項目，再回到 while 迴圈開頭，由於還有發現 'cat' 在 pets 串列內，又再次進入迴圈，以此不斷地刪除 'cat' 項目，直到這個值不再出現在 pets 串列內再結束離開迴圈，最後程式印出 pets 串列：

```
['dog', 'cat', 'dog', 'goldfish', 'cat', 'rabbit', 'cat']
['dog', 'dog', 'goldfish', 'rabbit']
```

以使用者的輸入來填入字典中

我們可以用 while 迴圈以任意次數的迭代提示使用者輸入資訊，下列的例子是個訪查程式，其中的迴圈每次執行都會提示詢問使用者來輸入訪查者姓名和回答。我們可以把收集來的資料存放到字典內，存放的方式是受訪者名字當成鍵，而其回答文字為值，兩者關聯後儲存起來：

↓ mountain_poll.py

```python
    responses = {}
    # Set a flag to indicate that polling is active.
    polling_active = True

    while polling_active:
        # Prompt for the person's name and response.
❶   name = input("\nWhat is your name? ")
        response = input("Which mountain would you like to climb someday? ")

        # Store the response in the dictionary.
❷   responses[name] = response
```

```
     # Find out if anyone else is going to take the poll.
❸    repeat = input("Would you like to let another person respond? (yes/ no) ")
     if repeat == 'no':
         polling_active = False

 # Polling is complete. Show the results.
 print("\n--- Poll Results ---")
❹ for name, response in responses.items():
     print(f"{name} would like to climb {response}.")
```

這支程式先定義了一個空字典 responses，並設定了一個旗標 polling_active，用它來指示訪查迴圈是否繼續，只要 polling_active 為 True，Python 就會執行 while 迴圈中的程式碼。

在這個 while 迴圈內會提示使用者輸入名字和想要爬的山❶，這些資訊會存放在 response 字典內❷，然後提示詢問使用者訪查是否要繼續❸，如果回答為 yes，程式會再次進入 while 迴圈內執行，如果回答 no，則 polling_active 會設為 False，那就不會進入 while 迴圈而跳到最後一個程式區塊印出訪查結果❹。

如果您執行這支程式，並輸入範例回答文字，其印出的結果可能如下所示：

```
What is your name? Eric
Which mountain would you like to climb someday? Denali
Would you like to let another person respond? (yes/ no) yes

What is your name? Lynn
Which mountain would you like to climb someday? Devil's Thumb
Would you like to let another person respond? (yes/ no) no

--- Poll Results ---
Eric would like to climb Denali.
Lynn would like to climb Devil's Thumb.
```

實作練習

7-8. 熟食餐廳：請建立一個名為 sandwich_orders 的串列，其中存放各種三明治的名稱。再建立一個名為 finished_sandwiches 的空串列。以迴圈遍訪 sandwich_orders 串列，對每種三明治都印出一條訊息，如「I made your tuna sandwich」，再把此種三明治名稱移到 finished_sandwiches 內。所有三明治都處理好之後，再印一條訊息把 finished_sandwiches 串列印出來。

7-9. 沒有 pastrami（煙燻牛肉）了：使用 7-8 練習為基礎，在 sandwich_orders 串列內至少放入 3 個 'pastrami' 項目。在程式開頭新增一段程式，印出一條訊息告知 pastrami（煙燻牛肉）賣完了，再使用 while 迴圈把 sandwich_orders 串列中所有的 'pastrami' 項目都刪除。最後印出 finished_sandwiches 串列確定已沒有 'pastrami' 項目。

7-10. 夢想中的渡假地點：請編寫一支程式來訪查使用者夢想中的渡假地點。使用類似「If you could visit one place in the world, where would you go?」的提示文字來取得受訪者名字和渡假地點，並存放到字典中。編寫印出訪查結果的程式區塊。

總結

本章我們學習了如何在程式中使用 input() 來讓使用者輸入資訊，也學習了如何處理輸入的文字和數字資料，另外還學到怎麼用 while 迴圈讓程式依照使用者的要求一直執行。本章講解了多種控制 while 迴圈流程的方式，包括設定啟用旗標、使用 break 陳述句和使用 continue 陳述句等。同時也介紹如何使用 while 迴圈把某個串列中的項目搬移到另一個串列內，還有怎麼把串列中含有某個特定值的所有項目都刪除掉。最後講解了如何把 while 迴圈和字典整合在一起運用的例子。

在第 8 章，我們將要學習函式。函式讓我們把程式分成多個小的部分，每個部分則負責完成某項工作。我們可以依照需求多次呼叫同一個函式來工作，還可把函式存放在獨立的檔案內，方便日後引入和取用。使用函式可讓我們編寫的程式效率提高，更易於維護和偵錯，還可讓不同的程式引入和叫用。

第 8 章

函式

本章我們將要學習編寫函式，這是取了名字的程式區塊，專門用來完成特定的工作。當您要執行定義在函式中的特定工作時，可以**呼叫**這個函式的名稱來執行該項工作。若在程式中需要執行同一項工作很多次時，不需要為這同一項工作重複寫入多次相同的程式碼，只要把完成該項工作的程式定義成函式，再呼叫此函式讓 Python 執行其中的程式即可。您會發垷活用函式之後，在程式的編寫、閱讀、測試和修改都變得更容易。

本章我們還會學習把資訊傳入函式的方式。我們將學到如何編寫主要工作是印出資訊的函式，以及用來處理資料並返回一個或一組值的函式。最後還會學習如何把函式儲存在稱為「**模組**」的獨立檔案中，幫助主程式檔案的組織管理更有效率。

定義函式

下列為一個取名為 greet_user() 的簡單函式，它能印出問候句：

⬇ greeter.py

```
def greet_user():
    """Display a simple greeting."""
    print("Hello!")

greet_user()
```

這個範例展示出函式最簡單的結構。一開始的程式是使用 def 關鍵字來告知 Python 我們需要定義一個函式，這就是「**函式定義（function definition）**」，告知 Python 函式的名字和函式要完成工作所需要知道的資訊，如果有需要，可在括號內放入這些資訊。在這個例子中的函式名稱為 greet_user()，此函式不需要額外的資訊就完成其工作，因此括號中是空的（就算括號中沒有東西，括號也是不能省略的）。最後這行定義是以冒號（:）當結尾。

緊接在 def greet_user(): 之後的所有內縮程式行就組成了函式的**本體**。在這裡的文字稱為「**文件字串（docstring）**」的註釋，用來描述函式的功用。文件字串是以三個單引號開頭，Python 使用這種格式來生成有關程式中函式的文件。

print("Hello!") 這行是函式內唯一的一行程式，也是 greet_user() 所做的處理工作：印出問候句 Hello!。

若想要用這個函式，就要呼叫它。**函式呼叫（function call）**是告知 Python 去執行函式內的程式碼。若想要呼叫某個函式，可輸入函式名稱和括號，如果有需要才在括號內放入必需的資訊。由於這個函式不需要額外的資訊，因此呼叫它時只需輸入 greet_user() 即可。如預期一般，函式印出 Hello! 字樣：

```
Hello!
```

把資訊傳入函式內

只要對上述範例程式做一點修改，就可讓 greet_user() 函式印出更多內容，可把使用者的名字加在 Hello! 句子中一起印出，其作法是在函式定義 def greet_user() 的括號內輸入 username，藉由在這裡加入的 username 就能讓函式接收您在呼叫函式時所傳入的任意值。現在這個函式會要求您在每次呼叫時要提供一個值給 username。當您在呼叫 greet_user() 時可指定一個名字進括號內，例如 'Jesse'：

```
def greet_user(username):
    """Display a simple greeting."""
    print(f"Hello, {username.title()}!")

greet_user('jesse')
```

以輸入 greet_user('jesse') 來呼叫 greet_user() 函式，會對函式內的 print 陳述句提供印出時所需的資訊內容。這裡是接收您傳入的名字，然後印出問候句：

```
Hello, Jesse!
```

同樣地，輸入 greet_user('sarah') 來呼叫 greet_user() 函式，會對它傳入 'sarah'，印出 Hello, Sarah!。我們可以依據需要隨意呼叫 greet_user()，呼叫時無論傳入什麼字串，都會印出對應的輸出句子。

引數與參數

在前面的 greet_user() 函式中，我們定義函式需要提供 username 變數一個值。一旦我們呼叫此函式並提供資訊（人名），就會印出正確的問候句。

在 greet_user() 函式的定義內，username 變數是個**參數（parameter）**，是函式要完成工作所需要的一項資訊。在 greet_user('jess') 程式碼內，'jess' 值是個引數。**引數（argument）**是呼叫函式時傳入到函式的資訊。當我們呼叫函式時，會把函式要用到的值放在括號內傳入。在這例子中，我們把 'jess' 引數傳入 greet_user() 函式，而這個值會存放在 username 參數中。

> **NOTE**
> 有時候大家在引數和參數的用詞上並沒有分得那麼清楚，有時還會互換其用詞，把函式定義中的變數稱為參數，或把函式呼叫中的變數稱為引數。

實作練習

8-1. 訊息：請編寫一個 display_message() 函式，讓它印出一個句子說明本章學的是什麼內容。呼叫這個函式，確認有印出正確的句子。

8-2. 最愛的書：請編寫一個名為 favorite_book() 的函式，其中有個名為 title 的參數，此函式印出一條訊息，如「One of my favorite books is Alice in Wonderland.」。呼叫此函式將一本書名當成引數傳入運用吧！

傳入引數

因為函式定義可以有多個參數，所以呼叫函式也可能需要多個引數。要把引數傳入函式的方法有好幾個，我們可以使用**位置引數**（**positional arguments**），這是個要求編寫的順序要和參數的順序相同。也可使用**關鍵字引數**（**keyword arguments**），其中引數是由變數名稱和值、串列或字典的值所組成。接下來將依序介紹這兩種傳入方式。

位置引數

當您呼叫函式時，Python 函式呼叫的每個引數必須對應符合函式定義中的參數。最簡單的方式是按照引數的順序來傳入，這種相互對應符合的值就稱為**位置引數**。

為了了解其運作原理，我們來看一個顯示有關於寵物資訊的範例。這個函式會顯示某隻寵物屬於哪一種動物，以及其名字，如下所示：

⬇ pets.py

```
❶ def describe_pet(animal_type, pet_name):
      """Display information about a pet."""
      print(f"\nI have a {animal_type}.")
      print(f"My {animal_type}'s name is {pet_name.title()}.")

❷ describe_pet('hamster', 'harry')
```

從這個函式的定義可得知它需要動物類型和名字兩個引數❶，呼叫 describe_pet() 時，需要按照順序提供一個動物類型和一個名字。舉例來說，在前面的函式呼叫中，'hamster' 引數對應指定到 animal_type 參數中，而 'harry' 引數則對應指到 pet_name 參數內❷。在函式本體中，使用了這兩個參數來顯示寵物的相關資訊。

輸出的句子描述了這寵物是隻倉鼠（hamster），名字為 Harry：

```
I have a hamster.
My hamster's name is Harry.
```

函式的多次呼叫

我們可依據需要多次呼叫函式來用。若還想要描述某隻寵物的句子，只要再呼叫 describe_pet()：

```python
def describe_pet(animal_type, pet_name):
    """Display information about a pet."""
    print(f"\nI have a {animal_type}.")
    print(f"My {animal_type}'s name is {pet_name.title()}.")

describe_pet('hamster', 'harry')
describe_pet('dog', 'willie')
```

第二個呼叫 describe_pet() 函式中，我們傳入了 'dog' 和 'willie' 引數，與前一個呼叫時處理引數的方式一樣，Python 會把 'dog' 引數對應到 animal_type 參數，把 'willie' 引數對應到 pet_name 參數內。與之前的處理相同，函式會完成工作，這次是印出的是名字為 Willie 的小狗。執行整支程式時，就會印出我們有一隻名字為 Harry 的倉鼠和一隻名為 Willie 的小狗：

```
I have a hamster.
My hamster's name is Harry.

I have a dog.
My dog's name is Willie.
```

多次呼叫函式是一種很有效率的工作方式。只在函式中編寫一次用來描述寵物的句子，之後每次想要描述新的寵物時，都能直接呼叫函式並傳入必要的資訊，這樣就能印出對應的句子。就算描述寵物的函式內程式擴增 10 行，我們依然只需一行呼叫函式的程式碼就能描述新的寵物。

在位置引數中順序很重要

使用位置引數來呼叫函式時，如果引數放置的順序不對，可能會出現不是您想
要的結果：

```python
def describe_pet(animal_type, pet_name):
    """Display information about a pet."""
    print(f"\nI have a {animal_type}.")
    print(f"My {animal_type}'s name is {pet_name.title()}.")

describe_pet('harry', 'hamster')
```

在這次的函式呼叫中，我們先放置名字，然後才是動物類型，順序相反。由於
'harry' 引數在前，所以這個值會被對應指定到 animal_type 參數內，同樣地，
'hamster' 會被對應指定到 pet_name 參數中，所以結果變成：

```
I have a harry.
My harry's name is Hamster.
```

如果出現上面這樣好笑的怪句子，請確定函式呼叫時引數的順序是否與函式定
義時的參數順序是一致的。

關鍵字引數

關鍵字引數（**keyword argument**）是傳入函式的名－值對（name-value pair）。
我們直接在引數中就把名字和值關聯起來，因此在對函式傳入引數時不會產生
混淆（不會出現 I have a harry. My harry's name is Hamster. 這種怪句子）。關鍵
引數會讓我們不需考慮在函式呼叫時放置引數的順序，還能清楚地標示出值在
函式中的用途。

下列的範例是重新編寫的 pet.py，在其中用了關鍵字引數來呼叫 describe_pet()
函式：

```python
def describe_pet(animal_type, pet_name):
    """Display information about a pet."""
    print(f"\nI have a {animal_type}.")
    print(f"My {animal_type}'s name is {pet_name.title()}.")

describe_pet(animal_type='hamster', pet_name='harry')
```

describe_pet() 函式的內容沒變，但在呼叫函式時，我們對 Python 明確指出各引數所對應的參數。看到此函式呼叫時，Python 會知道要把 'hamster' 和 'harry' 引數分別指定到 animal_type 和 pet_name 參數中。執行程式之後就會得到正確的結果。

關鍵字引數的順序可隨便排放，因為 Python 知道各個值要指定到哪一個參數內。下列兩個函式呼叫是一樣的：

```
describe_pet(animal_type='hamster', pet_name='harry')
describe_pet(pet_name='harry', animal_type='hamster')
```

> **NOTE**
>
> 使用關鍵字引數時，一定要正確地指定函式定義中所使用的參數名字。

預設值

在編寫函式時可以給定每個參數一個**預設值**（**default value**）。在呼叫函式時若對參數指定引數，Python 就會使用指定的引數值，不然參數就其預設值來進行處理。因此，在為參數設定預設值之後，可在函式呼叫時省略其對應的引數。用了預設值之後可簡化函式的呼叫，展示出函式呼叫的典型用法。

舉例來說，如果您發現呼叫 describe_pet() 函式時，描述的大部分動物都是小狗，這樣就可在定義函式時，把 animal_type 參數的預設值設成 'dog'。如此一來，在呼叫 decribe_pet() 函式來描述小狗時，就不用提供這項資訊：

```
def describe_pet(pet_name, animal_type='dog'):
    """Display information about a pet."""
    print(f"\nI have a {animal_type}.")
    print(f"My {animal_type}'s name is {pet_name.title()}.")

describe_pet(pet_name='willie')
```

上述例子中修改了函式的定義，對其中的 animal_type 參數指定了 'dog' 預設值。如此一來，在呼叫此函式時，如果沒有提供 animal_type 指定值，Python 就會以預設值 'dog' 來處理：

```
I have a dog.
My dog's name is Willie.
```

請留意，在這個函式的定義中修改了參數的排放順序，由於對 animal_type 參數指定了預設值，不需要透過引數傳入動物類型也可以處理，因此在函式呼叫中只算有一個引數 pet_name，但 Python 仍將這個引數視為位置引數，所以當函式呼叫中只放寵物名字當引數，此引數會對應到函式的第一個參數 pet_name 中。這就是為什麼在定義函式時需要把 pet_name 放在前面的原因。

現在使用此函式最簡單的方式是只在呼叫函式時放入小狗的名字即可：

```
describe_pet('willie')
```

這個函式呼叫的輸出結果與前面所介紹的範例是一樣的，但只提供一個引數 'willie'，此引數會對應到函式定義的第一個參數 pet_name，由於沒有提供 aninal_type 其他值，因此 Python 就會預設值 'dog' 來進行處理。

假如要描述的寵物不是小狗時，可用下列方式來呼叫函式：

```
describe_pet(pet_name='harry', animal_type='hamster')
```

這個例子是很明顯地指定 animal_type 新的值，因此 Python 會忽略預設值。

> **NOTE**
>
> 使用預設值的時候，在定義函式的參數清單中必須先排放沒有預設值的參數，再排放有預設值的參數，這樣才能讓 Python 可以依照位置引數的順序來正確處理。

等效的函式呼叫

由於在定義函式時可以混合使用位置引數、關鍵字引數與預設值的指定，所以一般都會有多種等效的函式呼叫方式。請看下列 describe_pet() 函式的定義，其中有對一個參數指定了預設值：

```
def describe_pet(pet_name, animal_type='dog'):
```

因為這樣的定義，在任何情況下呼叫函式時都要提供 pet_name 對應的引數值，所以在提供這個引數時可依位置引數方式，也可使用關鍵字引數。如果要描述的寵物不是小狗，就要在呼叫函式時提供 animal_type 對應的引數值。同樣地，指定此引數時可用位置引數方式或使用關鍵字引數來處理。

下列這幾種呼叫函式的方式都是合乎規定的：

```
# A dog named Willie.
describe_pet('willie')
describe_pet(pet_name='willie')

# A hamster named Harry.
describe_pet('harry', 'hamster')
describe_pet(pet_name='harry', animal_type='hamster')
describe_pet(animal_type='hamster', pet_name='harry')
```

上述的函式呼叫其輸出結果與前面所示的範例相同。

不管使用哪一種呼叫方式都可以，只要呼叫函式處理完之後能產生您要的結果就行了。不論如何，使用您最容易理解的呼叫方式就對了。

避免引數錯誤

當您開始使用函式時，遇到引數對應錯誤的問題也別太驚訝。我們提供的引數不能對應函式定義要完成工作所需要的資訊，提供的引數不論多於或少於需要時，都會出現錯誤訊息。舉例來說，如果呼叫 describe_pet() 函式時沒有提供任何引數，結果會怎樣呢？

```
def describe_pet(animal_type, pet_name):
    """Display information about a pet."""
    print(f"\nI have a {animal_type}.")
    print(f"My {animal_type}'s name is {pet_name.title()}.")

describe_pet()
```

Python 發覺函式呼叫少了必要的資訊時，就會顯示 Traceback 錯誤，指出問題所在：

```
    Traceback (most recent call last):
❶   File "pets.py", line 6, in <module>
❷     describe_pet()
      ^^^^^^^^^^^^^^
❸ TypeError: describe_pet() missing 2 required positional arguments:
        'animal_type' and 'pet_name'
```

在❶這行 Traceback 指出程式問題發生的位置，好讓我們能找出函式呼叫中的錯誤。在❷這裡指出引發錯誤的函式呼叫。在❸這行，Traceback 說明該函式呼叫少用了兩個引數，並列出對應的引數名稱。如果這個函式儲存在一份單獨的檔案中，我們不需要開啟這個檔案查閱函式中的程式碼，從 Traceback 的訊息中就能重新寫出正確的函式呼叫。

Python 讀取函式的程式碼，並指出需要的是引數及其對應的參數，這提供了很大的幫助，也是為什麼我們在設計程式時，要對變數和函式取名字要取有描述性名稱的原因。如果我們有遵照這樣的慣例，那麼對於日後我們或是其他可能用到這支程式的人來說，Python 在提供錯誤訊息時會有更清楚明白的呈現。

如果在呼叫函式時用了太多的引數，也會出現類似的 Traceback 訊息，能協助您確保函式呼叫和定義上引數與參數的對應。

實作練習

8-3. T-Shirt：請編寫一個叫作 make_shirt() 的函式，能接收尺碼大小和印在衣服上的文字。此函式會印出一個句子，說明 T-Shirt 的尺碼大小和文字。使用位置引數呼叫這個函式來製作一件 T-Shirt；再使用關鍵字引數來呼叫這個函式。

8-4. L 號 T-Shirt：請修改 make_shirt() 函式，設定預設情況下會製作印有「I love Python」字樣的 L 號 T-Shirt。呼叫這個函式製作下列這些 T-Shirt：印有預設字樣的 L 號 T-Shirt、印有預設字樣的 M 號 T-Shirt 和印有其他字樣、隨意尺碼的 T-Shirt。

8-5. 城市：請編寫一個叫作 describe_city() 的函式，能接收城市和所屬國家名稱。此函式會印出簡單的句子，如「Rekjavik is in Iceland」。對存放國家名稱的參數設定預設值。以三個城市名稱來呼叫此函式，且其中至少有一座城市名稱不屬於預設國家。

返回值

函式能做的並不都是印出句子而已，它也可以處理一些資料並返回一個或一組值。函式返回的值稱之為「**返回值（return value）**」。在函式中可以用 return 陳述句把值返回到呼叫函式的那行程式碼中。返回值讓我們能夠將程式的大多數繁雜的工作移到函式內部去完成，如此就能簡化主程式的結構。

返回簡單值

以下列函式為例，此函式能接收名和姓，並返回經過格式化的完整姓名句子：

⬇ formatted_name.py

```
    def get_formatted_name(first_name, last_name):
        """Return a full name, neatly formatted."""
❶      full_name = f"{first_name} {last_name}"
❷      return full_name.title()

❸ musician = get_formatted_name('jimi', 'hendrix')
   print(musician)
```

get_formatted_name() 函式的定義中是把 first_name 和 last_name 當成參數，此函式的作用是會把姓和名連接在一起，中間會放一個空格，連接的結果會指定到 full_name 變數內❶。最後把 full_name 的值轉換成第一個字母為大寫的格式，再把此結果返回到函式呼叫的那一行❷。

呼叫有返回值的函式時，都會提供一個變數來指定。在這個例子中，我們把返回值指定到 musician 變數❸，輸出的結果為格式清晰的姓名，是由人的姓和名所組成：

```
Jimi Hendrix
```

這個函式好像要做太多工作了，我們原本只要寫出像下列這行簡捷的完整姓名印出程式就可以了：

```
print("Jimi Hendrix")
```

如果在需要處理分別存放大量姓和名的大型程式中，像 get_formatted_name() 這樣的函式就很有用，每當有需要印出完整姓名的時候，就呼叫這個函式來協助就行了。

讓引數變成可選擇性的

有時候可讓引數變成可選擇性的，在使用函式時只有在必要時才提供額外的資訊，不提供時則以預設值來處理。所以在定義函式時只要為某個參數指定預設值，那在呼叫時這個對應的引數就變成是可選擇性的，在有需要時才提供新的資訊進去。

舉例來說，假設我們要擴展 get_formatted_name() 函式的功能，讓它可以處理中間名字。把程式修改成下列這般：

```python
def get_formatted_name(first_name, middle_name, last_name):
    """Return a full name, neatly formatted."""
    full_name = f"{first_name} {middle_name} {last_name}"
    return full_name.title()

musician = get_formatted_name('john', 'lee', 'hooker')
print(musician)
```

上面這個函式只有在提供名、中間名和姓三個引數才能正確執行。它會依照這三個內容連接成一個字串，中間會加上一格空格，並把第一個字母變大寫：

```
John Lee Hooker
```

不過並非每個人都有中間名，但如果在呼叫此函式時只提供名和姓，少了中間名就不能運作了。為此我們把中間名變成可選擇性的，有才加上，沒有就略過。因此在定義函式時，對 middle_name 參數指定一個預設值－空值。當使用者在呼叫函式時沒有提供中間名時，就以預設值空字串來代表沒有中間名。為了讓 get_formatted_name() 在提供中間名時依然可以執行，在程式定義函式時，對 middle_name 參數指定一個預設值－空字串（ "）,並將它從參數清單的中間移到最後：

```python
    def get_formatted_name(first_name, last_name, middle_name=''):
        """Return a full name, neatly formatted."""
❶   if middle_name:
            full_name = f"{first_name} {middle_name} {last_name}"
❷   else:
            full_name = f"{first_name} {last_name}"
        return full_name.title()

    musician = get_formatted_name('jimi', 'hendrix')
    print(musician)

❸ musician = get_formatted_name('john', 'hooker', 'lee')
    print(musician)
```

在上述的範例中，完整的姓名是由三個部分所組成，每個人都有名和姓，因此在函式定義中先列出這兩個必要的參數，中間部分是可選擇性，不一定要有，因此這個參數在函式定義中最後列出，並指定其預設值為空字串。

在函式本體內，我們用 if 陳述句檢測是否有提供中間名，Python 會把不是空字串解譯為 True，因此如果函式呼叫中提供了中間名，if middle_name 這行檢測會是 True❶，那就把 first_name、middle_name、last_name 連接起來，中間加上空格，然後把連接起來的完整姓名轉換成第一個字母為大寫的格式，再返回到函式呼叫的那行中。在函式呼叫的那一行會把返回值指定到 musician 變數，隨後印出來。如果函式呼叫時沒有提供中間名，middle_name 就會是個空字串，那 if 區塊因檢測 middle_name 是 False 而不執行，進而跳到 else 區塊中執行❷，這行只用 first_name、空格和 last_name 連接起來，並把轉好格式的姓名返回到函式呼叫的那一行，返回值指定到 musician 變數，隨後印出來。

呼叫這個函式時，如果只想指定名和姓，呼叫的方式就較為簡單，直接放入即可。當如果有中間名時，記得要把中間名放在最後一個引數，這樣 Python 才能正確地把位置引數的值對應到函式的參數中❸。

這個修改後的函式版本，在只有名和姓，或是有中間名的人都適用：

```
Jimi Hendrix
John Lee Hooker
```

「值」可選擇性放進函式來呼叫，能夠讓函式在處理各種不同情形的需求時可確保函式呼叫盡可能變得較為簡單。

返回字典

函式能返回各種型別的值，包括串列、字典等比較複雜的資料結構。舉例來說，下列的函式接收姓和名等部分，組合後返回一個代表「人」的字典：

⬇ person.py
```
    def build_person(first_name, last_name):
        """Return a dictionary of information about a person."""
❶      person = {'first': first_name, 'last': last_name}
❷      return person

    musician = build_person('jimi', 'hendrix')
❸   print(musician)
```

build_person() 函式接收 first_name（名）和 last_name（姓），並將這兩個值裝進字典內❶。字典在儲存 first_name 值時，「鍵（key）」是用 'first'，而在儲存 last_name 值時，「鍵（key）」是用 'last'。最後會返回這個「person」字典❷。在❸這行，會印出返回的值，可看到儲存在字典中原本的兩項文字資訊：

```
{'first': 'jimi', 'last': 'hendrix'}
```

這個函式接收了簡單的文字資訊，再將它們存放到更有意義的資料結構內，讓我們不只能印出，也能以其他方式處理運用這些資訊。在範例中的字串 'jimi' 和 'hendrix' 標示為 first_name（名）和 last_name（姓）。我們還可以擴充這個函式的功能，讓它可以接收可選擇性的值，例如：中間名、年齡、職業或任何想要儲存起來的資訊。以實例來說明，下列範例程式已修改成可以存放年齡：

```python
def build_person(first_name, last_name, age=None):
    """Return a dictionary of information about a person."""
    person = {'first': first_name, 'last': last_name}
    if age:
        person['age'] = age
    return person

musician = build_person('jimi', 'hendrix', age=27)
print(musician)
```

在這個函式的定義中我們新增了一個可選擇性的參數 age，並指定預設值為 None，當呼叫時沒有指定時會使用這個值，您可以把 None 視為佔位值。在這種情況下的條件檢測，None 值求值結果等於 False。如果函式在呼叫時有傳入這個參數值，這個值也會一起儲存到字典內。這個函式的基本功能是存放人的名和姓到字典內，但對此函式進行修改，就能讓它也可以儲存關於人的其他相關資訊。

在 while 迴圈使用函式

我們可以在前面所學過的任何 Python 程式結構中一起運用函式，舉例來說，下列的範例中會把 while 迴圈和 get_formatted_name() 函式結合起一起運用，以較正式的句子來問候使用者。下列的例子試著將名字和姓結合起來，然後用這個姓名向使用者打招呼：

⬇ greeter.py

```
def get_formatted_name(first_name, last_name):
    """Return a full name, neatly formatted."""
    full_name = f"{first_name} {last_name}"
    return full_name.title()

# This is an infinite loop!
while True:
    print("\nPlease tell me your name:")
    f_name = input("First name: ")
    l_name = input("Last name: ")

    formatted_name = get_formatted_name(f_name, l_name)
    print(f"\nHello, {formatted_name}!")
```

❶

在這個例子中，我們所用的 get_formatted_name() 函式是簡單版本，沒有處理
中間名字。其中的 while 迴圈能讓使用者輸入名和姓，執行時會提示使用者分
別輸入 First name 和 Last name ❶。

但這個 while 迴圈有個問題：我們沒有定義結束退出的條件。在讓使用者提供
一系列的輸入時，要在什麼位置提供結束退出的條件呢？最好是能讓使用者很
容易就結束退出，因此在每次提示使用者輸入時，都要提供結束退出的路徑。
每次提示使用者輸入時，都有條件可執行 break 陳述句來結束退出迴圈：

```
def get_formatted_name(first_name, last_name):
    """Return a full name, neatly formatted."""
    full_name = f"{first_name} {last_name}"
    return full_name.title()

while True:
    print("\nPlease tell me your name:")
    print("(enter 'q' at any time to quit)")

    f_name = input("First name: ")
    if f_name == 'q':
        break

    l_name = input("Last name: ")
    if l_name == 'q':
        break

    formatted_name = get_formatted_name(f_name, l_name)
    print(f"\nHello, {formatted_name}!")
```

我們新增了一條訊息文字告知使用者怎麼結束退出，在每次提示使用者輸入
時，都會檢測輸入的是否為結束退出條件的值，如果是，則結束退出迴圈。現
在執行這支程式後會不斷讓使用者輸入名和姓，並印出打招呼問候句，直到使
用者輸入的名或姓為 'q' 才停止結束：

```
Please tell me your name:
(enter 'q' at any time to quit)
First name: eric
Last name: matthes

Hello, Eric Matthes!

Please tell me your name:
(enter 'q' at any time to quit)
First name: q
```

實作練習

8-6. 城市名稱：請編寫一個名稱為 city_country() 的函式，可接收城市名稱和其所屬的國家。此函式會返回一個編排格式如下這般的字串：

"Santiago, Chile"

至少使用三個城市和國家來呼叫這個函式，並印出其返回的值。

8-7. 專輯：請編寫一個名稱為 make_album() 的函式，它能建立一個描述音樂專輯的字典。此函式能接收歌手的名字和專輯名稱，然後返回含有這兩項資訊的字典。使用這個函式建立三個歌手專輯的字典，並印出每個返回的值，以確定這些字典有正確地存放了歌手專輯的資訊。

修改 make_album() 函式新增一個可選擇性的引數，用來存放專輯所含的歌曲數目。如果呼叫這個函式時有設定歌曲數目，這個值也會新增到專輯的字典中。請呼叫這個函式，至少在一次呼叫中傳入專輯時有指定歌曲數目。

8-8. 使用者專輯：在 8-7 練習的程式中，請編寫一個 while 迴圈，讓使用者可以輸入歌手和專輯名稱，取得的資訊用來呼叫 make_album() 建立字典並印出內容。在這個 while 迴圈中要提供結束退出的條件。

傳入串列

您會發現對函式傳入串列是很好用的功能，這個串列可能是名字、數字或更複雜的物件（如字典）。把串列傳入函式後，函式就能直接存取其內容。下列的例子說明怎麼使用函式搭配串列來讓工作變得更有效率。

假設這裡有個使用者串列，我們要對串列中每位使用者印出問候文字。下列的範例是把一個名字串列傳入 greet_users() 函式，此函式會對串列中每個名字印出問候句：

⬇ greet_users.py

```python
def greet_users(names):
    """Print a simple greeting to each user in the list."""
    for name in names:
        msg = f"Hello, {name.title()}!"
        print(msg)

usernames = ['hannah', 'ty', 'margot']
greet_users(usernames)
```

我們定義 greet_users() 能接收名字串列，並將其指定到 names 參數。這個函式以迴圈遍訪接收的串列，並對其中每位使用者印出一條問候句。我們定義了一個 usernames 串列，然後在呼叫 greet_users() 函式時把串列傳入：

```
Hello, Hannah!
Hello, Ty!
Hello, Margot!
```

輸出的結果就是我們想要的，每位使用者都有一條附有名字的問候句。當您要處理一組使用者並印出問候句時，可呼叫這個函式來處理。

在函式中修改串列

把串列傳入函式後，函式就可對串列進行修改。在函式中對這個串列所做的任何修改都是永久性的，能讓我們有效率地處理大量的資料。

假設有一家 3D 列印模型的公司，能處理印出使用者提交設計來的模型。想要印出模型的設計提案都儲存在一個串列內，印出後會移到另一個串列中。下列程式是不使用函式的情況下模擬這個處理的過程：

▼ printing_ models.py

```
# Start with some designs that need to be printed.
unprinted_designs = ['iphone case', 'robot pendant', 'dodecahedron']
completed_models = []

# Simulate printing each design, until none are left.
#  Move each design to completed_models after printing.
while unprinted_designs:
    current_design = unprinted_designs.pop()
    print(f"Printing model: {current_design}")
    completed_models.append(current_design)

# Display all completed models.
print("\nThe following models have been printed:")
for completed_model in completed_models:
    print(completed_model)
```

這支程式會先建立一個需要印出模型的設計提案串列 unprinted_designs，還會建立一個名為 completed_models 的空串列，印完後的設計會移到這個串列中。只要 unprinted_designs 串列中還有設計項目，while 迴圈就會持續處理印出設計的過程：從此串列尾端提取一個設計項目並刪除它，然後存放到 current_design 變數中，顯示一條訊息說明正在印出目前的設計模型，隨後將讓設計項目新增到 completed_models 串列中。等迴圈結束後，顯示已印出的所有設計項目：

```
Printing model: dodecahedron
Printing model: robot pendant
Printing model: iphone case

The following models have been printed:
dodecahedron
robot pendant
iphone case
```

我們可以編寫兩個函式來重新組織這些程式碼，每個函式負責一件特定的工作。大部分的程式都與原本的相同，只是放入函式中可提高其使用效率。第一個函式負責處理印出設計項目的工作，第二個函式則彙整印了哪些設計項目：

```
❶ def print_models(unprinted_designs, completed_models):
    """
    Simulate printing each design, until none are left.
    Move each design to completed_models after printing.
    """
    while unprinted_designs:
        current_design = unprinted_designs.pop()
        print(f"Printing model: {current_design}")
        completed_models.append(current_design)
```

```
❷ def show_completed_models(completed_models):
      """Show all the models that were printed."""
      print("\nThe following models have been printed:")
      for completed_model in completed_models:
          print(completed_model)

  unprinted_designs = ['iphone case', 'robot pendant', 'dodecahedron']
  completed_models = []

  print_models(unprinted_designs, completed_models)
  show_completed_models(completed_models)
```

在❶這裡，我們定義了有兩個參數的 print_models() 函式，一個是需要印出的設計串列和一個已印出模型的完成串列。給定這兩個串列進去，函式就會模擬印出模型的過程：把每個設計項目從串列中提取出來，然後新增到完成的串列中。在❷這裡則定義了有一個參數的 show_completed_models() 函式，此參數為模型印出完成的串列。給定這個串列後 show_completed_models() 函式就會顯示出這個串列的所有內容。

此程式的輸出與前面沒有用函式的版本相同，但程式的內容組織整理得更好。完成大部分工作的程式都移到這兩個函式內了，因此讓程式的主體更易讀好懂。只要看到程式的本體內容，我們就知道這支程式的功能是什麼了：

```
unprinted_designs = ['iphone case', 'robot pendant', 'dodecahedron']
completed_models = []

print_models(unprinted_designs, completed_models)
show_completed_models(completed_models)
```

我們設定了一個未印出的設計串列，並建立一個空串列來存放將來印好後的設計模型。由於我們已定義了兩個函式，因此只需呼叫並傳入正確的引數即可。我們在呼叫 print_models() 函式時傳入 unprinted_designs 和 completed_models 串列，如預期般，print_models() 模擬印出設計的過程。隨後呼叫 show_completed_models() 函式時把 completed_models 傳入，讓它能顯示出已完成印出模型的設計項目。使用具有描述性的函式名稱，讓人在閱讀程式時很容易了解其功用，就算沒有任何注釋也沒關係。

與沒有使用函式的版本相比，這支程式更易於擴充和維護。如果日後要印出其他設計，只需呼叫 print_models() 函式即可。如果我們想要對印出的程式碼進行修改，也只需要修改函式中的程式一次，就能影響所有呼叫函式的地方。如

果沒有使用函式，就必須要分別修改程式多個地方，與其相比，這種方式效率
更高。

這支程式示範了「每個函式都應只負責一件特定工作」這個理念。程式中的第
一個函式是用來印出每個設計項目的模型，而第二個則是顯示已印出模型的設
計項目內容。這種方式優於只用一個函式完成兩件工作的處理方式。當您在設
計和編寫函式時，如果發現它處理的工作太多時，請試著將工作進行劃分，看
能否分成兩個函式來處理。請記住一件事，在函式中一樣可以呼叫另一個函
式，這個觀念有助於把複雜的工作分割成一系列的處理步驟。

防止函式修改串列內容

有時候我們希望程式要禁止函式修改串列的內容。例如，像前一個範例中我們
有還沒印出模型的設計串列，並編寫了一個函式將這些設計項目移到已印出模
型的串列中。有時可能會有這樣的需求：就算印出了所有設計項目後，也要保
留原本還沒印出模型的設計串列，用此串列來當作記錄備案。但因為已將所有
設計項目從 unprinted_designs 串列提取出來，這個串列變成空的了，原本的串
列就不見了。在這個案例中，若想要解決這個問題，我們可以對函式傳入串列
的複製品，而不是傳入原本的串列，這樣函式所進行的相關處理只會影響到複
製品，原本的串列一點都不受影響。

我們可以在呼叫函式傳入串列的複製品，其作法如下：

```
function_name(list_name[:])
```

這個 [:] 是切片表示法，可建立串列的複製品。在 print_models.py 程式中，如
果不想提取清空原本的 unprinted_design 串列，可以用下列這樣的方式來呼叫
print_models() 函式：

```
print_models(unprinted_designs[:], completed_models)
```

這樣 print_models() 函式還是能完成其工作，因為它一樣接收到一份還沒印出
模型的 unprinted_designs 串列，但用的是 unprinted_designs 複製品，不是原本
的 unprinted_designs 串列。如之前的處理，completed_models 串列會收集已印
出模型的設計項目名稱，但函式所做的相關處理並不會影響原本的 unprinted_
designs 串列。

雖然對函式傳入串列的複製品可保留原本串列的內容，但除非有充分的理由，不然還是以原本的串列來進行傳入和處理是比較好的做法，因為函式直接用原本的串列會比較有效率，可避免花費時間和記憶體空間來複製串列，當處理的串列很大時更是如此。

實作練習

8-9. 訊息：請建立一個放了簡短文字訊息的串列，並將此串列傳入 show_messages() 函式，此函式可印出串列中的每條文字訊息。

8-10. 送出訊息：以 8-9 練習的程式為基礎，在此程式中編寫一個 send_messages() 函式來印出每條文字訊息，印出後將每條文字訊息移到新的 sent_messages 串列中。在呼叫 send_messages() 函式之後，把兩個串列都印出來，看看原訊息是否正確移到新的串列內。

8-11. 封存訊息：以 8-10 練習的程式為基礎，在呼叫 send_messages() 函式時，以訊息串列的複製品傳入，在呼叫 send_messages() 函式之後，把兩個串列都印出來，看看原本訊息串列是否還保留著其文字訊息。

傳入任意數量的引數到函式內

有時候我們預先並不知道函式需要接收多少個引數，還好 Python 允許函式呼叫陳述句中可收集任意數量的引數。

舉例來說，有個製作披薩的函式，此函式要接收多種配料來製作，但我們無法預知顧客會選多少種配料。下列的函式定義中只有一個參數 *toppings，這樣的定義後不管呼叫函式時提供了多少個引數，此參數都會把它們收集起來：

⬇ pizza.py
```
def make_pizza(*toppings):
    """Print the list of toppings that have been requested."""
    print(toppings)

make_pizza('pepperoni')
make_pizza('mushrooms', 'green peppers', 'extra cheese')
```

*toppings 參數中的星號會讓 Python 建立一個名稱是 toppings 的多元組，並將接收到的所有值都裝入這個多元組內。函式本體內的 print() 陳述句會輸出顯示來證實 Python 能處理用一個引數和三個引數呼叫函式的情形。此函式會以類似的方式處理不同的呼叫，請留意，Python 都會把引數裝進一個多元組內，就算只有一個引數值也一樣：

```
('pepperoni',)
('mushrooms', 'green peppers', 'extra cheese')
```

現在我們可以把這條 print 陳述句換成迴圈，對配料串列以迴圈遍訪，並將所點的披薩的配料進行描述：

```
def make_pizza(*toppings):
    """Summarize the pizza we are about to make."""
    print("\nMaking a pizza with the following toppings:")
    for topping in toppings:
        print(f"- {topping}")

make_pizza('pepperoni')
make_pizza('mushrooms', 'green peppers', 'extra cheese')
```

不論在呼叫函式時用一個引數或三個引數，這個函式都能好好處理：

```
Making a pizza with the following toppings:
- pepperoni

Making a pizza with the following toppings:
- mushrooms
- green peppers
- extra cheese
```

不管函式接收到多少個引數，這樣的語法都能順利運作。

一起使用位置引數和任意數量引數

如果要讓函式接收不同型別的引數，就必須要在函式定義中把接收任意數量引數的參數設定放在最尾端。Python 會先比對位置引數和關鍵字引數，然後才把剩下的引數都收集到最後的參數內。

舉例來說，如果前述的函式還需要加一個代表披薩大小的引數，那就必須要把這個參數放在 *toppings 參數的前面：

```python
def make_pizza(size, *toppings):
    """Summarize the pizza we are about to make."""
    print(f"\nMaking a {size}-inch pizza with the following toppings:")
    for topping in toppings:
        print(f"- {topping}")

make_pizza(16, 'pepperoni')
make_pizza(12, 'mushrooms', 'green peppers', 'extra cheese')
```

在這個函式的定義中，Python 把接收到第一個值指定到 size 參數內，並將其他所有值都放到多元組 toppings。在函式呼叫中，先給定代表披薩大小的引數值，然後依照顧客給定任意數量的配料。

現在每個披薩都有了大小尺寸和一系列的配料，這些資訊都會依照正確的順序印出來，並依大小尺寸再來列出配料。

```
Making a 16-inch pizza with the following toppings:
- pepperoni

Making a 12-inch pizza with the following toppings:
- mushrooms
- green peppers
- extra cheese
```

> **NOTE**
>
> 您經常會看到通用參數名稱取名為「＊args」，這個取名的用法可用來收集任意數量的位置引數。

使用任意數量的關鍵字引數

有時候我們會希望函式接收任意數量的引數，但預先卻不知道要傳入函式的是什麼樣的資訊。在這種情況下，可以讓函式變成能接收任意數量的鍵－值對，在呼叫函式時提供多少的鍵－值對就接收多少對。這裡用一個建立使用者簡介資料的範例來說明：我們要從使用者那裡接收資訊，但不確定收到什麼樣的資訊內容，下列程式中 build_profile() 函式接收名和姓，同時也接收任意數量的關鍵字引數：

⬇ user_profile.py
```python
    def build_profile(first, last, **user_info):
        """Build a dictionary containing everything we know about a user."""
❶       user_info['first_name'] = first
        user_info['last_name'] = last
```

```
        return user_info

    user_profile = build_profile('albert', 'einstein',
                                 location='princeton',
                                 field='physics')
    print(user_profile)
```

build_profile() 函式的定義中要求提供名（first）和姓（last），同時允許使用者依據需要提供任意數量的名字－值對。**user_info 參數的兩個星號會讓 Python 建立 user_info 的字典，並將接收到的所有名字－值對都裝入這個字典內。在這個函式中，我們可以像存取其他字典那樣來存取 user_info 中的名字－值對。

在 build_profile() 的函式本體中，在❶這裡我們把名和姓新增到 user_info 字典中，因為一定會從使用者那裡接收到這兩項資訊，而且它們還沒有放入字典中。隨後把 user_info 字典返回到函式呼叫的那行。

我們呼叫 build_profile() 函式，對它傳入 'albert'（名）、'einstein'（姓）和 location='princeton' 與 field='physics'（兩個鍵－值對）。我們把返回的 user_info 指定到 user_profile 變數，隨後印出這個字典：

```
{'location': 'princeton', 'field': 'physics', 'first_name': 'albert', 'last_name':
'einstein'}
```

以這個例子來看，返回的字典中含有名和姓，以及求學地點與科系。呼叫這個函式時不論額外提供多少的鍵－值對，這個函式都能正確處理。

在設計編寫函式時，我們可以隨意混合使用位置引數、關鍵字引數和任意數量引數這三個應用。了解這些引數類型有很大的助益，因為在閱讀別人的程式碼時可能會常碰到它們。要正確運用這些引數類型，並了解其使用時機是需要經過一些實作練習的。以現階段來看，請記住一點，先使用最簡單的方式來完成程式工作就好了。繼續往下學習且有更多經驗後，您就能掌握在各種不同情況下要使用哪一種方法是最有效率的。

> NOTE
>
> 您經常會看到參數名稱取名為「 **kwargs」，這個取名的用法是用來收集沒有指定數量的關鍵字引數。

實作練習

8-12. 三明治：請編寫一個函式，讓它接收客戶要在三明治中添加的各種配料食材。這個函式只有一個引數（可收集函式呼叫時傳入的所有配料食材），並印出一條訊息告知客戶所點的三明治用了哪些食材。請呼叫這個函式三次，每次都用不同數量的配料食材來呼叫。

8-13. 使用者簡介：複製前面的 user_profile.py 程式為基底，在其中呼叫 build_profile() 來建立關於您的簡介。呼叫時先提供名和姓，以及三項描述您相關資訊的鍵 - 值對。

8-14. 車子：請編寫一個函式能將一輛車子的資訊儲存在字典中。這個函式一定會接收廠牌和型號，然後是任意數量的關鍵字引數。請像下列這般呼叫函式：提供必要的資訊以及兩個名字 - 值對，如車子顏色和配件。這個函式必須要能夠像下列這樣呼叫使用：

```
car = make_car('subaru', 'outback', color='blue', tow_package=True)
```

把返回的字典印出來，確認函式有正確地處理了所有資訊。

把函式儲存在模組中

函式有個優點是它們和主程式部分可以分開放置。為函式取一個具有描述性的名字，這樣在主程式中使用時能讓程式更易讀好懂。我們還可更進一步將函式儲存在一個獨立的檔案中，這個檔案稱為**模組**（**module**）。在需要使用函式時將這個模組匯入到主程式中。Import 陳述句告知 Python 讓我們在目前執行的程式檔中可取用模組內的程式碼。

把函式儲存成獨立的檔案能讓我們隱藏程式的細節，把焦點集中在較高層次的邏輯運作上，也能讓我們在許多不同的程式中重複運用這個函式。把函式儲存在單獨的檔案後，可與其他程式設計人員一起共享這份檔案，只分享共用函式的部分而不是分享整支程式。學會匯入函式能讓我們取用其他程式設計師所編寫的函式庫。

匯入模組的方式有很多種，以下將逐一簡介。

匯入整個模組

要讓函式變成可以匯入，首先就要建立模組。模組檔的副檔名為 .py，其中存放了要匯入我們程式中的程式碼。接著我們要建立一個存放了 make_pizza() 函式的模組。其作法是把 pizza.py 檔中除了函式以外的程式都刪除：

⬇ pizza.py
```python
def make_pizza(size, *toppings):
    """Summarize the pizza we are about to make."""
    print(f"\nMaking a {size}-inch pizza with the following toppings:")
    for topping in toppings:
        print(f"- {topping}")
```

接著我們在 pizza.py 所在的資料夾中建立另一個名稱為 making_pizzas.py 的檔案。這個程式檔案會匯入剛才建立的模組，再呼叫 make_pizza() 函式兩次：

⬇ making_ pizzas.py
```python
    import pizza

❶ pizza.make_pizza(16, 'pepperoni')
   pizza.make_pizza(12, 'mushrooms', 'green peppers', 'extra cheese')
```

當 Python 解讀這個檔案時，import pizza 這行指令會讓 Python 開啟 pizza.py 檔案，並將其中所有的函式都複製到這個檔案內，我們是看不到複製過來的程式碼，因為這支程式在執行時，Python 會在幕後處理這些事。我們只需要知道在 making_pizzas.py 中是可以取用 pizza.py 內所定義的所有函式。

若想要呼叫匯入模組內的函式，可指定匯入的模組名稱pizza 和函式名稱make_pizza()，並以句點（.）分隔連接❶。這支程式執行結果的輸出與沒有用匯入模組的原始版本的程式是相同的：

```
Making a 16-inch pizza with the following toppings:
- pepperoni

Making a 12-inch pizza with the following toppings:
- mushrooms
- green peppers
- extra cheese
```

上述為第一種匯入的方式，使用 import 陳述句並指定模組名稱，就能在程式中取用匯入模組的所有函式。如果我們使用這種 import 語法匯入 module_name.py 的整個模組，就能以下列這樣的語法來取用其中的任何一個函式：

```
module_name.function_name()
```

匯入特定的函式

我們還可以匯入模組中某個特定的函式，其匯入的語法如下：

```
from module_name import function_name
```

若要從模組中匯入多個函式時，可用逗號分隔：

```
from module_name import function_0, function_1, function_2
```

以前面的 making_pizzas.py 為例，如果只匯入要用的函式，指令語法如下：

```
from pizza import make_pizza

make_pizza(16, 'pepperoni')
make_pizza(12, 'mushrooms', 'green peppers', 'extra cheese')
```

若用這種語法，呼叫函式時就不需要加模組名稱上和句點（.），由於我們在 import 陳述句中明確地匯入了 make_pizza() 函式，因此在呼叫時只需直接指定這個函式名稱即可。

使用 as 為函式指定別名

如果要匯入的函式名稱可能會與您程式中現有的函式名稱產生衝突，或是函式的名稱太長等因素下，可以為匯入的函式取一個獨一無二的別名（alias），也就是函式的另一個名稱（綽號）。在我們匯入函式時就為它指定一個別名。

下列的例子中為 make_pizza() 函式取了一個 mp() 的別名。這是在 import 陳述句中加上 make_pizza as mp 來達成的，關鍵字 as 能為函式取一個別名：

```
from pizza import make_pizza as mp

mp(16, 'pepperoni')
mp(12, 'mushrooms', 'green peppers', 'extra cheese')
```

上面的 import 陳述句為 make_pizza() 函式取了別名為 mp()，在這支程式中若需要呼叫 make_pizza() 時，可縮寫成 mp()，Python 會找到匯入的 make_pizza() 來執行，使用別名也能避開程式中若也有寫了 make_pizza() 函式的混淆。

指定別名的匯入語法如下所示：

```
from module_name import function_name as fn
```

使用 as 為模組指定別名

我們也可以為匯入的模組取一個別名。給定模組一個較短的別名，例如為 pizza 模組取一個別名叫 p，這樣就能更輕鬆簡潔地呼叫模組中的函式。與寫入 pizza.make_pizza() 的語句相比，p.make_pizza() 更簡短：

```
import pizza as p

p.make_pizza(16, 'pepperoni')
p.make_pizza(12, 'mushrooms', 'green peppers', 'extra cheese')
```

上述例子中的 import 陳述句為 pizza 模組取了一個叫作 p 的別名，但在該模組內的所有函式的名稱都沒變。呼叫 make_pizza() 函式時，可寫入 p.make_pizza() 而不是 pizza.make_pizza()，這樣就使讓程式碼更簡潔，也能讓我們降低對模組名稱的注意，更集中關注在函式名稱上。這些函式名稱很明確地指出了它們的功用，從理解程式碼的角度來看，它們比模組名稱更為重要。

為模組取一個別名的語法如下所示：

```
import module_name as mn
```

匯入模組中所有函式

使用星號（*）運算子可讓 Python 匯入模組中所有的函式：

```
from pizza import *

make_pizza(16, 'pepperoni')
make_pizza(12, 'mushrooms', 'green peppers', 'extra cheese')
```

import 陳述句中的星號會讓 Python 把 pizza 模組中所有函式都複製一份到這個程式檔中。因為每個函式都已匯入，所以可直接用函式名稱來呼叫，不需再加上模組名稱和句點的表示法。不過,在使用不是自己編寫的大型模組時,最好不要用這種匯入方式,如果模組中有的函式名稱剛好與您專案中所使用的名稱相同時,可能會產生不預期的結果,Python 可能在遇到多個名稱相同的函式或變數,因為名稱相同而直接覆蓋過去,不是以分開的方式來呼叫使用。

最好的做法是只匯入您需要的函式,或是匯入模組並使用句點表示法。這樣能讓程式變得更清楚且易讀好懂。這裡之所以介紹這種匯入方式,只是讓您在閱讀別人的程式時,若遇到下列這種匯入的 import 陳述句,能了解其作用為何:

```
from module_name import *
```

函式的風格

編寫函式時要記住幾個編排風格上的細節。函式取名字時要指定具有描述性的名字,而且只用小寫英文字母和底線。具有描述性的名字能幫助您和別人知道這段程式碼有什麼作用。此外,在取模組名稱時也應遵守上述的慣例。

每個函式中應該放入簡介此函式功用的注釋,這個注釋應緊接在函式定義的後面,並使用 docstring 格式。在文件編寫良好的函式中,能讓其他程式設計人員只需閱讀這段 docstring 的文字描述就知道其功用和使用方法,大家會相信程式會如文字描述這段執行。我們只需要知道函式名稱和需要傳入的引數,以及返回值的型別,就能在自己的程式中取用它。

在定義函式時,在對參數指定預設值時,等號兩側不要放空格:

```
def function_name(parameter_0, parameter_1='default value')
```

在呼叫函式時傳入關鍵字引數時也應遵守這項約定,等號兩側不要放空格:

```
function_name(value_0, parameter_1='value')
```

PEP 8(*http://www.python.org/dev/peps/pep-0008/*)中建議程式碼一行的長度不要超過 79 個字元,只要文字編輯器的視窗大小適中,就能完整呈現一整行程式。如果參數很多,使得函式定義的長度超過 79 個字元,那麼可以在函式定義中所輸入的左括號後面按下 Enter 鍵換行,並在下一行按兩次 Tab 鍵(8 格空白)縮排,讓所有參數和只內縮一層的函式本體有所區別。

大多數的文字編輯器在第一個參數設好後按下 Enter 鍵，都會有自動對齊後續參數的功能，其縮排會與第一個參數對齊：

```
def function_name(
        parameter_0, parameter_1, parameter_2,
        parameter_3, parameter_4, parameter_5):
    function body...
```

如果程式或模組中含有很多函式，可用兩行空行來把相鄰的函式分隔開來，這樣能更容易判斷上個函式在什麼位置是結尾，而下個函式是從哪裡開始。

所有的 import 陳述句都要放在程式檔案的最開頭位置，除非程式檔案開頭已放了注釋說明程式功用的文字。

實作練習

8-15. 列印模型：請將 print_models.py 範例中的函式移到另一個 printing_functions.py 的程式檔中。在 print_models.py 的開頭寫入一條 import 陳述句，將 printing_functions 模組檔的函式匯入。

8-16. 匯入：請選擇一個您編寫過且只有一個函式的程式範例，將這個函式改放到另一個檔案中。在主程式檔案內使用下列各種匯入這個函式的方法來呼叫使用：

```
import module_name
from module_name import function_name
from module_name import function_name as fn
import module_name as mn
from module_name import *
```

8-17. 函式的風格：請選擇您在本章中所編寫的三支程式，以本節所介紹的函式編排風格慣例來檢查程式的內容，看看是否有遵守這些慣例。

總結

本章我們學到了如何編寫函式，以及如何傳入引數讓函式能存取完成其工作所需要的資訊。學會如何使用位置引數和關鍵字引數，以及如何接收任意數量引數的知識。學到用函式來顯示輸出和返回值。也學到如何使用把串列、字典、if 陳述句和 while 迴圈等與函式合結起來運用。您還學到如何將函式儲存在稱為**模組**的獨立檔案中，讓程式更易讀好懂。最後還學習了函式的編排風格指南，遵守這指南中的慣例能讓程式的結構更良好，讓您與其他人在閱讀程式時更好理解程式的功用。

程式設計師的目標之一是寫出簡單的程式就能完成工作，而使用函式能讓這個目標更容易達成。函式是個程式區塊，在您編寫好這個區塊並確定能正確執行後，就可不管它，日後直取用即可。確定函式能正確運作且能完成工作後，您就可以把注意力放到下一項工作了。

函式在我們編寫一次後，要重複使用多少次都沒問題。需要執行函式中的程式時，只要寫出一行呼叫函式的指令即可讓它幫您完成工作。在有需要修改函式的內容時，只需修改函式其中的程式區塊，就能影響其他呼叫使用此函式的每個位置。

用了函式之後程式碼的結構會更易讀好懂，而函式取用具有描述性的好名字也有發揮說明此程式功能的作用。相對於看到一堆程式碼區塊，閱讀一系列函式呼叫能讓我們更快了解程式的功用。

函式能讓程式更易於除錯和測試，如果程式用了一系列函式來完成工作，而各個函式都各自具有完成某項具體工作的能力，那麼在除錯與維護上會更容易些，我們可以編寫分別呼叫各個函式的程式，並測試各個函式是否在各種情況下都能正確運作。經過這樣的測試之後，您應該就有信心相信每次呼叫這些函式時，它們都會正確執行。

在第 9 章，我們將學習編寫類別。**類別**把函式和資料結合放進一個整齊的套件中，讓我們可以更有彈性和更有效率地運用它。

第 9 章

類別

物件導向程式設計（**Object-oriented programming**）是編寫應用軟體最有效率的方法之一。在物件導向程式設計中，我們設計編寫出**類別**（**class**），用來代表現實世界的各種事物和情景，並以這些類別為基礎來建立物件。當我們在編寫類別時，其實就是把一大類物件通用的行為模式定義起來，在以類別來建立物件時，每個物件都自動具備了通用的行為模式，此時只要再依據需要加入每個物件各自獨特的特點就可以了。您會訝異於物件導向程式設計可以對現實世界的情況進行如此逼真的塑模。

從類別來建立物件的過程稱之為**例示**或**實例化**（**instantiation**），這樣我們就可以運用類別的**實例**（**instance**）。本章我們將會編寫一些類別並建立其實例。我們將會指定在實例中儲存各式各樣的資訊，並定義可對這些實例執行各種操作。還會編寫一些類別來擴充現有類別的功能，讓相似的類別能更有效率地共享程式碼。我們可以把自己編寫的類別儲存在模組中方便日後匯入使用，也可在自己的程式檔內匯入其他程式設計師所編寫的類別。

了解物件導向程式設計的原理有助於我們以程式設計師的角度來觀看現實世界的各種現象，還能幫助我們真正明瞭自己所編寫的程式碼，不單指每行程式的功用，還有程式碼背後更大的概念。理解類別後面的思維可培養鍛練我們的邏輯思考方式，讓我們能利用程式來有效率地解決遇到的所有問題。

隨著您所面臨的挑戰愈來愈複雜，類別能讓您和其他一起工作的程式設計師的編寫設計工作更輕鬆。如果您和其他程式設計師都以相同的邏輯來編寫程式，您們彼此會明白對方在做什麼，所編寫的程式也能被對方理解，讓每個人都能完成更多工作。

建立和使用類別

我們使用類別（class）可以對幾乎任何事物進行塑模（model）。後面會編寫一個代表小狗的簡單 Dog 類別，此類別代表的是任意一隻小狗，並不是只針對某一特定的小狗。我們所知道大多數的寵物狗具有什麼特性呢？有名字和年齡，還會蹲下和翻滾。大多數小狗都具有上述兩項資訊（名字和年齡）和行為（蹲下和翻滾），我們會在 Dog 類別中都放入這些資訊和行為。此類別會讓 Python 知道如何建立代表小狗的物件。在編寫這個類別後，將會使用它來建立代表特定小狗的個別實例。

建立 Dog 類別

以 Dog 類別所建立的每個實例都會存放有名字（name）和年齡（age），我們也讓每隻小狗具有蹲下（sit()）和翻滾（roll_over()）的行為能力：

⬇ dog.py

```
❶ class Dog:
      """A simple attempt to model a dog."""

❷     def __init__(self, name, age):
          """Initialize name and age attributes."""
❸         self.name = name
          self.age = age

❹     def sit(self):
          """Simulate a dog sitting in response to a command."""
          print(f"{self.name} is now sitting.")

      def roll_over(self):
          """Simulate rolling over in response to a command."""
          print(f"{self.name} rolled over!")
```

這段程式有很多地方要留意，但別太擔心，本章後面的內容中這樣的程式結構會一直出現，我們有很多機會可以好好熟悉。在❶這裡是定義了一個名為 Dog 的類別，在 Python 中，第一個字母為大寫是類別的命名慣例。這個類別定義中沒有括號，因為我們要從零開始來建立這個類別。隨後這行是編寫了文件字串（docstring）來描述說明此類別的用途。

__init__()方法

屬於類別的函式稱為**方法（method）**，我們在本書前面所學到關於函式的一切都適用於這裡所講的「方法」，從現在來看，唯一最不同的就是呼叫方法的方式。在❷這裡的 __init__() 方法是一種特殊的方法，每次當我們以 Dog 類別為基礎來建立新的實例時，Python 都會自動執行這個方法。這個方法的名字在開頭和結尾都有兩個底線，如果只放一個底線則會在執行時出現錯誤，而這種錯誤通常不好識別。

我們定義 __init__() 方法有三個參數：selft、name 和 age。在此方法的定義中，self 參數是必要的，還必須放在其他參數的前面。self 必須放在定義中，是因為當 Python 隨後呼叫這個 __init__() 方法時（建立一個 Dog 的實例），方法的呼叫會自動傳入 self 引數。每個與類別相關聯的方法呼叫都會自動傳入 self 引數，它是個指向實例本身的參照，讓個別實例可以存取類別中的屬性和方法。當我們建立 Dog 實例時，Python 會呼叫 Dog 類別的 __init__() 方法。我們會把 name 和 age 當成引數傳入 Dog()，而 self 則會自動傳入，因此不需要由我們傳入。每當我們以 Dog 類別為基礎來建立實例時，只需要提供 name 和 age 兩個參數值就可以了。

在❸這裡所定義的兩個變數的名字前面都有個 self 開頭，以 self 為前導的變數都能提供類別中所有方法使用，我們還可透過任何由類別所建立的實例來存取這些變數。sefl.name＝name 這行指令會取得 name 參數中的值，並指定到 name 變數，然後該變數會連接到目前所建立的實例。sefl.age ＝ age 這行指令的處理過程與前面所講述的相同。可由實例來存取的變數就稱為**屬性（attribute）**。

Dog 類別中有定義兩個方法：sit() 和 roll_over() ❹。因為這兩個方法不需要額外的資訊，如名字和年齡，我們只定義一個 self 參數即可。稍後我們建立的實例將可存取這兩個方法，換句話說，它們能坐下和翻滾。目前的 sit() 和 roll_ over() 功能還不夠多，只是印出一條訊息告知小狗正在坐下或是在翻滾。但這個概念可以延伸應用到現實情況：假如這個類別屬於電玩遊戲中的一部分，這些方法就可含有能讓小狗坐下和翻滾的動畫呈現之程式碼。如果編寫這個類別是用來控制機器狗的話，這些方法也能指示機器狗做出像坐下和翻滾的動作。

從類別建立實例

您可以把類別想像成一組指令，指示如何建立實例的指令。Dog 類別就是一系列的指令，讓 Python 知道如何建立代表某隻小狗的個別實例。

下列指令為建立代表某隻小狗的實例：

```
class Dog:
    --省略--

❶ my_dog = Dog('willie', 6)

❷ print(f"My dog's name is {my_dog.name}.")
❸ print(f"My dog is {my_dog.age} years old.")
```

這裡使用的是我們在前面所建立的 Dog 類別，在❶這行中我們讓 Python 建立一個名為 'willie'、年齡為 6 歲的小狗。當 Python 讀到這行程式時，會使用 'willie' 和 6 當成引數來呼叫 Dog 類別中的 __init__() 方法。__init__() 方法建立一個代表特定小狗的實例，並使用我們所提供的值來設定 name 和 age 屬性。Python 隨後會返回一個代表小狗的實例，我們把這個實例指定到 my_dog 變數。在這裡取名字的慣例很有用，我們通常會認定第一個字母為大寫的是類別，而都是小寫的名字（如 my_dog）就是由類別所建立的實例。

存取屬性

若想要存取實例的屬性，可使用句點標示法，在❷這行我們編寫了下列的程式碼來存取 my_dog 的 name 屬性的值：

```
my_dog.name
```

句點標示法在 Python 中很常用到，這種語法展示了 Python 如何取得屬性的值。在這個範例中 Python 會先找到 my_dog 實例，再尋找與這個實例關聯的 name 屬性，這個屬性與 Dog 類別中 selft.name 指到的屬性相同。在❸這裡我們使用相同的方式來取得 age 的值。

輸出結果為我們所知道的 my_dog 資料的彙整：

```
My dog's name is Willie.
My dog is 6 years old.
```

呼叫方法

以 Dog 類別為基礎來建立實例後，就可以使用句點標示法來呼叫 Dog 類別中的所定義的任何方法。下列為呼叫小狗坐下和翻滾的處理：

```
class Dog:
    --省略--
my_dog = Dog('willie', 6)
my_dog.sit()
my_dog.roll_over()
```

若想要呼叫方法，可寫入實例的名稱（my_dog）和要呼叫的方法，並以句點分隔。執行到 my_dog.sit() 時，Python 會在 Dog 類別中找到 sit() 方法並執行其中的程式。Python 會以同樣的方式解讀和處理 my_dog.roll_over()。

Willie 這隻小狗會按照我們的指令執行動作：

```
Willie is now sitting.
Willie rolled over!
```

這種語法還滿有用的，如果對屬性和方法取用適當的名字，如 name、age、sit() 和 roll_over() 等，就算沒看到其中的程式碼內容，我們就字面意思就能了解這是用來做什麼的。

建立多個實例

我們可以從類別依照需要建立多個實例，下列是再建立另一個名為 your_dog 的實例：

```
class Dog:
    --省略--
my_dog = Dog('willie', 6)
your_dog = Dog('lucy', 3)

print(f"My dog's name is {my_dog.name}.")
print(f"My dog is {my_dog.age} years old.")
my_dog.sit()

print(f"\nYour dog's name is {your_dog.name}.")
```

```
print(f"Your dog is {your_dog.age} years old.")
your_dog.sit()
```

在上面的範例中，我們建立了兩隻小狗實例，名字分別為 Willie 和 Lucy。每隻小狗都是單獨的實例，有屬於自己的一組屬性，也能執行相同的方法：

```
My dog's name is Willie.
My dog is 6 years old.
Willie is now sitting.

Your dog's name is Lucy.
Your dog is 3 years old.
Lucy is now sitting.
```

就算我們給的第二隻小狗使用相同的名字和年齡，Python 還是會以 Dog 類別為基礎建立第二個個別的實例。我們可以依照需要以類別為基礎來建立所需數量的實例，條件是每個實例都要分別存放在不同的變數內，或放入串列或字典中不同的位置上。

實作練習

9-1. 餐廳：請建立一個名稱為 Restaurant 的類別，在類別的 __init__() 中存放兩個屬性：restaurant_name 和 cuisine_type。請建立名為 describe_restaurant() 和 open_restaurant() 的兩個方法，前者用來印出兩項屬性的資訊，而後者印出一條告知餐廳營業中的訊息。

請以這個類別為基礎來建立名為 restaurant 的實例，分別印出兩個屬性，再呼叫執行兩個方法。

9-2. 三家餐廳：請以 9-1 練習為基礎，編寫出以該類別建立三個實例，並對每個實例呼叫 describe_restaurant() 方法。

9-3. 使用者：請建立一個名稱為 User 的類別，其中屬性為 first_name 和 last_name，還有使用者簡介中會存放的其他幾種屬性。在 User 類別中定義名為 describe_user() 方法，其功能為印出使用者的資訊匯總。再定義另一個 greet_user() 方法，功能是對使用者發出放了其名字的問候文句。

請建立多個不同使用者的實例，並對每位使用者都呼叫上述的兩個方法。

類別和實例的運用

我們可以使用類別來代表真實世界中的很多情況。一旦類別設計編寫好之後，我們多數的時間都會花在使用以這個類別所建立的實例上。目前第一個要處理的工作是修改實例的屬性，我們可以直接修改實例的屬性，也可以編寫出方法，以特定的方式來進行更新修改。

Car 類別

下列是設計編寫出一個代表車子的類別，其中存放了關於車子的資訊，還有一個彙整這些資訊的方法：

⬇ car.py
```
   class Car:
       """A simple attempt to represent a car."""

❶     def __init__(self, make, model, year):
           """Initialize attributes to describe a car."""
           self.make = make
           self.model = model
           self.year = year

❷     def get_descriptive_name(self):
           """Return a neatly formatted descriptive name."""
           long_name = f"{self.year} {self.manufacturer} {self.model}"
           return long_name.title()

❸ my_new_car = Car('audi', 'a4', 2024)
   print(my_new_car.get_descriptive_name())
```

在❶這裡定義了 __init__() 方法，與前述的 Dog 類別一樣，這個方法的第一個參數是 self，而我們在這個方法中加了三個參數：make、model 和 year。__init__()方法接收這些參數值，將它們存放在以這個類別建立的實例的屬性之中。建立新的 Car 實例時要傳入製造廠商、型號和生產年份等資訊。

在❷這裡則定義了一個名稱 get_descriptive_name() 的方法，它使用 year、name 和 model 等屬性來建立一條描述車子的文句，讓我們不需要分別印出每個屬性的值。為了要在方法中存取屬性的值，我們用了 self.name、self.model 和 self.year。在❸這裡是以 Car 類別為基礎來建立一個實例，並把它指定到 my_new_car 變數。隨後呼叫 get_descriptive_name() 方法，印出關於我們所擁有車子的描述文句：

> 2024 Audi A4

為了讓這個類別更有趣，後面會為它新增一個隨時間變化的屬性，我們將新增一個儲存汽車整里程數的屬性。

對屬性設定預設值

新建實例時，可定義屬性而無須將其作為參數來傳遞。這些屬性可以在 __init__() 方法中定義，並在其中指定預設值。

下列的範例程式是新增一個 odometer_reading 的屬性，其初始值為 0。我們還新增了 read_odometer() 方法，用來讀取車子的里程數：

```python
class Car:

    def __init__(self, make, model, year):
        """Initialize attributes to describe a car."""
        self.make = make
        self.model = model
        self.year = year
❶       self.odometer_reading = 0

    def get_descriptive_name(self):
        --省略--

❷   def read_odometer(self):
        """Print a statement showing the car's mileage."""
        print(f"This car has {self.odometer_reading} miles on it.")

my_new_car = Car('audi', 'a4', 2024)
print(my_new_car.get_descriptive_name())
my_new_car.read_odometer()
```

現在當 Python 呼叫 __init__() 方法來建立新的實例時，會像前一個範例一樣以屬性的方式存放製造廠商、型號和生產年份等資訊，接下來 Python 會建立一個 odometer_reading 屬性❶，並將它的初始值設為 0。在❷這裡還定義了一個新的 read_odometer() 方法，此方法能讓我們輕鬆地取得車子的里程數。

一開始車子的里程數為 0：

> 2024 Audi A4
> This car has 0 miles on it.

在賣出車子時里程數為 0 的並不多，因此我們需要有一個能修改這個屬性值的方法。

修改屬性的值

有三種不同的方式可修改屬性的值:直接利用實例進行修改;利用方法進行設定;利用方法進行值的遞增。後面將逐一介紹這些處理方式。

直接修改屬性的值

若想要修改屬性的值,最簡單的方式就是透過實例直接存取,下列的程式碼示範直接把里程數設為 23:

```
class Car:
    --省略--

my_new_car = Car('audi', 'a4', 2024)
print(my_new_car.get_descriptive_name())

my_new_car.odometer_reading = 23
my_new_car.read_odometer()
```

我們使用了句點標示法來直接存取並設定車子的 odometer_reading 屬性。這行程式會讓 Python 在 my_new_car 實例中找出 odometer_reading 屬性,並將 23 指定進去:

```
2024 Audi A4
This car has 23 miles on it.
```

有時候我們想要像這樣直接存取屬性的值,但有時候則需要編寫對屬性進行更新的方法。

透過方法修改屬性的值

擁有更新屬性的方法對我們很有幫助,這樣我們就不需要直接存取屬性,而可將值傳入到方法,由它在內部進行更新修改。

下列這個範例展示了 update_otometer() 的方法:

```
class Car:
    --省略--

    def update_odometer(self, mileage):
        """Set the odometer reading to the given value."""
        self.odometer_reading = mileage

my_new_car = Car('audi', 'a4', 2019)
```

```
    print(my_new_car.get_descriptive_name())
❶  my_new_car.update_odometer(23)
    my_new_car.read_odometer()
```

對 Car 類別的唯一修改是在這裡新增了 update_odometer() 方法，此方法接收一個里程數值，並將它指定到 self.odometer_reading 內。呼叫 update_odometer() 方法時傳入 23 當引數❶（此引數對應於方法定義中的 mileage 參數）。此方法執行後會把里程數改成 23，而 read_odometer() 會印出此數值：

```
2024 Audi A4
This car has 23 miles on it.
```

我們還可以對 update_odometer() 方法進行擴充，讓它在修改里程數時做些其他的工作。下列的例子為新增一些邏輯處理，禁止其他人把里程數往回調小：

```
    class Car:
        --省略--

        def update_odometer(self, mileage):
            """
            Set the odometer reading to the given value.
            Reject the change if it attempts to roll the odometer back.
            """
❶          if mileage >= self.odometer_reading:
                self.odometer_reading = mileage
            else:
❷              print("You can't roll back an odometer!")
```

現在的 update_odometer() 方法要在修改屬性前檢查指定的里程值是否合理，如果新指定的里程數（mileage）大於或是等於原本的里程數（self.odometer_reading），那就將新的里程數可指定進原本的里程數屬性中❶，若不是則印出一條警告訊息，告知不能對里程數回調❷。

利用方法進行值的遞增

有時候我們希望讓屬性的值以特定的數值遞增，而不是指定新的值進去。舉例來說，假設我們購買了一台二手車，且從購買到登記期間增加了 100 英里的里程數，下列的方法能讓我們傳入這個新增里程數，並加進原本里程數內：

```
    class Car:
        --省略--

        def update_odometer(self, mileage):
            --省略--
```

```
        def increment_odometer(self, miles):
            """Add the given amount to the odometer reading."""
            self.odometer_reading += miles
❶ my_used_car = Car('subaru', 'outback', 2019)
  print(my_used_car.get_descriptive_name())
❷ my_used_car.update_odometer(23_500)
  my_used_car.read_odometer()
❸ my_used_car.increment_odometer(100)
  my_used_car.read_odometer()
```

在這裡有新增了一個 increment_odometer() 方法,能接收一個單位為英里的數值,並會將此數值加到 self.odometer_reading 中。在❶這裡則建立了一台二手車實例 my_used_car。在❷則是呼叫 update_odometer() 方法傳入 23_500,把這台二手車的里程數設為 23,500。在❸這行,我們呼叫 increment_odometer() 方法並傳入 100,把從購買到登記時新行駛的 100 英里增加到原本的里程數之中:

```
2019 Subaru Outback
This car has 23500 miles on it.
This car has 23600 miles on it.
```

我們可以很容易地修改這個方法,加入禁止增量為負數的處理,這樣可以防止有人回調車子的里程數。

> **NOTE**
> 雖然我們可以用類似上面的方法來控制使用者修改屬性值(例如里程數)的方式,但能存取程式的人一樣可以直接存取屬性的方式來把里程數修改成任意數值。除了這裡顯示的基本檢查外,還要特別留意有效安全性的細節。

實作練習

9-4. 用餐人數:以 9-1 練習所作的程式為基礎,新增一個 number_served 的屬性,並把預設值設為 0。以這個類別為基礎建立一個 restaurant 實例,印出有多少人在這家餐廳用過餐,然後修改這個值並再印出一次。

新增一個 set_number_served() 方法,讓我們可以設定用餐人數。呼叫這個方法並傳入一個新值,再將此值印出。

新增一個 increment_number_served() 方法讓我們能遞增用餐人數。呼叫這個方法並傳入任意值,此值代表的是一天營業的用餐人數。

9-5. 登入的嘗試次數：以 9-3 練習的程式為基礎，在編寫的 User 類別中新增一個 login_attempts 屬性。編寫一個 increment_login_attempts() 方法，讓 login_attempts 屬性的值加 1。再編寫一個 reset_login_attempts() 方法，可將 login_attempts 屬性的值重設為 0。

以 User 類別建立一個實例，再呼叫 increment_login_attempts() 方法幾次，印出 login_attempts 屬性的值，確定這個值有正確地遞增 1。隨後再呼叫 reset_login_attempts() 方法，並再次印出 login_attempts 屬性的值，確定有重設為 0。

繼承

編寫類別時，不是一定都要從零開始，如果您要編寫的類別已有另一個現成很相似的類別，可以用**繼承**（**inheritance**）的方式來製作。一個類別繼承自另一個類別時，它會自動取得另一個類別的所有屬性和方法，原有的類別就稱為**父類別**（**parent class**），而新的類別稱為**子類別**（**child class**）。子類別繼承了父類別的所有屬性和方法，同時還可以定義自己專屬的屬性和方法。

子類別的 __init__() 方法

在以現有類別為基礎編寫新類別時，通常會希望從父類別中呼叫 __init__() 方法。這樣會初始化在父類別 __init__() 方法中定義的所有屬性，並讓它們在子類別中可以使用。

舉個例子，以電動車的塑模來說明。電動車屬於一種特殊的車子，因此我們可以前面的 Car 類別為基礎來建立新的 ElectricCar 類別，這樣我們只需對電動車特有的屬性和方法編寫新的程式碼。

下面的程式是建立簡單的 ElectricCar 類別版本，具備了 Car 類別的所有功能：

⬇ electric_car.py

```
❶ class Car:
      """A simple attempt to represent a car."""

      def __init__(self, make, model, year):
          """Initialize attributes to describe a car."""
```

```
            self.make = make
            self.model = model
            self.year = year
            self.odometer_reading = 0

        def get_descriptive_name(self):
            """Return a neatly formatted descriptive name."""
            long_name = f"{self.year} {self.manufacturer} {self.model}"
            return long_name.title()

        def read_odometer(self):
            """Print a statement showing the car's mileage."""
            print(f"This car has {self.odometer_reading} miles on it.")

        def update_odometer(self, mileage):
            """Set the odometer reading to the given value."""
            if mileage >= self.odometer_reading:
                self.odometer_reading = mileage
            else:
                print("You can't roll back an odometer!")

        def increment_odometer(self, miles):
            """Add the given amount to the odometer reading."""
            self.odometer_reading += miles

❷ class ElectricCar(Car):
        """Represent aspects of a car, specific to electric vehicles."""

❸      def __init__(self, make, model, year):
            """Initialize attributes of the parent class."""
❹          super().__init__(make, model, year)

❺ my_leaf = ElectricCar('nissan', 'leaf', 2024)
  print(my_leaf.get_descriptive_name())
```

一開始是原本 Car 類別的程式碼❶。在建立子類別時，父類別必須要放在目前的程式檔案內，且放置的位置要在子類別的前面。在❷這裡我們定義了一個新的 ElectricCar 子類別，定義子類別時，必須要在括號內放入父類別的名稱。__init__() 方法接收建立 Car 實例所需要的資訊❸。

在❹這行的 super() 是個特殊的函式，會協助 Python 把父類別和子類別連接起來。這行程式會告知 Python 呼叫 Car 類別的 __init__() 方法，讓 ElectricCar 實例含有父類別的所有屬性。**super** 的名字來自於對父類別稱呼的慣例，父類別有另一個英文名稱 **superclass**，而子類別另一個英文名稱是 **subclass**。

為了測試繼承是否有正確地發揮作用，我們試著建立一台電動車實例，但提供的資訊與建立一般車子相同。在❺這行，我們以 ElectricCar 類別來建立一個實例，並將它指定到 my_leaf 變數。這行程式會呼叫 ElectricCar 類別中定義的

__init__() 方法，然後此方法反過來又告訴 Python 呼叫父類別 Car 中所定義 __init__() 方法。我們在此提供 'nissan'、'leaf' 和 2024 等引數。

除了 __init__() 方法之外，這裡的電動車並沒有加入其他特有的屬性和方法，目前階段我們只先確定電動車具備有一般車子的屬性和方法：

```
2024 Nissan Leaf
```

目前 ElectricCar 實例與 Car 實例運作起來都一樣，接下來可以開始定義專屬電動車特有的屬性和方法了。

為子類別定義屬性和方法

當您有了一個從父類別繼承過來的子類別時，可以對子類別新增其專有的屬性和方法，這些都與父類別的不相同。

舉例來看，我們要對電動車新增一個特有的屬性（例如電池），以及一個描述該屬性的方法。這個屬性用來存放電池容量，並寫一個印出描述電池的方法：

```python
class Car:
    --省略--

class ElectricCar(Car):
    """Represent aspects of a car, specific to electric vehicles."""

    def __init__(self, make, model, year):
        """
        Initialize attributes of the parent class.
        Then initialize attributes specific to an electric car.
        """
        super().__init__(make, model, year)
❶       self.battery_size = 40

❷   def describe_battery(self):
        """Print a statement describing the battery size."""
        print(f"This car has a {self.battery_size}-kWh battery.")

my_leaf = ElectricCar('nissan', 'leaf', 2024)
print(my_leaf.get_descriptive_name())
my_leaf.describe_battery()
```

在❶這行新增了 self.battery_size 新屬性，並將初始值設為 40。以 ElectricCar 類別建立的所有實例都會含有這個新屬性，但 Car 類別所建立的則沒有。在❷這裡則是新增了一個 describe_battery() 方法，其功用是印出關於電池的描述資訊。我們呼叫這個方法時會看到一條描述電動車特有的說明文句：

```
2024 Nissan Leaf
This car has a 40-kWh battery.
```

在對 ElectricCar 類別進行個別特殊化的處理上並有什麼限制,我們可以根據需要新增任意數量的屬性和方法,以便我們能更準確地對電動車進行塑模。如果有個屬性或方法是任何一台車子都有的,不是電動車才特有的,那就應該把這個屬性或方法加到 Car 類別而不是 ElectricCar 類別中。如此一來,使用 Car 類別的人都能取得其一般車子應有的功能,而使用 ElectricCar 類別的就有專屬於電動車特殊的屬性(資訊)和方法(行為)。

覆寫父類別的方法

如果父類別的方法不符合子類別想要塑模事物的行為,我們都可覆寫蓋過去。其作法是在子類別中定義一個與父類別方法有相同名稱的方法,如此一來 Python 就不會用父類別同名的方法,只會關注子類別中所定義的這個方法。

假設 Car 類別中有個名為 fill_gas_tank() 方法(為車子加油),但此方法對電動車來說沒有作用,因此我們想要覆寫這個方法。下列示範了覆寫的相關處理:

```python
class ElectricCar(Car):
    --省略--

    def fill_gas_tank(self):
        """Electric cars don't have gas tanks."""
        print("This car doesn't need a gas tank!")
```

現在如果有人呼叫電動車的 fill_gas_tank() 方法,Python 會忽略 Car 類別中的 fill_gas_tank() 方法,轉而執行這裡的程式。使用繼承這項功能,既可以讓子類別保留父類別中想要的東西,也能覆寫刪除不符合需要的內容。

把實例當成屬性

當我們使用程式碼對現實事物進行塑模時,就會發現自己要對類別新增的細節愈來愈多,像屬性和方法就會愈來愈多,而程式檔案也變得愈來愈長。在這種情況下可能要把類別的某一部分再獨立分開成一個類別。我們可以把大型的類別拆分成多個一起運作的小類別,這種做法稱為**組合(composition)**。

舉例來說,假如持續對 ElectricCar 類別新增更多細節,就可能會發現其中含有很多屬於汽車電池相關的屬性和方法。當我們看到這種情況發生時,就不要再

新增了，而是把這些相關電池的屬性和方法移動到另一個名為單獨的 Battery
類別中，那麼我們可以在 ElectricCar 類別中把 Battery 實例當作為屬性來使用：

```
class Car:
    --省略--

class Battery:
    """A simple attempt to model a battery for an electric car."""

❶   def __init__(self, battery_size=40):
        """Initialize the battery's attributes."""
        self.battery_size = battery_size

❷   def describe_battery(self):
        """Print a statement describing the battery size."""
        print(f"This car has a {self.battery_size}-kWh battery.")

class ElectricCar(Car):
    """Represent aspects of a car, specific to electric vehicles."""

    def __init__(self, make, model, year):
        """
        Initialize attributes of the parent class.
        Then initialize attributes specific to an electric car.
        """
        super().__init__(make, model, year)
❸       self.battery = Battery()

my_leaf = ElectricCar('nissan', 'leaf', 2024)
print(my_leaf.get_descriptive_name())
my_leaf.battery.describe_battery()
```

我們定義了一個新的 Battery() 類別，它沒有繼承任何類別。在❶這裡所定義的
__init__() 方法除了 self 之外，還有另一個 battery_size 參數，此參數是可選擇
性放入的，如果沒有提供值，它就會使用預設值 40。describe_ battery() 方法也
移到這個類別中❷。

在 ElectricCar 類別中新增了一個 self.battery 屬性❸，這行程式會讓 Python 建立
一個新的 Battery 實例（由於沒有指定電池大小，所以就用預設值 40），並將這
個實例指定到 self.battery 屬性中。每次 __init__() 方法被呼叫時都會執行這項處
理，任何建立的 ElectricCar 實例現在都會自動建立一個 Battery 實例當成其中
一個屬性。

隨後我們建立一台電動車實例，並將它指定到 my_leaf 變數。若想要描述其電
池資訊時，需要使用到電動車的 battery 屬性：

```
my_leaf.battery.describe_battery()
```

這行程式會讓 Python 在 my_leaf 實例中找出 battery 屬性，並以指定到 Battery 實例中的屬性來呼叫 describe_battery() 方法。

其執行結果的輸出與前面看到的相同：

```
2024 Nissan Leaf
This car has a 40-kWh battery.
```

這裡看似做了很多額外的工作，但這種類別的拆分可讓我們加入更新電池的細節，而且也不會讓 ElectricCar 類別變得很長很亂。下列的範例再為 Battery 類別新增一個方法，其功能為依據電池容量回報車子可行駛的續航里程：

```
class Car:
    --省略--

class Battery:
    --省略--

    def get_range(self):
        """Print a statement about the range this battery provides."""
        if self.battery_size == 40:
            range = 150
        elif self.battery_size == 65:
            range = 225

        print(f"This car can go about {range} miles on a full charge.")
class ElectricCar(Car):
    --省略--
my_leaf = ElectricCar('nissan', 'leaf', 2024)
print(my_leaf.get_descriptive_name())
my_leaf.battery.describe_battery()
❶ my_leaf.battery.get_range()
```

這裡新增了 get_range() 方法，此方法做了一些簡單的分析，如果電池的容量為 40 kWh，它可行駛的續航里程數設為 1500 英里，如果容量為 65 kWh，則可行駛的續航里程數設為 225 英里，隨後回報這個值。在❶這行我們透過車子實例的 battery 屬性來呼叫這個方法。

輸出結果是依據車子的電池容量來回報可行駛的續航里程數：

```
2024 Nissan Leaf
This car has a 40-kWh battery.
This car can go about 150 miles on a full charge.
```

對現實世界中的物件進行塑模

當您對較為複雜的物件，如電動車進行塑模時，會碰到一些有趣的問題。可行駛的續航里程數是屬於電池的屬性呢？還是車子的屬性呢？如果我們只需描述一台車子，那麼把 get_range() 方法放在 Battery 類別中也許很合適，但如果要描述一家車子製造廠商的整個產品線時，也許把 get_range() 方法移到 Electric Car 類別內會比較好。get_range() 方法還是會依據電池容量來決定可行駛的續航里程數，但回報的是與其相關的這款車子的特定可行駛續航里程數。換個角度來看，我們還是可以維持電池與 get_range() 的關聯，但傳入的是像 car_model 這樣的參數，那麼 get_range() 就可以依據電池容量大小和車型來回報可行駛續航里程數。

這是讓身為程式設計人能繼續成長最有意思的關鍵點，解決上述問題時，您會從更高的邏輯層次（不是從程式語法的層次）來思考問題，您不會只從 Python 來思考，而是以如何用程式碼來展現真實現象來思考問題。當您越過這個關鍵點，您會發現，真實世界中塑模方式並沒有絕對的對與錯。有些方法可能效率很高，但要做到卻不容易，且要經過一定的練習與實作才有可能達到。只要程式能如您所願地執行，其實就表示您已做得不錯了！如果您發現還要多次嘗試使用不同方法來覆寫類別，也不要氣餒。若想要設計編寫出高效率、又精準好用的程式碼，那就要經歷這樣的過程。

實作練習

9-6. 冰淇淋攤車：冰淇淋攤車應該算是一種很特別的餐廳。請編寫一個 IceCreamStand 類別，讓它繼承練習 9-1 或 9-4 完成的 Restaurant 類別。這兩個版本的 Restaurant 類別都可以使用，挑選最喜歡的那個即可。新增一個 flavors 屬性，用來存放由各種口味的冰淇淋所組成的串列。再編寫一個印出這些冰淇淋的方法。最後建立一個 IceCreamStand 實例，呼叫這個方法來顯示。

9-7. 管理員：管理員算是一種特殊的使用者。請編寫一個 Admin 類別，讓它繼承練習 9-3 或 9-5 所完成的 User 類別。請新增一個 privileges 屬性，用來存放由字串（例如 "can add post"、"can delete post"、"can ban

---

user") 組成的串列。編寫一個 show_privileges() 方法，可顯示印出管理員的權限。

9-8. 權限：請編寫一個 Privileges 類別，它只有一個 privileges 屬性，存放了練習 9-7 所提到的字串串列。將 show_privileges() 移到這個類別中。在 Admin 類別中放入一個 Privileges 實例當作屬性。請建立一個 Admin 實例，並使用 show_privileges() 方法來顯示其權限字串。

9-9. 電池更新：在本節最後一個 electric_car.py 檔案中，為 Battery 類別新增一個 upgrade_battery() 方法，此方法會檢測電池容量大小，如果不是 65，就把它設為 65。建立一台電池容量為預設值的電動車，再呼叫 get_range() 顯示其可行駛里程，然後呼叫 upgrade_battery() 方法為電池更新，再呼叫 get_range() 顯示其可行駛里程，您應該會看到這台車子的可行駛里程數增加了。

匯入類別

隨著不斷地為類別新增功能，程式檔可能會變得愈來愈長，就算已使用了繼承功能也是如此。為遵循 Python 的設計理念，檔案應該要盡可能維持簡潔乾淨。要做到這一點，Python 允許我們把類別儲存在模組中，在需要使用時由主程式匯入使用。

匯入單個類別

接下來我們來建立一個只放入 Car 類別的模組。不過這個動作讓我們面臨一個微妙的命名問題：在本章中已有一個 car.py 的檔案，但這個模組也要取名為 car.py，因為它也是代表車子的程式碼。對於這個問題，我們以下列這個方式來解決：把 Car 類別儲存在名為 car.py 的模組中，以這個模組取代前面使用的 car.py 檔。從現在開始，使用這個模組的程式都要以更具體的名字來命名，例如 my_car.py。下列為 car.py 模組的內容，其中只放了 Car 類別的程式碼：

▼ car.py

```
❶ """A class that can be used to represent a car."""

  class Car:
```

```
"""A simple attempt to represent a car."""

    def __init__(self, make, model, year):
        """Initialize attributes to describe a car."""
        self.make = make
        self.model = model
        self.year = year
        self.odometer_reading = 0

    def get_descriptive_name(self):
        """Return a neatly formatted descriptive name."""
        long_name = f"{self.year} {self.manufacturer} {self.model}"
        return long_name.title()

    def read_odometer(self):
        """Print a statement showing the car's mileage."""
        print(f"This car has {self.odometer_reading} miles on it.")

    def update_odometer(self, mileage):
        """
        Set the odometer reading to the given value.
        Reject the change if it attempts to roll the odometer back.
        """
        if mileage >= self.odometer_reading:
            self.odometer_reading = mileage
        else:
            print("You can't roll back an odometer!")

    def increment_odometer(self, miles):
        """Add the given amount to the odometer reading."""
        self.odometer_reading += miles
```

在❶這行放入一條模組層級的文件字串（docstring），描述這個模組的內容及其功用。在我們建立模組時應該都要放入這樣的文件字串。

現在來建立另一份 my_car.py 檔案，在其中匯入 Car 類別來建立實例：

⬇ my_car.py

```
❶ from car import Car

my_new_car = Car('audi', 'a4', 2024)
print(my_new_car.get_descriptive_name())

my_new_car.odometer_reading = 23
my_new_car.read_odometer()
```

在❶這行的 import 陳述句會讓 Python 開啟 car 模組，並匯入 Car 類別。這樣就可以把類別想像成是在這個檔案中定義一樣，如此一來就可以直接取用 Car 類別了，執行的輸出結果與前面所見到的一樣，如下所示：

```
2024 Audi A4
This car has 23 miles on it.
```

匯入類別是一種很有效率的程式設計方式。如果在這支程式中直接寫入整個 Car 類別，那檔案就會變很長。若把這個類別移到一個單獨的模組檔案中，再匯入模組，一樣可以使用所有的功能，但主程式的檔案就變得簡潔乾淨而易讀好懂了。這樣的處理方式能讓我們把大部分的程式邏輯存放在獨立的檔案中，確定好這個類別有遵照我們所期望的方式運作，那就可以不再管這個檔案了，轉而把程式設計的焦點放在主程式更高層的邏輯思維上。

在模組中存放多個類別

在一個模組中可存放任意數量的類別，但放在其中的類別彼此之間只好還是要有某種相關性是比較好的。Battery 類別和 ElectricCar 類別都是車子相關功用的塑模代表，所以把它們都放入 car.py 模組內：

⬇ car.py

```python
"""A set of classes used to represent gas and electric cars."""

class Car:
    --省略--

class Battery:
    """A simple attempt to model a battery for an electric car."""

    def __init__(self, battery_size=40):
        """Initialize the battery's attributes."""
        self.battery_size = battery_size

    def describe_battery(self):
        """Print a statement describing the battery size."""
        print(f"This car has a {self.battery_size}-kWh battery.")

    def get_range(self):
        """Print a statement about the range this battery provides."""
        if self.battery_size == 40:
            range = 150
        elif self.battery_size == 65:
            range = 225

        print(f"This car can go about {range} miles on a full charge.")

class ElectricCar(Car):
    """Models aspects of a car, specific to electric vehicles."""

    def __init__(self, make, model, year):
        """
        Initialize attributes of the parent class.
```

```
        Then initialize attributes specific to an electric car.
        """
        super().__init__(make, model, year)
        self.battery = Battery()
```

現在可以建立一個 my_electric_car.py 的檔案，匯入 ElectricCar 類別，再建立一台電動車實例：

⬇ my_electric_car.py
```
from car import ElectricCar

my_leaf = ElectricCar('nissan', 'leaf', 2024)
print(my_leaf.get_descriptive_name())
my_leaf.battery.describe_battery()
my_leaf.battery.get_range()
```

輸出的結果與我們在前面所看到的相同，但這支程式把大部分的處理邏輯都隱藏到模組中了：

```
2024 Nissan Leaf
This car has a 40-kWh battery.
This car can go about 150 miles on a full charge.
```

從模組中匯入多個類別

我們可以依據需要在主程式檔案中匯入多個類別。假設我們要在同一支程式中建立一般車子和電動車的實例，這樣就需要把 Car 和 ElectricCar 類別都匯入：

⬇ my_cars.py
```
❶ from car import Car, ElectricCar

❷ my_mustang = Car('ford', 'mustang', 2024)
  print(my_mustang.get_descriptive_name())
❸ my_leaf = ElectricCar('nissan', 'leaf', 2024)
  print(my_leaf.get_descriptive_name())
```

❶這行程式是指從一個模組中匯入多個類別，其中多個類別是以逗號分隔開來。匯入必要的類別後就可依據需要建立類別各自的實例。

在這個範例中，我們在❷這行建立了一台 Ford Mustang 的普通車子車例，並在❸這行建立一台 Nissan Leaf 的電動車實例：

```
2024 Ford Mustang
2024 Nissan Leaf
```

匯入整個模組

我們還可以匯入整個模組，然後再用句點標示法來存取所需要的類別。這種匯入方法很簡單，程式也易讀好懂。由於建立類別實例的程式碼都含有模組名稱和句點，因此不會與目前檔案中使用的相同名稱產生衝突。

下列的程式為匯入整個 car 模組，並建立一台普通車子和一台電動車子：

⬇ my_cars.py

```
❶ import car

❷ my_mustang = car.Car('ford', 'mustang', 2024)
   print(my_mustang.get_descriptive_name())

❸ my_leaf = car.ElectricCar('nissan', 'leaf', 2024)
   print(my_leaf.get_descriptive_name())
```

首先是匯入了整個 car 模組❶，接著使用 module_name.ClassName 語法存取需要的類別。在❷這裡建立了一台 Ford Mustang 車子實例，並在❸這裡建立一台 Nissan Leaf 車子實例。

匯入模組中的所有類別

我們可以匯入模組中的每一個類別，其語法如下列所示：

```
from module_name import *
```

不推薦使用這種方式匯入，原因有兩個。第一個是，假如可以從程式檔開端的位置就能看到的 import 中看到匯入了哪些類別，這對於程式的理解是很有幫助的，上述語法以一個星號就匯入所有類別是很難看出到底匯入什麼類別，也可能引起名稱衝突之類的問題，如果您不小心匯入一個與主程式檔案內取名相同的類別，就會引發判讀上的錯誤。這裡之所以介紹這樣的匯入語法，主要是因為您可能會在別人的程式中看到這樣使用，但還是不建議您使用這種方法。

當需要從一個模組中要匯入很多類別時，最好還是以匯入整個模組的方式匯入，然後用 module_name.ClassName 語法來存取需要的類別。這種方式下，雖然程式檔的開頭並沒列出用到的模組類別，但因為存取匯入類別需要加上模組名稱和句點，您就能清楚知道程式中哪些地方用了這樣的匯入模組，進而也能避免類別同名的衝突。

在模組中匯入另一個模組

有時候我們需要把類別分散到多個模組內，避免某個模組過於龐大，或避免在同一個模組中儲存了太多不相干的類別。把類別存放到多個模組中時，您可能會發現某個模組中的類別是依賴著另一個模組中的類別，在這種情況下，就需要在模組中匯入所依賴的模組。

例如，Car 類別存放在一個模組中，而 ElectricCar 和 Battery 類別則存放在另一個模組。我們把第二個模組取名為 electric_car.py（這個模組名稱會取代掉前面所建立的 electric_car.py 檔），並將 ElectricCar 和 Battery 類別移到這個模組中：

⬇ electric_car.py
```python
"""A set of classes that can be used to represent electric cars."""

from car import Car

class Battery:
    --省略--

class ElectricCar(Car):
    --省略--
```

ElectricCar 類別需要用到 Car 這個父類別，因此會直接把 Car 類別匯入這個模組內。如果忘了寫入這行指令，Python 會在我們試圖建立 ElectricCar 實例時回報錯誤訊息。我們也要更新 car 模組檔，把 Car 類別放進去：

⬇ car.py
```python
"""A class that can be used to represent a car."""

class Car:
    --省略--
```

現在可以從模組中匯入需要的類別，並根據需要建立各種類型的車子實例了：

⬇ my_cars.py
```python
from car import Car
from electric_car import ElectricCar

my_mustang = Car('ford', 'mustang', 2024)
print(my_mustang.get_descriptive_name())

my_leaf = ElectricCar('nissan', 'leaf', 2024)
print(my_leaf.get_descriptive_name())
```

首先匯入 car 模組的 Car 類別和從 electric_car 模組匯入 ElectricCar 類別。接著建立了一台一般車子和電動車。從輸出來看這兩台車子實例都正確地建立：

```
2024 Ford Mustang
2024 Nissan Leaf
```

使用別名

如第 8 章介紹過的，在使用模組來組織管理專案的程式碼時，別名（aliases）功能是很有用的。在匯入類別時也可以用別名來發揮這樣的效用。

以一個實例來說明，假設有支程式是用來製造一堆電動車。程式中可能要一遍又一遍地輸入（和閱讀）ElectricCar 這個字。這個時候可以在 import 陳述句中為 ElectricCar 取一個別名：

```
from electric_car import ElectricCar as EC
```

在程式中只要想製造電動車時，就可以直接使用這個別名：

```
my_leaf = EC('nissan', 'leaf', 2024)
```

您也可為模組取一個別名，以下是在匯入時為 electric_car 取別名的例子：

```
import electric_car as ec
```

在程式中可使用這個模組別名搭配類別全名來運用：

```
my_leaf = ec.ElectricCar('nissan', 'leaf', 2024)
```

找出屬於您的工作流程

如您所見，在組織管理大型專案中如何組建程式碼上，Python 提供了很多選項，熟悉所有這些選項是很重要的，這樣才會在您的專案上找到最佳方法，同時也能理解別人專案的做法。

當您在開始起步時，盡量讓程式結構愈簡潔愈好。先盡量在一個檔案中完成所有的工作，確定一切都順利後，再把類別移到獨立的模組檔案內。如果您喜歡使用模組和檔案匯入的互動方式，可在專案一開始時就試著把類別分存到模組中再匯入使用。無論如何，先讓自己能寫出可以執行、順利運作的程式，然後才去嘗試把程式結構變得更有組識和有序。

實作練習

9-10. 匯入 Restaurant 類別：請將練習題中最新的 Restaurant 類別存放到一個模組內。在另一份檔案中匯入 Restaurant 類別，用它建立 Restaurant 實例，然後呼叫 Restaurant 的方法，以確定 import 陳述句是正確的。

9-11. 匯入 Admin 類別：以練習 9-8 的程式為基礎，把 User、Privileges 和 Admin 類別都存放到一個模組內，再建立另一個程式檔，在其中建立 Admin 實例和呼叫 show_privileges() 方法，用以確認一切都正常運作。

9-12. 多個模組：把 User 類別存放到一個模組內，並將 Privileges 和 Admin 類別儲存到另外的模組檔中。建立另一個程式檔中建立 Admin 實例並對它呼叫 show_privileges() 方法，用以確認一切都正常運作。

Python 標準程式庫

Python 標準程式庫（**Python standard library**）是一組模組，安裝時就內建了。現在您對類別的運作原理已大致地了解，已有能力可以開始使用由別的程式設計師所編寫好的模組了。您可以使用標準程式庫中的任何類別和函式，只需要在程式一開始的時候加上一條簡單的 import 陳述句即可。接下來就看看 random 這個模組，它在現實生活的許多情況中是很有用的。

在 random 模組有個滿有趣函式叫作 randint()。該函式接收兩個整數引數，然後返回介於（包括）這兩個整數之間的隨機選擇的整數值。

以下是生成 1 到 6 之間隨機數的方法：

```
>>> from random import randint
>>> randint(1, 6)
3
```

模組中還有另一個很有用的函式叫作 choice()。此函數接收一個串列或多元組，然後返回其中隨機選出的一個元素：

```
>>> from random import choice
>>> players = ['charles', 'martina', 'michael', 'florence', 'eli']
>>> first_up = choice(players)
>>> first_up
'florence'
```

當要建構與安全相關的應用程式時別使用 random 模組，但此模組對於許多一般的程式專案來說，其功用已經足夠。

> **NOTE**
>
> 我們還可以從網路其他地方下載外部模組。本書 Part II 的每個專案都會需要用到外部模組，到時候就會看到很多這樣的應用範例。

實作練習

9-13. 骰子：建立一個 Die 類別，其中有個 sides 屬性來放置骰子的面數，預設值為 6。編寫一個 roll_die() 方法，會印出 1 到 sides 數值之間的隨機整數。建立一個有 6 個面的骰子，再呼叫 roll_die() 方法 10 次。

請建立分別一個有 10 和 20 個面的骰子，並呼叫 roll_die() 方法 10 次。

9-14. 彩券抽獎：建立一個串列或多元組來存放 10 個數字和 5 個字母。隨機從串列中選出 4 個數字或字母，並印出一段文字告知如果對中這 4 個數字或字母的，就中獎了。

9-15. 中獎分析：使用迴圈檢測前一題的抽獎程式要中獎有多困難。請建立一個叫作 my_ticket 的串列或多元組，編寫一個迴圈不斷從中取出數字，直到對中彩票為止，印出一條訊息，告知中獎時迴圈執行了多少次。

9-16. Python Module of the Week：想要多了解一點 Python 標準程式庫，這裡介紹一個很不錯的 Python Module of the Week 網站。請連上網站 *http://pymotw.com/*，查閱其中的目錄，找尋您感興趣的模組，然後點進去瀏覽，也許您可以從 random 模組其中文件說明當作開始。

類別的編排風格

有幾個與類別相關的程式碼編排風格值得我們學習，尤其是當我們所編寫的程式愈來愈複雜時，更需要了解。

類別的命名方式是採用「**駝峰式（CamelCaps）**」命名法，其作法是類別取名時相連每個單字的第一個字母都大寫，而不用底線來分隔。實例名稱和模組名稱在取名時全都用小寫英文字母，單字相連之處是以底線分隔。

在定義類別時，在定義行之後緊接的那一行要寫入文件字串（docstring），用來描述類別的功用，並遵循編寫函式的文件字串時所採用的編排風格慣例。每個模組都應放入文件字串，描述模組中類別的大致用途。

可用空行來組織管理程式碼的區隔，但不要濫用。在類別中，可用一行空行來分隔，而在模組中則以兩行空行來分隔不同的類別。

在需要同時匯入標準程式庫中的模組和您所編寫的模組時，請先編寫匯入標準程式庫模組的 import 陳述句，然後空一行，再編寫匯入您所編寫模組的 import 陳述句。在含有多條 import 陳述句的程式中，這樣的做法慣例讓人更容易了解程式中所匯入使用的各個模組是來自什麼地方。

總結

本章我們學到了如何編寫類別、如何在類別中利用屬性來存放資訊、以及如何編寫方法，讓類別具有處理的行為。也學習了如何編寫 __init__() 方法，以便讓我們依照類別建立含有所需屬性的實例。書中的範例讓我們見到了如何修改實例的屬性，例如：直接修改和透過呼叫方法來修改。也學到使用繼承可簡化相關類別的建立工作。還有學習把某個類別當作另一個類別的屬性，這樣可讓類別的編寫更簡潔。

我們學會透過把類別存放到模組中，在需要時才匯入使用，這樣能讓程式專案組織管理得更好。本章也介紹了 Python 標準程式庫，說明使用 random 模組的應用範例。最後也介紹了編寫類別時要遵循的 Python 編排風格慣例。

在第 10 章，我們將要學習如何處理檔案，這能讓我們儲存在程式中所處理的內容或是由使用者所處理的內容。還會學習**例外異常（exception）**，這是種特殊的 Python 類別，在發生錯誤時可協助我們採取相關的處理。

第 10 章
檔案與例外

現階段的您已掌握基本技巧，能編寫出組織良好且易於使用的程式了，接下來就要思考怎麼讓程式更上層樓、應用層面更廣、實用性更強。本章我們將要學習處理檔案，讓程式能快速分析大量的資料。

也會學習出現錯誤時的處理，避免程式在面對**例外**（exception，或譯**異常**）時當掉。我們將學習和認識例外這個 Python 所建立的特殊的物件，可用來管理程式執行時出現的錯誤。我們還會學習 json 模組，這個模組能幫我們儲存使用者的資料，以免在程式停止執行後就消失掉。

學習處理檔案和儲存資料能讓程式應用起來更容易，使用者能選擇輸入什麼樣的資料，以及輸入的時機。人們可以執行您的程式，處理一些工作，然後關閉程式，隨後從結束的地方繼續其他工作。學習處理例外可協助我們在出現「檔案不存在」的問題時做出適當的反應，以及處理其他可能引起程式當掉的問題。這能讓我們的程式在面對錯誤的資料時更強健，不管這些錯誤的資料是因為無意的錯誤，還是惡意想破壞程式的企圖，有了例外的處理就能應對這些錯

誤。在本章中會學到的技能和知識可讓我們設計的程式其適用性更強，可用性
和穩定度也更高。

從檔案中讀取資料

文字檔可儲存的資料量其實非常的大，像天氣資料、交通資料、社會經濟資
料、文學作品等都可存放在文字檔內。當需要分析或修改儲存在檔案中的資訊
時，能讀取檔案是很有用的能力，對資料分析應用程式來說更是不可少。舉例
來說，我們可以編寫一支程式能讀取某個文字檔的內容，重新設定這些資料的
格式，然後寫入檔案內，讓瀏覽器能顯示這些內容。

當我們想要處理文字檔中的資訊，第一步是要把資訊讀取到記憶體中。我們可
以一次讀取整個檔案的全部內容，也可以每次一行的方式逐步讀取。

讀取整個檔案

首先我們需要一個含有幾行文字的檔案。我們就以一個存放了小數有 30 位數
的 pi 圓周率的文字檔為例，其中小數位數每 10 位就換一行：

⬇ pi_digits.txt
```
3.1415926535
  8979323846
  2643383279
```

若想要自己動手嘗試後續的範例，可在文字編輯器中輸入這些資料，並使用
pi_digits.txt 為檔案名稱來儲存；當然也可連到 *https://ehmatthes.github.io/
pcc_3e/* 網站下載本書隨附的檔案來使用。下載後將這個檔案放到本章程式所
在的資料夾內。

下列程式為開啟並讀取這個檔案的範例，然後再將內容顯示在畫面上：

⬇ file_reader.py
```
   from pathlib import Path

❶ path = Path('pi_digits.txt')
❷ contents = path.read_text()
   print(contents)
```

要處理檔案前需要告知 Python 這個檔案的路徑在哪裡。**路徑（path）** 是指系統中檔案或資料夾的確切位置。Python 提供了一個 pathlib 的模組，不管您或您程式的使用者是使用哪種作業系統，它都可以很輕鬆地處理檔案和目錄。提供特定功能的模組通常會稱為 **程式庫（library）**，pathlib 的名稱就是這樣來的。

這裡是從匯入 pathlib 模組的 Path 類別開始。使用指向檔案的 Path 物件可以做很多事情。例如，可以在使用檔案之前先檢查檔案是否存在、可以讀取檔案內容或把新資料寫入檔案中。在範例中是先建一個代表 pi_digits.txt 檔案的 Path 物件❶，再將其指定給 path 變數。由於此檔案存於在與我們正在編寫的 .py 程式檔相同的目錄中，因此檔案名稱是 Path 存取該檔案所需的全部內容。

> NOTE
>
> VS Code 會在最近打開的資料夾中找尋檔案。如果您使用的是 VS Code 編輯器，請先打開儲存本章程式的資料夾。舉例來說，如果您把程式檔存放在名為 chapter_10 的資料夾中，請先按 CTRL+O（在 macOS 上為 ⌘+O）鍵，然後打開該資料夾。

一旦有了代表 pi_digits.txt 的 Path 物件，我們就可以使用 read_text() 方法讀取檔案的全部內容❷。檔案的內容當作單個字串返回，我們將其指定給 contents 變數。當我們印出 contents 的值時，就會看到文字檔的全部內容：

```
3.1415926535
  8979323846
  2643383279
```

與原始檔案唯一不同的是輸出結尾多一行空行。因為 read_text() 到達檔案尾端時會返回一個空字串，而這個空字串的顯示也會佔用一行空行。

若想要刪除尾端的空行，可在 contents 字串中使用 rstrip() 來處理：

```
from pathlib import Path

path = Path('pi_digits.txt')
contents = path.read_text()
contents = contents.rstrip()
print(contents)
```

回顧第二章介紹過 Python 的 rstrip() 方法，就會了解它能刪除或剝除字串尾端右側所有的空白。現在輸出的結果與原始檔案的內容完全一樣：

```
3.1415926535
  8979323846
  2643383279
```

我們可以在讀取檔案的內容時刪除檔案尾隨的換行符號，其方法是在呼叫 read_text() 後立即套用 rstrip() 方法：

```
contents = path.read_text().rstrip()
```

這行程式告知 Python 對正在處理的檔案呼叫 read_text() 方法，然後再把 rstrip() 方法套用於 read_text() 返回的字串。隨後把清理好的字串指定給 contents 變數，此做法稱為**方法鏈**（**method chaining**），您會在程式中常看到這種寫法。

相對與絕對的檔案路徑

當我們把像 pi_digits.txt 這種的只有檔案名稱的方式傳入 Path 時，Python 會以目前執行程式檔（也就是 .py 檔）所在的資料夾來找尋這個檔案。

我們組織管理和存放檔案的方式可能不同，有時要開啟的檔案並沒有放在程式檔所在的那個資料夾，舉例來說，我們的程式檔放在 python_work 資料夾內，而在 python_work 資料夾又有個 text_files 資料夾，其中存放了程式檔要處理的文字檔。雖然 text_files 資料夾是放在 python_work 資料夾中，但如果只對 Path 傳入單純的檔名也是沒辦法開啟，因為 Python 只在程式檔所在的 python_work 資料夾內找尋要開啟的檔案，並不會到其下的子資料夾 text_files 中尋找。若想要讓 Python 開啟沒有放在與程式檔相同資料夾內的檔案，就需要提供檔案路徑，讓 Python 可以依照此路徑指示到系統中的該路徑內尋找。

在程式設計時有兩種方式來處理這種需求，第一種是用**相對檔案路徑**來開啟該資料夾內的檔案。相對檔案路徑可讓 Python 到指定的路徑位置中尋找，而該位置是「相對」以目前執行程式所在的資料夾來做比對。由於 text_files 資料夾放在 python_work 資料夾中，在建構路徑時要先放 text_files 資料夾再加上檔名，可以像下列這樣寫入：

```
path = Path('text_files/filename.txt')
```

第二種方式是可以把檔案在電腦中的精確的位置告知 Python，這樣更無須擔心目前執行的程式檔所在的資料夾與要開啟檔案資料夾的路徑關係了，這個精確的位置就是「**絕對檔案路徑**」。當使用相對路徑行不通時，就直接使用絕對路徑吧。舉例來說，如果 text_files 資料夾不是放在 python_work 資料夾中，那麼向 Path 傳入相對路徑 'text_files/filename.txt' 是沒辦法使用的，因為 Python 只會以 python_work 資料夾為相對路徑來找，所以找不到檔案。我們要放入完整的絕對路徑才能讓 Python 到指定的路徑位置來找檔案。

絕對路徑一般都會比相對路徑長很多，因為路徑大都由系統的根目錄為起始：

```
path = Path('/home/eric/data_files/text_files/filename.txt')
```

使用絕對路徑就可讀取系統中任何位置的檔案，以現階段來看，最簡單的做法是，把要處理的檔案放在與程式檔相同的資料夾內，或是在與程式檔相同的資料夾內再建立一個子資料夾（例如 text_files）來儲存這些檔案。

> **NOTE**
>
> 在 Windows 中檔案路徑是用反斜線（\）而不是斜線（/）來表示，但在程式碼中仍是可用斜線來表示。pathlib 程式庫會在與系統進行互動時自動修正這種表示方式。

逐行讀取

讀取檔案時常需要逐一檢查每一行讀入的內容，我們可能要在檔案中尋找某個特定的資訊，或是要以某種方式修改檔案中的某個文字。例如，想要遍訪某個含有天氣資料的檔案，想取用天氣描述中含有「sunny」的那一行內容。在新聞報導中，我們可能想要尋找含有 <headline> 標籤的那行內容，並以特定格式來設定。

您可以使用 splitlines() 方法把長字串轉換為一組多行的內容，然後使用 for 迴圈一次一行檢查其內容：

⬇ file_reader.py
```python
   from pathlib import Path

   path = Path('pi_digits.txt')
❶ contents = path.read_text()

❷ lines = contents.splitlines()
   for line in lines:
       print(line)
```

首先從讀取檔案的全部內容開始❶，如同之前所做的那樣。如果您打算處理檔案中的每一行內容，則在讀取檔案時不需要套用去除空行的處理。splitlines() 方法會返回檔案中每一行內容的串列，我們把這個串列指定給 lines 變數❷，隨後遍訪串列每一行並印出其內容：

```
3.1415926535
  8979323846
  2643383279
```

由於我們沒有修改任何行中的內容，因此輸出的結果與原始文字檔完全相同。

處理檔案的內容

把檔案讀取到記憶體之後，就可以用任何一種方式來處理這些資料了。我們就先以簡單的方式呈現圓周率的值。首先試著建立一個字串，它內含檔案中存放的圓周率的完整數字，且沒有多餘空行或空格：

⬇ pi_string.py

```
from pathlib import Path

path = Path('pi_digits.txt')
contents = path.read_text()

lines = contents.splitlines()
pi_string = ''
for line in lines:
    pi_string += line

print(pi_string)
print(len(pi_string))
```

就像前面的範例，我們會先開啟檔案，並將其中所有行都存放到一個串列內。接著建立一個 pi_string 變數，用來存放圓周率的值。隨後用了一個 for 迴圈來把各行內容都加入 pi_string 變數❶，隨後印出這個字串及其長度：

```
3.1415926535  8979323846  2643383279
36
```

在 pi_string 變數存放的字串中含有原本位在檔案中左側的空白，若想要刪除這些空白，可使用 lstrip() 來處理：

```
--省略--
for line in lines:
    pi_string += line.lstrip()

print(pi_string)
print(len(pi_string))
```

如此一來,我們得到的字串就是個含有精準度到小數 30 位數的圓周率數值。
這個字串的長度是 32 個字元,因為還包括前面的 3 和小數點:

```
3.14159265358979323846264338327 9
32
```

> **NOTE**
>
> 讀取文字檔時,Python 會將其中的所有文字都解讀為字串,如果您讀取的數
> 字想要把它們當成「數值」型別來使用,就必須要用 int() 函式來轉換,或是
> 使用 float() 函式將其轉換成浮點數。

大型檔案:含有一百萬位數

前面所分析的檔案都是只有三行的文字檔,但這些程式是能處理大型檔案的。
假如我們有個文字檔,內含有精準到小數點後 1,000,000 位數,而不是只有 30
位數的圓周率數值,也能用程式建立一個完整呈現這個圓周率數字的字串。我
們不需要修改前面的程式碼,只需把這個檔案傳入即可。在這裡我們只印出到
小數位數 50 位,以免終端視窗為顯示全部 1,000,000 位數而不斷翻頁:

⬇ pi_string.py
```python
from pathlib import Path

path = Path('pi_million_digits.txt')
contents = path.read_text()

lines = contents.splitlines()
pi_string = ''
for line in lines:
    pi_string += line.lstrip()

print(f"{pi_string[:52]}...")
print(len(pi_string))
```

從輸出結果來看,我們所建立的字串確實含有精準到小數點後 1,000,000 位數
的圓周率數值:

```
3.14159265358979323846264338327950288419716939937510...
1000002
```

對於我們能處理的資料量，Python 並沒有任何限制，只要系統的記憶體足夠大，想處理多少就處理多少。

> **NOTE**
>
> 若想要執行這支程式（以及本書後面所提供的許多範例），可以連到網站 *https://ehmatthes.github.io/pcc_3e* 下載本書隨附的相關範例檔案。

圓周率數值中含有您的生日嗎？

我一直想知道自己的生日是否有在圓周率這個數值內，讓我們一起來擴充前面剛寫好的程式，以確定某個人的生日是否有在圓周率的前 1,000,000 位數中。作法是把生日變成一組數字的字串，再檢查這個字串是否包含在 pi_string 中：

```
--省略--
for line in lines:
    pi_string += line.lstrip()

birthday = input("Enter your birthday, in the form mmddyy: ")
if birthday in pi_string:
    print("Your birthday appears in the first million digits of pi!")
else:
    print("Your birthday does not appear in the first million digits of pi.")
```

首先我們提示使用者輸入生日數字，然後檢測這個字串是否有在 pi_string 中，執行結果如下：

```
Enter your birthdate, in the form mmddyy: 120372
Your birthday appears in the first million digits of pi!
```

我的生日數字組真的有出現在圓周率數值中哦！讀取檔案的內容後，我們可用任何想到的方式來進行分析處理。

實作練習

10-1. 學習 Python：在文字編輯器中建立一個檔案，寫入幾句話匯整一下您學習到的 Python 知識，其中每一行都以「In Python you can」開頭，將這個檔案取名為 learning_python.txt，並將它存到本章練習程式檔所在的資料夾內。請編寫一支程式讀取這份檔案，並將您所編寫的內容印二次出來，第一次印出時是以讀取整個檔案的方式來處理；第二次印出時以逐行存到串列中，並以迴圈遍訪串列逐行印出來。

10.2. 學習 C：請使用 replace() 方法把字串中某個特定的單字取代為另一個單字。下列是個簡單的示範，展示如何將一個句子中的 'dog' 取代為 'cat'：

```
>>> message = "I really like dogs."
>>> message.replace('dog', 'cat')
'I really like cats.'
```

請讀取前一個練習所建立的 learning_python.txt 檔的每一行內容，將其中的 Python 字樣取代為另一個程式語言的名稱，如 C。將修改後的各行內容印出到畫面上。

10.3. 簡化程式碼：本節中的程式 file_reader.py 使用了臨時變數 lines 來示範 splitlines() 的處理方式。但您可以跳過臨時變數，並直接遍訪 splitlines() 返回的串列：

```
for line in contents.splitlines():
```

請修改本節的這支程式，移除臨時變數，讓程式更簡潔。

寫入檔案

儲存資料最簡單的方式之一就是把資料寫入檔案之中。當您把文字寫入檔案中，就算關閉顯示程式輸出的終端視窗，輸出的結果仍然保存著，您可以在程式結束執行之後查閱輸出的內容，或與別人分享這個輸出，還可編寫程式把輸出內容讀取到記憶體中進行其他的處理。

寫入一行

定義了路徑之後就可以使用 write_text() 方法寫入檔案。為了要說明其中的運作原理，我們寫入一條簡單的訊息，儲存到檔案之中，而不是印出到畫面上：

⬇ write_ message.py

```
from pathlib import Path

path = Path('programming.txt')
path.write_text("I love programming.")
```

write_text() 只放入一個引數：就是要寫入檔案的訊息字串。這支程式不會在終端視窗中顯示輸出，但如果您開啟 programming.txt，就會看到下列這行文字：

⬇ programming.txt

```
I love programming.
```

與電腦中其他的檔案相比，這個檔案沒有什麼不同，我們可以進行開啟、在其中輸入文字、複製內容、內容貼上等處理。

> **NOTE**
>
> Python 只能把字串寫入文字檔中。要把數值資料儲存到文字檔中，必須先使用 str() 函式轉換為字串格式。

寫入多行內容

write_text() 方法會在幕後處理一些工作，如果該路徑指向的檔案不存在，它會建立這個檔案。此外，在把字串寫入檔案後，它會確保檔案已正確關閉。沒有正確關閉的檔案可能會導致資料丟失或損壞。

若想要向檔案件寫入多行內容，您先要建構一個含有檔案全部內容的字串，然後使用該字串來呼叫 write_text()。以下是我們在 programming.txt 檔案中寫入幾行內容的程式碼：

```
from pathlib import Path

contents = "I love programming.\n"
contents += "I love creating new games.\n"
contents += "I also love working with data.\n"
```

```
path = Path('programming.txt')
path.write_text(contents)
```

這裡定義了一個名為 contents 的變數，它是用來放置檔案的全部內容。接著是使用 += 運算子附加多行內容到該字串。您可以根據需要多次使用此項附加操作，這樣就能建構您需要的任意長度字串。以這個例子來說，我們在每行的末尾都放入換行符號，以確保每條語句出現在各自的行中。

執行這支程式然後打開 programming.txt，就會發現多行文字的內容：

```
I love programming.
I love creating new games.
I also love working with data.
```

像顯示在畫面上的輸出一樣，我們可以使用空格、定位符號和換行符號來設定編排這些輸出的內容。字串的長度並沒有限制，以這種做法就能由電腦生成大量的文件。

> **NOTE**
>
> 使用 path 物件來呼叫 write_text() 時有一點要小心留意。如果檔案已經存在，write_text() 會刪除檔案目前的內容並以新內容寫入檔案。在本章後面，您將會學到怎麼利用 pathlib 來檢查檔案是否存在。

實作練習

10-4. 客人：請編寫一支程式，提示使用者輸入名字，使用者回應輸入後，把輸入的名字寫入到檔案 guest.txt 內。

10-5. 客人名單：請編寫一個 while 迴圈，提示使用者輸入名字。收集使用者輸入的名字，再這些名字附加到 guest_book.txt 的檔案中。確認這個檔案的每個名字都是獨佔一行。

例外

Python 使用稱為「**例外（exception）**」的特殊物件來管理程式執行時期所產生的錯誤。每當錯誤發生，Python 不知下一步要做什麼時，就會建立一個例外物件。如果您編寫了處理此例外的程式碼，程式就能繼續依照例外處理來執行，如果未有對例外進行處理，那麼程式就會停止，並顯示 traceback 錯誤訊息，其中含有關於例外的說明。

例外是使用 try-except 程式區塊來處理的，try-except 程式區塊可讓 Python 依照指示執行，同時告知 Python 發生例外時要怎麼處理。當我們使用了 try-except 程式區塊時，就算出現例外，程式也能繼續執行，可顯示我們編寫較為好懂友善的錯誤訊息，而不是丟出讓使用者看不太懂的 traceback。

處理 ZeroDivisionError 例外

讓我們一起看看導致 Python 引起例外的簡單錯誤。您可能已經知道數字是不能除以 0 的，但還是讓 Python 進行這樣的處理：

⬇ division.py

```
print(5/0)
```

理所當然，Python 沒辦法這樣運算，因此會看到一個 traceback 錯誤回報：

```
Traceback (most recent call last):
  File "division_calculator.py", line 1, in <module>
    print(5/0)
          ~^~
❶ ZeroDivisionError: division by zero
```

在上述的 traceback 訊息中，❶這行指出錯誤為 ZeroDivisionError，這是個例外物件。Python 無法依照我們的要求來處理時，就會建立這種物件。在這種情況下，Python 會停止執行，並指出發生了哪種例外，而我們可依據這些資訊對程式進行修改。當這種例外發生時，我們可告知 Python 該進行什麼樣的處置，如此一來，當錯誤再發生時，我們就有準備了。

使用 try-except 程式區塊

當您認為可能有錯誤會發生時，可編寫一個 try-except 程式區塊來處理可能引發的例外。可讓 Python 去執行某些程式碼，並告知如果這程式引發了某個特別的例外時，要做什麼樣的處置。

這裡列出處理 ZeroDivisionError 例外的 try-except 程式碼區塊：

```
try:
    print(5/0)
except ZeroDivisionError:
    print("You can't divide by zero!")
```

我們把引發錯誤的那行程式碼 print(5/0) 放在 try 區塊內，如果 try 區塊中的程式執行時沒有問題，Python 就會跳過 except 區塊，如果 try 區塊中的程式引發錯誤，那 Python 就會檢測 except 區塊是否為這種錯誤，並執行其中的程式碼。如此一來，使用者這端會看到一條我們所編寫的友善錯誤文字訊息，而不是 traceback：

```
You can't divide by zero!
```

假如 try-except 程式區塊後面還有程式碼，這支程式會接著執行，因為已告知 Python 如何處理錯誤了。接著讓我們看一個擷取並處置錯誤後程式還會繼續執行的範例。

使用例外避免程式當掉

當發生錯誤時，假如程式還有工作沒完成，那麼好好處理錯誤就十分重要。這種情況會常常出現在要求使用者輸入資料的程式中。如果程式能好好處理無效的輸入，就能再提示使用者輸入有效合法的內容，而不會讓程式當掉。

下列是一個只執行除法運算的簡單計算機程式：

⬇ division.py

```
print("Give me two numbers, and I'll divide them.")
print("Enter 'q' to quit.")

while True:
❶    first_number = input("\nFirst number: ")
      if first_number == 'q':
```

```
            break
❷       second_number = input("Second number: ")
        if second_number == 'q':
            break
❸       answer = int(first_number) / int(second_number)
        print(answer)
```

在❶這裡，程式會提示使用者輸入一個數字，並將它指定到 first_number 變數，如果使用者輸入的不是代表離開結束的 q，就再提示輸入一個數字，再將其指定到 second_number 變數❷。接下來計算兩個數字相除，算出 answer❸。這支程式沒有使用任何錯誤處理的機制，因此當它執行到除數為 0 時，就會當掉並顯示 traceback：

```
Give me two numbers, and I'll divide them.
Enter 'q' to quit.

First number: 5
Second number: 0
Traceback (most recent call last):
  File "division_calculator.py", line 11, in <module>
    answer = int(first_number) / int(second_number)
             ~~~~~~~~~~~~~~~~~~~^~~~~~~~~~~~~~~~~~~~~~
ZeroDivisionError: division by zero
```

程式當掉不太好，但讓使用者看到 traceback 訊息也一樣不太妙。不懂技術的使用者會被這些訊息搞混，而且萬一使用者懷有惡意，他能從 traceback 訊息中獲取您不希望使用者知道的訊息。舉例來說，他會知道您的程式檔名，還會看到部分不能正確執行的程式碼。有技術底子的攻擊者有時候能利用這些訊息來確定對程式碼使用哪種攻擊最有效。

else 程式碼區塊

我們把可能引起錯誤的程式碼放入 try-except 程式區塊中，這樣能提高程式抵抗錯誤的因應能力。錯誤是執行除法運算時引起的，因此我們要把這些程式放入 try-except 區塊內。下列這個範例含有一個 else 程式碼區塊，當 try 區塊內的程式都成功執行完畢，else 區塊內的程式就會執行：

```
--省略--
    while True:
        --省略--
        if second_number == 'q':
            break
```

```
❶    try:
         answer = int(first_number) / int(second_number)
❷    except ZeroDivisionError:
         print("You can't divide by 0!")
❸    else:
         print(answer)
```

我們讓 Python 試著執行 try 程式碼區塊中的除法運算❶，這個區塊只含有可能引起錯誤的程式碼，要在 try 區塊都成功執行後才會執行的程式碼則是放在 else 程式碼區塊內，在這個範例中，如果除法運算順利完成，就執行 else 區塊中的程式，印出結果值❸。

except 程式碼區塊則是告知 Python 當出現 ZeroDivisionError 例外時才要執行的處置❷，如果 try 程式碼區塊中的除法運算因除以 0 的錯誤而失敗，就會執行 except 區塊中的程式，印出一條較友善的文字訊息，告訴使用者錯誤的原因及避免的方法。程式隨後再繼續執行，使用者是看不到 traceback 的：

```
Give me two numbers, and I'll divide them.
Enter 'q' to quit.

First number: 5
Second number: 0
You can't divide by 0!

First number: 5
Second number: 2
2.5

First number: q
```

try-except-else 程式碼區塊的運作原理大致說明如下：Python 試著執行 try 區塊中的程式碼，只有可能引起例外的程式碼才需要放入 try 區塊內。若有些程式是在 try 區塊的程式成功執行無誤後才要執行的，這些程式就放入 else 區塊內。Python 在試著執行 try 區塊中的程式引發了指定的例外時，except 區塊中放置的是要處理的程式碼。

藉由預測可能引起錯誤的程式碼，我們可以編寫出更強固的程式，它們就算在配對無效不合法的資料或是資源不足時，也都能處置得當並繼續執行，因此能抵抗使用者無意或惡意的輸入或攻擊。

處理 FileNotFoundError 例外

使用檔案時有一種常見的錯誤是找不到檔案，您要用的檔案可能在其他路徑，也可能檔名打錯或這個檔案根本就不存在。對於這些狀況，我們都可以用 try-except 程式區塊來進行處理。

讓我們來試著讀取一個不存在的檔案，下列的程式會試著讀取含有 Alice in Wonderland 小說內容的 alice.txt 檔案，但我們並沒有在存放 alice.py 程式的資料夾中放置這個文字檔：

⬇ alice.py
```python
from pathlib import Path

path = Path('alice.txt')
contents = path.read_text(encoding='utf-8')
```

請留意，這裡使用 read_text() 的方式與您之前看到的略有不同。當系統的預設編碼與正在讀取的檔案的編碼不相符時，就需要使用 encoding 引數來指定。在讀取不是由您的系統建立的檔案時，最有可能發生這種情況。

執行時 Python 找不到要讀取的這個文字檔，因此引發一個例外：

```
    Traceback (most recent call last):
❶    File "alice.py", line 4, in <module>
❷      contents = path.read_text(encoding='utf-8')
                   ^^^^^^^^^^^^^^^^^^^^^^^^^^^^^^^^
      File "/.../pathlib.py", line 1056, in read_text
        with self.open(mode='r', encoding=encoding, errors=errors) as f:
             ^^^^^^^^^^^^^^^^^^^^^^^^^^^^^^^^^^^^^^^^^^^^^^^^^^^^^^
      File "/.../pathlib.py", line 1042, in open
        return io.open(self, mode, buffering, encoding, errors, newline)
               ^^^^^^^^^^^^^^^^^^^^^^^^^^^^^^^^^^^^^^^^^^^^^^^^^^^^^^^^^^^
❸ FileNotFoundError: [Errno 2] No such file or directory: 'alice.txt'
```

這個 traceback 比我們之前所看過的更長，所以讓我們一起看看要怎麼去理解這個較為複雜的 traceback。一般來說，最好從 traceback 的尾端開始讀起。在最後一行，我們看到引發了 FileNotFoundError 例外❸。這很重要，因為它告知了在未來編寫 except 區塊時要使用哪一種例外。

回頭看 traceback 的開頭附近❶的說明，我們可以看到錯誤是發生在 alice.py 檔案的第 4 行。下一行則顯示了導致錯誤❷的程式碼行內容。traceback 的其餘部分顯示了程式庫中涉及開啟和讀取檔案的一些程式碼。您通常不需要通讀或理解 traceback 內容中的所有內容。

若要處理引發的錯誤，可在 try 區塊放入在 traceback 中被識別為有問題的程式行。在這個範例中是含有 read_text() 的程式行：

```
from pathlib import Path

path = Path('alice.txt')
try:
    contents = path.read_text(encoding='utf-8')
❶ except FileNotFoundError:
    print(f"Sorry, the file {path} does not exist.")
```

在這個範例中，try 程式碼區塊中的程式碼可能會引發 FileNotFoundError 例外，因此 Python 在錯誤例外發生時會比對是否為 FileNotFoundError ❶，如果是則到 except 區塊內執行其中的程式碼。最後這個範例的執行是印出一條較友善的文字訊息，而不是顯示 traceback 內容：

```
Sorry, the file alice.txt does not exist.
```

假如檔案不存在，那麼程式就什麼都不做，因此錯誤處理的程式就意義不大，下列就來擴充這個範例，看看在使用多個檔案時，例外處理能幫上什麼忙。

分析文字

我們可以分析整本書的文字檔。很多經典文學作品都是用簡單的純文字檔格式來儲存，因為這些作品都已沒有版權問題，不受版權限制。本小節所使用的文字是取自於 Gutenberg（古騰堡計畫，*http://gutenberg.org/*），這個計畫專案的網站中提供了一系列可自由使用、沒有版權問題的文學作品，如果您在編寫設計程式的專案中需要使用一些文學作品的文字，此網站可提供很不錯的資源。

讓我們來看看「Alice in Wonderland」這部作品，並試著計算這作品文字檔中的單字數量有多少個。我們會使用 split() 方法，預設情況下，此方法會在發現任何空格的位置拆分字串：

```
from pathlib import Path

path = Path('alice.txt')
try:
    contents = path.read_text(encoding='utf-8')
except FileNotFoundError:
    print(f"Sorry, the file {path} does not exist.")
else:
```

```
     # Count the approximate number of words in the file:
❶    words = contents.split()
❷    num_words = len(words)
     print(f"The file {path} has about {num_words} words.")
```

我把 alice.txt 檔放到正確的資料夾內，讓 try 程式碼區塊能成功執行。在❶這行中，我們對 contents 變數呼叫 split() 方法（此變數現在內含了很長的字串，是 Alice in Wonderland 這部作品全部的內容），生成一個串列，內含這部作品中所有的單字。當我們使用 len() 來求出串列的長度時❷，就知道原來字串中到底含有多少個單字了。最後是印出一條文字訊息，說明這個檔案中含有多少個單字。這些程式碼都放在else區塊內，因為只有在try區塊的執行成功且完成後，這裡的程式碼才會執行。下列為輸出的結果：

```
The file alice.txt has about 29465 words.
```

這個數字好像比原小說字數多一些，因為這裡使用的文字檔也放入了出版商的一些額外資訊，但與 Alice in Wonderland 這部作品的字數是差不多的。

處理多個檔案

接著讓我們加入更多對書籍的分析處理。但在進行之前，讓我們把這支程式的大部分內容移到取名為 count_words() 的函式中。藉由這樣的處理，對多本書籍進行分析時會更加容易：

↓ word_count.py
```
from pathlib import Path

def count_words(filename):
❶    """Count the approximate number of words in a file."""
     try:
         contents = path.read_text(encoding='utf-8')
     except FileNotFoundError:
         print(f"Sorry, the file {path} does not exist.")
     else:
         # Count approximate number of words in the file.
         words = contents.split()
         num_words = len(words)
         print(f"The file {path} has about {num_words} words.")

path = Path('alice.txt')
count_words(path)
```

這裡的程式碼與原來的差不多，只是把它們都移到 count_words() 函式內了，並依照編排慣例內縮。修改程式的同時要加入適當的註釋說明，這是個很好的習慣，因此我們在定義函式下❶加入註釋說明的文件字串（docstring），並稍微調整了描述的內容。

現在可以編寫一個簡短的迴圈，用來處理計算分析多個文字檔到底含有多少個單字。我們把要分析的檔案名稱都存放入一個串列內，然後以迴圈遍訪串列中每個檔案，並呼叫 count_words() 函式來處理。假設我們現在要分析 Alice in Wonderland、Siddhartha、Moby Dick 和 Little Women 等作品，看看它們分別有多少個單字，這些作品的版權都是開放公用的。我故意沒有把 siddhartha.txt 放入 word_count.py 程式檔所在的資料夾內，是要讓您看看這支程式在處理找不到檔案時的回應有多麼棒：

```
from pathlib import Path

def count_words(filename):
    --省略--

filenames = ['alice.txt', 'siddhartha.txt', 'moby_dick.txt', 'little_women.txt']
for filename in filenames:
❶     path = Path(filename)
      count_words(path)
```

檔案名稱都存放在成簡單的字串，在呼叫 count_words() 之前，每個字串都會先轉換成 Path 物件❶。就算 siddhartha.txt 檔不存在，也不影響其他作品檔案的處理分析：

```
The file alice.txt has about 29594 words.
Sorry, the file siddhartha.txt does not exist.
The file moby_dick.txt has about 215864 words.
The file little_women.txt has about 189142 words.
```

在這個範例中，使用 try-except 程式碼區塊有兩個優點，第一個是避免讓使用者看到 traceback 訊息；第二個則是讓程式能繼續分析其他找得到的檔案。如果不捉取因為找不到 siddhartha.txt 檔而引起的 FileNotFoundError 例外，那麼使用者執行程式就會看到 traceback 訊息，而程式處理到 siddhartha.txt 時就會停止，根本不會分析剩下的 Moby Dick 和 Little Women 作品。

出錯時無聲無息

在前一個範例中，我們告知使用者有個檔案找不到，但並不是每次捕捉到例外異常時都需要告知使用者，有時候只希望程式在發生例外時無聲無息地繼續執行。要讓程式在出錯時無聲無息，可以像平常來編寫 try 區塊，但在 except 程式碼區塊中則明確告知 Python 什麼不做，Python 有一條 pass 陳述句，可在程式碼區塊中寫入，那麼 Python 就會無聲無息地跳過：

```python
def count_words(path):
    """Count the approximate number of words in a file."""
    try:
        --省略--
    except FileNotFoundError:
        pass
    else:
        --省略--
```

與前一支的程式相比，這支程式唯一不同的地方就是用了 pass 陳述句。當程式執行出現 FileNotFoundError 例外時，就會執行 except 區塊內的 pass 陳述句，也就是什麼都不做就跳過。這種錯誤發生時也不會出現 traceback，也沒有輸出，無聲無息。使用只會看到有存在的檔案算出有多少個單字，但沒有顯示其中有個檔案不存在的訊息：

```
The file alice.txt has about 29594 words.
The file moby_dick.txt has about 215864 words.
The file little_women.txt has about 189142 words.
```

pass 陳述句也充當了佔位符號，提醒我們在程式的某個位置什麼都沒做，保留位置讓我們將來在這裡可以再進行些什麼處理。舉例來說，在這支程式內我們可能想要把找不到的檔案名稱寫入到 missing_files.txt 檔案中，使用者看不到這份檔案，但我們可以讀取，進而處理這些找不到檔案的問題。

決定回報哪些錯誤訊息

在什麼樣的情況下要向使用者回報錯誤訊息呢？又要在什麼樣的情況下程式失敗時應該無聲無息地跳過呢？如果使用者知道要分析哪些檔案，則可能希望在檔案沒有被分析時顯示一條訊息，將原因告知。如果使用者只想看到結果，並不想知道分析了哪些檔案，則無須把哪些檔案不存在的訊息顯示出來。向使用者顯示他們不想看到的訊息可能會降低程式的可用性。Python 的錯誤處理結構能讓我們細膩地控制分享給使用者的訊息要呈現到什麼程度，要分享多少可由我們決定。

編寫得很好並經過詳細測試的程式碼不容易出現內部錯誤，如語法或邏輯的錯誤，但只要程式要依靠外部的因素，如使用者輸入、存放在資料夾的檔案、網路連接等，就有可能出現例外。藉由經驗的判斷可讓程式知道在什麼位置放入例外處理的程式區塊，以及出錯時要給使用者多少相關的訊息。

實作練習

10-6. 加法：在提示使用者輸入數值時，常出現一個問題，那就是使用者提供的是文字而不是數字。在這種情況下，當我們試著把輸入值轉換成整數值時，會引發 ValueError 例外。請編寫一支程式，提示使用者輸入兩個數字，再將它們加起來，然後印出結果。在使用者輸入的任一個值不是數字時會捉到 ValueError 例外，印出一條友善的文字訊息告知錯誤。對編寫的程式進行測試，先輸入兩個數字，再輸入文字和數字來試看看執行的結果。

10-7. 加法計算機：將完成的 10-6 程式碼放入 while 迴圈中，讓使用者輸入錯誤（輸入了文字而不是數字）時能繼續輸入數字。

10-8. 貓和狗：建立兩個檔案 cats.txt 和 dogs.txt，在第一個檔案中至少要有三隻貓的名字；在第二個檔案中至少要有三隻狗的名字。請編寫一支程式試著讀取這兩個檔案，並將檔案內容顯示出來。把這些程式放入 try-except 程式碼區塊內，在檔案萬一不存在時可捉到 FileNotFound 例外，然後印出一條友善的訊息告知錯誤。將其中一個檔案移到別的資料夾中，執行程式確定 except 程式碼區塊中的程式有正確地執行。

10-9. 沉默的貓和狗：請修改前面 10-8 練習中的 except 程式碼區塊，讓程式在找不到檔案開啟時是無聲無息地跳過，什麼都不做。

10-10. 常見的單字：連到 Gutenberg（*http://gutenberg.org/*）計畫網站，找一些您想分析的書籍。下載這些作品的文字檔或將瀏覽器中的原始文字複製到文字檔內。

使用 count() 方法來確定某個單字或短句在字串中出現多少次。舉例來說，下列的程式指令計算 'row' 這個單字在字串中出現的次數：

```
>>> line = "Row, row, row your boat"
>>> line.count('row')
2
>>> line.lower().count('row')
3
```

請留意，利用 lower() 把字串轉換為小寫，就可取得要尋找的所有單字出現的次數，以此來忽略原本的大小寫。

請編寫一支程式，它能讀取您從 Gutenberg 中取得的文字檔，並計算單字 'the' 在每個文字檔中分別出現的次數。這是個近似值，因為它還會算到 then 和 there 等單字。嘗試對 'the ' 進行計數，在字串中加一個空格，然後看看計數值會低多少。

儲存資料

許多程式都會要求使用者輸入某種資訊，例如允許使用者在遊戲中儲存喜好，或提供視覺化的資料。不管程式的焦點放在哪裡，都是要把使用者所提供的資訊存放到串列和字典等資料結構內。使用者在關閉程式時，我們大都會希望把這些資訊都保存下來，這裡提供的簡單方式就是使用 json 模組來儲存資料。

json 模組能讓我們把簡單的 Python 資料結構轉換成 JSON 格式字串的檔案，並在程式再次執行時載入這份檔案內的資料。我們還可以利用 json 模組，讓 Python 程式彼此可共享資料。更重要的一點是，JSON 資料格式並不是 Python 專用的，這能讓我們把以 JSON 格式儲存的資料與使用其他程式語言的人共用分享。這是種輕便、好用又容易學習的格式。

> **NOTE**
>
> JSON（JavaScript Object Notation）格式最初是為 JavaScript 所開發的格式，但之後就普遍成為一種常見的格式，也被 Python 等許多程式語言採用。

使用 json.dumps() 和 json.loads()

讓我們來編寫一支簡短的程式來儲存一組數字，然後再編寫一支程式把這組數字讀取回記憶體中。前面的程式要用 json.dumps() 來儲存這組數字，而後面的程式則用 json.loads() 將這組數字載入。

json.dump() 函式接收一個引數：是要轉換成 JSON 格式的資料。此函式會返回一個字串，可用此字串來寫入資料檔案中：

⬇ number_ writer.py
```
from pathlib import Path
import json

numbers = [2, 3, 5, 7, 11, 13]

❶ path = Path('numbers.json')
❷ contents = json.dumps(numbers)
path.write_text(contents)
```

我們先匯入 json 模組，再建立一個數字串列。在❶這行，我們指定了要把數字串列儲存進去的檔案名稱。一般是使用 .json 為副檔名，用來指出這個檔案儲存的資料為 JSON 格式。接下來使用 json.dumps() 函式生成字串❷，此字串內含以 JSON 格式表示的資料。有了這個字串後，使用之前介紹過的 write_text() 方法來寫入檔案中。

這支程式執行後並沒有輸出顯示，但我們可以開啟 numbers.json 檔，存放在這個檔案內的資料與在 Python 中是一樣的：

```
[2, 3, 5, 7, 11, 13]
```

現在我們再編寫一支程式，使用 json.loads() 把這個串列讀取到記憶體內：

⬇ number_ reader.py
```
from pathlib import Path
import json

❶ path = Path('numbers.json')
❷ contents = path.read_text()
❸ numbers = json.loads(contents)

print(numbers)
```

在❶這行我們確定讀取的是前面寫入的檔案，由於資料檔只是有特定格式安排的純文字檔，我們可以用 read_text() 方法來讀取❷。隨後把讀取的檔案內容傳入 json.loads() ❸。此函式接收 JSON 格式的字串來處理後返回一個 Python 物件（以本例來說，是個串列），指定到 numbers 變數中。最後印出這個數字串列，看看是否為 number_writer.py 中所建立的數字串列：

```
[2, 3, 5, 7, 11, 13]
```

這是一種在程式之間可共享資料的簡單處理方式。

儲存和讀取使用者生成的資料

當您在處理使用者生成的資料時，使用 json 格式來儲存是很有助益的，因為如果不以某種方式儲存起來，等程式結束後使用者的資訊就會被丟掉。接下來一起看看這個範例，使用者在第一次執行程式時會被提示輸入自己的名字，等再次執行時程式就能記得這個名字。

讓我們從儲存使用者的名字開始：

⬇ remember_me.py
```
    from pathlib import Path
    import json

❶ username = input("What is your name? ")

❷ path = Path('username.json')
    contents = json.dumps(username)
    path.write_text(contents)

❸ print(f"We'll remember you when you come back, {username}!")
```

在❶這裡提示輸入名字，並將輸入指定到變數中。隨後把收集來的資料寫入檔案名稱為 username.json 的檔案內❷。最後是印出一條訊息，告知我們儲存了使用者所輸入的資訊❸：

```
What is your name? Eric
We'll remember you when you come back, Eric!
```

現在讓我們再編寫一支程式，對已儲存的使用者發出問候句：

⬇ greet_user.py
```
    from pathlib import Path
    import json

❶ path = Path('username.json')
    contents = path.read_text()
❷ username = json.loads(contents)

    print(f"Welcome back, {username}!")
```

我們讀取了資料檔的內容❶，隨後使用了 json.loads() 把轉換好的資料指定到 username 變數❷。回復使用者名字後，我們就可以發出歡迎回來的問候句：

```
Welcome back, Eric!
```

我們需要把這兩支程式合併成一支（remember_me.py），等這支程式執行時，我們嘗試從記憶體中取出使用者名字，如果沒有，我們會提示輸入使用者名字並將其儲存到 username.json 檔中供下次使用。由於 username.json 檔可能不存在，我們可以在這裡編寫一個 try-except 區塊來做出適當的回應，但我們會使用 pathlib 模組中的一個簡便方法來進行處理：

⬇ remember_me.py
```
    from pathlib import Path
    import json

    path = Path('username.json')
❶ if path.exists():
        contents = path.read_text()
        username = json.loads(contents)
        print(f"Welcome back, {username}!")
❷ else
        username = input("What is your name? ")
        contents = json.dumps(username)
        path.write_text(contents)
        print(f"We'll remember you when you come back, {username}!")
```

Path 物件可套用許多好用的方法來配合處理。如果檔案或資料夾存在，則 exists() 方法會返回 True，否則返回 False。這裡我們使用 path.exists() 來確定使用者名字是否已經被儲存起來。如果 username.json 存在❶，我們就載入使用者名字並印出有名字的歡迎回來的問候語。

如果 username.json 檔案不存在❷，我們會提示輸入使用者名字並儲存使用者輸入的值。我們還印出了熟悉的問候語，告知以後回來時程式會記住名字。

無論執行的是哪個區塊，結果都會顯示使用者名字和適當的問候句。如果這支程式第一次執行，其輸出可能如下所示：

```
What is your name? Eric
We'll remember you when you come back, Eric!
```

如果已執行過，則輸出可能如下所示：

```
Welcome back, Eric!
```

這是程式之前已至少執行過一次時會呈現的輸出結果。

重構

我們可能常常碰到程式雖然能正確執行，但還想要再進一步改進修調，把程式劃分成一系列能完成某些特定工作的函式，這樣的修調過程就可稱為**重構**（**refactoring**）。重構能讓程式碼變得更清晰、更易讀好懂、更容易擴充。

若想要重構 remember_me.py 這程式，可將其中大部分的邏輯處理放到一個函式內。remember_me.py 的重點在問候使用者，因此我們把所有程式碼都放入名為 greet_user() 的函式中：

⬇ remember_ me.py

```
from pathlib import Path
import json


def greet_user():
❶    """Greet the user by name."""
     path = Path('username.json')
     if path.exists():
         contents = path.read_text()
         username = json.loads(contents)
         print(f"Welcome back, {username}!")
     else:
         username = input("What is your name? ")
         contents = json.dumps(username)
         path.write_text(contents)
         print(f"We'll remember you when you come back, {username}!")

greet_user()
```

因為現在我們使用了一個函式，所以刪掉了原本的注釋，改成用一個文件字串（docstring）來描述程式的用途❶。這支程式功用更清楚，但 greet_user() 函式所能做的不只是問候使用者而已，還能在儲存了使用者名字時擷取它來用，並在沒有儲存使用者名字時提示使用者輸入名字。

接著我們再來重構 greet_user()，讓一個函式不要執行那麼多項工作。我們先把取得使用者名字的程式移到另一個函式內：

```
from pathlib import Path
import json


def get_stored_username(path):
❶    """Get stored username if available."""
     if path.exists():
         contents = path.read_text()
         username = json.loads(contents)
```

- 230 -

```
                return username
        else:
❷           return None

    def greet_user():
        """Greet the user by name."""
        path = Path('username.json')
        username = get_stored_username(path)
❸       if username:
            print(f"Welcome back, {username}!")
        else:
            username = input("What is your name? ")
            contents = json.dumps(username)
            path.write_text(contents)
            print(f"We'll remember you when you come back, {username}!")

    greet_user()
```

新增的 get_stored_username() 函式❶，其功用目的很明確，這裡的文件字串描述了這一點。如果儲存了使用者名稱，此函式就能擷取儲存的檔案並返回。如果傳入 get_stored_username() 的檔案不存在，此函式會返回 None ❷。這是個不錯的作法，函式如果不是返回預期想要的值，就是返回 None，這樣能讓我們使用函式的返回值來進行簡單的檢測。在❸這裡，如果成功取得使用者名字，就印一條歡迎使用者回來的訊息，不然就提示要求使用者輸入名字。

我們還要把 greet_user() 中的另一組程式碼擷取出來，那就是沒有儲存使用者名字時提示使用者輸入的程式碼，把它們都放入一個單獨的函式內：

```
    from pathlib import Path
    import json

    def get_stored_username(path):
        """Get stored username if available."""
        --省略--

    def get_new_username(path):
        """Prompt for a new username."""
        username = input("What is your name? ")
        contents = json.dumps(username)
        path.write_text(contents)
        return username

    def greet_user():
        """Greet the user by name."""
        path = Path('username.json')
❶       username = get_stored_username(path)
        if username:
            print(f"Welcome back, {username}!")
        else:
```

```
❷        username = get_new_username(path)
         print(f"We'll remember you when you come back, {username}!")
greet_user()
```

在重構 remember_me.py 的這個最終版本內，每個函式都單獨處理一件清楚的工作，我們呼叫 greet_user() 就會印出一條適當的訊息，是歡迎使用者回來，或是問候新的使用者。處理上它會先呼叫 get_stored_username() 函式❶，此函式只負責取得儲存的使用者名字（如果已儲存了）。最後，若有必要時呼叫 get_new_username() 函式❷，此函式則只負責取得並儲存新使用者的名字。想要設計編寫出清楚又容易維護和擴充的程式碼，這種重構劃分的工作是不能少的。

實作練習

10-11. 喜愛的數字：請寫一支程式，提示使用者輸入最喜愛的數字，並用 json.dumps() 把數字儲存到檔案中。再編寫一支程式可從檔案內讀取這個數字，並印出類似這樣的訊息：「I know your favorite number! It's ____。」。

10-12. 記住喜愛的數字：把 10-11 練習的兩支程式合併起來，如果已儲存了使用者喜愛的數字，請將它印出來，不然就提示使用者輸入最喜愛的數字，並將它儲存到檔案內。請執行這支程式兩次，看看是否如我們預期那樣運作。

10-13. 使用者字典：remember_me.py 這個範例只儲存了一項資訊，就是使用者名字。請擴充這支程式，透過詢問有關使用者其他的兩項資訊，然後把收集到所有資訊儲存在字典內。使用 json.dumps() 把此字典寫入檔案中，然後再使用 json.loads() 讀取回來，印出一份這些資訊的彙總摘要，準確顯示程式對使用者的所儲存下來資訊內容。

10-14. 驗證使用者：最後版本的 remember_me.py 程式是假設使用者已輸入名字，或是第一次執行所以要輸入名字這兩種情況。我們修改程式來應付下列此種情況：現在和最後一次執行程式時的使用者不是同一個名字。

作法是在 greet_user() 中印出歡迎使用者回來的訊息前，先詢問使用者名字，驗證看看是不是和儲存的使用者名稱相同，如果不是，就呼叫 get_new_username() 函式，讓使用者正式輸入名字來儲存。

總結

本章我們學會了怎麼運用檔案、如何一次讀取整份檔案,以及如何以逐行的方式讀取檔案的內容;然後學習了如何寫入檔案,和怎麼把文字以附加的方式新增到檔案尾端。另外也學習了例外和程式可能引起例外的處理機制。接著學習如何儲存 Python 的資料結構,用來儲存使用者所輸入的資訊,避免使用者每次執行程式都要重新輸入。

在第 11 章,我們將要學習有效率測試程式碼的方式,這能幫助我們確認程式碼的正確性,並能在繼續擴充編寫程式時識別出可能引入的 bug。

第 11 章

測試程式碼

當我們設計編寫函式或類別時,也能為這些程式碼編寫測試。測試(Testing)能確保程式碼在面對各式各樣的輸入時都能如預期的運作。測試能讓我們信心增加,深信就算更多人使用我們的程式時,它也能正確地執行。在程式內新增程式碼時,也可以對它進行測試,確認新增的程式碼不會破壞程式現有的處理。程式設計師都會犯錯,因此每位程式設計師都要常常對程式碼進行測試,在使用者發現問題之前先把問題找出並解決。

本章我們將要學習如何使用 Python 的 pytest 程式庫中的工具幫助我們快速、簡單地編寫第一個測試。同時在開發專案變得越來越複雜時還能支援測試工作。Python 預設的內建程式並不包含 pytest,因此要學會安裝外部程式庫。了解如何安裝外部程式庫能讓我們隨時取用各種由高手們精心開發的程式碼。這些程式庫能大幅擴展我們可以從事的開發專案種類。

我們還會學習編寫一系列的測試來檢查各組輸入的內容來得到如預期般的輸出結果。我們會看到測試通過後是什麼樣貌,測試沒通過時又是什麼樣貌,還會知道測試沒有通過時它是如何協助我們修改程式碼。也會學習如何測試函式和類別，並了解要為專案編寫多少個測試。

利用 pip 安裝 pytest

雖然 Python 標準程式庫有很多功能，但 Python 開發人員也是重度依賴第三方的套件。**第三方套件**是在核心 Python 語言之外所開發的程式庫。有些流行的第三方程式庫也會在被標準程式庫採用，並在最後放入大多數 Python 安裝中。這種情況最常發生在一些已經沒有什麼 bugs，功能也不太可能發生太大變化的程式庫中。這類程式庫大都可以與整體語言同步更新發展。

然而，還是有許多套件被排除在標準程式庫之外，它們與 Python 語言本身分開來進行開發，有自己的開發更新時間表。這些套件往往比 Python 本身版本的開發計劃更頻繁更新。pytest 和我們在本書後半部分使用的大多數程式庫都是這種類型。請不要盲目相信第三方套件，但也不要因為有很多重要功能都是透過這些套作實作而有反感。

更新 pip

Python 含有一個名為 pip 的工具，可用來安裝第三方套件。因為 pip 能協助我們從外部資源安裝套件，所以它本身很常需要更新來解決潛在的安全問題。因此我們將從更新 pip 開始。

請開啟一個新的終端視窗並輸入以下命令：

```
$ python -m pip install --upgrade pip
❶ Requirement already satisfied: pip in /.../python3.11/site-packages (22.0.4)
  --省略--
❷ Successfully installed pip-22.1.2
```

命令的第一部分是「**python -m pip**」，用來告知 Python 執行 pip 模組。第二部分是「**install --upgrade**」則是告知 pip 去更新已安裝套件的最新版本。最後的「**pip**」則是指出要更新的是哪一個第三方套件。從輸出內容中可發現我電腦中所安裝之 pip 的版本為 22.0.4 ❶，且以目前 22.1.2 版來更新取代❷。

您可以利用下列這項命令來更新系統中任何第三方的套件：

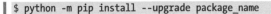

```
$ python -m pip install --upgrade package_name
```

> **NOTE**
>
> 如果您用的是 Linux 系統，pip 可能沒有內建在 Python 安裝套件中。若您在
> 更新 pip 時出現錯誤，請參考本書附錄 A 中的指示來處理。

安裝 pytest

pip 已更新好之後就可以安裝 pytest 了：

```
$ python -m pip install --user pytest
Collecting pytest
--省略--
Successfully installed attrs-21.4.0 iniconfig-1.1.1 ...pytest-7.x.x
```

我們仍然是使用核心命令「**pip install**」，但這裡沒有用「**--upgrade**」，取而代
之的是用「**--user**」，告知 Python 只對 user 安裝套件。從輸出內容可看到 pytest
最新版本已成功安裝，而且也連帶把它依賴的其他套件也安裝進去。

您可以利用下列這項命令來安裝第三方的套件：

```
$ python -m pip install --user package_name
```

> **NOTE**
>
> 如果使用上述命令在安裝時出問題，可試著把「**--user**」去掉之後再試試。

測試函式

為了配合學習測試，我們需要有範例程式碼來進行測試。以下是一個簡單的函
式範例，能接收名和姓，然後返回完整的全名：

↓ name_ function.py
```python
def get_formatted_name(first, last):
    """Generate a neatly formatted full name."""
    full_name = f"{first} {last}"
    return full_name.title()
```

- 237 -

get_formatted_name() 函式會把名和姓併在一起成全名，並在名和姓之間加一個
空格，且第一個字母轉為大寫，最後返回結果。為了確認 get_formatted_name()
函式真的能如預期般運作，我們編寫一支使用這個函式的程式。names.py 程式
讓使用者輸入名和姓，並顯示完整的全名：

⬇ names.py

```python
from name_function import get_formatted_name

print("Enter 'q' at any time to quit.")
while True:
    first = input("\nPlease give me a first name: ")
    if first == 'q':
        break
    last = input("Please give me a last name: ")
    if last == 'q':
        break

    formatted_name = get_formatted_name(first, last)
    print(f"\tNeatly formatted name: {formatted_name}.")
```

這支程式從 name_function.py 中匯入 get_formatted_name() 函式，使用者可輸入
一系列的名和姓，然後會看到格式完整的全名：

```
Enter 'q' at any time to quit.

Please give me a first name: janis
Please give me a last name: joplin
        Neatly formatted name: Janis Joplin.

Please give me a first name: bob
Please give me a last name: dylan
        Neatly formatted name: Bob Dylan.

Please give me a first name: q
```

從上述的輸出結果來看，得知名和姓的合併連接正確無誤。現在假設我們要修
改 get_formatted_name() 函式，讓它還能處理中間名字。若這樣修改時，我們
要確保不破壞這個函式處理只有名和姓的名字合併方式，因此我們可以在每次
修改 get_formatted_name() 函式後都進行測試。我們執行 names.py 程式，並輸
入像 Janis Joplin 這類的名字，但這樣做好像有點無聊乏味，幸運的是，Python
提供一種能自動測試函式輸出的有效方法。假設我們對 get_formatted_name()
函式進行了自動測試，就可以確信我們編寫測試時所給定的各類名字，這個函
式都能正確地處理運作。

單元測試和測試用例

測試軟體的方法有很多種。**單元測試**（**unit test**）是其中最簡單的一種，可用於驗證函式某種情況的處理行為是否正確；**測試用例**（**test case**）則是一組單元測試的集合，這些單元測試一起來驗證函式在各種情況下的處理行為都是合乎預期的。

好的測試用例會考量到函式可能收到的各式各樣輸入，包括針對所有這些情況的測試。**完全覆蓋式**（**full coverage**）的測試用例包含完整全套單元測試，覆蓋了各種可能的函式使用方式。以大型專案來說，要實作完全覆蓋可能有點困難。一般來說只要先對程式碼的重要處理行為編寫測試就可以了，等專案廣泛地使用時再考量完全覆蓋式的測試用例。

通過的測試

以 pytest 來說，編寫一個測試用例是很直接且簡單的。我們會以編寫一個單獨的測試函式為例，測試函式會呼叫我們要測試的函式，會對返回的值進行斷言（assertion）。如果斷言是正確的，那麼測試就表示通過了，如果斷言不正確，則表示測試失效。

以下是 get_formatted_name() 函式的第一個測試：

⬇ test_name_ function.py

```
    from name_function import get_formatted_name

❶ def test_first_last_name():
        """Do names like 'Janis Joplin' work?"""
❷       formatted_name = get_formatted_name('janis', 'joplin')
❸       assert formatted_name == 'Janis Joplin'
```

在執行測試之前，我們先深入來看看這個函式，測試檔的名字很重要，這裡是用 test_ 來當開頭。當我們要 pytest 執行測試時，它會搜尋 test_ 開頭的檔案，並把檔案中所有找到的測試都執行。

在這個測試檔中，首先是匯入要進行測試的函式：get_formatted_name()。隨後是定義一個測試函式，以這個範例來看是：test_first_last_name() ❶。這個名字算是我們用過最長的名字了，但這種取名方式是有理由的。首先，測試函式取的名字要以 test 為開頭，並接著一個底線。任何以 test_ 開頭的函式，都能被 pytest 發覺到，並在測試過程中執行。

此外，測試名稱應該比典型的函式名稱更長且更具描述性。您應該不用自己呼叫這個函式，因為 pytest 會自動找到這個函式並為您執行。測試函式名稱應該要有足夠長度來提供其描述性，如果您在測試報告中看到函式名稱，您從這個名字就能很好地了解正在測試的是什麼行為。

接下來是呼叫我們要測試的函式❷。在這個範例中，我們使用 'janis' 和 'joplin' 當引數來呼叫 get_formatted_name() 函式，就像在執行 name.py 時所用的寫法，並將返回的結果指定到 formatted_name 變數。

最後在❸這行是建立一個 assert。斷言是關於條件的聲明，這裡我們所聲明的是 formatted_name 的值應該是 'Janis Joplin'。

執行測試

如果您直接執行 test_name_function.py 檔，並不會得到任何輸出結果，因為我們並沒有呼叫過測試函式。相反地，我們會讓 pytest 為我們執行測試檔。

為此，請開啟一個終端視窗，並切換到含有測試檔的資料夾。如果您使用的是 VS Code 編輯器，則可以開啟含有測試檔的資料夾，並使用嵌入在編輯器中的終端視窗。在終端視窗中，輸入命令 pytest 執行後，應該會看到如下內容：

```
$ pytest
========================= test session starts =========================
❶ platform darwin -- Python 3.x.x, pytest-7.x.x, pluggy-1.x.x
❷ rootdir: /.../python_work/chapter_11
❸ collected 1 item

❹ test_name_function.py .                                      [100%]
========================= 1 passed in 0.00s =========================
```

讓我們試著了解這裡的輸出內容。首先，我們看到一些關於執行測試的系統資訊❶。筆者是在 macOS 系統上進行測試，所以在您的電腦中可能會在這裡看到一些不同的輸出內容。最重要的是，我們可以看到執行測試時，所使用的 Python、pytest 和其他套件是哪些版本。

接下來，我們可從❷這行看到開始執行測試的目錄：在本例中為 python_work/chapter_11。隨後可以看到 pytest 找到了一個測試檔來執行❸，從❹這行可看到正在執行的測試檔名。檔名後面的一個小圓「點」告知有一個測試通過了，而右側的 100% 表示所有測試已經執行完畢。若是在大型開發專案中，則可能有成百上千個測試檔要處理，小圓點和完成百分比指示器有助於讓我們監控測試執行的整體進度。

最後一行告訴我們有一個測試通過了，執行測試用了不到 0.01 秒的時間。

上述的輸出內容表示在給定含有名和姓的名字來測試時，get_formatted_name() 函式都能正確地處理。我們可以在修改 get_formatted_name() 之後，再次執行這個測試用例，如果通過了，就表示在給定 Janis Joplin 這樣的名字時，這個修改過的函式還是能正確地完成處理。

> **NOTE**
>
> 如果您不確定如何切換到終端模式中的正確目錄位置，可參閱第一章「從終端機執行 Python 程式」小節的說明。此外，如果您看到顯示一條訊息指出找不到 pytest 命令，請試著用「python - m pytest」命令來代替。

沒有通過的測試

沒有通過的測試會呈現什麼樣的輸出內容呢？接著修改 get_formatted_name() 函式，讓它能處理中間名，但在修改時故意讓這個函式無法正確處理像 Janis Joplin 這種只有名和姓、但沒有中間名的情況。

下列為 get_formatted_name() 的修改後最新版本，需要提供中間名當引數：

⬇ name_function.py

```python
def get_formatted_name(first, middle, last):
    """Generate a neatly formatted full name."""
    full_name = f"{first} {middle} {last}"
    return full_name.title()
```

這個版本應該能正確處含有中間名的名字，但對其進行測試時，我們發現它不能正確處理只有名和姓的名字。

這次執行 pytest 後，其輸出結果如下所示：

```
$ pytest
========================= test session starts =========================
--省略--
❶ test_name_function.py F                                      [100%]
❷ =============================== FAILURES ===============================
```

- 241 -

```
❸ _____ test_first_last_name _____
      def test_first_last_name():
          """Do names like 'Janis Joplin' work?"""
❹ >        formatted_name = get_formatted_name('janis', 'joplin')
❺ E        TypeError: get_formatted_name() missing 1 required positional
              argument: 'last'
   test_name_function.py:5: TypeError
   ======================= short test summary info =======================
   FAILED test_name_function.py::test_first_last_name - TypeError:
      get_formatted_name() missing 1 required positional argument: 'last'
   ======================= 1 failed in 0.04s =======================
```

輸出結果中含有很多資訊，因為測試沒有通過時，需要讓我們知道的事情還真不少。輸出中的第一項注釋是單字 F ❶，它告訴我們有一個測試失效沒通過。隨後會看到的是焦點 FAILURES（失效）的部分，因為測試失效通常是測試執行中最重要的關注焦點所在。接下來會看到 test_first_last_name() 是失效的測試函式❸。尖括號 > ❹代表導致測試失效的程式碼行。❺這行中的 E 字顯示了引發失效的實際錯誤：由於缺少必需的位置引數 'last' 而導致的 TypeError。最重要的資訊在末尾的簡短摘要中會重複出現，因此當您執行多個測試時，還是可以快速從簡短摘要中了解有哪些測試失效了，以及失效的原因。

測試沒有通過時的回應

測試沒有通過時怎麼處置呢？如果您檢測的條件沒錯，測試通過是指函式內部的處理行為是正確的，而沒有通過的話就表示所編寫的新程式碼可能有錯。因此在測試沒有通過時，不是修改測試，如果是修改測試來，將來的測試執行可能會通過，但函式中的問題可能在將來某一時刻爆開而讓程式停止運作。我們應該去修復引起測試不能通過的那些程式碼，檢查之前對函式所做的新增修改，找出引起函式處理行為不符合預期的問題所在。

在這個範例中，get_formatted_name() 以前只需兩個引數：名和姓，但現在則要求三個引數：名、中間名和姓，新增的中間名參數是必須不能少的，這樣在傳入只有兩個引數時就會讓 get_formatted_name() 的處理行為不符合要求。這裡最好的解決之道是讓中間名變成可選擇性，要不要放入都可。這樣修改後，使用類似像 Janis Joplin 的名字進行測試時，測試就會通過了，同時這個函式還能接收中間名來進行合併連接的處理。讓我們來修改 get_formatted_name()，把中間名設為可選擇性的，然後再次執行這個測試用例。如果通過了，我們接著再來測試確認這個函式也能好好處理中間名。

想要把中間名設為可選擇性的，可在函式定義時將 middle 參數移到參數清單的最後，並將預設值指定為一個空字串。我們還需要新增一個 if 測試，用來判別是否提供了中間名而進行相對應的名字合併連接處理：

↓ name_function.py

```python
def get_formatted_name(first, last, middle=''):
    """Generate a neatly formatted full name."""
    if middle:
        full_name = f"{first} {middle} {last}"
    else:
        full_name = f"{first} {last}"
    return full_name.title()
```

在這個新版本的 get_formatted_name() 中，中間名是可選擇性的，如果對此函式傳入中間名，完整的名字就會含有名、中間名和姓的連接，如果沒有傳入中間名則完整的名字只會有名和姓的連接。現在這個函式對這兩種名字都能夠正確地處理了。為了確定這個函式依然能夠正確地處理像 Janis Joplin 這樣的名字，我們再次執行測試，其結果如下：

```
$ pytest
========================= test session starts =========================
--省略--
test_name_function.py . [100%]
========================= 1 passed in 0.00s =========================
```

從輸出可得知測試通過了。太好了，這表示函式又能正確處理像 Janis Joplin 這種名字，而且我們不用手動測試這個函式。因為測試沒通過的回報資訊讓我們得知新增的程式碼改變了函式原有的處理行為，所以函式很容易就修好了。

新增新的測試

確定 get_formatted_name() 又能正確處理簡易的名字後，我們再編寫一個測試，用來測試含有中間名的名字。其做法是在 test_name_function.py 中再新增另一個新的函式：

↓ test_name_function.py

```python
from name_function import import get_formatted_name

def test_first_last_name():
--省略--

def test_first_last_middle_name():
```

```
        """Do names like 'Wolfgang Amadeus Mozart' work?"""
❶    formatted_name = get_formatted_name(
            'wolfgang', 'mozart', 'amadeus')
❷    assert formatted_name == 'Wolfgang Amadeus Mozart'
```

我們為這個新的函式取名為 test_first_last_middle_name()，函式名稱必須要以 test_ 開頭，函式才會在我們執行 **pytest** 時自動執行。此方法名稱清楚地指出測式的是 get_formattes_name() 的哪一種處理情況，若是在測試沒通過時，我們就馬上會知道受影響的是哪種名字的情況。

為了要進行測試，我們使用名、姓和中間名來呼叫 get_formattes_name() ❶，再建立斷言 assert ❷ 來檢測返回的名字是否與預期（合併連接了名、中間名和姓）的一樣。當我們再次執行 **pytest** 時，兩個測試都通過了：

```
$ pytest
========================= test session starts =========================
--省略--
collected 2 items
❶ test_name_function.py ..                                  [100%]
========================= 2 passed in 0.01s =========================
```

❶這裡的兩個小圓點（..）表示兩個測試都通過了，另外從輸出的最後一行文字 2 passed 也明確告知兩個測試通過。太好啦！現在我們確信這個函式能處理像 Janis Joplin 這樣的名字，也能正確地處理像 Wolfgang Amadeus Mozart 這樣的名字。

實作練習

11-1. 城市和國家：請編寫一個能接收兩個參數的函式，這兩個參數是：城市名稱和所屬國家。此函式返回一個格式為 City, Country 的字串，例如：Santiago, Chile。把函式儲存在檔名為 city_functions.py 的模組內，並將此檔案存放入新的資料夾，這樣 pytest 就不會執行之前已經編寫過的測試檔。

建立一個 test_cities.py 的程式，對剛才編寫的函式進行測試。請編寫一個 test_city_country() 函式，使用像 'santiago' 和 'chile' 這樣的值來呼叫前面的函式，檢測返回的字串是不是您想要的正確連接格式。請執行測試，確認 test_city_country() 測試有通過。

11-2. **人口數**：請修改前面的函式，讓函式加入第三個必要的參數 population，並返回格式為 City, Country – population xxx 的字串，例如 Santiago, Chile – population 5000000。執行測試，確認這次 test_city_country() 是沒有通過測試。

請修改上述函式，把 population 參數設為可選擇性的，然後再執行測試，確認 test_city_country() 有通過測試了。

請編寫另一個 test_city_country_population() 的測試函式，用來檢測使用像 'santiago'、'chile' 和 'population=5000000' 這樣的值來呼叫函式。再次執行測試，確認新的測試有通過。

測試類別

在本章前半部分是編寫了對單個函式的測試，接下來則是學習編寫對類別的測試了。許多程式中都會用到類別，因此驗證類別能否正確運作是很有用的事情。如果針對類別的測試通過了，我們就可確信對類別所做的改善並沒有意外影響原本的處理行為。

各種 assertion

到目前為此您只看過一種斷言 assertion：聲明字串是某個特定值。在編寫測試時，可以寫出任何表示為條件陳述式的聲明。如果條件有符合為 True，如果條件有符合，我們對程式處理行為的假設就得到確認，因此就能確信其中沒有錯誤。如果假設為 True 的條件實際上卻為 False 時，則測試會失效，而您也知道有問題需要解決。表 11-1 列出了一些在初始測試中很有用的 assertion 類型。

表 11-1：在測試時常用的 assertion 陳述式

assertion 陳述式	聲明
assert a == b	驗證 a == b，斷言兩個值相等
assert a != b	驗證 a != b，斷言兩個值不相等
assert a	驗證 a 為 True，斷言值為 True
assert not a	驗證 a 為 False，斷言值為 False
assert *element* in *list*	驗證 element 有在 list 串列內
assert *element* not in *list*	驗證 element 沒有在 list 串列內

要測試的類別

類別的測試與函式的測試很類似，所進行的大部分工作都是測試類別中方法的處理行為（behavior），但還是有些不太一樣的地方，讓我們來編寫一個類別來進行測試，這個範例為協助管理不記名問卷調查的類別：

⬇ survey.py

```
    class AnonymousSurvey:
        """Collect anonymous answers to a survey question."""

❶      def __init__(self, question):
            """Store a question, and prepare to store responses."""
            self.question = question
            self.responses = []

❷      def show_question(self):
            """Show the survey question."""
            print(self.question)

❸      def store_response(self, new_response):
            """Store a single response to the survey."""
            self.responses.append(new_response)

❹      def show_results(self):
            """Show all the responses that have been given."""
            print("Survey results:")
            for response in self.responses:
                print(f"- {response}")
```

這個類別在❶這裡先放置了一個我們所提供的調查問題，並建立了一個空串列，準備用來儲存回應的答案。這個類別也含有印出調查問題的方法❷，以及在答案串列中附加新增答案的方法❸，還有把存放在串列中的答案都印出來的方法❹。要以這類別來建立實例，只需要提供一個問題字串即可。有了代表調查的實例後，就能用 show_question() 來顯示問題，再使用 store_response() 來儲存答案，最後用 show_results() 來印出調查結果。

為了驗證 AnonymousSurvey 類別能正確運作，我們編寫一支使用它的程式：

⬇ language_ survey.py

```
from survey import AnonymousSurvey

# Define a question, and make a survey.
question = "What language did you first learn to speak?"
language_survey = AnonymousSurvey(question)

# Show the question, and store responses to the question.
```

```
language_survey.show_question()
print("Enter 'q' at any time to quit.\n")
while True:
    response = input("Language: ")
    if response == 'q':
        break
    language_survey.store_response(response)

# Show the survey results.
print("\nThank you to everyone who participated in the survey!")
language_survey.show_results()
```

這支程式定義了一個問題（"What language did you first learn to speak?"），並用這個問題來建立一個 AnonymousSurvey 物件。隨後呼叫 show_question() 來印出問題，並提示使用者輸入答案。接收到每個答案的同時會儲存起來。使用者輸入所有答案後可輸入 q 離開調查，隨即呼叫 show_results() 來印出調查結果：

```
What language did you first learn to speak?
Enter 'q' at any time to quit.

Language: English
Language: Spanish
Language: English
Language: Mandarin
Language: q

Thank you to everyone who participated in the survey!
Survey results:
- English
- Spanish
- English
- Mandarin
```

這個類別適用於不記名的簡單調查。假設我們把它放在 survey 模組中，而且想要對它修改調整：讓每位使用者都可輸入多個答案，且編寫一個方法來統計各答案出現次數，並只印出不同的答案和其出現的次數。又或是編寫設計一個類別是用來管理記名的調查。

進行上述的修改實作是有其風險的，可能會影響 AnonymousSurvey 類別目前的處理行為。舉例來說，允許每位使用者輸入多個答案時，可能不小心修改了處理單一個答案的行為。若要確認在開發這個模組時沒有影響現有的處理行為，可以設計編寫針對這類別的測試。

測試 AnonymousSurvey 類別

讓我們來編寫一個測試，對 AnonymousSurvey 類別某種情況的處理行為進行驗證。這個測試是用來驗證使用者在調查問題只提供了一個答案的情況下，這個答案也能被正確地儲存。

⬇ test_survey.py

```
    from survey import AnonymousSurvey

❶ def test_store_single_response():
        """Test that a single response is stored properly."""
        question = "What language did you first learn to speak?"
❷       language_survey = AnonymousSurvey(question)
        language_survey.store_response('English')
❸       assert 'English' in language_survey.responses
```

首先是匯入要測試的 AnonymousSurvey 類別。第一個測試函式會驗證當我們儲存對調查問題的答案時，該答案會最終出現在調查的答案串列中。這個函式的取了一個具有描述性的名稱：test_store_single_response() ❶。如果這個測試沒有通過，就能經由輸出的測試摘要訊息中的函式名稱得知是哪個函式出問題，了解到是在儲存單個答案的情況下處理行為不正確。

若想要測試類別的行為，我們需要建立一個類別的實例來進行處理。在❷這裡我們使用 "What language did you first learn to speak?" 問題字串來建立一個名為 language_survey 的實例。我們用 store_response() 方法儲存單個答案 English。隨後我們檢測 English 是否有在

然後我們建立斷言❸來驗證 English 有存在 language_survey.responses 串列中。

在預設的情況下，執行不帶參數的命令 pytest 就會執行在目前工作資料夾中找到的所有測試檔。若想要只專注於某個測試檔中的測試，請加上要執行的測試檔的名稱。以這個範例來說，只執行為 AnonymousSurvey 編寫的這個測試檔：

```
$ pytest test_survey.py
========================= test session starts =========================
--省略--
test_survey.py .                                              [100%]
========================= 1 passed in 0.01s =========================
```

很不錯的開始，但若是收集多個答案那這個調查就更有用了。接著就來驗證使用者提供三個答案的情況下，這些答案都能好好地儲存起來。要做到這一點，我們在 TestAnonymousSurvey 中再新增一個測試方法來驗證：

```
    from survey import AnonymousSurvey
    def test_store_single_response():
        --省略--

    def test_store_three_responses():
        """Test that three individual responses are stored properly."""
        question = "What language did you first learn to speak?"
        language_survey = AnonymousSurvey(question)
❶      responses = ['English', 'Spanish', 'Mandarin']
        for response in responses:
            language_survey.store_response(response)

❷      for response in responses:
            assert response in language_survey.responses
```

我們把這個方法取名為 test_store_three_responses()，然後像在 test_store_single_
response() 一樣，在其中建立一個調查物件。我們定義了一個含有三個答案的
responses 串列❶，再對其中每個答案呼叫 store_response() 來儲存。儲存了這幾
個答案之後，再使用一個迴圈來確認剛才儲存的每個答案真的有在 language_
survey.responses 串列中❷。

當我們再次執行測試檔時，這兩個測試（單個和三個答案的情況）都通過了：

```
$ pytest test_survey.py
========================= test session starts =========================
--snip--
test_survey.py .. [100%]
========================= 2 passed in 0.01s =========================
```

運作都很完美，但這些測試方法有些地方是重複的，因此我們將會運用 pytest
的另一項功能來讓它們變得更有效率。

使用 Fixture

在前面的 test_survey.py 檔中，我們在每個測試方法內都建立了一個新的 Anony
mousSurvey 實例，對於使用簡短範例來說是很好，但若是在具有數十或數百個
測試的真實世界開發專案中，這種做法就很有問題。

在測試中，Fixture 能幫助我們建立測試環境。一般來說，這是指要建構提供多
個測試使用的資源。我們透過使用裝飾器 @pytest.fixture 編寫一個函式來在
pytest 中建立 Fixture。**裝飾器（decorator）**是放置在函式定義之前的指示；
Python 會在執行之前將這個指示套用於函式，以改變函式程式碼的行為方式。

如果覺得這些說明有點複雜，但先別擔心；在學會自己編寫 decorator 之前，我們可以從使用第三方套件中的 decorator 來開始起步。

讓我們使用一個 Fixture 來建構可以在 test_survey.py 中讓兩個測試函式使用的調查實例：

```
   import pytest
   from survey import AnonymousSurvey

❶ @pytest.fixture
❷ def language_survey():
       """A survey that will be available to all test functions."""
       question = "What language did you first learn to speak?"
       language_survey = AnonymousSurvey(question)
       return language_survey

❸ def test_store_single_response(language_survey):
       """Test that a single response is stored properly."""
❹      language_survey.store_response('English')
       assert 'English' in language_survey.responses

❺ def test_store_three_responses(language_survey):
       """Test that three individual responses are stored properly."""
       responses = ['English', 'Spanish', 'Mandarin']
       for response in responses:
❻          language_survey.store_response(response)

       for response in responses:
           assert response in language_survey.responses
```

這裡現在需要匯入 pytest，因為我們會用到 pytest 中定義的裝飾器 decorator。我們把 @pytest.fixture 裝飾器❶套用於新的 language_survey() 函式❷。此函式會建構一個 AnonymousSurvey 物件並返回新的調查實例。

請留意，兩個測試函式的定義都有做了修更改❸❺；兩個測試函式現在都有一個名為 language_survey 的參數。當測試函式中的參數與帶有 @pytest.fixture 裝飾器的函式名稱相符匹配時，fixture 會自動執行並將返回值傳遞給測試函式。在此範例中，language_survey() 函式為 test_store_single_response() 和 test_store_three_responses() 提供了一個 language_survey 實例。

兩個測試函式中都沒有加入新的程式碼，但請注意，這兩個函式❹❻中都刪除了兩行程式：分別是定義問題字串和建立 AnonymousSurvey 物件的程式行。

當我們再次執行測試檔時，兩個測試都通過了。如果想要擴充 Anonymous Survey 類別，允許每位使用者可輸入多個答案，那這些測試方法就很有用了。修改程式碼來讓程式可接收多個答案後，您可執行這些測試方法，確認儲存單個答案或一組答案時的處理行為沒有被影響。

上面的結構看起來肯定很複雜，其中含有一些您還沒看過的抽象程式碼。您不需要馬上就使用 fixture 來編寫測試，但編寫出含有大量重複程式碼的測試總比都不寫測試要好很多。您只需知道，當編寫了足夠多的測試程式碼，而其中一直「重複」的部分會妨礙到您時，就會有一種有效的方法來處理「重複」。此外，像前面簡單範例中所用的 fixture 並不能真正讓程式碼縮短或變得容易遵循。但是在有很多測試的開發專案中，或是在需要很多行程式來建構讓多個測試使用的資源時，fixture 就能很有率地改善您的測試程式碼。

當您在編寫 fixturc 時，其實就是寫出一個函式來生成供多個測試函式使用的資源。把 @pytest.fixturedecorator 附加到新函式上，並將此函式的名稱當作參數加入使用此資源的每個測試函式。以這種方式來處理，您的測試會變得更短、更易於編寫與維護。

實作練習

11-3. 員工：請編寫一個 Employee 類別，__init__() 方法可接收名、姓和年薪等資訊，並將它們都儲存在屬性內。設計編寫一個 give_raise() 方法，其預設會對年薪加 $5000 元，但也能接收其他加薪的數值。

為 Employee 來編寫一個測試檔案，其中寫入兩個測試函式：test_give_default_raise() 和 test_give_custom_raise()。先不使用 fixture 來寫測試檔，然後執行確定兩個測試都通過。隨後寫出 fixture，不用在各自在每個測試方法內建立新的員工實例。再次執行測試，確認這兩個測試都有通過。

總結

本章我們學會了如何使用 pytest 模組中的工具來為函式和類別編寫測試、如何編寫測試函式來驗證函式和類別的處理行為有符合我們想要的結果、如何使用 fixture 來有效率地建立資源，讓測試檔中多個函式都能使用。

測試是很多初學者都不太熟悉的主題，我們不需要像初學者一樣為每個我們所編寫的專案都設計測試，但在參與工作量較大的專案時，應該要對自己編寫的函式和類別的處理行為要先進行測試確認，這樣您就能確定自己所寫的程式不會是專案中的老鼠屎，並能更自在地擴充或修訂現有的程式碼。如果不小心破壞了原有的功能，測試會馬上讓您知道，並能快速輕鬆修復問題。相較於等到使用者不滿地回報 bug 問題再來因應，在測試未通過時就先搞定會讓工作變得更容易。

如果您在專案中就加了初步的測試，其他合作的程式設計師會對您另眼相待的，他們能更放心地使用您所編寫的程式，也更願意與您合作專案的開發。如果您要與其他程式設計師共享程式碼，就要先驗證自己所編寫的程式已通過現在的測試，通常還會要求對新加入的處理行為編寫測試。

請多嘗試編寫測試來熟悉這個主題，對自己編寫的類別和函式設計編寫測試，針對其中重要的處理行為進行測試驗證，多一點練習會讓您體會和熟悉這個重要的主題。但除非您有很充分的理由，否則在開發專案的初期請先不要試圖去設計編寫全覆蓋式（full coverage）的測試用例。

PART II
專題應用實作

恭喜！恭喜！您現在已學到足夠的 Python 知識，可以開啟建立更具互動性且更有意義的專案了。自己動手開發專案可以讓您學到更多新的技能，並能對 Part I 中的知識和觀念有更深入的體會。

Part II 中有三種類型的專題應用，您可以選擇完成其中任何一項或全部的專題，這些專題彼此沒有順序性，您可以跳著閱讀與學習。下面會對每個專題應用做個簡單的介紹，幫助您決定要從哪裡開始進入應用的領域。

外星人入侵：使用 Python 製作電玩遊戲

在這個外星人入侵的專題應用中（**第 12 章、第 13 章**和**第 14 章**），會學習如何使用 Pygame 套件來開發 2D 電玩遊戲，此款遊戲會在玩家消滅一堆向下移動的外星人後，讓玩家提升等級，等級愈高，遊戲的速度會愈快，難度就變高。完成這個專題應用之後，就能學會自己動手應用 Pygame 來開啟 2D 電玩遊戲的相關技能。

資料視覺化

資料視覺化（Data Visualization）這個專題從**第 15 章**開始，在這一章中將會學習如何使用 Matplotlib 和 Plotly 來生成資料，並依據這些資料來建立實用又好看的圖表。**第 16 章**則介紹如何從網路上取得資料，再將它們提供給視覺化套件來建立像天氣圖和世界人口圖之類的圖表。最後在**第 17 章**中介紹如何編寫自動下載資料並進行視覺化處理的程式。學習製作視覺化的技能讓我們進入資料科學的領域，這個主題是目前全世界非常重視和搶手的技能。

Web 應用程式

在 Web 應用程式的專題應用中（**第 18 章**、**第 19 章**和第 20 章），將會使用 Django 套件來建立簡單的 Web 應用程式，它能讓使用者記錄多個一直在學習的主題。使用者可透過指定使用者名稱和密碼來建立帳戶，然後編寫主題項目來記錄學習的內容。在這個專題中，您將學會部署應用程式到遠端伺服器，讓任何人都能存取使用。

完成此專題後，我們會有能力自己動手建立簡單的 Web 應用程式，也有基本的能力來深入學習其他利用 Django 開發應用程式的資料。

第 12 章
發射飛彈的太空船

讓我們來製作「**外星人入侵（Alien Invasion）**」的電玩遊戲吧！我們會使用 Pygame，這是一套很有趣、功能很強的 Python 模組，可用來管理圖形、動畫和聲音，讓我們能更輕鬆地開發出一流的電玩遊戲。利用 Pygame 來處理在螢幕畫面上繪製影像等工作，我們不用在許多繁雜又困難的程式設計工作上花太多時間，可把重心焦點放在程式較高層的邏輯思維上。

本章我們將會安裝 Pygame，再建立一艘太空船，可由使用者的輸入來控制左右移動和發射飛彈。在後續的兩章中，我們會建立一群外星人來當作射擊目標，並對程式進行改造調修，會限制供給玩家使用的太空船數量、並加上記分板功能。

從本章開始，我們還要學習管理含有多個檔案的程式專案。我們會重構很多程式碼，提高程式的效率，並管理檔案的內容，讓程式專案組織結構更有條理。

製作電玩遊戲是學習程式語言很理想的一種方式，看別人玩您所編寫設計的電玩遊戲時，您會很有成就感，而在編寫簡單遊戲的過程中會幫助您理解專業級遊戲的設計和編寫原理。在閱讀本章的過程中，請親自動手輸入並執行程式，這會讓您明瞭各個程式碼區塊對整個遊戲的功用，也請嘗試不同的值和設定，這樣您會對如何改進遊戲的互動性有更深入的認識。

> **NOTE**
>
> 「外星人入侵」這套電玩遊戲會有很多不同的檔案，因此請您在系統中建立一個資料夾，並取名為 alien_invasion。請一定要把這個專題的所有相關檔案都放入這個資料夾內，這樣在 import 相關檔案時才能正確運作。
>
> 此外，如果您對版本控制有興趣，則可以在專案中使用它。如果您以前從未使用過版本控制，請參考附錄 D。

企劃程式專案

開發大型專案時，先做好計畫再動手設計編寫程式是很重要的前置工作。計畫可以確保我們不會偏離正軌，並提高專案成功的機會。

讓我們一起來編寫「外星人入侵」這套電玩遊戲的相關描述，其中雖然沒有包含這套遊戲的所有細節，但已能讓我們清楚知道要怎麼動手來設計開發：

> 在「外星人入侵」這套電玩遊戲中，玩家控制一艘最初會出現畫面底端中央位置的太空船，玩家可以用鍵盤的方向鍵來控制左右移動，也可使用空格鍵來射擊。遊戲開始時，有一群外星人出現在畫面上方天空中，它們會逐漸向螢幕下方移動。玩家的任務是射下這些外星人，等玩家把所有畫面上的外星人都消滅後，又會出現另一群外星人，它們移動的速度更快。只要有外星人碰撞到玩家的太空船，或是到達螢幕底部，玩家就會損失一艘太空船，損失三艘太空船後，遊戲就結束。

在第一個開發階段裡，我們會建立一艘可以鍵盤的左右鍵控制左右移動的太空船，並且在使用者按下空格鍵時會發射子彈。設定好這樣的處置行為後，我們就可以把焦點轉向外星人，並提升這套遊戲的可玩性。

安裝 Pygame

在開始編寫程式之前,先要安裝好 Pygame。我們會看到像第 11 章中安裝 pytest 一樣的做法:使用 pip 來下載和安裝 Python 套件。如果您想回顧複習 pip 的使用,請參考第 11 章「使用 pip 安裝 pytest」小節的內容。

若想要安裝 Pygame,請在終端模式下輸入如下指令:

```
$ python -m pip install --user pygame
```

如果您使用 python 以外的指令來執行程式或是啟動終端對話模式,例如像 python3 指令,請確定您使用的是這樣指令來執行。

開始電玩遊戲的專題實作

現在我們從建立一個空的 Pygame 視窗來當作建構電玩遊戲的起始,後面再從視窗中繪製遊戲元素,例如太空船和外星人等角色圖案。我們還會製作回應使用者輸入、設定背景色和載入太空船影像等的應用。

建立 Pygame 視窗和回應使用者輸入

我們會透過建立一個代表遊戲的類別來製作一個空的 Pygame 視窗畫面。在文字編輯器中,請建立一個新的檔案,並儲存成 alien_invasion.py 檔,其內容輸入如下:

⬇ alien_ invasion.py
```python
import sys

import pygame

class AlienInvasion:
    """Overall class to manage game assets and behavior."""

    def __init__(self):
        """Initialize the game, and create game resources."""
❶       pygame.init()

❷       self.screen = pygame.display.set_mode((1200, 800))
        pygame.display.set_caption("Alien Invasion")
```

```
        def run_game(self):
            """Start the main loop for the game."""
❸          while True:
                # Watch for keyboard and mouse events.
❹              for event in pygame.event.get():
❺                  if event.type == pygame.QUIT:
                        sys.exit()

                # Make the most recently drawn screen visible.
❻              pygame.display.flip()

    if __name__ == '__main__':
        # Make a game instance, and run the game.
        ai = AlienInvasion()
        ai.run_game()
```

首先是匯入 sys 和 pygame 模組。pygame 模組含有開發遊戲時所需要的功能。當玩家結束退出時，我們會使用 sys 模組中的工具來結束遊戲。

「外星人入侵」這套電玩遊戲程式開頭的類別是 AlienInvasion。在 __init__()方法中，❶這行 pygame.init() 程式碼是用來初始化背景設定，讓 Pygame 能正確地運作。在❷這裡則呼叫 pygame.display.set_mode() 來建立一個顯示視窗，這支遊戲的所有圖形元素都會在這個顯示視窗中繪製。(1200, 800) 引數是一個多元組（tuple），指定了遊戲視窗的大小，這裡是指寬 1200 像素、高 800 像素的遊戲視窗畫面（讀者可依據自己的顯示器大小來調整這個值）。我們把這個顯示視窗指定到 self.screen 屬性，所以在類別中的所有方法都能使用。

指定給 self.screen 的物件稱為 surface（表面），在 Pygame 中，**surface** 是螢幕的一部分，用來顯示遊戲的元素。在這個遊戲程式中，每個元素（外星人或太空船）都有自己的 surface。由 display.set_mode() 返回的 surface 是代表整個遊戲視窗。我們啟用遊戲的動畫迴圈後，每經過一次迴圈都會自動重新繪製這個surface 物件，因此可以由使用者輸入所觸發的任何變動都能進行更新。

這個遊戲是由 run_game() 方法來控制的，此方法中含有一個 while 迴圈持續執行❸，while 迴圈內有一個事件迴圈和管理螢幕畫面更新的程式碼。**事件**（**event**）是使用者玩遊戲時執行的操作，例如按下按鍵或移動滑鼠等都是事件。為了讓程式能回應事件，我們編寫一個事件迴圈來監聽事件，並依據發生的事件執行對應的工作。❹**這裡**的 for 迴圈就 while 迴圈中的事件迴圈。

要存取由 Pygame 偵測到的事件，我們使用 pygame.event.get() 函式，此函式返回的是自上次呼叫此函式以來所發生的事件串列。所有鍵盤和滑鼠事件都會讓

for 迴圈執行。在這個迴圈內，我們編寫一系列的 if 陳述句來檢測並回應特定的事件，舉例來說，玩家按下遊戲視窗的關閉鈕時，就會偵測到 pygame.QUIT 事件發生，此時我們就呼叫 sys.exit() 來結束並退出遊戲❺。

在❻這行呼叫了 pygame.display.flip()，告知 Pygame 讓最近繪製的螢幕畫面變為可見的。在這個例子中，它在每次執行 while 迴圈時都會繪製一個空的螢幕畫面，並擦掉舊有螢幕畫面，使得只有新螢幕畫面可看見。在我們移動遊戲元素時，pygame.display.flip() 會不斷更新畫面，用來讓元素在新的位置顯示，並把原來舊位置的元素隱藏，這樣就能製作出平滑移動的視覺效果。

在檔案最尾端，我們建立了一個遊戲的實例，然後呼叫 run_game()。這裡把 run_game() 放在 if 區塊中，只有在這個程式檔是直接執行時才會呼叫 run_game()。當您執行 alien_invasion.py 檔時，就會看到一個空的 Pygame 視窗。

控制影格率

在理想的情況下，遊戲應該在所有系統中都是以相同的速度或**影格率**（**frame rate**）來執行。控制遊戲可在多個系統中的執行影格率是很複雜的問題，還好 Pygame 提供了一種相對簡單的方法來完成此目標。我們會製作一個時鐘，並確保時鐘在每次通過主迴圈時啟動計時一次。只要迴圈處理速度快於我們定義的速度，Pygame 就會計算正確的暫停時間，以便讓遊戲以一致的速度執行。

我們會在 __init__() 方法中定義時鐘：

⬇ alien_invasion.py

```
    def __init__(self):
        """Initialize the game, and create game resources."""
        pygame.init()
        self.clock = pygame.time.Clock()
        --省略--
```

初始化 pygame 之後，我們從 pygame.time 模組建立 Clock 類別的實例，隨後會在 run_game() 的 while 迴圈結束時讓時鐘計時：

```
    def run_game(self):
        """Start the main loop for the game."""
        while True:
            --省略--
            pygame.display.flip()
            self.clock.tick(60)
```

tick() 方法會接受一個引數：遊戲的影格率。我們在這裡使用的值是 60，因此 Pygame 會盡最大努力讓迴圈每秒準確執行 60 次。

> **NOTE**
>
> Pygame 的 clock 應該能幫助遊戲在大多數系統上持續執行。如果這樣的設定讓遊戲在您的系統上執行時出現不一致的現象，請嘗試不同影格率的值。如果在您的系統上找不到合適的影格率，那就完全不要使用 clock 來調整遊戲的設定，這樣也許能讓遊戲在的系統上執行得很好。

設定背景色

Pygame 預設會建立一個黑色的畫面，但黑色太無趣了。讓我們來為背景設定另一種顏色，我們會在 __init__() 方法的末尾進行這個設定：

⬇ alien_invasion.py

```
      def __init__(self):
          --省略--
          pygame.display.set_caption("Alien Invasion")

          # Set the background color.
❶         self.bg_color = (230, 230, 230)

      def run_game(self):
          --省略--
              for event in pygame.event.get():
                  if event.type == pygame.QUIT:
                      sys.exit()

              # Redraw the screen during each pass through the loop.
❷             self.screen.fill(self.bg_color)

              # Make the most recently drawn screen visible.
              pygame.display.flip()
              self.clock.tick(60)
```

在 Pygame 中，顏色是以 RGB 值來指定的。這種顏色系統是以紅、綠、藍色值組成，其中每個值的範圍是 0~255。顏色值 (255, 0, 0) 代表是紅色，(0, 255, 0) 代表綠色，而 (0, 0, 255) 代表藍色。藉由不同 RGB 值的組合，可建立多達 1600 萬種顏色。顏色值 (230, 230, 230) 的紅、綠和藍的色值量都相同，這樣組合成一種淺灰色的背景色。我們把這個顏色值指定到 self.bg_color 中❶。

在❷這裡呼叫了 fill() 方法，使用前面指定的背景色來填滿螢幕畫面，此方法只接收一個顏色的引數值。

建立一個設定類別

每次我們為遊戲新增新的功能時，一般都會引入一些新的設定。接下來讓我們一起編寫設計一個名為 settings 的模組，其中含有個 Settings 的類別，是用來把所有設定都儲存在一個地方，以免讓設定相關值分散放在程式的各個位置。這樣的做法讓我們在遊戲專案不斷增長時，能更容易調修遊戲畫面的呈現和其中的相關處理。當我們需要調修遊戲時，只要簡單地修改 settings.py 檔即可（下面的內容會講解如何建立此檔案），而不用在整個遊戲的專案程式中尋找和進行一大堆不同的設定。

請在本專案的 alien_invasion 資料夾中建立一個新檔案並取名為 settings.py，然後新增下列這個用來進行初始化的 Settings 類別：

⬇ settings.py

```
class Settings():
    """A class to store all settings for Alien Invasion."""

    def __init__(self):
        """Initialize the game's settings."""
        # Screen settings
        self.screen_width = 1200
        self.screen_height = 800
        self.bg_color = (230, 230, 230)
```

要製作 Settings 實例並使用它來存取設定值，我們把 alien_invasion.py 修改成下列這般：

⬇ alien_ invasion.py

```
--省略--
import pygame

from settings import Settings

class AlienInvasion:
    """Overall class to manage game assets and behavior."""

    def __init__(self):
        """Initialize the game, and create game resources."""
        pygame.init()
        self.clock = pygame.time.Clock()
❶       self.settings = Settings()

❷       self.screen = pygame.display.set_mode(
            (self.settings.screen_width, self.settings.screen_height))
        pygame.display.set_caption("Alien Invasion")

    def run_game(self):
        --省略--
```

```
                    # Redraw the screen during each pass through the loop.
❸         self.screen.fill(self.settings.bg_color)

                    # Make the most recently drawn screen visible.
          pygame.display.flip()
          self.clock.tick(60)
--省略--
```

我們在主程式檔案內匯入 Settings 類別，然後在呼叫 pygame.init() 後，建立一個 Settings 實例，並將它指定到 self.settings 中❶。建立螢幕畫面時，我們使用了 self.settings 的屬性 screen_width 和 screen_height 值❷，隨後填滿螢幕畫面背景色時，也使用了 self.settings 來存取其中的背景色值❸。

現在若執行 alien_invasion.py 並不會看到有什麼改變，因為我們所做的只是把已經在使用的設定移到其他地方而已。接下來準備開始在遊戲的螢幕畫面上加入新的元素。

新增太空船影像圖

現在就讓我們一起把太空船加到遊戲中吧！為了要在螢幕畫面上繪製代表玩家的太空船，我們載入一個影像圖檔，再使用 Pygame 的 blit() 方法來繪製上去。

為遊戲選擇圖案材料時，一定要注意版權問題。最安全省錢的方式是使用像 *https://opengameart.org/* 網站上所提供的影像圖來修改運用。

在遊戲中可以用任一種格式的圖檔來處理，但使用 .bmp 點陣圖檔最簡單，因為 Pygame 預設就是以點陣圖格式來載入。雖然可以設定 Pygame 使用其他圖檔格式，但有些檔案格式會要求您的電腦上要有安裝相關的影像程式庫才能使用。大多數影像圖檔都是 .jpg、.png 等格式，但我們可以使用 Photoshop、GIMP 或小畫家等軟體工具來把圖檔轉換成點陣圖 .bmp 的格式。

選擇影像圖時，還要特別留意其背景色，請盡可能選擇背景色為透明或純色的影像圖檔，這樣可使用影像編輯器把背景設定成任何一種色彩。影像圖的背景色與遊戲畫面的背景相同時，遊戲畫面的呈現會更美觀。同樣地您也可以把遊戲畫面的背景色改為影像圖的背景色。

就以「外星人入侵」這套電玩遊戲來說，我們使用了 ship.bmp（如圖 12-1 所示）。這個檔案可在本書隨附的範例程式相關檔案中找到（*https://ehmatthes.*

github.io/pcc_3e/）。這個圖檔的背景色與遊戲專題所使用的設定是相同的。請到這個專題程式的資料夾（alien_invasion）內建立一個名為 images 的資料夾，將 ship.bmp 檔存放到這個資料夾中。

圖 12-1　「外星人入侵」電玩遊戲中的太空船

建立 ship 類別

在選了用來代表太空船的影像圖後，我們要把它顯示到螢幕畫面上。為了使用這艘太空船，我們建立一個名為 ship 的模組，其中含有 Ship 類別，負責管理太空船大部分的動作行為。

↓ ship.py
```python
import pygame

class Ship:
    """A class to manage the ship."""

    def __init__(self, ai_game):
        """Initialize the ship and set its starting position."""
❶        self.screen = ai_game.screen
❷        self.screen_rect = ai_game.screen.get_rect()

        # Load the ship image and get its rect.
❸        self.image = pygame.image.load('images/ship.bmp')
        self.rect = self.image.get_rect()

        # Start each new ship at the bottom center of the screen.
❹        self.rect.midbottom = self.screen_rect.midbottom

❺    def blitme(self):
        """Draw the ship at its current location."""
        self.screen.blit(self.image, self.rect)
```

Pygame 之所以那麼有效好用，是因為它讓我們能像處理矩形（**rect** 物件）圖案一樣處理載入的遊戲元素，就算它們的形狀不是矩形也一樣。把元素都視為矩形是很有好用的，因為矩形是簡單的幾何形狀。例如，當 Pygame 需要找出某兩個遊戲元素是否發生碰撞時，如果把每個物件都視為矩形，就能更快地處理這項工作。這種做法效果很好，遊戲玩家不會注意到我們處理的不是遊戲元素的實際形狀。在這個 Ship 類別中，我們把太空船和螢幕都視為矩形。

在定義類別之前我們先匯入 pygame 模組。Ship 類別的 __init__() 接收兩個參數：self 參照和 AlienInvasion 類別目前實例的參照，這樣可以讓 Ship 存取定義在 AlienInvasion 類別中的所有遊戲資源。在❶這裡把螢幕畫面指定到 Ship 屬性，這樣可以更容易存取類別中的所有方法。在❷這行我們使用 get_ rect() 方法存取螢幕 screen 的 rect 屬性，並將其指定到 self.screen_rect。這樣做可以讓我們把太空船放置在螢幕上正確的位置。

我們呼叫 pygame.image.load() 載入影像圖❸，並提供太空船影像的位置。此函式返回代表太空船的 surface，我們把它指定給 self.image。載入影像圖之後，我們呼叫 get_rect() 來存取太空船 surface 的 rect 屬性，方便以後可以使用它來放置太空船。

在處理 rect 物件時，可使用此矩形物件的上下左右四個角和中心的 x 和 y 座標值，設定這些值就能指定 rect 物件的位置。若要讓遊戲元素放入畫面置中的位置，可設定其 rect 物件的 center、centerx 或 centery 屬性。若要讓遊戲元素與螢幕畫面邊緣置對齊，可使用 top、bottom、left 或 right 屬性。還有一些屬性結合了這些特質，例如 midbottom、midtop、midleft 和 midright。若要設整遊戲元素的水平或垂直位置，可使用 x 和 y 屬性，它們分別代表矩形左上角位置的 x 和 y 座標值。這些屬性讓您不用像以前開發遊戲程式時必須以手動進行計算，您會發現在開發遊戲中經常會用到這些屬性值。

> **NOTE**
>
> 在 Pygame 中，原點座標 (0, 0) 是在螢幕畫面的左上角，向右下方移動時，座標值會變大。以 1200×800 的螢幕來說，原點座標在左上角，而右下角的座標則是 (1200, 800)。這裡指的是遊戲視窗內的座標而不是電腦螢幕的座標。

若要把太空船放在遊戲螢幕畫面底部中央的位置，要做到這一點，就要把 self.rect.midbottom 的值指定為螢幕矩形的 midbottom 屬性值❹。Pygame 會以這些 rect 屬性座標值來放置太空船影像圖，這個影像圖就會放在螢幕畫面底部中央的位置。

在❺這裡定義了 blitme()方法，它會依據 self.rect 指定的位置把影像圖繪製到遊戲螢幕畫面上。

在螢幕上繪製太空船

現在來更新 alien_invasion.py，讓程式建立一艘太空船，並呼叫 blitme()方法：

⬇ alien_invasion.py

```
--省略--
from settings import Settings
from ship import Ship

class AlienInvasion:
    """Overall class to manage game assets and behavior."""

    def __init__(self):
        --省略--
        pygame.display.set_caption("Alien Invasion")

❶       self.ship = Ship(self)

    def run_game(self):
        --省略--
        # Redraw the screen during each pass through the loop.
        self.screen.fill(self.settings.bg_color)
❷       self.ship.blitme()

        # Make the most recently drawn screen visible.
        pygame.display.flip()
        self.clock.tick(60)
--省略--
```

我們匯入 Ship 類別，然後在建立螢幕後製作一個 Ship 的實例❶。在呼叫 Ship() 時需要放入 AlienInvasion 的實例當作引數。這裡的 self 引數所參照到的是 AlienInvasion 目前的實例。這個參數可以讓 Ship 存取遊戲的資源，例如 screen 物件。我們把這個 Ship 實例指定到 self.ship。

隨後填滿背景再呼叫 ship.blitme() 把太空船繪製到螢幕上，所以太空船會出現在背景的上面❷。

現在當您執行 alien_invasion.py，就會看到這個空的遊戲螢幕畫面底部中央位置出現一台太空船，如圖 12-2 所示。

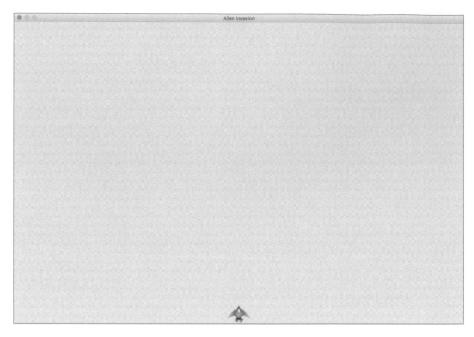

圖 12-2　「外星人入侵」電玩遊戲螢幕畫面底部中央的太空船

重構：_check_events() 和 _update_screen() 方法

在大型開發專案中，常常需要在新增程式碼前重構原有的程式碼。重構的用意在於簡化現有程式碼的結構，讓程式變得更容易擴充。本節我們會把愈來愈長的 run_game() 方法分解成二個輔助方法。**輔助方法**（**helper method**）確實可以在類別中使用，但並不代表可以透過實例來進行呼叫取用。在 Python 中看到以單個底線取名的方法就表示它為輔助方法。

_check_events() 方法

我們先把管理事件的程式碼搬移到名為 _check_events() 的方法中，用意是簡化 run_game() 並隔開事件管理的迴圈。藉由隔開事件迴圈，可以讓事件管理與遊戲的其他處理（如更新螢幕）也分隔開。

以下是帶有新的 _check_events() 方法的 AlienInvasion 類別，僅影響 run_game() 中的程式碼：

↓ alien_invasion.py

```
      def run_game(self):
          """Start the main loop for the game."""
          while True:
❶             self._check_events()

              # Redraw the screen during each pass through the loop.
              --省略--

❷     def _check_events(self):
          """Respond to keypresses and mouse events."""
          for event in pygame.event.get():
              if event.type == pygame.QUIT:
                  sys.exil()
```

我們建立一個新的 _check_events() 方法❷，並將檢查玩家是否有點按關閉視窗
的那行程式碼移到這個新的方法中。

若要在類別中呼叫方法，請使用圓點的句點標示法（.），self 變數接句點和方
法名稱❶。我們會從 run_game() 中的 while 迴圈內部呼叫此方法。

_update_screen()方法

讓我們進一步簡化 run_game()，把更新螢幕的相關程式碼搬到單獨的 _update_
screen() 方法內：

↓ alien_invasion.py

```
      def run_game(self):
          """Start the main loop for the game."""
          while True:
              self._check_events()
              self._update_screen()
              self.clock.tick(60)

      def _check_events(self):
          --省略--

      def _update_screen(self):
          """Update images on the screen, and flip to the new screen."""
          self.screen.fill(self.settings.bg_color)
          self.ship.blitme()

          pygame.display.flip()
```

我們把繪製背景、太空船和更新螢幕的相關程式碼都移到 _update_screen()
中，現在 run_game() 中主迴圈的本體就簡化了許多。這很容易看到我們是在搜
尋新事件，並在每次迴圈時更新螢幕。

如果您已經開發了許多遊戲，可以試著用上述方式把程式碼分解成各種方法。但如果您從未處理過這樣的專案，則可能不知道怎麼建構和組織程式碼。這種編寫程式碼並執行，然後隨著程式變更複雜時再對其進行重組的方式，為我們提供了一個很實際的開發過程：一開始先簡單地編寫程式碼，然後在專案變得更複雜時對其進行重構。

重構並讓程式更容易擴充後，就可以開始處理遊戲的動態部分了！

實作練習

12-1. 藍色天空：請建立一個背景為藍色的 Pygame 視窗。

12-2. 遊戲角色：請找一張您很喜歡的遊戲角色影像圖，或將某張影像圖轉換成點陣圖格式。建立一個類別，把角色繪製到畫面的中央，並把影像圖的背景改為螢幕畫面的背景色，或將螢幕畫面的背景改成影像圖的背景色。

操控太空船

接著讓玩家能夠操控太空船左右移動。要做到這一點，我們會編寫程式碼，在使用按向左或向右箭頭的方向鍵時做出相同的反應。我們先把焦點放在向右移動，再使用相同的原理來製作向左的移動。加上這些程式碼後，您將學會如何控制遊戲畫面上影像圖的移動以及如何回應使用者的輸入。

回應按鍵

無論使用者什麼時候按下按鍵，都會在 Pygame 中登錄註冊成一個事件。事件都是藉由 pygame.event.get() 取得的，因此在 _check_events() 方法需要指定檢測有哪些類型的事件。每次按下按鍵都會被登錄註冊成一個 KEYDOWN 事件。

當 Pygame 偵測到 KEYDOWN 事件時，我們要檢測按下的是不是某個觸發特定動作的按鍵。舉例來說，如果按下的是向右箭頭的方向鍵，我們就增加太空船的 rect.x 值，讓太空船向右移動：

↓ alien_invasion.py

```
        def _check_events(self):
            """Respond to keypresses and mouse events."""
            for event in pygame.event.get():
                if event.type == pygame.QUIT:
                    sys.exit()
❶              elif event.type == pygame.KEYDOWN:
❷                  if event.key == pygame.K_RIGHT:
                        # Move the ship to the right.
❸                      self.ship.rect.x += 1
```

在 _check_events() 方法中，我們在事件迴圈內新加了一個 clif 程式區塊，以便在 Pygame 檢測到 KEYDOWN 事件時做出回應❶。以 event.key 來檢測按下的是不是向右方向鍵❷，向右的方向鍵為 pygame.K_RIGHT。如果按下的是向右方向鍵，就把 self.ship.rect.x 的值加 1，讓太空船向右移 1 單位❸。

如果現在執行 alien_invasion.py 檔，則在每次按下向右方向鍵時，太空船就會向右移動 1 個像素。這只是個開端，但上述方式並不是控制太空船最有效率的方法。接下來改進控制的方式，允許在按住按鍵時會持續移動。

允許持續移動

當玩家一直按住向右方向鍵不放時，我們希望太空船會持續向右移動，直到玩家放開按鍵為止。我們會讓程式檢測 pygame.KEYUP 事件，以便在玩家放開按下的向右方向鍵時能偵測到。隨後我們會把 KEYDOWN 和 KEYUP 事件結合起來，以一個 move_right 的旗標來實作出持續的移動控制。

當 moving_right 旗標設為 False 時，太空船是不動的。當玩家按下向右鍵時，就讓這個旗標設為 True，而在玩家放開向右方向鍵時又重新設回 Falsc。

太空船的屬性都是由 Ship 類別來控制的，因此我們在 Ship 類別中新增一個 moving_right 屬性和一個 update() 方法。update() 方法會檢測 moving_right 旗標的狀態，如果是 True，則調整太空船的位置。我們每次在 while 迴圈迭代時都會呼叫一次這個方法，用來更新太空船的位置。

下列為對 Ship 類別的修改：

↓ ship.py

```
    class Ship:

        def __init__(self, ai_game):
```

```
                --省略--
            # Start each new ship at the bottom center of the screen.
            self.rect.midbottom = self.screen_rect.midbottom

            # Movement flag; start with a ship that's not moving.
❶           self.moving_right = False

❷       def update(self):
            """Update the ship's position based on the movement flag."""
            if self.moving_right:
                self.rect.x += 1

        def blitme(self):
                --省略--
```

我們在 __init__() 方法內新增了一個 self.moving_right 屬性，並把初始值設為 False❶。接著新增 update() 方法，在旗標值為 True 時讓太空船向右移動❷。 update() 方法會由 Ship 的實例來呼叫，因此不會當作輔助方法。

現在修改 _check_events() 方法，讓它在玩家在按下向右方向鍵時把 moving_ right 設為 True，並在玩家放開向右方向鍵時設為 False：

⬇ alien_invasion.py

```
        def _check_events(self):
            """Respond to keypresses and mouse events."""
            for event in pygame.event.get():
                --省略--
                elif event.type == pygame.KEYDOWN:
                    if event.key == pygame.K_RIGHT:
❶                       ship.moving_right = True
❷               elif event.type == pygame.KEYUP:
                    if event.key == pygame.K_RIGHT:
                        ship.moving_right = False
```

在❶這行，我們修改了當玩家按下向右方向鍵時回應的方式：不是直接調整太空船的位置，而是把 moving_right 設為 True。在❷這裡則是新增了一個 elif 程式碼區塊來回應 KEYUP 事件，當玩家放開向右方向鍵（K_RIGHT）時，就把旗標 moving_right 設為 False。

接著我們需要修改 run_game() 中的 while 迴圈，以便每次迴圈時都會呼叫太空船的 update() 方法：

⬇ alien_ invasion.py

```
        def run_game(self):
            # Start the main loop for the game.
            while True:
                self._check_events()
                self.ship.update()
```

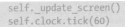

```
        self._update_screen()
        self.clock.tick(60)
```

太空船的位置會在檢測到鍵盤事件後（但在更新螢幕畫面之前）更新。這樣的話，當玩家輸入時，太空船的位置會更新，並確保使用更新後的位置能讓太空船繪製到螢幕畫面上。

如果現在執行 alien_invasion.py，並按住向右方向鍵的話，畫面上的太空船會持續向右移動，直到放開向右方向鍵為止。

左右移動

在處理了太空船能夠持續向右移動後，新增向左移動的處理邏輯就不難了。我們會再次修改 Ship 類別和 _check_events() 方法，下列為 Ship 類別的 __init__() 和 update() 方法所做的相關修改：

⬇ ship.py

```
    def __init__(self, ai_game):
        --省略--
        # Movement flags; start with a ship that's not moving.
        self.moving_right = False
        self.moving_left = False

    def update(self):
        """Update the ship's position based on movement flags."""
        if self.moving_right:
            self.rect.x += 1
        if self.moving_left:
            self.rect.x -= 1
```

在 __init__() 方法中，我們新增了 self.moving_left 旗標，在 update() 方法內則新增一個 if 程式碼區塊而不是 elif 程式碼區塊，這樣當玩家同時按下向左向右鍵時，先增加太空船的 rect.x 值，再降低這個值，這樣太空船的位置就會維持不變。如果使用 elif 程式碼區塊來處理向左移動的情況，那向右的方向鍵會一直都處在優先處理的地位，從向左移動切換成向右移動時，玩家可能同時按住向左向右方向鍵，在這種情況下，前面的 if 做法會讓移動的處理更準確。

我們還需要對 _check_events() 進行兩項修改：

⬇ alien_invasion.py

```
    def _check_events(self):
        """Respond to keypresses and mouse events."""
        for event in pygame.event.get():
```

```
                    --省略--
        elif event.type == pygame.KEYDOWN:
            if event.key == pygame.K_RIGHT:
                self.ship.moving_right = True
            elif event.key == pygame.K_LEFT:
                self.ship.moving_left = True

        elif event.type == pygame.KEYUP:
            if event.key == pygame.K_RIGHT:
                self.ship.moving_right = False
            elif event.key == pygame.K_LEFT:
                self.ship.moving_left = False
```

如果因為玩家按下 K_LEFT 鍵而觸發了 KEYDOWN 事件，就把 moving_left 設為 True，如果玩家放開 K_LEFT 鍵而觸發了 KEYUP 事件時，就把 moving_left 設為 False。這裡之會使用 elif 程式碼區塊的原因是，因為每個事件都只與一個鍵相關，如果玩家同時按下向左向右方向鍵時，會偵測到兩個不同的事件。

如果現在執行這個修改後的 alien_invasion.py，就可向左或向右持續移動太空船，若同時按住向左向右方向鍵，則太空船就不會動。

接下來會再進一步最佳化太空船的移動方式，例如調整太空船移動的速度、限制太空船移動的距離，以免移到螢幕畫面之外。

調整太空船的速度

目前每次執行 while 迴圈時，太空船移動量最多為 1 像素，但我們可以在 Settings 類別中新增 ship_speed 屬性，用來控制太空船的速度。我們可依據這個屬性來決定太空船每次迴圈時最多可移動的像素值。下列為 settings.py 中新增此一屬性值的示範：

⬇ settings.py

```
class Settings:
    """A class to store all settings for Alien Invasion."""

    def __init__(self):
        --省略--

        # Ship settings
        self.ship_speed = 1.5
```

我們把 self.ship_speed 的初始值設為 1.5。在需要移動太空船時，移動的量會變成 1.5 像素而不是 1 像素。

我們使用小數位數的值來設定速度，就可在後面加快遊戲節奏時能更細膩地控制太空船的移動速度。不過，rect 的 x 等屬性只能儲存整數值，因為需要對 Ship 類別做一些調修：

⬇ ship.py

```
    class Ship:
        """A class to manage the ship."""

❶      def __init__(self, ai_game):
            """Initialize the ship and set its starting position."""
            self.screen = ai_game.screen
            self.settings = ai_game.settings
            --省略--

            # Start each new ship at the bottom center of the screen.
            self.rect.midbottom = self.screen_rect.midbottom

            # Store a decimal value for the ship's horizontal position.
❷          self.x = float(self.rect.x)

            # Movement flags
            self.moving_right = False
            self.moving_left = False

        def update(self):
            """Update the ship's position based on movement flags."""
            # Update the ship's x value, not the rect.
            if self.moving_right:
❸              self.x += self.settings.ship_speed
            if self.moving_left:
                self.x -= self.settings.ship_speed

            # Update rect object from self.x.
❹          self.rect.x = self.x

        def blitme(self):
            --省略--
```

我們為 Ship 類別建立 settings 屬性，這樣就能在 update() 中使用了❶。因為現在調整太空船位置時，會增加或減少一個單位像素的浮點小數值，因此需要把位置指定到一個能存放小數值的變數內。我們雖然可以用浮點小數來設定 rect 屬性，但 rect 只會存這個值的整數部分。為了能更精確地追蹤太空船的座標位置，這裡定義了一個可以儲存浮點小數值的新屬性 self.x ❷。我們利用 float() 函式把 self.rect.x 的值轉換為浮點小數值，並把結果指定到 self.x 中。

現在當 update() 方法調整太空船位置時，會把 self.x 的值加入或減去 settings. ship_speed 的值❸。當 self.x 更新後，我們會用這個新值來更新控制太空船位置的 self.rect.x 值❹。self.rect.x 只會存放 self.x 值的整數部分，這對顯示太空船來說問題不大。

現在我們能變更 ship_speed 的值了，只要 ship_speed 的值大於 1，太空船的移動速度就會比之前的更快。在射擊外星人時，這樣能讓太空船的反應速度夠快，還能讓我們在隨著遊戲進行到更強的等級時，遊戲的速度節奏能更快。

限制太空船的移動範圍

現在如果玩家一直按住方向鍵不放，則太空船就可能會移到螢幕畫面之外，消失不見。接著一起來修復這個問題，讓太空船移到螢幕畫面邊緣後就停止不動。要做到這一點，我們會修改 Ship 類別中的 update()方法：

⬇ ship.py

```
    def update(self):
        """Update the ship's position based on movement flags."""
        # Update the ship's x value, not the rect.
❶      if self.moving_right and self.rect.right < self.screen_rect.right:
            self.x += self.settings.ship_speed
❷      if self.moving_left and self.rect.left > 0:
            self.x -= self.settings.ship_speed

        # Update rect object from self.x.
        self.rect.x = self.x
```

上面的程式碼是在修改 self.x 的值之前會先檢測太空船的位置，self.rect.right 返回太空船 rect 右側邊緣的 x 座標值，如果這個值小於 self.screen_rect.right 的返回值，就表示太空船還沒觸及螢幕畫面的右側邊緣❶。左側邊緣的處理邏輯與此相同：如果 rect 左側邊緣的 x 座標值大於 0，就表示太空船還沒接觸到螢幕畫面左側邊緣❷。這樣可以確定太空船的座標位置是位在螢幕畫面時，才會去調整 self.x 的值。

如果現在執行 alien_invasion.py 檔，太空船在移到左側或右側邊緣後就會停下來。這樣的做法還不錯；我們要做的僅是在 if 陳述句中加入條件檢測，但是程式執行的感覺像太空船撞在遊戲螢幕的牆壁或力場一樣！

重構 _check_events()

隨著遊戲開發的進行，_check_events() 方法會變得愈來愈長，所以要把它分成兩部分，分割到兩個方法之中：一個是處理 KEYDOWN 事件，另一個處理是 KEYUP 事件：

⬇ alien_invasion.py

```python
    def _check_events(self):
        """Respond to keypresses and mouse events."""
        for event in pygame.event.get():
            if event.type == pygame.QUIT:
                sys.exit()
            elif event.type == pygame.KEYDOWN:
                self._check_keydown_events(event)
            elif event.type == pygame.KEYUP:
                self._check_keyup_events(event)

    def _check_keydown_events(self, event):
        """Respond to keypresses."""
        if event.key == pygame.K_RIGHT:
            self.ship.moving_right = True
        elif event.key == pygame.K_LEFT:
            self.ship.moving_left = True

    def _check_keyup_events(self, event):
        """Respond to key releases."""
        if event.key == pygame.K_RIGHT:
            self.ship.moving_right = False
        elif event.key == pygame.K_LEFT:
            self.ship.moving_left = False
```

我們建立了兩個新的輔助方法（helper methods）：_check_keydown_events() 和 _check_keyup_events()，它們都要有 self 和 event 參數。這兩個方法的程式碼本體是從 _check_events() 中複製過來的，因此我們把舊程式碼改成呼叫新方法。現在 _check_events() 方法變得更簡潔，程式結構更清晰好懂，將來開發回應玩家輸入的程式時就更簡單了。

按下 Q 鍵離開遊戲

現在回應按鍵時更有效率了，我們可以新增另一種離開遊戲的方式。每當我們測試新功能時，都需要按下遊戲視窗頂端的 X 鈕來結束離開遊戲，這樣還滿麻煩的。因此，我們新增一個當玩家按下鍵盤 Q 鍵時可結束離開遊戲的功能：

⬇ alien_invasion.py

```python
    def _check_keydown_events(self, event):
```

```
        --省略--
        elif event.key == pygame.K_LEFT:
            self.ship.moving_left = True
        elif event.key == pygame.K_q:
            sys.exit()
```

在 _check_keydown_events() 中，我們新增了一段新的程式區塊，當玩家按下 Q
鍵時這個程式區塊會結束遊戲。現在，在測試執行這支遊戲程式時，可按下 Q
鍵來關閉遊戲，而不以滑鼠游標來關閉視窗了。

在全螢幕模式下執行遊戲

Pygame 有個全螢幕模式（fullscreen mode）能讓我們有更佳的遊戲執行效果，
比在一般常規視窗中執行的更好。有些遊戲在全螢幕模式下看起來更好，而在
某些系統中，全螢幕模式下執行會有更好的效能。

為了要能在全螢幕模式下執行遊戲，需要對 __init__() 進行修改：

⬇ alien_invasion.py

```
        def __init__(self):
            """Initialize the game, and create game resources."""
            pygame.init()
            self.settings = Settings()

❶          self.screen = pygame.display.set_mode((0, 0), pygame.FULLSCREEN)
❷          self.settings.screen_width = self.screen.get_rect().width
            self.settings.screen_height = self.screen.get_rect().height
            pygame.display.set_caption("Alien Invasion")
```

在建立螢幕表面時，傳入了大小值為 (0, 0) 和參數 pygame.FULLSCREEN ❶。
這樣就能讓 Pygame 知道要建立出填滿整個螢幕的視窗。由於我們不知道螢幕
的寬度和高度，因此在建立螢幕後會更新這些設定值❷。我們使用螢幕 rect 的
width 和 height 屬性來更新 settings 物件。

如果您希望遊戲在全螢幕模式下執行，請保留以上這些設定值。如果您更喜歡
在自己的視窗中執行遊戲，則可還原為前面遊戲所指定的螢幕尺寸大小。

> **NOTE**
>
> 請留意，在全螢幕模式下執行遊戲之前，請先確定能用按下 Q 鍵退出遊戲。
> 因為在全螢幕模式下，Pygame 沒有提供結束遊戲的預設方法。

快速複習

下一節我們會加入射擊的功能，需要新增一個 bullet.py 的檔案，並對現有的一些程式檔案進行調修。到目前為止，我們的遊戲有 3 個檔案，其中含有很多類別和方法。為了讓您更清楚理解這個專題應用的程式結構，在新增其他功能之前，先來快速複習回顧這些檔案的功用。

alien_invasion.py

主程式檔 alien_invasion.py 含有一個 AlienInvasion 類別。此類別建立了一系列在整個遊戲中都會用到的重要屬性：指定到 settings 中的設定值、指定到 screen 中的主顯示 surface，以及在這個檔案中建立的 ship 實例。在這個模組中還含有遊戲的主迴圈，這個 while 迴圈會呼叫 _check_events()、ship.update() 和 _update_screen()。另外還會在每次通過迴圈時啟動計時。

_check_events() 方法會檢測相關事件，例如按下或放開鍵盤按鍵的事件，並透過 _check_keydown_events() 和 _check_keyup_events() 方法處理各對應的事件。就目前來看，這些方法管控著太空船的移動。AlienInvasion 類別還含有一個 _update_screen()，它會在每次通過主迴圈時更新重繪螢幕。

若想要玩「外星人入侵」遊戲，只要執行 alien_invasion.py 檔即可。其他檔案（settings.py、ship.py）的程式碼則會匯入到這個檔案內使用。

settings.py

settings.py 檔中含有 Settings 類別，這個類別只含有 __init__() 方法，這裡初始化了控制遊戲的外觀和太空船速度的屬性。

ship.py

ship.py 檔含有 Ship 類別，這個類別共有：__init__() 方法、管理太空船位置的 update() 方法，和在螢幕畫面上繪製太空船的 blitme() 方法。代表太空船的影像圖存放在 images 資料夾下的 ship.bmp 檔內。

實作練習

12-3. Pygame 文件：現在已進入遊戲開發的過程，您可能需要閱讀一些 Pygame 文件。Pygame 的主頁網址為：*https://pygame.org/*，其相關說明文件的主頁網址為：*https://pygame.org/docs/*。請隨意瀏覽一下其中的內容。就算您還沒有完成遊戲整個專題的實作，若您想要修改這個「外星人人侵」遊戲或製作屬於自己的遊戲，Pygame 的說明文件會是很好的輔助。

12-4. 火箭：編寫一個遊戲，開始時螢幕畫面中央有個火箭，而玩家可使用四個方向鍵來上下左右控制火箭的移動。請確定火箭不能移出螢幕畫面的四周的邊緣。

12-5. Keys：製作一個 Pygame 檔來建置空的畫面。在事件迴圈中每當有偵聽到 pygame.KEYDOWN 事件時印出 event.key 屬性。執行程式和按下幾個按鍵來查看 Pygame 的回應。

射擊

現在要來新增射擊的功能。我們會編寫玩家在按下空格鍵時會發射子彈（小的矩形）的程式碼。子彈會在螢幕畫面中向上直線穿過，到邊緣後消失。

新增子彈設定

首先要更新 settings.py 檔，在 __init__() 方法尾端放入新的 Bullet 類別需要的子彈相關設定值：

⬇ settings.py
```
def __init__(self):
    --省略--
    # Bullet settings
    self.bullet_speed = 2.0
    self.bullet_width = 3
    self.bullet_height = 15
    self.bullet_color = (60, 60, 60)
```

這些設定值會建立寬 3 像素、高 15 像素的深灰色長形子彈，子彈的速度比太空船的移動速度稍微快一點。

建立 Bullet 類別

現在來建立儲存 Bullet 類別的 bullet.py 檔，其前半部分的程式如下所示：

⬇ bullet.py

```python
import pygame
from pygame.sprite import Sprite

class Bullet(Sprite):
    """A class to manage bullets fired from the ship"""

    def __init__(self, ai_game):
        """Create a bullet object at the ship's current position."""
        super().__init__()
        self.screen = ai_game.screen
        self.settings = ai_game.settings
        self.color = self.settings.bullet_color

        # Create a bullet rect at (0, 0) and then set correct position.
❶       self.rect = pygame.Rect(0, 0, self.settings.bullet_width,
            self.settings.bullet_height)
❷       self.rect.midtop = ai_game.ship.rect.midtop

        # Store the bullet's position as a decimal value.
❸       self.y = float(self.rect.y)
```

Bullet 類別繼承自 pygame.sprite 模組中匯入的 Sprite 類別，使用 Sprite 時，我們可以對遊戲中的相關元素進行分組，同時對分組的所有元素進行操作。若要建立子彈實例，__init__() 需要現在的 AlienInvasion 實例，還要呼叫 super() 從 Sprite 正確地繼承。我們還要為螢幕、settings 物件和子彈的顏色設定其屬性。

在❶這裡建立了子彈的 rect 屬性，子彈並不是用影像圖為基底，因此我們要使用 pygame.Rect() 類別從空白開始建立一個矩形。建立這個類別的實例時，必須提供矩形左上角的 x 和 y 座標值，還有矩形的寬和高。我們在 (0, 0) 位置建立這個矩形，但接下來的兩行程式碼會將它移到正確的位置，因為子彈的初始位置決定於太空船當下的位置。子彈的寬度和高度是從 self.settings 中取得的。

在❷這裡，我們把子彈的 midtop 屬性設定為與太空船的 midtop 屬性相符。這樣會讓子彈從太空船的頂端射出，使得子彈看起來像是從太空船上發射的。我們把子彈的 y 座標設定為浮點小數值，這樣方便我們微調子彈的速度❸。

下列為 bullet.py 程式的第二個部分，是 update() 和 draw_bullet() 方法：

⬇ bullet.py

```
    def update(self):
        """Move the bullet up the screen."""
        # Update the decimal position of the bullet.
❶      self.y -= self.settings.bullet_speed
        # Update the rect position.
❷      self.rect.y = self.y

    def draw_bullet(self):
        """Draw the bullet to the screen."""
❸      pygame.draw.rect(self.screen, self.color, self.rect)
```

update() 方法是用來管理子彈的位置，當發射出去後，子彈在螢幕畫面中向上移動，這表示 y 座標要不斷縮小。要更新子彈的位置，我們從 self.y 中減去儲存在 settings.bullet_speed 中的數值❶。接著把 self.rect.y 設定為 self.y 的值❷。

bullet_speed 設定可以讓我們隨著遊戲的進行或依據需要而提升子彈的速度，這樣就能調整遊戲的整個進行節奏。子彈發射後，其 x 座標是不變的，因此子彈會沿著直線垂直向上飛行穿越。

在需要繪製子彈時，我們呼叫 draw_bullet() 來處理。draw.rect() 函式使用儲存在 self.color 中的色彩值來填滿螢幕上代表子彈的 rect 所定義的矩形區域❸。

把子彈儲存到 group 中

在定義了 Bullet 類別和必要的設定後，就可以開始編寫程式碼了，讓玩家每次按下空格鍵時都會發射出一顆子彈。首先在 AlienInvasion 中建立一個 group（編組），用來儲存所有合法的子彈，以便能管理發射出去的所有子彈。這個 group 會是 pygame.sprite.Group 類別的一個實例，它很像串列，但提供了協助開發遊戲的額外功能。在主迴圈中，我們會使用這個 group 在螢幕上繪製子彈，以及更新每顆子彈的位置。

首先匯入新的 Bullet 類別：

⬇ alien_invasion.py

```
--省略--
from ship import Ship
from bullet import Bullet
```

接著在 __init__() 中建立這個 group：

⬇ alien_invasion.py

```
def __init__(self):
    --省略--
    self.ship = Ship(self)
    self.bullets = pygame.sprite.Group()
```

隨後需要透過 while 迴圈在每次經過時更新子彈的位置：

⬇ alien_invasion.py

```
def run_game(self):
    """Start the main loop for the game."""
    while True:
        self._check_events()
        self.ship.update()
        self.bullets.update()
        self._update_screen()
        self.clock.tick(60)
```

當您以編組來呼叫 update()，則會自動為編組中的每個角色呼叫 update()。
self.bullets.update() 這行會對 bullets 編組中每顆子彈呼叫 bullet.update()。

發射

在 AlienInvasion 中，我們需要修改 _check_keydown_events() 的內容，以便在玩家按下空白鍵時發射一顆子彈。我們無須修改 _check_keyup_events()，因為玩家放開空白鍵時不會有什麼動作發生。另外還需要修改 _update_screen()，用以確定在呼叫 flip() 前在螢幕上已繪製了每顆子彈。

發射子彈時需要處理一些工作，所以我們要編寫一個新方法 _fire_bullet() 來處理這項工作：

⬇ alien_invasion.py

```
    def _check_keydown_events(self, event):
        --省略--
        elif event.key == pygame.K_q:
            sys.exit()
❶        elif event.key == pygame.K_SPACE:
            self._fire_bullet()

    def _check_keyup_events(self, event):
        --省略--

    def _fire_bullet(self):
        """Create a new bullet and add it to the bullets group."""
❷        new_bullet = Bullet(self)
```

```
❸          self.bullets.add(new_bullet)

    def _update_screen(self):
        """Update images on the screen, and flip to the new screen."""
        self.screen.fill(self.settings.bg_color)
❹        for bullet in self.bullets.sprites():
            bullet.draw_bullet()
        self.ship.blitme()

        pygame.display.flip()
--省略--
```

當玩家按下空白鍵時❶，呼叫 _fire_bullet()。在 _fire_bullet() 中，會建立一顆名為 new_bullet 的 Bullet 實例❷，並使用 add() 方法把它加入到 bullets 編組內❸。add() 方法與 append() 很類似，但這是專門給 Pygame 編組來使用的方法。

bullets.sprites() 方法會返回一個串列，其中含有 bullets 編組中所有的子彈角色。為了要在螢幕上繪製發射的所有子彈，我們遍訪 bullets 中的所有子彈，並對每顆子彈都呼叫 draw_bullet()❹。我們把這個迴圈放在繪製 ship 之前，所以子彈不會壓在太空船上面。

如果現在執行 alien_invasion.py 檔，此遊戲是可以左右移動太空船和發射子彈的。子彈在螢幕畫面中是向上直行，飛到螢幕畫面頂端邊緣後就會消失，如圖 12-3 所示。我們可以在 settings.py 中修改子彈的大小、顏色和速度。

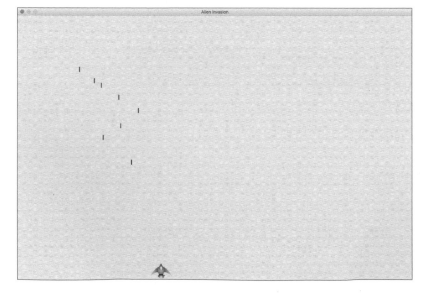

圖 12-3　太空船發射一堆子彈後的遊戲畫面

刪除已消失的子彈

在現階段，子彈飛抵螢幕畫面的頂端後就會消失，但這僅是因為 Pygame 無法在畫面之外繪製而已，這些子彈實際上還是存在的，它們的 y 座標為負數值，且愈來愈小。這種情況的確是個問題，因為它們會繼續消耗電腦的記憶體空間和處理效能。

我們要把這些已飛出遊戲螢幕畫面的子彈都刪除掉，不然遊戲所做的無效工作會愈來愈重，然後就會拖慢整個程式的處理速度。為了做到這一點，我們要檢測子彈飛出遊戲螢幕畫面的條件，也就是子彈的 rect 的 bottom 屬性為 0 時，就代表子彈已飛抵螢幕畫面的頂端邊緣：

⬇ alien_invasion.py

```
    def run_game(self):
        """Start the main loop for the game."""
        while True:
            self._check_events()
            self.ship.update()
            self.bullets.update()

            # Get rid of bullets that have disappeared.
❶          for bullet in self.bullets.copy():
❷              if bullet.rect.bottom <= 0:
❸                  self.bullets.remove(bullet)
❹          print(len(self.bullets))

            self._update_screen()
            self.clock.tick(60)
```

當我們用 for 迴圈處理串列（或 Pygame 的編組）時，Python 希望該串列的長度是維持不變的。這表示我們不能移除 for 迴圈處理條件中串列或編組內的項目，所以必須以複製後的編組來進行處理。這裡使用了 copy() 方法來設定 for 迴圈❶，這樣就能讓我們在迴圈中修改 bullets。我們要檢測每顆子彈，看看其位置是否已到達螢幕畫面頂端邊緣❷，如果是，則要把它從 bullets 中刪除掉❸。在❹這行用了一條 print() 陳述句來顯示目前還有多個顆子彈在畫面中，以此來確認已飛出遊戲螢幕畫面的子彈真的有被移除掉。

如果這些程式碼都沒問題，當發射子彈並在它飛出遊戲畫面後，查看終端視窗時會看到子彈數量已降為 0。執行這支程式並確認子彈真的有被移除後，就可將 print() 陳述句刪掉。如果留下這條指令，遊戲的速度會被影響而降低，因為要輸出到終端視窗所花費的時間比圖形繪製到遊戲視窗畫面的時還要多。

限制子彈的數量

大多數的射擊遊戲都會限制可發射的子彈數量，這樣才能鼓勵玩家描準目標再射擊。下列是在「外星人入侵」遊戲中加入這樣的限制。

首先在 settings.py 中儲存遊戲可允許的最大子彈數量：

⬇ settings.py

```
# Bullet settings
--省略--
self.bullet_color = 60, 60, 60
self.bullets_allowed = 3
```

這裡將允許的未消失子彈限制設為 3 顆，在 _fire_bullet() 中建立新子彈之前，我們會在 AlienInvasion 中使用此設定值來檢查還有多少子彈：

⬇ alien_invasion.py

```
def _fire_bullet(self):
    """Create a new bullet and add it to the bullets group."""
    if len(self.bullets) < self.settings.bullets_allowed:
        new_bullet = Bullet(self)
        self.bullets.add(new_bullet)
```

當空白鍵被按下時，我們會檢查 bullets 的長度，如果 len(bullets) 小於 3，就建立一顆新的子彈，但如果已有 3 顆未消失的子彈在畫面上，則玩家按空白鍵時什麼都不會發生。假如現在執行這支遊戲程式，則螢幕畫面上最多只能有 3 顆子彈（bullets 編組中最多只能有 3 顆子彈）。

建立 _update_bullets() 方法

為了要讓主程式 AlienInvasion 類別保持簡潔，編寫並檢測子彈管理的程式碼後，可把這些程式搬移到單獨的方法內。我們建立 _update_bullets() 的新方法，並把它加在 _update_screen() 之前：

⬇ alien_invasion.py

```
def _update_bullets(self):
    """Update position of bullets and get rid of old bullets."""
    # Update bullet positions.
    self.bullets.update()

    # Get rid of bullets that have disappeared.
    for bullet in self.bullets.copy():
```

```
        if bullet.rect.bottom <= 0:
            self.bullets.remove(bullet)
```

_update_bullets() 的程式碼是從 run_game() 剪下貼上而來的，我們在這裡所做
的只是編寫上注釋文字。

run_game() 中的 while 迴圈又變得簡單乾淨了：

⬇ alien_invasion.py
```
    while True:
        self._check_events()
        self.ship.update()
        self._update_bullets()
        self._update_screen()
        self.clock.tick(60)
```

我們讓主迴圈中的程式碼盡可能地少，這樣只要看方法名稱就能快速知道遊戲
中在處理的情況。主迴圈會檢測玩家的輸入，然後更新太空船的位置和發射出
去子彈的位置，隨後使用更新後的位置來繪製到螢幕畫面上。

請再執行一次 Alien_invasion.py，確定是真的可以發射子彈且沒有錯誤。

實作練習

12-6. 側身射擊：請編寫一個遊戲，一開始太空船放在螢幕畫面的左側邊緣
上，允許玩家按上下移動，當玩家按下空白鍵時會發射子彈，向右射出穿
過，並在子彈飛出螢幕畫右側邊緣消失後將它刪除。

總結

本章我們學會了遊戲開發計畫的訂定。學習了使用 Pygame 編寫遊戲的基本架構、如何設定背景色，以及如何把設定儲存在可供遊戲其他部分存取的單獨類別中。學會了如何在螢幕畫面上繪製影像圖、如何讓玩家控制遊戲元素的移動。學會如何建立自己移動的元素，例如在螢幕畫面中向上射出的子彈。學會如何刪除不再需要的物件，以及如何定期重構專案中的程式碼，讓後續的開發擴充更為方便。

在第 13 章，我們將會在「外星人入侵」遊戲中加入外星人。在第 13 章結束時，我們就有一個可以發射子彈擊落外星人的遊戲，不過要在外星人飛下來撞到太空船之前把外星人都擊落！

第 13 章
外星人！

本章我們會在外星人入侵這個遊戲中新增外星人。首先，我們在螢幕畫面上邊緣附近新增一個外星人，然後逐漸生成一大群外星人。我們讓這群外星人向兩側和下方移動，並刪除被子彈擊中的外星人。最後，我們限制玩家擁有的太空船數量，並在玩家的太空船用完後結束遊戲。

當您閱讀與實作過本章的內容後，就會更深入地了解 Pygame 和大型專案的管理，也會學到如何偵測遊戲中物件之間的碰撞處理，如子彈和外星人之間的碰撞偵測。碰撞偵測能幫助您定義遊戲元素之間的互動，例如，可以把角色限定在迷宮牆面之內或在兩個角色之間傳球等的互動。我們還是會偶爾重新審視開發的計畫，讓程式碼的設計編寫工作保持在正軌之上。

在開始編寫在螢幕畫面上新增一群外星人的程式碼之前，先來複習一下這個專題應用的內容，並更新開發的計畫。

複習與回顧

開發較大型的專案時，進入每個開發階段之前，最好先複習回顧一下開發計畫的內容，弄清楚接下來要設計和編寫什麼程式碼來完成什麼樣的工作。本章含有以下內容：

■ 在螢幕畫面的左上角新增一個外星人，並指定適當的間距。

■ 盡可能在螢幕上方水平一列的位置放置最多的外星人。隨後逐列建構更多的外星人，直到遊戲畫面填滿了完整的外星人艦隊。

■ 讓這群外星人向兩側和下方移動，直到外星人都被擊落、外星人撞上太空船或外星人到達地面為止。如果這群外星人都被擊落，則建立一群新的外星人。若有外星人碰撞到太空船，或是外星人飛抵螢幕底端邊緣，我們的太空船就會被銷毀，並再建立一群新的外星人。

■ 限制玩家可用的太空船數量，太空船數量都用完後，遊戲就結束。

我們會在實作功能時更細部處理，但目前這樣已夠用了。

當您要開始處理專題中的一系列新功能時，您還是要查看現有的程式碼。由於每個新階段都會讓專題的內容更為複雜，因此最好先清理混亂或效率較低的程式碼。由於我們在前一章開發遊戲程式的同時就有不斷地重構，因此目前並沒有需要對程式進行清理的工作。

建立第一個外星人

在遊戲的螢幕畫面上放置外星人的做法與放置太空船的相似。每個外星人的動作都是由 Alien 類別來控制，我們依照建立 Ship 類別那樣來建立這個 Alien 類別。為了簡單起見，一樣繼續使用點陣圖來代表外星人。您可以自己尋找代表外星人的圖檔，也可以使用如圖 13-1 所示的影像圖，可在本書隨附的範例相關檔案（*https://ehmatthes.github.io/pcc_3e*）中可找到。這個圖檔的背景色為灰色，與遊戲螢幕畫面的背景色相同。請一定要把您選用的影像圖檔放置到程式檔資料夾下的 images 資料夾內。

圖 13-1　用來代表外星人的點陣圖檔

建立 Alien 類別

現在開始編寫 Alien 類別，並儲存在 alien.py 檔中：

⬇ alien.py

```
import pygame
from pygame.sprite import Sprite

class Alien(Sprite):
    """A class to represent a single alien in the fleet."""

    def __init__(self, ai_game):
        """Initialize the alien and set its starting position."""
        super().__init__()
        self.screen = ai_game.screen

        # Load the alien image and set its rect attribute.
        self.image = pygame.image.load('images/alien.bmp')
        self.rect = self.image.get_rect()

        # Start each new alien near the top left of the screen.
❶       self.rect.x = self.rect.width
        self.rect.y = self.rect.height

        # Store the alien's exact horizontal position.
❷       self.x = float(self.rect.x)
```

除了外星人要放置的位置不同之外，這個類別大部分的程式碼都與 Ship 類別相似，每個外星人最初的位置都在遊戲螢幕左上角附近，外星人的左側間距設為外星人的寬度，而上側間距設定為外星人的高度❶。我們最關切的是外星人的水平移動速度，因此會精確地追蹤每個外星人的水平位置❷。

這個 Alien 類別不需要繪製到螢幕上的方法。不過會使用 Pygame 編組方法把編組中的所有元素都自動繪製到螢幕上。

建立 Alien 實例

我們要建立一個 Alien 實例，好讓第一個外星人能出現在遊戲螢幕上。由於這是設定工作的一部分，因此會在 AlienInvasion 中 __init__() 方法的尾端新增此實例的程式碼。最終會建立一群完整的外星人艦隊，這需要進行很多處理，因此我們建立一個名為 _create_fleet() 的新輔助方法。

方法的放置的順序無關緊要，只要它們的放置方式保持一致即可。我會把 _create_fleet() 放在 _update_screen() 方法之前，但是在 AlienInvasion 中的任何地方都可以使用。首先匯入 Alien 類別。

這裡是 alien_invasion.py 修改的 import 陳述句：

⬇ alien_invasion.py

```
--省略--
from bullet import Bullet
from alien import Alien
```

而下列為修改的 __init__() 方法：

⬇ alien_invasion.py

```
    def __init__(self):
        --省略--
        self.ship = Ship(self)
        self.bullets = pygame.sprite.Group()
        self.aliens = pygame.sprite.Group()

        self._create_fleet()
```

我們建立了一個編組來放置外星人艦隊，接著呼叫 _create_fleet()，這是等一下要編寫的程式。

下列為新的 _create_fleet() 方法：

⬇ alien_invasion.py

```
    def _create_fleet(self):
        """Create the fleet of aliens."""
        # Make an alien.
        alien = Alien(self)
        self.aliens.add(alien)
```

在這個方法中建立了一個 Alien 實例，然後將其新增到艦隊的編組中。外星人會放置在預設的螢幕左上角位置，那裡正是第一個外星人顯示的位置。

為了讓外星人顯現出來，我們需要在 _update_screen() 中呼叫該編組的 draw()
方法：

⬇ alien_ invasion.py

```
def _update_screen(self):
    --省略--
    for bullet in self.bullets.sprites():
        bullet.draw_bullet()
    self.aliens.draw(self.screen)

    pygame.display.flip()
```

當您在編組上呼叫 draw() 時，Pygame 會在其 rect 屬性定義的位置繪製編組中
的每個元素。draw() 方法需要一個引數：編組繪製元素的表面。如圖 13-2 所
示，這是顯示第一個外星人的遊戲畫面。

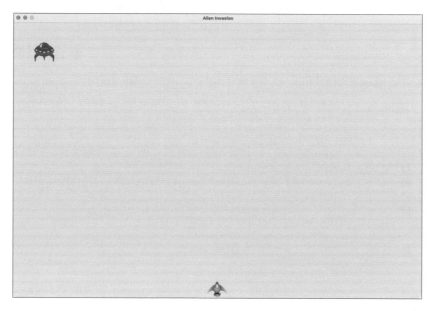

圖 13-2　顯示第一個外星人

在正確顯示第一個外星人後，接著編寫繪製一群外星人艦隊的程式碼。

建立外星人艦隊

若想要繪製一大群外星人艦隊，需要確定遊戲畫面一列能容納多少個外星人，以及要繪製的這群外星人艦隊有多少列。有多種方法可完成這項工作，在這裡是利用由畫面頂端逐個新增外星人，直到沒有位置可新增外星人為止。隨後重複這個過程，在畫面足夠的垂直間距中來加入新的一列外星人，直到建立完整一群外星人艦隊。

建立一列外星人

我們已準備好要在畫面上建立一列外星人了。若想要製作一整列外星人，首先要製作一個外星人，這樣就可以存取外星人的寬度。我們將在畫面最左側放置一個外星人，然後不斷向右新增外星人，直到空間用完為止：

↓ alien_ invasion.py

```
    def _create_fleet(self):
        """Create the fleet of aliens."""
        # Create an alien and keep adding aliens until there's no room left.
        # Spacing between aliens is one alien width.
        alien = Alien(self)
        alien_width = alien.rect.width

❶      current_x = alien_width
❷      while current_x < (self.settings.screen_width - 2 * alien_width):
❸          new_alien = Alien(self)
❹          new_alien.x = current_x
            new_alien.rect.x = current_x
            self.aliens.add(new_alien)
❺          current_x += 2 * alien_width
```

在建立外星人後就取得其寬度了，隨後定義了 current_x 這個變數❶，這個值是指我們打算在畫面上放置的下一個外星人的水平位置。初始是以一個外星人寬度為間隔，從艦隊一列中的第一個外星人的位置開始的左側邊緣逐個加入。

接下來開始用 while 迴圈來重複❷，在水平位置有足夠空間放置外星人時就繼續新增外星人。為了確定是否有空間放置另一個外星人，我們會以 current_x 與某個最大值進行比較。定義此迴圈開始嘗試可能的條件式如下所示：

```
while current_x < self.settings.screen_width:
```

這種寫法似乎可行，但它會在一列中把最後一個外星人放在畫面的最右側邊緣，因此我們需要在螢幕畫面右側加入一點間距。條件式變成只要螢幕畫面右側邊緣至少有兩個外星人寬度的空間，就進入迴圈為艦隊加入另一個外星人。

只要有足夠的水平空間迴圈就會持續執行，這裡會做兩件事：在正確的位置建立一個外星人，並定義該列下一個外星人的水平位置。我們建立一個外星人並將其指定給 new_alien 變數❸，然後把精確的水平位置設定為 current_x 的目前值❹。接著還把外星人的 rect 定位在相同的 x 值位置，並將新外星人加到 self.aliens 編組。

最後是把 current_x 的值遞增❺。我們把兩個外星人的寬度加到水平位置，這樣就越過剛加入的外星人寬度和留一個外星人寬度的空白間距。Python 會在 while 迴圈開始時重新檢測評估條件式，決定是否有空間可再容納另一個外星人。當沒有多餘的空間時，迴圈就會結束，經過這樣的迴圈處理後應該就會建立一整列的外星人。

如果現在執行這支遊戲程式，就會看到一列外星人顯示在遊戲畫面上，如圖 13-3 所示。

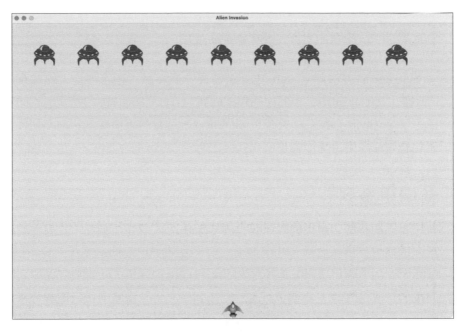

圖 13-3　顯示第一列的外星人

建構像本節所示的迴圈並不總是很直接可馬上理解的。程式設計有個好處是，對於如何解決此類問題的最初想法不一定要都一樣。若迴圈是從靠最右側的位置開始來放置外星人，這樣的處理也是合理可用的，隨後則要修改迴圈的處理讓畫面上有適當的空間可繼續放置後續的外星人。

重構 _create_fleet()

假如程式碼已建立好外星人艦隊，也許就讓 _create_fleet() 保持原樣，但因為建立外星人的工作還未完成，所以先稍微清理重整一下這裡的程式。我們會新建一個 _create_alien() 輔助方法，並從 _create_fleet() 呼叫：

⬇ alien_invasion.py

```
        def _create_fleet(self):
            --省略--
            while current_x < (self.settings.screen_width - 2 * alien_width):
                self._create_alien(current_x)
                current_x += 2 * alien_width

❶      def _create_alien(self, x_position):
            """Create an alien and place it in the row."""
            new_alien = Alien(self)
            new_alien.x = x_position
            new_alien.rect.x = x_position
            self.aliens.add(new_alien)
```

_create_alien() 方法除了 self 之外還需要一個參數：指定外星人應放置位置的 x 值❶。_create_alien() 本體中的程式碼與 _create_fleet() 中的程式碼相同，除了使用 x_position 參數名稱來代替 current_x。這樣的重構會讓新增多列外星人和建立整個艦隊變得更加容易。

新增更多列

若想要完成整個外星人艦隊，我們要不斷新增更多列外星人，直到空間用完為止。這裡會使用巢狀嵌套的迴圈來處理，我們把目前的迴圈放入另一個 while 迴圈內。內迴圈是透過處理外星人的 x 座標值把外星人水平放置在一列中。外迴圈則是透過處理 y 座標值垂直放置多列外星人。當處理接近遊戲螢幕畫面底部時，就會停止新增外星人列的處理，為太空船留出足夠的空間，這樣可讓太空船向外星人艦隊開火發射子彈留出一些空間。

以下是_create_fleet()中巢狀迴圈的程式碼：

↓ alien_invasion.py

```
     def _create_fleet(self):
         """Create the fleet of aliens."""
         # Create an alien and keep adding aliens until there's no room left.
         # Spacing between aliens is one alien width and one alien height.
         alien = Alien(self)
❶    alien_width, alien_height = alien.rect.size

❷    current_x, current_y = alien_width, alien_height
❸    while current_y < (self.settings.screen_height - 3 * alien_height):
         while current_x < (self.settings.screen_width - 2 * alien_width):
❹            self._create_alien(current_x, current_y)
             current_x += 2 * alien_width

❺        # Finished a row; reset x value, and increment y value.
         current_x = alien_width
         current_y += 2 * alien_height
```

我們需要知道外星人的高度才能進行放置列的處理，因此使用外星人 rect 的 size 屬性❶來獲取外星人的寬度和高度。該屬性含有一個多元組，其中放了 rect 物件的寬度和高度。

接下來為艦隊❷中第一個外星人的位置設定起始的 x 和 y 座標值，這裡是指以從畫面左側一個外星人寬度為起始，從畫面頂端向下一個外星人高度為起始。隨後定義 while 迴圈來控制在螢幕畫面上可放置多少列。只要下一列的 y 座標值小於螢幕高度減去三個外星人高度，就繼續加入新列（如果這樣的處置沒有留下合適的空間，稍後還可以進行調整）。

我們呼叫 _create_alien() 時，傳入 y 值和 x 位置值❹。等一下還會修改_create_alien() 的內容。

請留意程式碼❺最後兩行的內縮，它們屬於外部 while 迴圈的處理，是要放在內部 while 迴圈之外，該區塊在內部迴圈完成後才執行，是在每列建立後執行一次。每新增一列後，我們會重置current_x的值，以便讓下一列第一個外星人會被放置在與前幾列的第一個外星人相同的位置上。隨後把兩個外星人高度加到current_y的目前值，因此下一列會接在畫面下方繼續放置。在這裡的內縮非常重要，如果在本節末尾執行 alien_invasion.py 時沒有看到艦隊正確的顯示，請檢查巢狀迴圈中所有程式行的內縮是否正確。

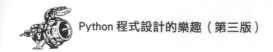

我們需要修改 _create_alien()，這樣才能正確設定外星人的垂直位置：

```
def _create_alien(self, x_position, y_position):
    """Create an alien and place it in the fleet."""
    new_alien = Alien(self)
    new_alien.x = x_position
    new_alien.rect.x = x_position
    new_alien.rect.y = y_position
    self.aliens.add(new_alien)
```

這裡修改了方法的定義以接受新外星人的 y 座標值，並在方法的本體中設定 rect 的垂直位置。

到這裡如果執行這支遊戲程式的話，就會看到外星人艦隊群，如圖 13-4 所示。

圖 13-4　整個外星人艦隊

在下一小節，我們會讓外星人艦隊動起來！

實作練習

13-1. 星星：請找個星星的影像圖，並在螢幕畫面上顯示幾列排放整理的星星圖樣。

13-2. 星空：為了讓星星的顯示分佈更真實，可以用隨機的方式來放置星星到畫面上。本書前面介紹過使用隨機數的作法：

```
from random import randint
random_number = randint(-10,10)
```

上述程式碼會返回一個 -10 到 10 之間的隨機整數值。以完成的練習 13-1 為基礎，隨機讓星星顯示在畫面任意位置上，讓星空畫面更真實。

讓外星人艦隊移動

現在我們一起讓外星人艦隊在遊戲畫面上向右移動，等碰到畫面邊緣時向下移動一定的距離，再沿著相反的方向移動。我們會不斷移動整個外星人艦隊，直到所有外星人都被擊落、有外星人碰撞到太空船，或有外星人飛抵螢幕畫面底部邊緣。我們先從讓外星艦隊向右移動開始。

外星人向右移動

為了要移動外星人，我們會用到 alien.py 中的 update() 方法，並以艦隊編組中的每個外星人來呼叫它進行處理。首先新增控制每個外星人速度的設定：

⬇ settings.py
```
    def __init__(self):
        --省略--
        # Alien settings
        self.alien_speed = 1.0
```

隨後使用這個設定值來實作 update()：

↓ alien.py

```
    def __init__(self, ai_game):
        """Initialize the alien and set its starting position."""
        super().__init__()
        self.screen = ai_game.screen
        self.settings = ai_game.settings
        --省略--


    def update(self):
        """Move the alien to the right."""
❶       self.x += self.settings.alien_speed
❷       self.rect.x = self.x
```

我們在 __init__() 中建立一個 settings 參數，以便可以在 update() 中存取外星人的速度。每次更新外星人位置的時候都會讓它向右移動，移動量為 alien_speed 的值。我們使用 self.x 屬性追蹤每個外星人的準確位置，這個屬性可儲存浮點小數值❶。隨後使用 self.x 的值來更新到外星人的 rect 位置❷。

在 while 主迴圈中已呼叫了更新太空船和子彈位置的方法，現在還需要加入更新每個外星人的位置：

↓ alien_invasion.py

```
        while True:
            self._check_events()
            self.ship.update()
            self._update_bullets()
            self._update_aliens()
            self._update_screen()
            self.clock.tick(60)
```

我們還要編寫一些程式碼來管理艦隊的移動，因此建立了名為 _update_aliens() 的新方法。在更新子彈後才設定外星人的位置來更新，因為還要檢查子彈是否有擊中任何外星人。

此方法的程式碼可放置在模組中任意的位置。但是為了讓程式碼更有條理，我將其放置在 _update_bullets() 之後，以符合 while 迴圈中方法呼叫的順序。以下是第一個版本的 _update_aliens()：

↓ alien_invasion.py

```
    def _update_aliens(self):
        """Update the positions of all aliens in the fleet."""
        self.aliens.update()
```

我們以 aliens 編組來呼叫 update() 方法，如此一來，編組中的每個外星人都會
呼叫 update() 方法。如果現在執行這支遊戲程式，就會看到外星人艦隊向右移
動，並逐漸移出遊戲畫面右側邊緣而消失。

建立代表外星人艦隊移動方向的設定

現在是建立讓外星人碰撞到螢幕畫面右側邊緣後向下移動、再向左移動的設
定。實作的程式碼如下所示：

⬇ settings.py

```
    # Alien settings
    self.alien_speed = 1.0
    self.fleet_drop_speed = 10
    # fleet_direction of 1 represents right; -1 represents left.
    self.fleet_direction = 1
```

設定 fleet_drop_speed 是為了指定每次外星人碰到螢幕邊緣時，向下移動的速
度。這個速度值與水平移動速度分開是有其好處的，這樣就可以分開調整這兩
種移動的速度。

實作 fleet_direction 設定時，可將其設定為文字值，例如 'left' 或 'right' 等，但這
樣做就要編寫 if-elif 陳述句來檢測外星人艦隊的移動方向。由於移動只有兩種
可能的方向，所以就用 1 和 -1 來代表這兩個方向，並在外星人艦隊改變方向時
對這個值進行切換。（由於向右移動時需要增加每個外星人的 x 座標值，而向
左移時是要減少每個外星人的 x 座標值，所以用 1 和 -1 數字來代表方向是很合
理的。）

檢測外星人是否碰撞到畫面邊緣

現在需要一個方法來檢測外星人是否碰撞到畫面邊緣，還需要修改 update()，
讓每個外星人都沿著正確方向移動。這段程式屬於 Alien 類別的一部分：

⬇ alien.py

```
    def check_edges(self):
        """Return True if alien is at edge of screen."""
        screen_rect = self.screen.get_rect()
❶       return (self.rect.right >= screen_rect.right) or (self.rect.left <= 0)

    def update(self):
        """Move the alien right or left."""
```

```
❷    self.x += self.settings.alien_speed * self.settings.fleet_direction
     self.rect.x = self.x
```

我們可以在任意外星人上呼叫 check_edages() 新方法，看看它是否在畫面的左側邊緣或右側邊緣。如果外星人的 rect 的 right 屬性大於或等於畫面的右側邊緣，就表示它碰到右側邊緣。如果 rect 的 left 屬性小於或等於 0，就表示它碰到左側邊緣❶。這裡沒有將此條件檢測放在 if 區塊中，而是直接將條件檢測放在 return 陳述句中。如果外星人位於右邊緣或左邊緣，此方法就會返回 True，如果不在任何邊緣，則返回 False。

我們修改了 update() 方法，把外星人速度和 fleet_direction 相乘來讓外星人向左或向右移動❷。如果 fleet_direction 為 1，外星人目前的 x 座標值就會增加 alien_speed 的值，因而向右移動。如果 fleet_direction 為 -1，外星人目前的 x 座標值就會減少 alien_speed 的值，因而向左移動。

向下移動外星人艦隊並改變移動方向

當有外星人碰到遊戲畫面邊緣時，需要把整群外星人艦隊往下移，並改變其移動方向。因為需要對 AlienInvasion 加些程式碼，並且要在這裡檢測是否有外星人碰到左側或右側邊緣。要做出這樣的功能，我們要編寫 _check_fleet_edges() 和 _change_fleet_direction() 方法，然後再修改 _update_aliens() 方法。我會把這些新的方法放在 _create_alien() 的後面，不過這些方法要放在類別中哪個位置並不太重要。

↓ alien_invasion.py

```
     def _check_fleet_edges(self):
         """Respond appropriately if any aliens have reached an edge."""
❶       for alien in self.aliens.sprites():
             if alien.check_edges():
❷               self._change_fleet_direction()
                 break

     def _change_fleet_direction(self):
         """Drop the entire fleet and change the fleet's direction."""
         for alien in self.aliens.sprites():
❸           alien.rect.y += self.settings.fleet_drop_speed
         self.settings.fleet_direction *= -1
```

在 _check_fleet_edges() 中，我們遍訪整個外星人艦隊，並對其中每個外星人呼叫 check_edges()❶。如果 check_edges() 返回 True，我們就會知道有外星人碰到螢幕畫面邊緣了，因此需要改變外星人艦隊的方向，所以呼叫 _change_fleet _direction() 並跳出迴圈❷。在 _change_fleet_direction() 中，我們遍訪所有外星人，並設定 fleet_drop_speed 的值來下移每個外星人的 y 座標❸，隨後把 fleet_ direction 的值改成目前值乘上 -1。更改艦隊方向的那行程式碼不在 for 迴圈內。這裡會變更每個外星人的垂直位置，但只會更改艦隊的方向一次。

以下是 _update_aliens() 修改的內容：

↓ alien_invasion.py

```
def _update_aliens(self):
    """Check if the fleet is at an edge, then update positions."""
    self._check_fleet_edges()
    self.aliens.update()
```

這裡的修改是，在更新每個外星人的位置之前先呼叫 _check_fleet_edges()。

如果我們現在執行這支遊戲程式，外星人艦隊會在遊戲畫面上移動，並在移到畫面邊緣時會向下移動。現在可以開始射擊外星人了，並觀察是否有任何外星人碰撞到太空船，或是已移到遊戲畫面的底部邊緣。

實作練習

13-3. 雨滴：請尋找一張雨滴影像圖，並建立一系列排放整齊的雨滴。讓這些雨滴往下掉落，直到螢幕畫面的底端後消失。

13-4. 一直下不停的雨：請修改前面 13-3 所完成的練習程式碼，讓一列雨滴從螢幕畫面的底端後消失後，螢幕畫面頂端又顯現新的一列雨滴，並開始往下掉落。

射擊外星人

我們建立了太空船和外星人艦隊，但子彈射中外星人時是穿過去的，因為我們還沒有製作檢測碰撞的處理。在遊戲程式設計中，當遊戲元素重疊在一起就是**碰撞**（**collisions**）的發生。若想要讓子彈能擊落外星人，我們會使用 sprite.groupcollide() 來檢測兩個編組（外星人編組和子彈編組）的成員之間所發生的碰撞。

檢測子彈與外星人的碰撞

當子彈射中外星人時，我們要馬上知道，以便能在碰撞發生當下讓外星人消失。其做法是我們在更新子彈位置後馬上做碰撞檢測。

sprite.groupcollide() 函式會把兩個編組中每個元素的值進行比對。以這裡的範例來說，就是對編組中每顆子彈的 rect 與每個外星人的 rect 值進行比對，並返回一個字典，其中含有發生碰撞的子彈和外星人。在這個字典之中，每個鍵（key）都是一顆子彈，而對應的值則是被擊中的外星人（在第 14 章實作記分系統時也會用到這個字典）。

在 _update_bullets() 方法的尾端加入下列的程式碼來進行碰撞檢測：

⬇ alien_invasion.py

```
def _update_bullets(self):
    """Update position of bullets and get rid of old bullets."""
    --省略--

    # Check for any bullets that have hit aliens.
    #   If so, get rid of the bullet and the alien.
    collisions = pygame.sprite.groupcollide(
            self.bullets, self.aliens, True, True)
```

這裡新增的程式碼會比對 self.bullets 中所有子彈和 self.aliens 中所有外星人的位置，並識別出任何有重疊的位置。每當有子彈和外星人的 rect 重疊時，group collide() 就會在它返回的字典中新增這個子彈和外星人的鍵－值對。兩個 True 引數是告知 Pygame 刪除有碰撞的子彈和外星人。（如果想要做出超強子彈可射落穿過的每個外星人並穿到畫面頂端，那可以把第一個布林引數設為 False，並讓第二個布林引數設為 True，這樣的話，射中的外星人會消失，而所有子彈都會一直有效直到飛出螢幕畫面頂端為止。）

如果現在執行這支遊戲程式，那麼射中的外星人會消失，如圖 13-5 所示，其中有一部分的外星人已被擊落。

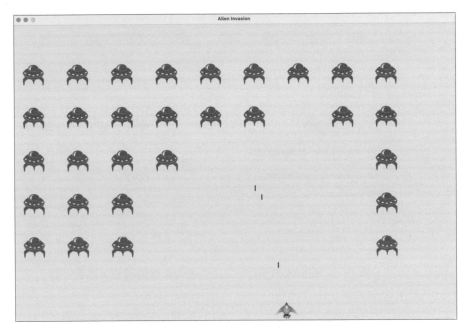

圖 13-5　我們可以擊落外星人了！

製作大型子彈來測試

藉由執行這個遊戲就能測試多種功能，但有些功能在正常情況下測試起來較麻煩，舉例來說，要測試程式碼是否能正確地處理外星人艦隊是空的狀況，這需要花很多時間把畫面上所有外星人都擊落。

若想要測試這樣的情況和功能，可修改遊戲中的某些設定，以便能把焦點集中在遊戲的某種情況下，例如，可以縮小遊戲螢幕畫面來減少需要擊落的外星人數量，或是提高子彈的速度，以便能在短時間內發射大量子彈。

測試這款遊戲時，我喜歡做的試驗是修改增大子彈的尺寸大小，並讓這顆大號子彈擊中外星人後依然有效，可射穿外星人直達螢幕畫面最頂端為止，如圖 13-6 所示。請嘗試把 bullet_width 設為 300，或甚至是 3000，看看這樣能多快射光所有外星人！

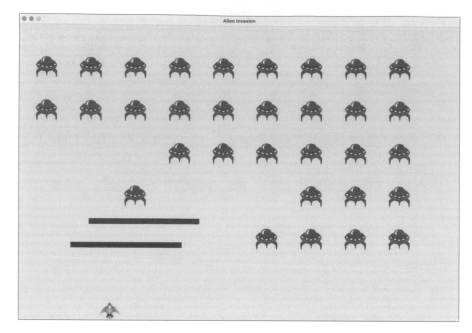

圖 13-6　超強大的子彈能讓遊戲進行某種情況的測試更容易

類似這樣的修調能提升測試的效率，還能激發出許多讓玩家在遊戲內發出更大威力的有趣創意玩法。但請記得，在完成測試之後要把設定值還原。

生成新的外星人艦隊

這個遊戲的重要特色就是外星人會無窮無盡地出現，一群外星人艦隊被消滅後，又會再出現一群新的外星人艦隊。

若想要在外星人艦隊被消滅後又再顯示另一批外星人艦隊，首先要檢測 aliens 編組是否為空。如果是空，就呼叫 _create_fleet()。我們會在 _update_bullets() 尾端進行這樣的檢測，因為外星人都是在這裡被消滅的。

⬇ alien_invasion.py

```
    def _update_bullets(self):
        --省略--
❶       if not self.aliens:
            # Destroy existing bullets and create new fleet.
❷           self.bullets.empty()
            self._create_fleet()
```

在❶這裡是檢測 aliens 編組是否為空，空的編組為 False，因此這是檢查編組是否為空的簡單方法。如果是空的，我們會使用 empty() 方法來移掉任何現有的子彈，此方法可以把編組內所有剩餘的元素都刪除掉❷。另外我們還會呼叫 _create_fleet()，再次在遊戲螢幕畫面上填滿一群外星人艦隊。

現在當外星人艦隊全被擊落後，就馬上會顯示另一群新的外星人艦隊。

加快子彈的速度

如果您嘗試在遊戲目前狀態下射擊外星人，您可能會發現子彈的執行速度並不是最佳速度，假如您現在試著在這個遊戲中射擊外星人，發現子彈的速度並不是您想要的，子彈可能會在您的系統上太慢或太快，這些都是可以修改設定，讓遊戲玩法在您的系統中變得更有趣。

我們可以藉由修改 settings.py 中 bullet_speed 屬性的值來調整子彈的速度。以筆者的系統為例，我把這個值設為 2.5，讓子彈飛出的速度能變快一些：

⬇ settings.py

```
        # Bullet settings
        self.bullet_speed = 2.5
        self.bullet_width = 3
        --省略--
```

這項設定的最佳值取決於您的遊戲體驗，您可以多嘗試來找出最適合的數值。

重構 _update_bullets()

我們一起來重構 _update_bullets()，讓這個方法不再完成這麼多項工作。我們把子彈和外星人碰撞處理的程式移到一個單獨的方法內：

⬇ alien_invasion.py

```
    def _update_bullets(self):
        --snip--
        # Get rid of bullets that have disappeared.
        for bullet in self.bullets.copy():
            if bullet.rect.bottom <= 0:
                self.bullets.remove(bullet)

        self._check_bullet_alien_collisions()

    def _check_bullet_alien_collisions(self):
        """Respond to bullet-alien collisions."""
```

```
# Remove any bullets and aliens that have collided.
collisions = pygame.sprite.groupcollide(
        self.bullets, self.aliens, True, True)

if not self.aliens:
    # Destroy existing bullets and create new fleet.
    self.bullets.empty()
    self._create_fleet()
```

我們建立一個新的 _check_bullet_alien_collisions() 方法，用來檢測子彈和外星人之間碰撞的處理，以及在整群外星人都被擊落後所採取的處理。這樣重構後 _update_bullets() 就不會太長，簡化了後續的開發作業。

實作練習

13-5. 側身射擊 Part 2：我們延用 12-6 練習題的程式來修改。在本練習題中，請試者把《側身射擊》這支程式開發到與《外星人入侵》相同的程度，新增一組外星艦隊並讓它們向太空船這一側移動，或者編寫程式，讓外星人隨機放置在螢幕右側任一位置，然後讓它們向太空船這一側移動。還要寫出程式碼，讓外星人在被擊中時會消失。

結束遊戲

假如玩家都不會輸，那遊戲就沒什麼趣味和挑戰性了。如果玩家不能在短時間內把整群外星人艦隊都擊落，且有外星人碰撞到太空船，那麼太空船就會被擊毀。同時，遊戲還限制了可供玩家操控使用的太空船數量，而且就算外星人沒撞到太空船，但外星人飛抵遊戲畫面底端時，太空船也算被摧毀。當玩家用光了太空船的數量，那麼遊戲就結束了。

檢測外星人和太空船的碰撞

首先進行外星人和太空船的碰撞檢測，以便當外星人撞到太空船時能做出適當的回應。我們在 AlienInvasion 中更新每個外星人位置後，馬上進行外星人和太空船的碰撞檢測：

⤵ alien_invasion.py

```
    def _update_aliens(self):
        --省略--
        self.aliens.update()

        # Look for alien-ship collisions.
❶       if pygame.sprite.spritecollideany(self.ship, self.aliens):
❷           print("Ship hit!!!")
```

spritecollideany() 方法接受兩個引數：一個是 ship 太空船、一個是 aliens 編組，它會檢測群組中是否有成員與太空船發生碰撞，並在找到與太空船發生碰撞的成員時就停止遍訪編組。在這裡所遍訪的是 aliens 編組，並返回找到第一個與太空船發生碰撞的外星人。

如果沒有發生碰撞，spritecollideany() 方法會返回 None，所以在❶這裡的 if 程式碼區塊就不會執行。如果有找到與太空船碰撞的外星人，它會返回這個外星人，因此 if 程式碼區塊就會執行，這個區塊是印出「Ship hit!!!」字樣❷。當外星人撞到太空船時要處理的工作有很多：要刪掉剩下的所有外星人和子彈，讓太空船重新回覆到畫面底部中央的位置，並建立一群外星人艦隊。在編寫處理這些工作的程式碼前，需要確定檢測外星人和太空船碰撞的方法是有效的，為了確定這點，先以最簡單的一行 print() 陳述句來印出。

到現階段若執行這支遊戲程式，則當有外星人撞到太空船時，就會在終端視窗中印出「Ship hit!!!」字樣。測試這項功能時，請把 fleet_drop_speed 屬性設定成較高的值，例如 50 或 100 之類，這樣外星人會很快就會撞到太空船。

外星人與太空船碰撞後的回應

現在我們需要搞清楚當外星人與太空船碰撞時會發生什麼事。我們可以利用追蹤記錄遊戲的統計資料來計算太空船被撞到的次數，在不銷毀 ship 實例之下，再建立新的 ship 實例。記錄追蹤統計資料也可用於遊戲的記分處理。

讓我們來編寫一個用來記錄追蹤遊戲統計資料的新類別 GameStats，並把它儲存在 game_stats.py 檔中：

⤵ game_stats.py

```
class GameStats:
    """Track statistics for Alien Invasion."""

    def __init__(self, ai_game):
```

```
           """Initialize statistics."""
           self.settings = ai_game.settings
❶          self.reset_stats()

       def reset_stats(self):
           """Initialize statistics that can change during the game."""
           self.ships_left = self.settings.ship_limit
```

在這個遊戲執行期間，我們只建立一個 GameStats 實例，但每當玩家開始新遊戲時，都需要重新設定一些統計資訊。這裡的做法是在 reset_stats()方法中初始化大部分的統計資訊，而不在 __init__() 方法中直接處理。我們在 __init__() 中呼叫這個 reset_stats()方法，這樣在建立 GameStats 實例時就會好好地設定這些統計資訊❶，同時在玩家開始新遊戲時也能呼叫 reset_stats()。目前只有一項 ships_left 的統計資訊，這個值在遊戲執行期間會不斷改變。

一開始遊戲時玩家可用的太空船數量是儲存在 settings.py 的 ship_limit 屬性內：

⬇ settings.py

```
       # Ship settings
       self.ship_speed = 1.5
       self.ship_limit = 3
```

為了建立一個 GameStats 實例，我們還需要對 alien_invasion.py 檔做一些修改，首先是更新檔案最頂端的 import 陳述句：

⬇ alien_invasion.py

```
import sys
from time import sleep

import pygame

from settings import Settings
from game_stats import GameStats
from ship import Ship
--省略--
```

我們從 Python 標準程式庫中的 time 模組匯入 sleep() 函式，這樣就可以在太空船被擊中時暫停遊戲一會兒。另外也匯入了 GameStats。

我們在 __init__() 中建立了一個 GameStats 實例：

⬇ alien_invasion.py

```
   def __init__(self):
       --省略--
       self.screen = pygame.display.set_mode(
```

```
            (self.settings.screen_width, self.settings.screen_height))
        pygame.display.set_caption("Alien Invasion")

        # Create an instance to store game statistics.
        self.stats = GameStats(self)

        self.ship = Ship(self)
        --省略--
```

我們在建立遊戲視窗之後，但在定義其他遊戲元素（例如太空船）之前，會先建立實例。

當有外星人碰撞到太空船時，我們把剩下的可用太空船數量減 1，把現在的外星人和子彈都消除掉，建立一群新的外星人艦隊，並把太空船重新放置到螢幕畫面底部的中央。我們還可以讓遊戲暫停一小段時間，這樣玩家在顯示新的外星艦隊前才會注意到已有外星人撞到太空船和重新編組。

讓我們把大部分程式碼放入這個新的 _ship_hit() 方法內。當外星人撞上太空船時，會從 _update_aliens() 中呼叫此方法：

⬇ alien_ invasion.py

```
        def _ship_hit(self):
            """Respond to the ship being hit by an alien."""
            # Decrement ships_left.
❶           self.stats.ships_left -= 1

            # Get rid of any remaining aliens and bullets.
❷           self.aliens.empty()
            self.bullets.empty()

            # Create a new fleet and center the ship.
❸           self._create_fleet()
            self.ship.center_ship()

            # Pause.
❹           sleep(0.5)
```

這個 _ship_hit() 新方法會協調外星人撞到太空船時的回應。在 _ship_hit() 中，在❶這裡把剩餘的太空船數量減 1，隨後清空外星人和子彈編組❷。

接下來建立一個新的外星人艦隊，並把太空船放置到畫面中央❸。（我們稍後會把 center_ship() 方法新增到 Ship 內。）接著在對所有遊戲元素進行更新之後，但在螢幕畫面上未進行任何更改之前先暫停，以便讓玩家看到他們的太空船有被擊中了❹。sleep() 的呼叫會讓程式執行暫停半秒，足以讓玩家看到外星

人已撞上了太空船。當 sleep() 函式結束時，程式碼繼續執行到 _update_
screen() 方法，該方法會把新的外星人艦隊繪製到螢幕上。

在 _update_aliens() 中，當外星人撞上太空船時，使用呼叫 _ship_hit() 來取代原
本的 print() 陳述句：

⬇ alien_invasion.py
```
def _update_aliens(self):
    --省略--
    if pygame.sprite.spritecollideany(self.ship, self.aliens):
        self._ship_hit()
```

以下是 center_ship() 新方法；把此方法新增到 ship.py 檔的尾端：

⬇ ship.py
```
def center_ship(self):
    """Center the ship on the screen."""
    self.rect.midbottom = self.screen_rect.midbottom
    self.x = float(self.rect.x)
```

我們使用與 __init__() 相同的方式讓太空船置中。在太空船置中後重設 self.x 屬
性，該屬性可以讓我們追蹤太空船的確切位置。

> **NOTE**
>
> 請留意，我們並沒有建立多台太空船，在整個遊戲執行期間只建立一個太空
> 船實例，並在這台太空船被撞到時將它位置移到畫面中央。ships_left 屬性這
> 個統計資訊會讓我們知道太空船是否已用完。

請執行遊戲程式，開始射擊外星人，並試著讓外星人碰撞太空船。遊戲會暫停
一下，隨後會出現一群新的外星人艦隊，而太空船會回到螢幕畫面底部的中央
位置。

外星人飛抵遊戲畫面底部

假如有外星人下移飛抵遊戲畫面底部，我們要像外星人碰撞到太空船那樣做出
回應。這裡新增一個執行這項工作的新方法，並存放在 alien_invasion.py 中：

⬇ alien_invasion.py
```
def _check_aliens_bottom(self):
    """Check if any aliens have reached the bottom of the screen."""
    for alien in self.aliens.sprites():
```

```
❶          if alien.rect.bottom >= self.settings.screen_height:
               # Treat this the same as if the ship got hit.
               self._ship_hit()
               break
```

_check_aliens_bottom() 方法會檢測是否有外星人飛抵遊戲畫面底部。當外星人的 rect.bottom 屬性的值大於或等於螢幕畫面的高度時，就表示外星人已飛抵遊戲畫面底部❶。如果有外星人飛抵遊戲畫面底部，我們就呼叫_ship_hit()，只要檢測到有一個外星人飛抵遊戲畫面底部，就不用再檢查其他外星人了，因此在呼叫了 _ship_hit() 後就跳出迴圈。

我們會從 _update_aliens() 中呼叫此方法：

⬇ alien_invasion.py
```
    def _update_aliens(self):
        --省略--
        # Look for alien-ship collisions.
        if pygame.sprite.spritecollideany(self.ship, self.aliens):
            self._ship_hit()

        # Look for aliens hitting the bottom of the screen.
        self._check_aliens_bottom()
```

在更新所有外星人的位置並檢測是否有外星人和太空船碰撞後，再呼叫 _check_aliens_bottom() 方法。現在若有外星人碰撞到太空船或飛抵遊戲畫面底部時，都會顯現新的一群外星人艦隊。

遊戲結束

到現階段這個遊戲程式看起來更完整了，但它執行後並不會結束，只是 ships_left 數量會不斷減少，然後變成負數。接下來讓我們新增一個game_active 屬性來存放遊戲狀態的旗標，以便用在玩家的太空船可用數量為 0 時結束遊戲。我們會 AlienInvasion 中的 __init__() 方法尾端加入這個旗標：

⬇ alien_invasion.py
```
    def __init__(self, ai_game):
        --省略--
        # Start Alien Invasion in an active state.
        self.game_active = True
```

現在我們在 _ship_hip() 中新增程式碼，當玩家的太空船可用數量用完時，就把 game_active 設為 False：

⬇ alien_invasion.py

```
def _ship_hit(self):
    """Respond to ship being hit by alien."""
    if self.stats.ships_left > 0:
        # Decrement ships_left.
        self.stats.ships_left -= 1
        --省略--
        # Pause.
        sleep(0.5)
    else:
        self.game_active = False
```

_ship_hit() 中大部分的程式碼都沒改變，我們只把原來的所有程式碼都移到一個 if 陳述句的區塊內，這條 if 陳述句會檢測玩家可用的太空船是否大於 0，如果是，就建立新的一群外星人艦隊，暫停一下後再繼續往下執行。如果玩家的太空船都用完了，就把 game_active 屬性設為 False。

確定要執行遊戲的哪個部分

我們要確定遊戲中哪些部分的程式需要在任何一情況下都能執行，而有哪些部分是遊戲要在作用中的狀態下才能執行：

⬇ alien_invasion.py

```
def run_game(self):
    """Start the main loop for the game."""
    while True:
        self._check_events()

        if self.stats.game_active:
            self.ship.update()
            self._update_bullets()
            self._update_aliens()

        self._update_screen()
        self.clock.tick(60)
```

在主迴圈中任何一種情況下都會進行 _check_events() 的呼叫，就算遊戲是在非作用中的狀態下也是，舉例來說，我們需要隨時知道玩家按了 Q 鍵來退出遊戲，或以滑鼠按下關閉視窗按鈕。我們還需要持續更新遊戲螢幕畫面，以便在等待玩家是否選擇開始新遊戲時能即時更新修改畫面。其他的方法則只在遊戲是作用中的狀態時才會呼叫使用，因為遊戲若在非作用中的狀態時，並不需要更新遊戲元素的位置。

現在當您執行這支遊戲程式時，若太空船用完後遊戲畫面就會停止不動。

實作練習

13-6. 遊戲結束：在側身射擊遊戲中，請建立追蹤太空船被擊中的次數以及外星人撞到太空船的次數。定出結束遊戲的適當條件，並在符合條件的時候結束遊戲。

總結

本章我們學習了如何在遊戲中新增大量的相同元素，例如一群外星人艦隊。如何以巢狀嵌套來建立元素的網格排列，並透過呼叫每個元素的 update()方法來移動大量的元素。如何控制物件在螢幕畫面上移動的方向。怎麼回應事件，例如在外星人飛抵遊戲畫面底部邊緣時的處理。如何檢測和回應子彈和外星人碰撞，以及外星人和太空船碰撞。如何在遊戲中追蹤記錄統計資訊。如何使用 game_active 旗標來判別遊戲是否該結束。

下一章是與這個專題應用相關的最後一章，我們會新增一個 Play 按鈕，讓玩家可以啟動遊戲，以及在遊戲結束後再玩。每當玩家擊落一群外星人艦隊後，加快遊戲的速度，並新增一個記分系統，如此一來，完成這些功能後，您就擁有一個很好玩、功能齊備的電玩遊戲程式了！

第 14 章
遊戲的記分系統

本章我們要完成外星人入侵電玩遊戲的開發工作。我們
會新增一個 Play 按鈕，讓玩家可以在需要時啟動遊戲，
或是在遊戲結束後重玩。我們還會修改這個遊戲的細
節，讓玩家在玩遊戲時等級愈高，速度就愈快，並實作一
個記分系統。讀完本章之後，您就能掌握足夠的知識來開始編寫
隨玩家等級提高而加大難度、且能顯示得分記錄的電玩遊戲。

新增 Play 按鈕

本節我們會新增一個 Play 按鈕，此按鈕會在遊戲開始前顯現，並在遊戲結束後
再次顯現，讓玩家可按下按鈕來開始新遊戲。

目前這個遊戲在執行 alien_invasion.py 檔時就會直接開始。讓我們把遊戲改成
程式啟動後一開始遊戲是在非作用中的狀態，並提示玩家要按下 Play 按鈕來開
始新遊戲。要進行這樣的改變，我們在 AlienInvasion 中修改 __init__() 方法：

⬥ alien_invasion.py

```
def __init__(self):
    """Initialize the game, and create game resources."""
    pygame.init()
    --省略--

    # Start Alien Invasion in an inactive state.
    self.game_active = False
```

現在遊戲一啟動後是處在非作用中的狀態，要等我們建立 Play 按鈕後，玩家才能開始玩遊戲。

建立 Button 類別

由於 Pygame 沒有內建製作按鈕的方法，所以我們就自己建立 Button 類別，用來製作含有標籤的實心矩形圖案。我們可以在遊戲中使用這些程式碼來建立任何按鈕。下列為 Button 類別的第一部分，請將此類別儲存成 button.py 檔：

⬥ button.py

```
    import pygame.font

    class Button:
        """A class to build buttons for the game."""

❶      def __init__(self, ai_game, msg):
            """Initialize button attributes."""
            self.screen = ai_game.screen
            self.screen_rect = self.screen.get_rect()

            # Set the dimensions and properties of the button.
❷          self.width, self.height = 200, 50
            self.button_color = (0, 255, 0)
            self.text_color = (255, 255, 255)
❸          self.font = pygame.font.SysFont(None, 48)

            # Build the button's rect object and center it.
❹          self.rect = pygame.Rect(0, 0, self.width, self.height)
            self.rect.center = self.screen_rect.center

            # The button message needs to be prepped only once.
❺          self._prep_msg(msg)
```

首先我們匯入了 pygame.font 模組，讓 Pygame 能把文字彩現在螢幕畫面上。__init__() 方法接收下列幾個引數：self、ai_game 物件和 msg，其中 msg 是要在按鈕中渲染彩現的文字❶。在❷這裡設定按鈕的大小，然後利用設定 button_color 顏色讓按鈕的 rect 物件變成明亮綠色，再藉由設定 text_color 屬性把文字設定成為白色。

在❸這裡，我們準備了用於渲染彩現文字的 font 屬性。使用 None 引數會讓 Pygame 以預設字型來顯示，而 48 是指定了文字的大小點數。為了讓按鈕放在螢幕畫面的中央，我們為按鈕建立 rect 物件❹，然後把 center 屬性設定為與螢幕畫面的屬性匹配相符。

Pygame 會把我們要顯示的字串彩現成影像圖的方式來處理文字。最後是呼叫 _prep_msg() 來處理這樣的渲染彩現❺。

_prep_msg() 的程式碼如下所示：

⬇ button.py

```
        def _prep_msg(self, msg):
            """Turn msg into a rendered image and center text on the button."""
❶          self.msg_image = self.font.render(msg, True, self.text_color,
                self.button_color)
❷          self.msg_image_rect = self.msg_image.get_rect()
            self.msg_image_rect.center = self.rect.center
```

_prep_msg() 會接收到 self 引數和要彩現為影像的文字 msg，呼叫 font.render() 把儲存在 msg 內的文字轉換成影像，然後把它存放到 self.msg_image 內❶。font.render() 還會接收到一個布林引數，此引數可指定開啟或關閉反鋸齒狀功能（反鋸齒會讓文字邊緣較平滑）。剩下的兩個引數分別是文字顏色和背景色。我們設定 True 開啟了反鋸齒功能，並把文字的背景色設定為按鈕的顏色（如果沒有指定背景色的話，Pygame 會以透明背景的方式彩現文字）。

在❷這裡，我們讓文字影像放在按鈕的中央，依據文字影像建立一個 rect 物件，並將 center 屬性設成按鈕的 center 屬性。

最後我們建立 draw_button() 方法，呼叫它就可把按鈕顯示在螢幕畫面上：

⬇ button.py

```
        def draw_button(self):
            # Draw blank button and then draw message.
            self.screen.fill(self.button_color, self.rect)
            self.screen.blit(self.msg_image, self.msg_image_rect)
```

我們呼叫 screen.fill() 來繪製代表按鈕的矩形，再傳入一個影像和此影像相關的 rect 物件來呼叫 screen.blit()，這樣就能在螢幕畫面上繪製文字影像。進行到現在為止，Button 類別已建立完成。

在螢幕畫面上繪製按鈕

在 AlienInvasion 中，我們會用 Button 類別來建立一個 Play 按鈕。首先是更新 import 陳述句：

⬇ alien_invasion.py
```
--省略--
from game_stats import GameStats
from button import Button
```

因為只需要一個 Play 按鈕，所以會在 AlienInvasion 中的 __init__() 方法來建立，我們會把這段程式加到 __init__() 方法最尾端的位置：

⬇ alien_invasion.py
```
    def __init__(self):
        --省略--
        self._create_fleet()

        # Make the Play button.
        self.play_button = Button(self, "Play")
```

這段程式碼會建立一個標籤為 Play 的 Button 實例，但還不會顯示在螢幕畫面上。我們會在 _update_screen() 中呼叫按鈕的 draw_button() 方法：

⬇ alien_invasion.py
```
    def _update_screen(self):
        --省略--
        self.aliens.draw(self.screen)

        # Draw the play button if the game is inactive.
        if not self.stats.game_active:
            self.play_button.draw_button()

        pygame.display.flip()
```

要讓 Play 按鈕放置在其他所有螢幕畫面元素的最上層來顯現，我們要在繪製完其他所有遊戲元素後和轉換到新的螢幕畫面之前繪製它。這行程式碼會放在一個 if 區塊內，只有在遊戲狀態為非作用中時才執行。

如果我們現在執行這支遊戲程式，就會在螢幕畫面的中央看到一個 Play 按鈕，如圖 14-1 所示。

圖 14-1　遊戲在非作用中狀態下顯示 Play 按鈕

開始遊戲

為了讓玩家在按下螢幕上的 Play 鈕時開始遊戲，請將以下 clif 區塊的程式碼新增到 _check_events() 的尾端，用來監視偵測處理這個按鈕的滑鼠事件：

⬇ alien_invasion.py

```
    def _check_events(sclf):
        """Respond to keypresses and mouse events."""
        for event in pygame.event.get():
            if event.type == pygame.QUIT:
                --省略 --
❶           elif event.type == pygame.MOUSEBUTTONDOWN:
❷               mouse_pos = pygame.mouse.get_pos()
❸               self._check_play_button(mouse_pos)
```

不管玩家在遊戲螢幕畫面上任何一個位置點按滑鼠❶，Pygame 都會偵測到一個 MOUSEBUTTONDOWN 事件，但我們只希望讓這個遊戲在玩家用滑鼠點按 Play 按鈕時做出回應。要做到這點，我們使用了 pygame.mouse.get_pos()，它會返回一個多元組，其中含有玩家點按時滑鼠游標的 x 和 y 座標值❷，我們把這些值傳入 _check_play_button() ❸。

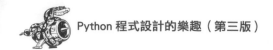

以下是 _check_play_button()，我選擇將它放在 _check_events() 的後面：

🔻 alien_invasion.py
```
      def _check_play_button(self, mouse_pos):
          """Start a new game when the player clicks Play."""
❶         if self.play_button.rect.collidepoint(mouse_pos):
              self.stats.game_active = True
```

這裡使用 rect 的 collidepoint() 方法來檢測滑鼠游標點按的位置是不是在 Play 按鈕 rect 所定義的範圍內❶，如果是，就把 game_active 設為 True，讓遊戲啟動！

現在我們就可以開始玩這個遊戲了。當遊戲結束時，game_active 會被設為 False，並重新顯示 Play 按鈕。

重設遊戲

前面所編寫的程式碼只處理玩家第一次點按 Play 按鈕的情形，還沒有處理遊戲結束時的相關設定，因為導致遊戲結束的條件還沒有重新設定。

為了在玩家點按 Play 按鈕時都會重設遊戲，需要重設統計資訊、刪除現有的外星人和子彈，再建立一群新的外星人艦隊，把太空船放在中間，其作法如下：

🔻 alien_invasion.py
```
      def _check_play_button(self, mouse_pos):
          """Start a new game when the player clicks Play."""
          if self.play_button.rect.collidepoint(mouse_pos):
              # Reset the game statistics.
❶             self.stats.reset_stats()
              self.stats.game_active = True

              # Get rid of any remaining aliens and bullets.
❷             self.aliens.empty()
              self.bullets.empty()

              # Create a new fleet and center the ship.
❸             self._create_fleet()
              self.ship.center_ship()
```

我們在❶這裡重設了遊戲的統計資訊，會讓玩家有三台新的太空船可用。接著把 game_active 設為 True，所以在這個函式的程式碼執行後遊戲馬上就會開始。隨後清空 aliens 和 bullets 編組的內容❷，再建立一群外星人艦隊，並讓太空船在螢幕畫面置中❸。

遊戲現在會在玩家點按 Play 鈕時能正確地重設，玩家想要重玩幾次都可以！

讓 Play 按鈕變成沒有作用

現在 Play 按鈕還存有一個問題,那就是即使 Play 按鈕沒有顯現,玩家若點按這個矩形區域時,遊戲還是會做出回應。遊戲開始後,如果玩家不小心點按到 Play 按鈕的矩形區域,遊戲又回重新開始!

若要修正此問題,讓遊戲只有在 game_active 為 False 時,這個按鈕才有作用:

⬇ alien_invasion.py

```
    def _check_play_button(self, mouse_pos):
        """Start a new game when the player clicks Play."""
❶       button_clicked = self.play_button.rect.collidepoint(mouse_pos)
❷       if button_clicked and not self.stats.game_active:
            # Reset the game statistics.
            self.stats.reset_stats()
            --省略--
```

旗標 button_clicked 儲放的值為 True 或 False ❶,只有在玩家點按了 Play 按鈕且遊戲目前處在非作用中的狀態時,遊戲才會重新開始❷。要測試這樣的狀況,可開始新遊戲,並不斷地點按 Play 按鈕所在的矩形區域,如果一切都像預期般運作,點按 Play 按鈕所在的區域應該就不會有任何影響。

隱藏滑鼠游標

要讓玩家能開始新遊戲,我們要讓滑鼠游標顯現出來,但遊戲開始後,游標的顯示只會造成混亂。為了修正這個問題,我們在遊戲處理作用中的狀態下,滑鼠游標要隱藏起來。我們在 _check_play_button() 中 if 區塊的尾端進行處理:

⬇ alien_invasion.py

```
    def _check_play_button(self, mouse_pos):
        """Start a new game when the player clicks Play."""
        button_clicked = self.play_button.rect.collidepoint(mouse_pos)
        if button_clicked and not self.stats.game_active:
            --省略--
            # Hide the mouse cursor.
            pygame.mouse.set_visible(False)
```

對 set_visible() 傳入 False 就能讓 Pygame 把滑鼠游標在遊戲畫面中隱藏起來。

遊戲結束後再重新顯示游標,讓玩家能點按 Play 按鈕來開啟遊戲,下列的程式碼就是做這樣的處理:

▼ alien_invasion.py

```
def _ship_hit(self):
    """Respond to ship being hit by alien."""
    if self.stats.ships_left > 0:
        --省略--
    else:
        self.stats.game_active = False
        pygame.mouse.set_visible(True)
```

在 _ship_hit() 中，當在遊戲一進入非作用中的狀態後，馬上就會顯示出滑鼠游標。請留意，這樣的細節會讓遊戲看起來更專業，並讓玩家專注在「玩」上面，而不用花時間弄清楚使用者介面的操控。

實作練習

14-1. 按 P 鍵可開啟新遊戲：由於外星人入侵這個遊戲是用鍵盤來控制太空船的，所以也希望能讓玩家按下按鍵即可開始遊戲。請新增讓玩家在按 P 鍵時開始新遊戲的程式。提示：把一些程式從 _check_play_button() 中取出，放到名為 _start_game() 的方法內，並在 _check_play_button() 和 _check_keydown_event() 中呼叫這個方法。

14-2. 射擊練習：請建立一個矩形，放在螢幕畫面的右側邊緣以固定的速度上下移動，然後在螢幕畫面的左側邊緣建立一艘太空船，玩家可以上下移動這艘太空船，並能射擊前面所建立的矩形目標。新增一個用來開始遊戲的 Play 按鈕，在玩家三次沒有射中目標時就結束遊戲，並重新顯示 Play 按鈕，讓玩家可以按下按鈕來重玩遊戲。

提升等級

在現階段的遊戲中，我們要在整個外星人艦隊都被擊落之後，讓玩家提升一個等級，但遊戲的難度沒有改變。讓我們增加一些好玩的趣味，每當玩家把畫面上的外星人都擊落後，就加快遊戲的節奏，讓遊戲玩起來更具挑戰性。

修改速度設定

我們先重新組織 Settings 類別，把遊戲設定分成靜態和動態兩組，還要確定對於隨著遊戲的進行而變化的設定在遊戲開始時要重設。settings.py 的 __init__()方法如下所示：

⬇ settings.py

```
    def __init__(self):
        """Initialize the game's static settings."""
        # Screen settings
        self.screen_width = 1200
        self.screen_height = 800
        self.bg_color = (230, 230, 230)

        # Ship settings
        self.ship_limit = 3

        # Bullet settings
        self.bullet_width = 3
        self.bullet_height = 15
        self.bullet_color = 60, 60, 60
        self.bullets_allowed = 3

        # Alien settings
        self.fleet_drop_speed = 10

        # How quickly the game speeds up
❶      self.speedup_scale = 1.1

❷      self.initialize_dynamic_settings()
```

我們仍然在 __init__() 方法中初始化靜態的設定，在❶這裡新增了 speedup_scale 屬性值，用來控制遊戲的節奏快慢，2 代表玩家每提升一個等級，遊戲節奏就快一倍，1 代表遊戲節奏不變。把預設設為 1.1 能讓遊戲節奏提升，讓遊戲挑戰性提高但不至於太難。最後我們呼叫 initialize_dynamic_settings()，初始化那些隨著遊戲進行而產生變化的屬性❷。

initialize_dynamic_settings() 的程式碼內容如下所示：

⬇ settings.py

```
    def initialize_dynamic_settings(self):
        """Initialize settings that change throughout the game."""
        self.ship_speed = 1.5
        self.bullet_speed = 2.5
        self.alien_speed = 1.0

        # fleet_direction of 1 represents right; -1 represents left.
        self.fleet_direction = 1
```

這個方法設定了太空船、子彈和外星人的初始速度值，隨著遊戲的進行，我們會提升這些速度，每當玩家開始新遊戲時，這些都會全部重設回初始值。在這個方法內，我們也設定了 fleet_direction，讓遊戲在一開始時，外星人都是往右移。不需要增加 fleet_drop_speed 的值，因為當外星人移動得更快時，它們往下掉的速度也會更快。

每當玩家提升一個等級後，我們會使用 increase_speed() 來提升太空船、子彈和外星人的移動速度：

⬇ settings.py

```python
def increase_speed(self):
    """Increase speed settings."""
    self.ship_speed *= self.speedup_scale
    self.bullet_speed *= self.speedup_scale
    self.alien_speed *= self.speedup_scale
```

為了提升遊戲元素的速度，我們把每個速度設定都乘上 speedup_scale 的值。

當整個外星人艦隊的最後一個外星人被擊落時，我們會透過在 _check_bullet_alien_collisions() 中呼叫 increase_speed() 來加速遊戲的速度：

⬇ alien_invasion.py

```python
def _check_bullet_alien_collisions(self):
    --省略--
    if not self.aliens:
        # Destroy existing bullets and create new fleet.
        self.bullets.empty()
        self._create_fleet()
        self.settings.increase_speed()
```

藉由修改設定 ship_speed、alien_speed 和 bullet_speed 的速度值，就能加快整個遊戲的速度！

重設速度

每當玩家開始新遊戲時，都需要把產生變化的設定重設為初始值，不然新遊戲開始時的速度設定會是前一次遊戲所增加的值：

⬇ alien_invasion.py

```python
def _check_play_button(self, mouse_pos):
    """Start a new game when the player clicks Play."""
    button_clicked = self.play_button.rect.collidepoint(mouse_pos)
    if button_clicked and not self.stats.game_active:
```

```
# Reset the game settings.
self.settings.initialize_dynamic_settings()
--省略--
```

現在的外星人入侵遊戲變得更好玩也更具挑戰性。每次玩家把螢幕畫面上的外星人都擊落後，遊戲的速度都會加快，因此會提高難度。如果遊戲難度提升太快，可降低 settings.speedup_scale 的值，如果遊戲難度提升不足，則可稍微提升這個值的設定。找出最佳值，讓遊戲難度的提升適當合理，使得一開始時的幾群外星人艦隊最容易被消滅，接著幾群要有點難度，再後面的外星人艦隊則難度提升到幾乎不可能被消滅。

實作練習

14-3. 提升遊戲標靶的難度：以您所完成的 14-2 練習為基礎，讓標靶的移動速度隨遊戲進行而加快，並在玩家點按 Play 鈕時重設回初始值。

14-4. 難度等級：為「外星人入侵」製作一組按鈕，讓玩家為遊戲可選擇合適的開始難度等級。為因應不同難度級別，每個按鈕會在 Settings 屬性分配適當的值。

記分系統

現在來實作一個記分系統，用來即時追蹤記錄遊戲中的得分情況，另外也會顯示最高分、等級和剩餘的太空船數等資訊。

得分是遊戲中的一項統計資訊，所以我們在 GameStats 中新增一個 score 屬性：

⬇ game_stats.py
```python
class GameStats:
    --省略--
    def reset_stats(self):
        """Initialize statistics that can change during the game."""
        self.ships_left = self.ai_settings.ship_limit
        self.score = 0
```

為了要在每次開始新遊戲時都重設分數，我們在 reset_stats()，而不是 __init__() 中初始化 score 屬性。

顯示得分

若想要在遊戲螢幕畫面上顯示得分，我們要先建立一個新的 Scoreboard 類別，以現在的情況來看，這個類別只顯示遊戲當下得分的情況，但後續我們也要用它來顯示最高分數、等級和剩下的太空船數量等。下列為這個類別的前半部分，此類別存放在 scoreboard.py 檔內：

⬇ scoreboard.py

```
    import pygame.font

    class Scoreboard:
        """A class to report scoring information."""

❶      def __init__(self, ai_game):
            """Initialize scorekeeping attributes."""
            self.screen = ai_game.screen
            self.screen_rect = self.screen.get_rect()
            self.settings = ai_game.settings
            self.stats = ai_game.stats

            # Font settings for scoring information.
❷          self.text_color = (30, 30, 30)
❸          self.font = pygame.font.SysFont(None, 48)

            # Prepare the initial score image.
❹          self.prep_score()
```

由於 Scoreboard 類別會在遊戲畫面上顯示文字，因此我們先匯入 pygame.font 模組，接著在 __init__() 方法中傳入 ai_game 參數，讓它能存取 settings、screen 和 stats 等物件，並能回報我們追蹤記錄的值❶，隨後設定文字顏色❷，並實例化一個字型物件❸。

我們呼叫 prep_score() 函式把顯示的文字轉換為影像❹，其定義如下所示：

⬇ coreboard.py

```
        def prep_score(self):
            """Turn the score into a rendered image."""
❶          score_str = str(self.stats.score)
❷          self.score_image = self.font.render(score_str, True,
                self.text_color, self.ai_settings.bg_color)

            # Display the score at the top right of the screen.
❸          self.score_rect = self.score_image.get_rect()
❹          self.score_rect.right = self.screen_rect.right - 20
❺          self.score_rect.top = 20
```

在 prep_score() 中，我們先把 stats.score 數字值轉換為字串❶，再把這個字串傳入給建立影像的 render()❷。要在遊戲畫面上清楚地顯示分數，我們把螢幕背景色和文字顏色傳入 render() 來處理。

我們把分數放在遊戲螢幕畫面的右上角，並在分數變大使得這個數字位數變多到更寬的位置時，就向左側延伸。要確保分數一直錨定在螢幕右側，我們建立一個 score_rect 的 rect 矩形❸，讓其右側邊線與螢幕的右側邊緣相隔 20 像素❹，並讓它上方邊緣與螢幕畫面上方邊緣也隔開 20 像素❺。

最後，我們建立 show_score() 方法，用來顯示彩現後的分數影像：

⬇ scoreboard.py
```
    def show_score(self):
        """Draw score to the screen."""
        self.screen.blit(self.score_image, self.score_rect)
```

這個方法會把分數影像繪製到遊戲螢幕畫面上 score_rect 指定的位置。

建立記分板

為了要顯示分數，我們在 AlienInvasion 中建立一個 Scoreboard 實例。首先是更改 import 陳述句：

⬇ alien_invasion.py
```
--省略--
from game_stats import GameStats
from scoreboard import Scoreboard
--省略--
```

接下來是在 __init__() 製作一個實例：

⬇ alien_invasion.py
```
    def __init__(self):
        --省略--
        pygame.display.set_caption("Alien Invasion")

        # Create an instance to store game statistics,
        # and create a scoreboard.
        self.stats = GameStats(self)
        self.sb = Scoreboard(self)
        --省略--
```

然後在 _update_screen() 中把記分板繪製到螢幕上：

⬇ alien_invasion.py
```
    def _update_screen(self):
        --省略--
        self.aliens.draw(self.screen)

        # Draw the score information.
```

```
    self.sb.show_score()

    # Draw the play button if the game is inactive.
    --省略--
```

我們在繪製 Play 按鈕之前先呼叫 show_score()。

如果現在執行這個遊戲，在遊戲畫面右上角會看到 0（目前我們只是想先確定分數在進一步開發記分系統之前，它有顯現在正確的位置）。圖 14-2 為得分資訊在遊戲畫面的顯示情況。

接著要來指定每射中一個外星人值多少分數！

圖 14-2　得分資訊顯示在畫面的右上角

射中外星人時更新得分

要在遊戲畫面上即時顯示得分，就要在有外星人被射中時更新 stats.score 的值，再呼叫 prep_score() 更新得分影像到畫面上。但在處理這個之前，我們要指定玩家每射中一個外星人會得到多少分數的值：

⬇ settings.py
```
    def initialize_dynamic_settings(self):
        --省略--
```

```
        # Scoring settings
        self.alien_points = 50
```

隨著遊戲的進行，我們會提高每個外星人所值的分數值。要確定每次開始新遊戲時這個值都會重設回初始值，我們在 initialize_dynamic_settings() 中設定它。

在 _check_bullet_alien_collisions() 中，當有外星人被射中時都要更新得分：

⬇ alien_invasion.py

```
    def _check_bullet_alien_collisions(self):
        """Respond to bullet-alien collisions."""
        # Remove any bullets and aliens that have collided.
        collisions = pygame.sprite.groupcollide(
                self.bullets, self.aliens, True, True)

        if collisions:
            self.stats.score += self.settings.alien_points
            self.sb.prep_score()
        --省略--
```

當有子彈碰撞到外星人時，Pygame 會返回一個 collisions 字典，我們檢測這個字典是否存在，如果存在，就把原分數加上一個外星人所值的分數，隨後呼叫 prep_score() 來建立一個顯示最新得分的影像。

如果我們現在執行這支遊戲程式，就會看到射中外星人後分數會不斷累加！

重設分數

目前的作法是在擊中一個外星人之後才準備新的分數，這樣的作法在大多數遊戲中都有效。但是，當重新開始遊戲，直到射中第一個外星人之前，我們仍然是會看到上一場的舊分數。

我們可以透過在開始新遊戲時就準備分數來解決此問題：

⬇ alien_invasion.py

```
    def _check_play_button(self, mouse_pos):
        --省略--
        if button_clicked and not self.stats.game_active:
            --省略--
            # Reset the game statistics.
            self.stats.reset_stats()
            self.stats.game_active = True
            self.sb.prep_score()
            --省略--
```

在開始新遊戲時，我們在重設遊戲統計資訊後才呼叫 prep_score()。這樣會讓記分板的分數重設為 0。

確定所有射中的都有記分

現階段的程式碼可能會漏記一些被射中的外星人分數，舉例來說，如果在一次迴圈中有兩顆子彈射中了兩個外星人，或是大型子彈同時射中多個外星人時，玩家只會得到射中一個外星人的分數。為了要修正這類問題，我們要調整檢測子彈和外星人碰撞偵測的方式。

在 _check_bullet_alien_collisions() 之中，與外星人發生碰撞的子彈都會變成 collisions 字典中的一個鍵（key），而與每顆子彈關聯的值（value）則是個串列，此串列中放了這顆子彈碰撞到的所有外星人。我們可以遍訪 collisions 字典，確定有把被擊中的每個外星人的得分都有加計入分數中：

⬇ alien_invasion.py

```
    def _check_bullet_alien_collisions(self):
        --省略--
        if collisions:
❶           for aliens in collisions.values():
                self.stats.score += self.settings.alien_points * len(aliens)
            self.sb.prep_score()
        --省略--
```

如果 collisions 字典有存在，我們就以迴圈遍訪其中所有的值，請記住，每個值都是個串列，內含有被同一顆子彈射中的所有外星人。我們對每個串列，都把射中一個外星人的分數乘上串列中含有多少個外星人的數量，並將結果指定存到目前得分中。若要測試這個功能，請把子彈寬度改成 300 像素，然後核對以大型子彈射出擊中多個外星人後是否都有記分，然後再將子彈改回正常值。

提高分數

因為玩家提升一個等級後，遊戲的難度會變高，在較高等級下，射中外星人的分數應該也要更高。要實作這個依升等而提高分數的功能，我們要新增一些程式碼，當遊戲速度提升時也能提高分數：

⬇ settings.py

```
class Settings:
    """A class to store all settings for Alien Invasion."""
```

```
        def __init__(self):
            --省略--
            # How quickly the game speeds up
            self.speedup_scale = 1.1
            # How quickly the alien point values increase
❶          self.score_scale = 1.5

            self.initialize_dynamic_settings()

        def initialize_dynamic_settings(self):
            --省略--

        def increase_speed(self):
            """Increase speed settings and alien point values."""
            self.ship_speed *= self.speedup_scale
            self.bullet_speed *= self.speedup_scale
            self.alien_speed *= self.speedup_scale

❷          self.alien_points = int(self.alien_points * self.score_scale)
```

這裡定義了分數提高的比率，取名為 score_scale ❶。小幅提升速度（1.1）就
會讓遊戲變得更具挑戰性。但為了要讓記分也產生變化，需要把得分的比率變
更大的值（1.5）。現在當我們加快遊戲速度的同時，也要提高射中外星人的分
數❷。我們使用了 int() 函式讓得分是整數。

若要看到外星人的分數，我們需要在 Settings 類別的 increase_speed() 方法中新
增一條 print() 陳述句：

⬇ settings.py
```
        def increase_speed(self):
            --省略--
            self.alien_points = int(self.alien_points * self.score_scale)
            print(self.alien_points)
```

現在每當提升一個等級時，就會在終端視窗中看到新的分數值。

NOTE

在確定分數有隨提升等級而增加後，一定要刪除這條 print() 陳述句，否則會
影響遊戲的效能和分散玩家的注意力。

分數四捨五入

大多數電玩機台風格的射擊遊戲都會把得分顯示為 10 的整數倍，所以讓我們
的記分系統也遵循這個原則。我們還會設定分數的格式，在大數字中加入逗號
來表示三位數的分隔。我們在 Scoreboard 中進行這樣的修改：

⬇ scoreboard.py

```
def prep_score(self):
    """Turn the score into a rendered image."""
    rounded_score = round(self.stats.score, -1)
    score_str = f"{rounded_score:,}"
    self.score_image = self.font.render(score_str, True,
        self.text_color, self.settings.bg_color)
    --省略--
```

round() 函式一般會讓小數精確到小數點後幾位，其中的小數位數是由第二個引數來指定的，不過若把第二個引數指定為負數，round() 會四捨五入取整數到最接近 10、100、1000 等整數倍數。**這裡**的程式碼會讓 Python 把 stats.score 的值四捨五入取整數到最接近的 10 倍數，並把結果指定到 rounded_score 內。

隨後在 f-string 之中使用了格式指定子來設定分數值。**格式指定子（format specifier）**是一種特殊的字元序列，用於修改變數值的表示方式。以上面的範例來看，字元序列「:,」告知 Python 在提供的數值中的適當位置插入逗號。這樣會輸出 1,000,000 而不是 1000000。

如果我們現在執行這支遊戲程式，就會看到以 10 的整數倍數來呈現的得分記錄，就算分數很高也是如此呈現，如圖 14-3 所示。

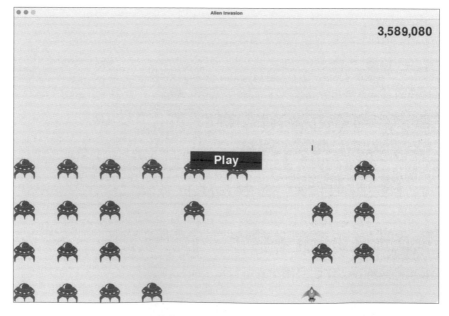

圖 14-3　得分顯示為 10 的整數倍數，並以逗號作三位分隔

最高分

每位玩家在玩遊戲時都想要超過遊戲中記錄的最高分,所以就來追蹤並顯示最高得分,提供玩家有超越的目標。我們把最高分記錄儲存在 GameStats 中:

⬇ game_stats.py

```
    def __init__(self, ai_game):
        --省略--
        # High score should never be reset.
        self.high_score = 0
```

由於在任何情況下都不要重設最高分記錄,所以我們要在 __init__() 中,而不是在 reset_stats() 中初始化 high_score 屬性值。

接著修改 Scoreboard 來顯示最高分記錄,從修改 __init__() 方法開始:

⬇ scorcboard.py

```
        def __init__(self, ai_game):
            --省略--
            # Prepare the initial score images.
            self.prep_score()
❶           self.prep_high_score()
```

最高分記錄會與目前分數是分開顯示的,因此我們需要編寫一個新的 prep_high_score() 方法,用來準備最高分記錄的影像❶。

prep_high_score() 方法的程式碼如下所示:

⬇ scoreboard.py

```
        def prep_high_score(self):
            """Turn the high score into a rendered image."""
❶           high_score = round(self.stats.high_score, -1)
            high_score_str = f"{high_score:,}"
❷           self.high_score_image = self.font.render(high_score_str, True,
                    self.text_color, self.settings.bg_color)

            # Center the high score at the top of the screen.
            self.high_score_rect = self.high_score_image.get_rect()
❸           self.high_score_rect.centerx = self.screen_rect.centerx
❹           self.high_score_rect.top = self.score_rect.top
```

我們把最高分記錄四捨五入到最近 10 的整數倍數,並加了格式指定子❶。然後依據最高分來生成一個影像❷,讓最高分的 rect 水平置中❸,並把 top 屬性設定為目前分數影像的 top 屬性值❹。

現在 show_score() 方法會在螢幕右上角顯示目前得分情況，並在螢幕畫面頂端置中位置顯示最高分記錄：

⬇ scoreboard.py
```
def show_score(self):
    """Draw score to the screen."""
    self.screen.blit(self.score_image, self.score_rect)
    self.screen.blit(self.high_score_image, self.high_score_rect)
```

為了要檢查是否有新的最高分記錄，在 Scoreboard 中新增一個 check_high_score() 方法：

⬇ scoreboard.py
```
def check_high_score(self):
    """Check to see if there's a new high score."""
    if self.stats.score > self.stats.high_score:
        self.stats.high_score = self.stats.score
        self.prep_high_score()
```

check_high_score() 方法將目前分數與最高分數進行比較。如果目前分數更高，則更新 high_score 的值，並呼叫 prep_high_score() 來更新最高分的影像。

在 _check_bullet_alien_collisions() 中每次當有外星人被擊中，都需要在更新得分後呼叫 check_high_score() 來處理：

⬇ alien_invasion.py
```
def _check_bullet_alien_collisions(self):
    --省略--
    if collisions:
        for aliens in collisions.values():
            self.stats.score += self.settings.alien_points * len(aliens)
        self.sb.prep_score()
        self.sb.check_high_score()
    --省略--
```

若 collisions 字典存在的話，呼叫 check_high_score() 來處理，並且在更新所有被擊中的外星人分數後才執行此操作。

第一次玩這款遊戲時，目前得分就是最高分，因此兩個地方顯示的都是目前的分數，但再玩這個遊戲時，最高分記錄會顯示在中央，而目前得分則顯示在右側，如圖 14-4 所示。

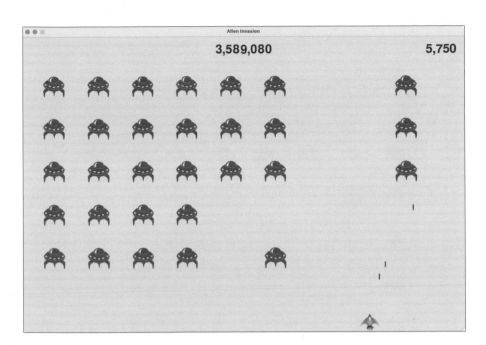

圖 14-4　最高分記錄顯示在遊戲畫面上方中央的位置

顯示等級

若想要在遊戲畫面中顯示玩家的等級，首先要在 GameStats 中新增一個代表目前等級的屬性，為確定每次玩家開始新遊戲時都會重設這個等級，我們在 reset_stats() 中初始化等級：

⬇ game_stats.py
```
    def reset_stats(self):
        """Initialize statistics that can change during the game."""
        self.ships_left = self.settings.ship_limit
        self.score = 0
        self.level = 1
```

為了讓 Scoreboard 能顯示目前等級，我們從 __init__() 方法呼叫新的方法 prep_level()：

⬇ scoreboard.py
```
    def __init__(self, ai_game):
        --省略--
        self.prep_high_score()
        self.prep_level()
```

prep_level() 的程式碼如下所示：

↓ scoreboard.py

```
    def prep_level(self):
        """Turn the level into a rendered image."""
        level_str = str(self.stats.level)
❶       self.level_image = self.font.render(level_str, True,
                self.text_color, self.settings.bg_color)

        # Position the level below the score.
        self.level_rect = self.level_image.get_rect()
❷       self.level_rect.right = self.score_rect.right
❸       self.level_rect.top = self.score_rect.bottom + 10
```

prep_level() 方法依據儲存在 stats.level 的值來建立一個影像物件❶，並將它的
right 屬性設為分數影像物件的 right 屬性❷，隨後把 top 屬性也設為比分數影像
物件的 bottom 屬性大 10 像素的值，以便在分數和等級的顯示上留出間距❸。

我們還要更改 show_score() 的內容：

↓ scoreboard.py

```
    def show_score(self):
        """Draw scores and level to the screen."""
        self.screen.blit(self.score_image, self.score_rect)
        self.screen.blit(self.high_score_image, self.high_score_rect)
        self.screen.blit(self.level_image, self.level_rect)
```

這行程式會在遊戲畫面上繪製出等級影像物件。

我們會提升 stats.level，並在 _check_bullet_alien_collisions() 中更新等級影像：

↓ alien_invasion.py

```
    def _check_bullet_alien_collisions(self):
        --省略--
        if not self.aliens:
            # Destroy existing bullets and create new fleet.
            self.bullets.empty()
            self._create_fleet()
            self.settings.increase_speed()

        # Increase level.
        self.stats.level += 1
        self.sb.prep_level()
```

如果整個外星人艦隊都被擊落了，則會遞增 stats.level 值，並呼叫 prep_level()
來確定有正確地顯示新的等級。

為了確定在開始新遊戲時有正確等級關卡的影像物件，當玩家按下 Play 按鈕時
也要呼叫 prep_level()：

↓ alien_invasion.py

```
    def _check_play_button(self, mouse_pos):
        --省略--
        if button_clicked and not self.stats.game_active:
            --省略--
            self.sb.prep_score()
            self.sb.prep_level()
            --省略--
```

呼叫完 prep_score() 後馬上呼叫 prep_level()。

現在已能在遊戲畫面上看到升到哪個等級了，如圖 14-5 所示。

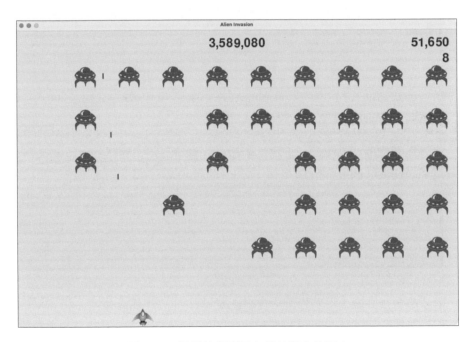

圖 14-5　目前等級顯示在目前得分的下方

> NOTE
>
> 在一些經典的電玩遊戲內，分數旁邊都有標籤，如 Score、High Score 和 Level
> 等字樣。我們在這個遊戲內並沒有顯示這樣標籤文字，因為開始玩這遊戲
> 後，每個數字所代表的意義都很清楚明白，不用再多加標籤註明。若想要放
> 入這些標籤文字，只需在 Scoreboard 中呼叫 font.render() 前，把它們新增到分
> 數字串中即可。

顯示剩下的備用太空船數量

最後我們來顯示玩家還有多少艘備用的太空船數量，使用的是圖形而不是以數字來呈現。其做法是在螢幕左上角繪製出太空船影像來指出還剩下多少艘太空船可用，其表現方式就像許多經典電玩機台那樣來顯示。

首先，需要讓 Ship 繼承自 Sprite，以便能建立太空船編組：

↓ ship.py

```
   import pygame
   from pygame.sprite import Sprite

❶ class Ship(Sprite):
       """A class to manage the ship."""

       def __init__(self, ai_game):
           """Initialize the ship and set its starting position."""
❷          super().__init__()
           --省略--
```

在這裡我們匯入 Sprite，好讓 Ship 可以繼承自 Sprite❶，並在 __init__() 的開頭就呼叫了 super() ❷。

接著需要修改 Scoreboard，在其中建立一個可以用來顯示的太空船編組。下列為 Scoreboard 的 import 陳述句：

↓ scoreboard.py

```
   import pygame.font
   from pygame.sprite import Group

   from ship import Ship
```

由於要建立一個太空船編組，我們就匯入 Group 和 Ship 類別。

以下是 __init__()：

↓ scoreboard.py

```
   def __init__(self, ai_game):
       """Initialize scorekeeping attributes."""
       self.ai_game = ai_game
       self.screen = ai_game.screen
       --省略--
       self.prep_level()
       self.prep_ships()
```

我們把遊戲實例指定給屬性，因為需要用它來建立一些太空船。在呼叫 prep_level() 之後呼叫 prep_ships()。

下列為 prep_ships()：

⬇ scoreboard.py

```
    def prep_ships(self):
        """Show how many ships are left."""
❶      self.ships = Group()
❷      for ship_number in range(self.stats.ships_left):
            ship = Ship(self.ai_game)
❸          ship.rect.x = 10 + ship_number * ship.rect.width
❹          ship.rect.y = 10
❺          self.ships.add(ship)
```

prep_ships() 方法建立了一個空的 self.ships 編組，用來存放太空船實例❶。為了填滿這個編組，會依據玩家還有多少艘可用太空船的數量來執行對應多少次的迴圈次數❷。在這迴圈中，我們建立了一艘太空船，並設定每艘船的 x 座標值，以使這些太空船彼此相鄰出現，並在太空船編組的遊戲畫面左側留出 10 像素的邊距❸。我們還把 y 座標都設定為離遊戲畫面上方邊緣 10 像素的間距，以便太空船顯示在螢幕的左上角❹。最後我們把每艘太空船都新增到 ships 編組內❺。

現在我們需要在遊戲螢幕畫面上繪製太空船了：

⬇ scoreboard.py

```
    def show_score(self):
        """Draw scores, level, and ships to the screen."""
        self.screen.blit(self.score_image, self.score_rect)
        self.screen.blit(self.high_score_image, self.high_score_rect)
        self.screen.blit(self.level_image, self.level_rect)
        self.ships.draw(self.screen)
```

為了要在遊戲畫面上顯示太空船，我們對 ships 編組呼叫了 draw()，讓 Pygame 來繪製每艘太空船。

要讓玩家在玩遊戲時知道他還有多少艘備用太空船，我們在開始新遊戲時就呼叫 prep_ships()，這是在 AlienInvasion 的 _check_play_button() 中處理的：

⬇ alien_invasion.py

```
    def _check_play_button(self, mouse_pos):
        --省略--
        if button_clicked and not self.stats.game_active:
            --省略--
```

```
    self.sb.prep_score()
    self.sb.prep_level()
    self.sb.prep_ships()
    --省略--
```

我們還在太空船被外星人撞到時呼叫 prep_ships()，讓玩家在損失一艘太空船時更新左上角太空船影像的顯示：

▼ alien_invasion.py

```
def _ship_hit(self):
    """Respond to ship being hit by alien."""
    if self.stats.ships_left > 0:
        # Decrement ships_left, and update scoreboard.
        self.stats.ships_left -= 1
        self.sb.prep_ships()
    --省略--
```

在減少 ships_left 的值之後呼叫 prep_ships()，因此每次太空船被撞毀時都會顯示正確的備用太空船數量。

圖 14-6 顯示出完整的記分系統，在遊戲螢幕畫面左上角指出玩家還剩下多少艘可用的太空船。

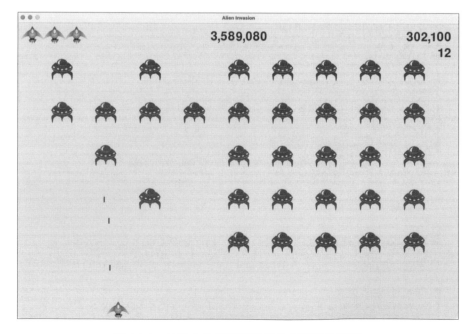

圖 14-6　外星人入侵電玩遊戲的完整記分系統

實作練習

14-5. 史上最高分記錄：每次當玩家關閉遊戲程式後，再重新啟動外星人入侵遊戲時，最高分記錄都會重設。請修改這個問題，在呼叫 sys.exit() 前把最高分記錄寫入檔案中，並在 GameStats 中初始化最高分時，從檔案中讀取來使用。

14-6. 重構：找出程式中執行了多個工作的方法，對它們進行重構，讓程式碼更有組織且更有效率。舉例來說，請在 check_bullet_alien_collisions() 中，把在外星人艦隊被全部擊落後開始升新等級的程式碼都移到一個 start_new_level() 的函式中，再來是把 Scoreboard 的 __init__() 方法中呼叫四個不同方法的程式碼移到另一個 prep_images() 的方法內，縮短 __init__() 的內容。如果您重構了 check_play_button()，prep_images() 方法也能對 check_play_button() 或 start_game() 有所幫助。

> NOTE　重構專案前，請先閱讀附錄 D，了解如果重構時造成 bug 錯誤時如何修復專案，讓它能回到正確執行的狀態。

14-7. 擴充外星人入侵遊戲：請思考一下如何擴充外星人入侵遊戲。例如，讓外星人也能對太空船發射子彈，或在太空船前面加上盾牌，讓兩方可發射子彈摧毀對方。另外還可以使用 pygame.mixer 這個模組來新增音效，加入爆炸音效和射擊音效等。

14-8. 側身射擊最終版：使用我們在此專題中所做的一切功能，繼續開發側身射擊遊戲。新增一個 Play 按鈕、讓遊戲在適當的時候加速，並開發一個記分系統。確保在工作時有重構程式碼，並找機會自訂這個遊戲，做出本章所介紹之外的更多功能。

總結

本章我們學習了如何建立用來開始新遊戲的 Play 按鈕、如何偵測滑鼠游標事件、在遊戲處於作用中狀態時怎麼隱藏滑鼠游標。您可以利用在本章學習過的知識在遊戲中建立其他按鈕，例如，用 Help 按鈕來顯示玩法說明。也學習了如何隨著遊戲的升級來調整速度、如何實作出遊戲的記分系統、如何以文字和非文字方式來顯示資訊。

第 15 章
生成資料

資料視覺化（Data visualization）是指利用視覺化的呈現來探索和表現資料集合中的模式，這個議題與**資料分析（data analysis）**關係密切，而資料分析指的是使用程式碼來探索資料集合的模式和關聯性。資料集合（dataset）可以是用一行程式碼就能表示的小小數字串列，也可以是好幾 TB 量的資料。

做出有效的資料視覺化不僅僅只是讓資訊變漂亮好看而已。當您使用簡潔、引人注目的方式來呈現資料集合，會讓觀看的人更清晰好懂，並發覺資料集合中原本沒發現的模式和意義。

很幸運地，您就算沒有超級電腦也能對複雜的資料進行視覺化的處理。由於 Python 很有效率，在一台筆電上就能快速探索數百萬個資料點所組成的資料集合。資料點（data point）並不只是數字，藉由本書前半部分所介紹的基礎知識，也可對不是數字的資料進行分析。

在基因研究、氣象研究、政治經濟分析等很多的領域中，大家都用 Python 來完成資料密集型的處理。資料科學家們使用 Python 編寫了一系列讓人印象深刻的

視覺化和分析工具，其中很多都能讓我們來取用。目前最流行的工具之一是
Matplotlib，這是個數學繪圖程式庫，在本章中我們會使用它來製作簡單的圖
表，例如折線圖、散佈圖等。接著我們會以隨機漫步的概念來生成一個更有趣
的資料集合，這個集合是根據一系列隨機決策生成的視覺化結果。

我們還會使用 Plotly 套件，此套件的焦點放在生成適合在數位裝置上建構視覺
化的呈現。Plotly 所生成視覺化物件能自動調整大小以適合各種顯示裝置。這
些視覺化物件還可以加入許多互動功能，例如當使用者把滑鼠游標停放在視覺
化物件的不同位置上時，會強調該位置上資料集的特殊樣貌。學習使用 Mat
plotlib 和 Plotly 能協助您對感興趣的資料類型進行視覺化的處理。

安裝 Matplotlib

若要用 Matplotlib 來製作初始的幾個視覺化的呈現，首先要用 pip 來安裝這個
套件，其安裝方式就如同第 11 章所介紹的安裝 pytest 模組一樣（請參考第 11
章的「使用 pip 安裝 pytest」小節）。

若要安裝 Matplotlib，請在終端模式中輸入如下指令：

```
$ python -m pip install --user matplotlib
```

如果在您的系統中使用了 python 以外的命令來執行程式或啟動終端會話模式，
例如使用的是 python3，則將指令改成下列這般：

```
$ python3 -m pip install --user matplotlib
```

若想要查看使用 Matplotlib 時，可用來製作的各種視覺化圖表的型式，請上網
連到 *https://matplotlib.org* 並按下 **Plot types**。當您點按圖庫中的視覺化圖表時，
就能看到用來生成該圖表的相關程式碼。

繪製簡單的折線圖

讓我們一起來使用 Matplotlib 來繪製一個簡單的折線圖（line graph），再對它進行自訂客製化的處理，用以製作出更具有訊息性的資料視覺化呈現。我們會使用 1、4、9、16 和 25 這個平方數序列為例來繪製這個圖表。

只要對 Matplotlib 提供下列的數字，它就會完成其他相關的工作：

↓ mpl_squares.py

```
import matplotlib.pyplot as plt

squares = [1, 4, 9, 16, 25]
fig, ax = plt.subplots()
ax.plot(squares)

plt.show()
```

❶

我們先匯入 pyplot 模組，並為它指定一個 plt 的別名，以縮減反覆輸入 pyplot 這麼長的單字（官網上的範例其慣例也是這樣用，所以我們也這樣處理）。pyplot 模組內含有很多可用來生成圖表的函式。

我們建立了一個 squares 串列，其中存放了前面所提到的平方數序列，然後依循另一個 Matplotlib 慣例呼叫 subplots() 函式❶。此函式能在同一張圖內放入一個或多個圖表。變數 fig 的取名是以 figure 縮寫，用來代表整張圖或生成圖的集合。變數 ax 則代表圖中的某個圖表，也是我們用得最多的變數。

接著使用 plot() 方法，此方法會依據這些數字來繪製出具有其意義的圖表。plt.show() 函式會開啟 Matplotlib 的 viewer，並顯示繪製好的圖表，如圖 15-1 所示。這個 viewer 讓我們能縮放和導覽圖表，另外，若點按下方的磁碟片圖示鈕則可將圖表儲存起來。

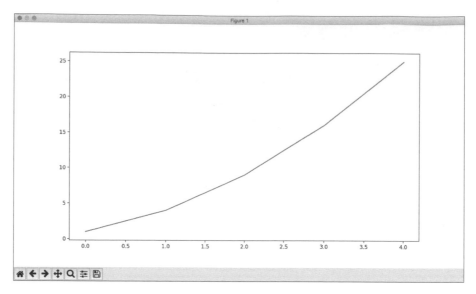

圖 15-1　使用 Matplotlib 來製作最簡單的折線圖

修改標籤文字和線條粗細

雖然圖 15-1 的圖表呈現的意義是數字愈來愈大向上提升，但圖表中的標籤文字太小，線條也太細。還好 Matplotlib 能讓我們調整視覺化呈現的各種變化。

我們使用一些自訂的處理來改進這個圖表的可讀性，其程式碼如下：

⬇ mpl_squares.py

```
    import matplotlib.pyplot as plt

    squares = [1, 4, 9, 16, 25]

    fig, ax = plt.subplots()
❶   ax.plot(squares, linewidth=3)

    # Set chart title and label axes.
❷   ax.set_title("Square Numbers", fontsize=24)
❸   ax.set_xlabel("Value", fontsize=14)
    ax.set_ylabel("Square of Value", fontsize=14)

    # Set size of tick labels.
❹   ax.tick_params(labelsize=14)

    plt.show()
```

linewidth 參數控制了 plot() 繪製線條的粗細❶，在生成圖表後，呈現之前有很多種方式修改圖表的樣貌。set_title() 方法會為圖表設定標題❷。上述的程式碼中出現多次的 fontsize 參數指定了圖表內多種元素中文字的大小。

set_xlabel() 和 set_ylabel() 方法讓我們為 x 和 y 座標軸設定標題❸，而 tick_params() 方法則設定刻度的樣式❹，這裡的 tick_params() 方法把兩個軸的刻度標籤的文字大小設為 14（labelsize=14）。

如圖 15-2 所示，最後圖表的呈現在閱讀上更為容易，其標籤文字變大，而線條也變粗了。一般來說，很值得用這些值來嘗試設定，這能讓您了解怎麼設定可讓圖表有最好的呈現。

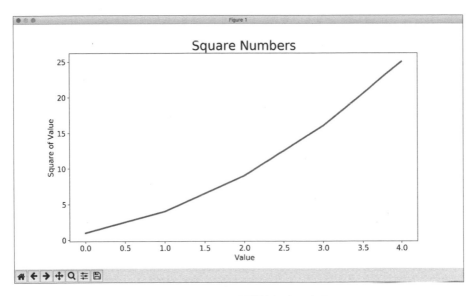

圖 15-2　現在圖表閱讀起來更容易

修正圖表

圖表更好閱讀後，我們發現它並沒有正確地繪製資料，請留意這個折線圖的終點指出 4.0 的平方數為 25！讓我們來修正這個問題吧。

當您對 plot() 提供一系列數字時，它會假設第一個資料點對應的 x 座標值為 0，但我們的第一個資料點對應的 x 值卻是 1，因此我們要改變這種預設的行為，其作法是對 plot() 同時提供輸入值和輸出值：

⬇ mpl_squares.py

```
import matplotlib.pyplot as plt

input_values = [1, 2, 3, 4, 5]
squares = [1, 4, 9, 16, 25]

fig, ax = plt.subplots()
ax.plot(input_values, squares, linewidth=3)

# Set chart title and label axes.
--省略--
```

現在 plot() 就能正確地繪製出資料了，它不會以預設的方式來假設輸出值的生成方式。最後的圖表是正確的，如圖 15-3 所示。

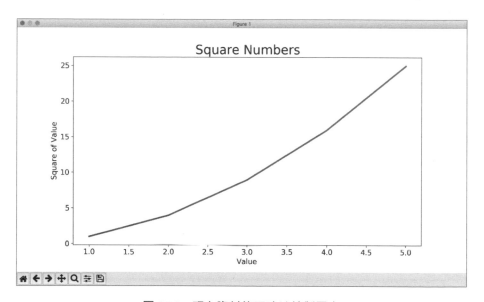

圖 15-3　現在資料能正確地繪製圖表

使用 plot() 時可指定各種引數，還能使用多種函式對圖表進行客製化的自訂處理。本章後面處理更有趣的資料集合時，就會陸續介紹這些自訂函式。

使用內建樣式

Matplotlib 內建許多預先定義的樣式可讓我們選用,其中已對背景顏色、格線、線寬、字型、字型大小等提供了很好的起始設定,這些樣式能讓您的視覺化效果更具吸引力,而且無須再進行太多的自訂。想要查看系統上可用的樣式,請在終端會話模式中執行下列指令:

```
>>> import matplotlib.pyplot as plt
>>> plt.style.available
['Solarize_Light2', '_classic_test_patch', '_mpl-gallery',
--省略--
```

若想要使用這些樣式中的任何一種,請在開始生成圖表之前加入一行程式碼:

⬇ mpl_squares.py
```
import matplotlib.pyplot as plt

input_values = [1, 2, 3, 4, 5]
squares = [1, 4, 9, 16, 25]

plt.style.use('seaborn')
fig, ax = plt.subplots()
--省略--
```

這行程式碼生成如圖 15-4 中所示的圖表。這裡有很多的樣式可選用,請嘗試這些樣式,並找出您喜歡的。

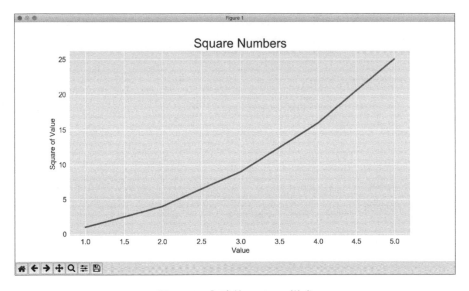

圖 15-4　內建的 seaborn 樣式

使用 scatter()繪製散佈圖並設定其樣式

有時候根據各個資料點各自的特性來繪製和設定樣式是很有用的，舉例來說，您可能希望以某種顏色來標示較小的值，而用另一種顏色來標示較大的值。您還可以使用一組樣式選項來繪製大型的資料集合，然後透過使用不同選項重新繪製各個資料點來突顯各個資料點的特質。

若想要繪製單個資料點，可使用 scatter() 函式，並對它傳入一對 (x, y) 座標值，它會在指定的座標位置繪製一個資料點：

⬇ scatter_squares.py
```python
import matplotlib.pyplot as plt

plt.style.use('seaborn')
fig, ax = plt.subplots()
ax.scatter(2, 4)

plt.show()
```

接著設定輸出樣式，讓圖表變得更有趣。我們新增標題、對座標軸加上標籤、並確定所有文字都夠大夠清楚：

```python
import matplotlib.pyplot as plt

plt.style.use('seaborn')
fig, ax = plt.subplots()
❶ ax.scatter(2, 4, s=200)

# Set chart title and label axes.
ax.set_title("Square Numbers", fontsize=24)
ax.set_xlabel("Value", fontsize=14)
ax.set_ylabel("Square of Value", fontsize=14)

# Set size of tick labels.
ax.tick_params(labelsize=14)

plt.show()
```

在❶這裡呼叫了 scatter()，並使用 s 引數來設定繪製圖表時使用的點的大小。如果此時執行 scatter_squares.py 程式，就會在圖表中間看到一個點，如圖 15-5 所示。

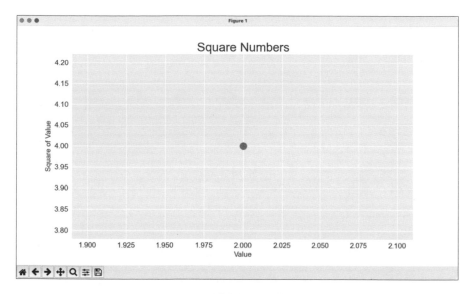

圖 15-5　繪製單一個資料點

使用 scatter() 繪製一系列資料點

若想要繪製一系列的資料點，可以對 scatter() 傳入兩個分別含有 x 值和 y 值的串列，如下列所示：

⬇ scatter_squares.py

```
import matplotlib.pyplot as plt

x_values = [1, 2, 3, 4, 5]
y_values = [1, 4, 9, 16, 25]

plt.style.use('seaborn')
fig, ax = plt.subplots()
ax.scatter(x_values, y_values, s=100)

# Set chart title and label axes.
--省略--
```

x_values 串列含有要計算其平方值的數字，而 y_values 串列則含有前面數字對應的平方值。這些串列傳入 scatter() 時，Matplotlib 會依序從每個串列中讀取一個值來繪製一個資料點。這裡要繪製的資料點其座標分別為 (1, 1)、(2, 4)、(3, 9)、(4, 16) 和 (5, 25)，其繪製最終的結果如圖 15-6 所示。

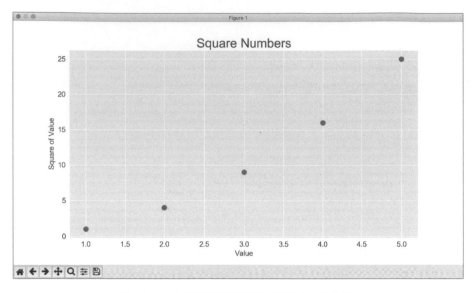

圖 15-6　由多個資料點所繪製而成的散佈圖

自動計算資料

手動輸入串列要放入的值其效率不高，在需要繪製的點很多時更是如此。我們可以不必自己用手動的方式計算含有資料點座標的串列，而是讓 Python 的迴圈來幫我們搞定這件工作。

以下為繪製 1000 個點的程式碼：

⬇ scatter_squares.py

```
   import matplotlib.pyplot as plt

❶ x_values = range(1, 1001)
   y_values = [x**2 for x in x_values]

   plt.style.use('seaborn')
   fig, ax = plt.subplots()
❷ ax.scatter(x_values, y_values, s=10)

   # Set chart title and label axes.
   --省略--

   # Set the range for each axis.
❸ ax.axis([0, 1100, 0, 1100000])

   plt.show()
```

我們先以 range 建立一個 x 值的範圍，其範圍是 1 到 1000 的整數❶，接著是一個生成 y 值的串列解析式，它會以迴圈遍訪 x 值（for x in x_values），計算其平方值（x**2）後將結果存放到 y_values 串列內。隨後把輸入串列和輸出串列傳到 scatter() 中❷。由於這個資料集合比較大，我們把資料點設定小一些。

在❸這裡使用 axis() 方法指定每個座標軸的數值範圍。axis() 方法需要放入四個值：x 和 y 座標軸的最小值和最大值。在這個範例中，我們把 x 座標的數值範圍設定為 0~1100，而把 y 座標軸的數值範圍設定為 0~1100000。其繪製的結果如圖 15-7 所示。

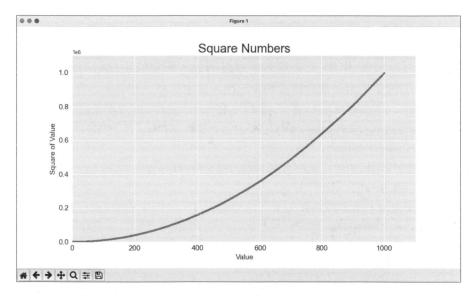

圖 15-7　Python 繪製 1000 個資料點的散佈圖也是很容易的

自訂刻度標籤

當座標軸上的數字很大時，Matplotlib 預設會為刻度標籤套用科學記數法。這種設定是一件好事，因為一般記數法中較大的數字會在視覺化中圖表中佔用大量不必要的空間。

圖表中幾乎每種元素都是可自訂的，因此只要您願意，可以告知 Matplotlib 繼續使用一般記數法來標示：

```
--省略--
# Set the range for each axis.
```

```
ax.axis([0, 1100, 0, 1_100_000])
ax.ticklabel_format(style='plain')

plt.show()
```

ticklabel_format() 方法允許我們覆蓋繪圖時的預設刻度標籤樣式。

自訂顏色

若想要修改資料點的顏色，可以對 scatter() 傳入 color 引數和要使用的顏色名稱，如下所示：

```
ax.scatter(x_values, y_values, color='red', s=10)
```

您還可以使用 RGB 色彩模式來自訂顏色。若要設定自訂的顏色值，可傳入 color 引數來指定一個色彩值的多元組，其中含有三個 0~1 之間的小數值（分別代表紅、綠和藍色的份量）。舉例來說，下面這段程式碼中建立了一個淡綠色資料點所組成的散佈圖：

```
ax.scatter(x_values, y_values, color=(0, 0.8, 0), s=10)
```

值愈接近 0，指定顏色就愈深；值愈接近 1，則指定的顏色就愈淺。

使用色盤

色盤（colormap，或譯色表、顏色對應表）是一系列從起始顏色漸變到結尾顏色的色表。色盤在視覺化中可用來強調資料的模式規律，舉例來說，我們可能用較淺的顏色來顯示較小的值，而用較深的顏色來顯示較大的值。使用色盤可確保在視覺化呈現中的所有資料點都依照精心設計的色標來平滑準確變化。

pyplot 模組內建了一組色盤，若想要使用這些色盤，需要告知 pyplot 要如何設定資料集合中每個資料點的顏色。這裡示範了如何依據每個資料點的 y 值來設定其顏色：

⬇ scatter_squares.py
```
--省略--
plt.style.use('seaborn')
fig, ax = plt.subplots()
ax.scatter(x_values, y_values, c=y_values, cmap=plt.cm.Blues, s=10)
```

```
# Set chart title and label axes.
--省略--
```

c 引數的用法很像 color 引數，但它是用在一系列值與顏色的對應關聯處理。我們把 y 值串列傳給 c 引數，並使用 cmap 引數告知 pyplot 使用哪個色盤來處理。這段程式碼會把 y 值較小的資料點顯示成較淺的藍色，而將 y 值較大的資料點顯示成較深的藍色，其生成的圖表如圖 15-8 所示。

> **NOTE**
>
> 若想要更深入了解 pyplot 中的所有色盤，請連到 *http://matplotlib.org/*，連到 Tutorials，向下捲動到 Colors，再點按 **Choosing Colormaps in Matplotlib**。

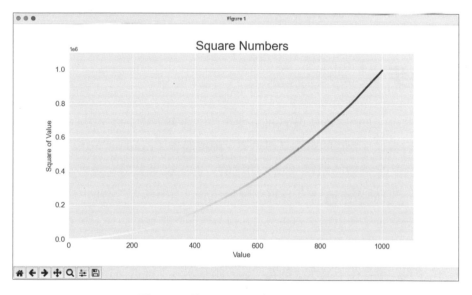

圖 15-8　使用 Blues 色盤的圖表範例

自動儲存圖表

如果想要讓程式自動幫我們把圖表儲存到檔案中，可把呼叫 plt.show() 的陳述句改換成呼叫 plt.savefig()：

```
plt.savefig('squares_plot.png', bbox_inches='tight')
```

第一個引數指定的是要以什麼樣的檔名來儲存圖表，這個檔案會存到 scatter_squares.py 所在的那個資料夾內，第二個引數指定的是把圖表多餘的空白區域裁切掉。如果要保留圖表周圍多餘的空白區域，則可忽略這個引數。我們也可以使用 Path 物件來呼叫 savefig()，把輸出檔寫入系統中任何目錄位置。

實作練習

15-1. 立方：數值的三次方稱為數值的立方（cube）。請繪製一個圖表，顯示前 5 個正整數的立方值。請再繪製一個圖表，顯示前 5000 個正整數的立方值。

15-2. 彩色立方：為前一個練習所繪製的立方圖表指定色盤。

隨機漫步

在本節中，我們將會使用 Python 來生成隨機漫步的資料，再使用 Matplotlib 把這些資料以最吸睛的方式呈現出來。**隨機漫步（random walk）**是一條每次行走時都完全隨機的路徑，沒有明確的方向，結果是由一系列隨機決策所決定的。您可以把隨機漫步想像成像螞蟻漫無目的地亂走，向前的每一步都是隨機決定的。

在自然界、物理、生物、化學和經濟等領域，隨機漫步都有其實際的用處，舉例來說，漂浮在一滴水上的花粉因不斷被水分子推擠而在水面上移動，而這水滴中的水分子運動是隨機的，因此花粉在水面上的移動路徑就像隨機漫步。我們在後面會編寫程式碼來模擬現實世界中的多種現象。

建立 RandomWalk 類別

為了要模擬隨機漫步，我們會建立一個 RandomWalk 類別，此類別會隨機選擇前進的方向。這個類別需要有三個屬性：一個是用來存放隨機漫步次數的變數，而另外二個則是個串列，分別用來存放隨機漫步經過的每個點的 x 和 y 座標值。

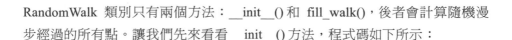

RandomWalk 類別只有兩個方法：__init__() 和 fill_walk()，後者會計算隨機漫步經過的所有點。讓我們先來看看 __init__() 方法，程式碼如下所示：

⬇ random_walk.py

```
❶ from random import choice

  class RandomWalk:
      """A class to generate random walks."""

❷     def __init__(self, num_points=5000):
          """Initialize attributes of a walk."""
          self.num_points = num_points

          # All walks start at (0, 0).
❸         self.x_values = [0]
          self.y_values = [0]
```

為了要做出隨機的決策，我們把所有可能的選擇都存放到一個串列內，並在每次做決定時都使用 random 模組的 choice() 函式來決定使用哪個選擇❶。接著我們把漫步的一組預設點數設為 5000，這個值大到足以生成一些有趣的模式，同時也夠小，可確保能快速生成漫步資料❷。隨後在❸這裡，我們建立了兩個用來存放 x 和 y 值的串列，並讓每次漫步的點都由 (0, 0) 出發。

選擇方向

我們會使用 fill_walk() 來生成漫步所要走的點，並決定每次漫步的方向，fill_walk() 的程式碼如下所示，請將這個方法新增到 random_walk.py 檔案中：

⬇ random_walk.py

```
      def fill_walk(self):
          """Calculate all the points in the walk."""

          # Keep taking steps until the walk reaches the desired length.
❶         while len(self.x_values) < self.num_points:

              # Decide which direction to go and how far to go in that direction.
❷             x_direction = choice([1, -1])
              x_distance = choice([0, 1, 2, 3, 4])
❸             x_step = x_direction * x_distance

              y_direction = choice([1, -1])
              y_distance = choice([0, 1, 2, 3, 4])
❹             y_step = y_direction * y_distance

              # Reject moves that go nowhere.
❺             if x_step == 0 and y_step == 0:
```

```
                    continue

            # Calculate the next x and y values.
❻           next_x = self.x_values[-1] + x_step
            next_y = self.y_values[-1] + y_step

            self.x_values.append(next_x)
            self.y_values.append(next_y)
```

在❶這裡我們建立了一個迴圈，此迴圈會一直執行，直到漫步含有所需數量的點為止。此方法的主要部分告知 Python 如何模擬四種漫步的決定：向右或向左走？沿著選定的方向走多遠？向上或向下走？沿著選定的方向走多遠？

我們使用 choice([1, -1]) 來為 x_direction 選擇一個值，其結果 1 是向右，或 -1 是向左❷。接著 choice([0, 1, 2, 3, 4]) 隨機選擇 0 到 4 之間的一個整數，用來告知 Python 沿著選定方向走的距離（x_distance）。這裡包含 0 讓我們能沿著 y 軸以及兩個軸移動。

在❸和❹這裡，我們把移動方向乘上移動距離來決定沿著 x 和 y 軸移動的距離。如果 x_step 為正值，就會向右移動，如果為負值，就會向左移動，若為 0 時表示要垂直移動；如果 y_step 為正值，就會向上移動，如果為負值，則會向下移動，若為 0 時表示水平移動。如果 x_step 和 y_step 都為 0，則表示在原地不動，但我們會繼續下一次迴圈來防止原地不動的情況❺。

為了要取得漫步中下個點的 x 值，我們把 x_step 和 x_values 中的最後一個值加起來❻，對 y 值也做相同的處理。取得下一個點的 x 值和 y 值後，把它們分別附加到 x_values 和 y_values 串列的尾端。

繪製隨機漫步圖表

下列的程式碼把隨機漫步的所有點都繪製出來：

⬇ rw_visual.py

```
    import matplotlib.pyplot as plt

    from random_walk import RandomWalk

    # Make a random walk.
❶   rw = RandomWalk()
    rw.fill_walk()

    # Plot the points in the walk.
```

```
   plt.style.use('classic')
   fig, ax = plt.subplots()
❷ ax.scatter(rw.x_values, rw.y_values, s=15)
❸ ax.set_aspect('equal')
   plt.show()
```

我們在這裡先匯入 pyplot 模組和 RandomWalk 類別，然後才建立 RandomWalk
實例，並把它指定存放到 rw 中❶，再呼叫 fill_walk()。在❷這裡我們把隨機漫
步所包含的 x 和 y 值傳入 scatter()，並選擇適當的資料點大小來呈現。預設的
情況下，Matplotlib 是獨立調整兩個座標軸，但這種方法會水平或垂直拉伸大
多數的漫步距離。這裡我們使用 set_aspect() 方法來指定兩個座標軸之間的刻度
間距應該要相等。

圖 15-9 為顯示了含有 5000 個隨機漫步點的圖表。在本節的圖省略了 Matplotlib
的 viewer，但您在自己電腦執行 rw_visual.py 時還是會出現。

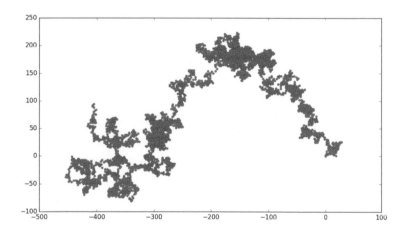

圖 15-9　含有 5000 個隨機漫步點的圖表

生成多個隨機漫步

每次的隨機漫步都會不同，因此探索可能生成的各種模式也會很有趣。想要在
不用多次執行程式的情況下使用前面的程式碼來生成多個隨機漫步，那就要把
這些程式碼放入一個 while 迴圈中來處理，如下所示：

⬇ rw_visual.py

```
import matplotlib.pyplot as plt

from random_walk import RandomWalk

# Keep making new walks, as long as the program is active.
while True:
    # Make a random walk.
    --省略--
    plt.show()

    keep_running = input("Make another walk? (y/n): ")
    if keep_running == 'n':
        break
```

這段程式碼會生成一個隨機漫步，並在 Matplotlib 的 viewer 中顯示，當 viewer 開啟後會暫停。如果關閉 viewer，程式會詢問是否還要再生成一個隨機漫步，如果按下 **y**，就可再生成隨機漫步圖，這個漫步都會在起點附近前進，大多沿著特定方向移動離開起點，這些點會連接成較大一群點的細小切面，以此類推。當您想要結束程式，請按下 **n**。

設定隨機漫步圖表的樣式

本節我們要自訂圖表的樣式，用來突顯強調每次漫步的重要特徵，使得會造成分心的元素不要太明顯。要做到這樣，我們得先確定要突顯的元素是什麼，例如漫步的起點、終點和經過的路徑等。接著確定要讓哪些元素不要那麼顯眼，例如像刻度標籤和其他標籤等。最後的結果就會是個簡單的視覺化呈現，能清楚地指出每次漫步經過的路徑。

點的著色

我們會使用色盤來指出漫步中各個點的前後順序，並移除每個點的外框線，讓顏色填滿更明顯。若想要根據在漫步中的位置來對點進行著色，我們要傳入 c 引數，此引數為每個點位置的串列。因為這些點是依順序繪製的，所以串列只包含 0 到 4999 的數字，如下所示：

⬇ rw_visual.py

```
--省略--
while True:
    # Make a random walk.
    rw = RandomWalk()
```

```
    rw.fill_walk()

    # Plot the points in the walk.
    plt.style.use('classic')
    fig, ax = plt.subplots()
❶   point_numbers = range(rw.num_points)
    ax.scatter(rw.x_values, rw.y_values, c=point_numbers, cmap=plt.cm.Blues,
        edgecolors='none', s=15)
    ax.set_aspect('equal')
    plt.show()
    --省略--
```

在❶這裡，我們使用 range() 來生成一個數字串列，其中含有的數字與漫步所含有的點數相同。接著我們把這個串列指定到 point_numbers 中，以便在後面能用它來設定每個漫步點的顏色。我們把 point_numbers 傳給 c 引數，再用 Blues 當作色盤，並傳入 edgecolor='none' 引數來移除點的黑色外框線。最後的隨機漫步圖表所呈現的是由淺藍色漸層到深藍色，如圖 15-10 所示。

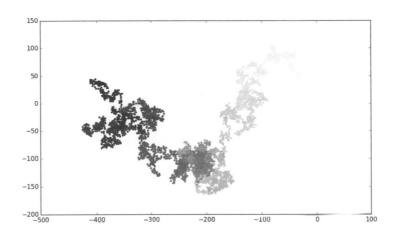

圖 15-10　使用 Blues 色盤來為隨機漫步圖表著色

重新繪製起點和終點

除了為隨機漫步的各個點著色，標示出位置順序之外，若還能標示出起點和終點就更好了。要做到這一點，我們可以在繪製隨機漫步圖表後再重新繪製起點和終點。這裡我們讓起點和終點變得更大一點，並以不同的顏色來顯示，把它們突顯出來，其程式碼如下所示：

⬇ rw_visual.py

```
--省略--
while True:
    --省略--
    ax.scatter(rw.x_values, rw.y_values, c=point_numbers, cmap=plt.cm.Blues,
        edgecolors='none', s=15)
    ax.set_aspect('equal')

    # Emphasize the first and last points.
    ax.scatter(0, 0, c='green', edgecolors='none', s=100)
    ax.scatter(rw.x_values[-1], rw.y_values[-1], c='red', edgecolors='none',
        s=100)

    plt.show()
    --省略--
```

為了讓起點突顯出來，我們用綠色來繪製 (0, 0) 這點，並讓這個點比其他點大（s=100）。為了讓終點突顯出來，我們在漫步所包含的最後一個 x 和 y 值這個位置繪製一個點，顏色為紅色，大小設為 100。請一定要把這些程式碼放在呼叫 plt.show() 這行前面，確定在其他點的上面繪製起點和終點。

如果您現在執行這段程式，就能確切知道每次隨機漫步的起點和終點。如果起點和終點不夠明顯，可調整其顏色和大小，直到夠突顯為止。

隱藏座標軸

讓我們一起來把圖表中的座標軸隱藏起來，以免分散對隨機漫步圖表的注意力。若想要隱藏座標軸，可使用下列的程式碼來處理：

⬇ rw_visual.py

```
--省略--
while True:
    --省略--
    ax.scatter(rw.x_values[-1], rw.y_values[-1], c='red', edgecolors='none',
        s=100)

    # Remove the axes.
    ax.get_xaxis().set_visible(False)
    ax.get_yaxis().set_visible(False)

    plt.show()
    --省略--
```

若想要修改座標軸，可使用 ax.get_xaxis() 和 ax.get_yaxis() 方法將每個軸的 set_visible() 顯示設定為 False。隨著我們進行愈來愈多的資料視覺化處理，就愈容易看到這種運用方式寫在程式碼之中。

如果我們現在執行 rw_visual.py 檔，就會看到一系列視覺化圖表呈現，但座標軸不會顯示。

新增點數

接下來讓我們新增更多資料點數量，以提供更多的資料呈現。我們在建立 RandomWalk 實例時可增加 num_points 的值，並在繪圖時調整每個點的大小，程式碼如下所示：

⬇ rw_visual.py

```
-- 省略 --
while True:
    # Make a random walk.
    rw = RandomWalk(50_000)
    rw.fill_walk()

    # Plot the points in the walk.
    plt.style.use('classic')
    fig, ax = plt.subplots()
    point_numbers = range(rw.num_points)
    ax.scatter(rw.x_values, rw.y_values, c=point_numbers, cmap=plt.cm.Blues,
        edgecolor='none', s=1)
    -- 省略 --
```

這個範例製作了一個含有 50,000 個點的隨機漫步（用來模擬反映現實世界的資料），並把每個點的大小都設為 1（s=1）。最後的這個隨機漫步圖表更細緻，像雲朵，如圖 15-11 所示。如您所見，我們使用簡單的散佈圖來製作出一件藝術品！

請試著修改上面的程式碼，看看要把漫步的資料點數量增加到多少個之後，程式執行的速度才會變得十分緩慢，或者繪製出來的圖表會變得很難看。

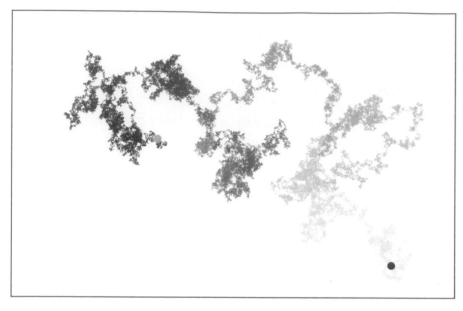

圖 15-11　含有 50,000 個點的隨機漫步圖表

調整大小來配合螢幕

如果資料的呈現能好好地配合螢幕大小，那視覺化在傳達資料模式方面就會更為有效。為了讓繪圖視窗更能配合您的螢幕，請調整 Matplotlib 輸出的大小，其程式碼如下所示：

```
fig, ax = plt.subplots(figsize=(15, 9))
```

在建立圖表時，可在 subplots() 中傳入 figsize 引數來設定圖表的大小。figsize 參數接收的是個多元組，告知 Matplotlib 繪圖視窗要設定為的多少尺寸，其單位為英寸。

Matplotlib 假設螢幕解析度為每英寸 100 像素；如果上述的程式碼所指定的圖表大小不適合，則可依據需求來調整其中的數字。如果知道自己系統的解析度，可用 dpi 參數傳入 figure()，這樣就能有效地運用螢幕的空間，其作法如下所示：

```
fig, ax = plt.subplots(figsize=(10, 6), dpi=128)
```

這樣的設定應該能最有效地利用螢幕上的可用空間。

實作練習

15-3. 分子運動：請修改 rw_visual.py 檔，把其中 ax.scatter() 改換為 ax.plot()。為了要模擬花粉在水滴表面的運動路徑，請傳入 rw.x_values 和 rw.y_values，並指定 linewidth 引數的值，使用 5,000 個點而不是 50,000 個點，這樣在繪製時才不會佔用太多系統資源。

15-4. 修改隨機漫步：在 RandomWalk 類別中，x_step 和 y_step 是在相同的條件下生成的，從 [1, -1] 串列中隨機選擇方向，並從 [0, 1, 2, 3, 4] 中隨機選擇移動的距離。請修改這些串列中的值，看看對隨機漫步的路徑會產生什麼影響。請試著使用更長的移動距離設定串列來讓程式選擇，例如 0 到 8，或者把 -1 從 x 或 y 方向的串列中刪除。

15-5. 重構：fill_walk() 方法內容很長，請建立一個 get_step() 方法，用來確定每次漫步的距離和方向，並計算這次漫步要如何移動。隨後在 fill_walk() 中呼叫這個 get_step() 兩次：

```
x_step = get_step()
y_step = get_step()
```

利用這樣的重構就可縮短 fill_walk() 的程式長度，讓這個方法看起來更好懂易讀。

使用 Plotly 來擲骰子

本節我們將會使用 Python 的套件 Plotly 來生成互動式的視覺化圖像。當您想要建立放在瀏覽器中顯示的視覺化物件時，Plotly 特別有用，因為視覺化物件能依據閱覽者螢幕大小自動縮放調整。Plotly 生成的視覺化物件也是互動式的。當使用者把滑鼠游標停放在螢幕上的某些元素時，關於該元素的資訊就會突顯出來。我們會使用 Plotly Express，寫幾行程式碼來建構初始的視覺化圖像，Plotly Express 是 Plotly 下的子功能，其焦點是放在讓使用者用最少的程式碼生成想要的圖表。一旦知道繪出來的圖表是正確且是我們想要的結果，接下來就可以像使用 Matplotlib 一樣自訂其輸出呈現的樣貌。

在這個應用專題中，我們會對擲骰子的結果進行分析，丟擲有 6 個面的正常骰子時，可能出現的結果為 1 到 6 點，且出現每種結果的機率相同。但如果同時丟擲兩個骰子，某些點數出現的機率會比其他點數來得大，為確定有哪些點數出現的機率最大，我們將會生成一個代表丟擲骰子結果的資料集合。隨後我們將繪製大量擲骰結果的圖表，以確定哪些結果比其他結果出現的可能性更大。

這項專題應用有助於擲骰子相關遊戲的建模，但其核心思維也適用於所有類型涉及機率的遊戲，例如紙牌遊戲。其應用面與許多現實情況中隨機因素有很大的相關性。

安裝 Plotly

請使用 pip 來安裝 Plotly 套件，其作法就像安裝 Matplotlib 一樣：

```
$ python -m pip install --user plotly
$ python -m pip install --user pandas
```

Plotly Express 依賴於 pandas，這是一套用來高效處理資料的程式庫，因此我們也需要安裝 pandas。如果在安裝 Matplotlib 時用了 python3 或其他指令，請確定在這裡也使用相同的指令。

若想要了解使用 Plotly 可以建立什麼樣的視覺化圖表，請連上網址 *https://plotly. com/python*，查閱官網中圖表類型的圖庫區。圖庫中每個範例都含有程式碼，能讓我們知道這些圖表是怎麼做出來的。

建立 Die 類別

下列這個 Die 類別為模擬丟擲一個骰子的程式碼：

⬇ die.py

```
from random import randint

class Die:
    """A class representing a single die."""

❶  def __init__(self, num_sides=6):
        """Assume a six-sided die."""
        self.num_sides = num_sides

    def roll(self):
        """Return a random value between 1 and number of sides."""
❷      return randint(1, self.num_sides)
```

__init__() 方法接收一個可選擇性使用的引數❶。在用 Die 類別建立實例時，如果沒有指定任何引數，骰子預設的面數為六，如果指定了引數，這個值就會用來設定骰子的面數。（骰子是依據面數來命名的，六個面的骰子取名為 D6，八個面的骰子取名為 D8，以此類推。）

roll() 方法中使用 randint() 函式來返回一個從 1 到面數之間的隨機數❷。這個函式可能返回起始值 1、結尾值 num_sides 或是這兩個數之間的任何整數。

丟擲骰子

在使用 Die 類別來建立視覺化圖表之前，我們先來丟擲 D6 這個骰子，並把結果印出來，檢查其結果是否合理：

⬇ die_visual.py

```
from die import Die

# Create a D6.
❶ die = Die()

# Make some rolls, and store results in a list.
results = []
❷ for roll_num in range(100):
    result = die.roll()
    results.append(result)

print(results)
```

在❶這裡建立了一個 Die 實例，骰子的面數為預設值 6。在❷這裡則是丟擲骰子 100 次，並把每次的結果都儲存到 results 串列中。下列為執行結果的集合：

```
[4, 6, 5, 6, 1, 5, 6, 3, 5, 3, 5, 3, 2, 2, 1, 3, 1, 5, 3, 6, 3, 6, 5, 4,
 1, 1, 4, 2, 3, 6, 4, 2, 6, 4, 1, 3, 2, 5, 6, 3, 6, 2, 1, 1, 3, 4, 1, 4,
 3, 5, 1, 4, 5, 5, 2, 3, 3, 1, 2, 3, 5, 6, 2, 5, 6, 1, 3, 2, 1, 1, 1, 6,
 5, 5, 2, 2, 6, 4, 1, 4, 5, 1, 1, 1, 4, 5, 3, 3, 1, 3, 5, 4, 5, 6, 5, 4,
 1, 5, 1, 2]
```

快速掃描一下這個結果可得知，Die 類別看起來沒什麼問題。我們看到 1 和 6，這表示返回了最大值和最小值，由於沒看到 0 或 7，這表示結果都在正確的範圍內。我們也看到 1 到 6 的所有數字，這代表所有可能的結果都有出現。讓我們來找出每個數字出現的次數。

分析結果

我們要來分析丟擲 D6 骰子的結果，計算每個點數出現的次數：

⬇ die_visual.py

```
    --省略--
    # Make some rolls, and store results in a list.
    results = []
❶ for roll_num in range(1000):
        result = die.roll()
        results.append(result)

    # Analyze the results.
    frequencies = []
❷ poss_results = range(1, die.num_sides+1)
    for value in poss_results:
❸        frequency = results.count(value)
❹        frequencies.append(frequency)

    print(frequencies)
```

因為我們不用把擲骰子結果印出，所以可以把模擬擲骰子的次數增加到 1000 次❶。為了要分析結果，我們建立了 frequencies 的空串列，準備用來儲存每種點數出現的次數。接著是生成所有可能的點數，這裡的範例是 1 到 die 之前的所有整數❷。我們以迴圈遍訪所有可能的點數，計算每種點數在 results 中出現了多少次❸，並把這個值附加到 frequencies 串列的尾端❹。接著我們會在視覺化呈現之前先將這個串列印出來查看：

```
[155, 167, 168, 170, 159, 181]
```

結果看起來蠻合理的：我們看到六個值，分別代表丟擲 D6 骰子時可能出現的 1 到 6 點數所對應的次數，並沒有哪一個點數出現頻率特別高，算是合理的隨機分佈。接下來讓我們一起來對這個結果進行視覺化的呈現。

繪製直方圖

現在已有了需要的資料，就可以利用 Plotly Express，以幾行程式碼就生成視覺化的圖表呈現：

⬇ die_visual.py

```
import plotly.express as px

from die import Die
--省略--

for value in poss_results:
    frequency = results.count(value)
    frequencies.append(frequency)

# Visualize the results.
fig = px.bar(x=poss_results, y=frequencies)
fig.show()
```

首先是匯入 plotly.express 模組，並使用大家慣用的 px 來當作別名。隨後使用 px.bar() 函式來建立直條圖。在這個函式的最簡單應用中，我們只需要傳入一組 x 和 y 值就能製圖。以上述範例來看，x 值是丟擲骰子的可能結果，y 值是每個可能結果的次數頻率。

最後一行是呼叫 fig.show()，告知 Plotly 把結果的圖表渲染彩現為 HTML 檔，並在瀏覽器新的標籤頁面中開啟這個檔案。其結果如圖 15-12 所示。

這是個非常簡單的圖表，所以還不完備，但這正是 Plotly Express 的快速好用方式。您只要編寫幾行程式碼，查看視覺化的圖表，並確保這份圖表是以您想要的方式呈現資料。如果您對結果滿意，則可繼續自訂修飾圖表中的元素，例如標籤和樣式。但如果您還想探索其他可能的圖表類型，現在先不要花費額外的時間進行圖表的自訂工作，而是透過把 px.bar() 更改為 px.scatter() 或 px.line() 之類的方式來嘗試繪製不同圖表呈現。若您想要了解可用圖表類型的完整清單，請連到 *https://plotly.com/python/plotly-express* 網站查閱。

這個圖表是動態且具有互動性的。如果您調整瀏覽器視窗的大小，其中的圖表也會跟著調整配合。如果把滑鼠游標移到該圖中的任何一個長條上，就會看到該長條相關的資料數據。

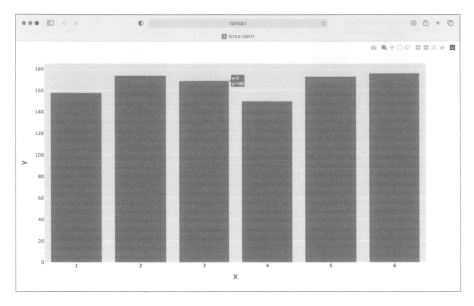

圖 15-12　使用 Plotly 建立的初始長條圖

自訂圖表

現在已經有了正確的圖表，我們的資料也被準確地呈現，接著就把焦點放在為圖表加上適當的標籤和樣式。

使用 plotly 自訂圖表的第一種方法是在初始呼叫中使用一些可選擇性使用的參數來配合生成圖表，以這個範例來說，使用了 px.bar()，這是為座標軸加入總標題和標籤的處理：

⬇ die_visual.py

```
--省略--
# Visualize the results.
❶ title = "Results of Rolling One D6 1,000 Times"
❷ labels = {'x': 'Result', 'y': 'Frequency of Result'}
  fig = px.bar(x=poss_results, y=frequencies, title=title, labels=labels)
  fig.show()
```

首先定義了想要的主標題文字，並指定給 title 變數❶。接著定義座標軸標籤，我們編寫了一個字典❷。字典中的「鍵」是要進行自訂的座標軸標籤，「值」則是用來的自訂的標籤文字。在這裡給了 x 軸標籤文字為「Result」和 y 軸的標籤文字為「Frequency of Result」。現在呼叫 px.bar() 則含有可選擇性使用的參數 title 和 labels。

現在的圖表生成後就會包含一個適當的大標題和兩個座標軸的標籤文字，如圖 15-13 所示。

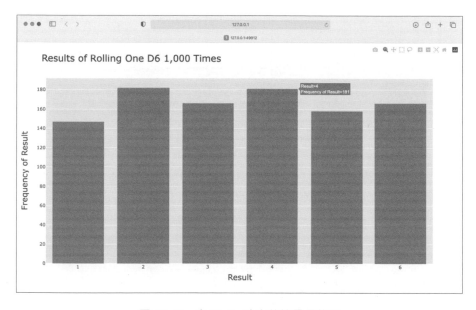

圖 15-13　由 Plotly 建立的簡易長條圖

同時丟擲兩個骰子

同時丟擲兩個骰子所得到的點數更大，結果分佈的情況也不太一樣。我們來修改前面的程式碼，建立兩個 D6 骰子，用來模擬丟擲兩個骰子的情況。每次丟擲兩個骰子時，我們都把兩個骰子的點數相加，再將結果存放到 results 內。請複製 die_visual.py 檔，並將它儲存為 dice_visual.py，然後進行下列的修改：

⬇ dice_visual.py

```
import plotly.express as px

from die import Die
```

```
    # Create two D6 dice.
    die_1 = Die()
    die_2 = Die()

    # Make some rolls, and store results in a list.
    results = []
    for roll_num in range(1000):
❶      result = die_1.roll() + die_2.roll()
        results.append(result)

    # Analyze the results.
    frequencies = []
❷   max_result = die_1.num_sides + die_2.num_sides
❸   poss_results = range(2, max_result+1)
    for value in poss_results:
        frequency = results.count(value)
        frequencies.append(frequency)

    # Visualize the results.
    title = "Results of Rolling Two D6 Dice 1,000 Times"
    labels = {'x': 'Result', 'y': 'Frequency of Result'}
    fig = px.bar(x=poss_results, y=frequencies, title=title, labels=labels)
    fig.show()
```

建立兩個 Die 實例後，我們丟擲骰子，並加總點數❶。可能出現的最小點數為 2，這是兩個骰子最小可能點數的加總。而可能出現的最大點數為 12，這是兩個骰子最大點數的加總，我們把這個值指定到 max_result 中❷。變數 max_result 讓生成 poss_results 的程式碼更好讀易懂❸。我們原本可以用 range(2, 13) 來代表，但這種方式只適用於兩個 D6 的骰子。模擬現實世界的狀態時，最好編寫能適應各種情況的程式碼，前述的程式碼能讓我們模擬丟擲任何兩個不管有多少個面的骰子，它都能自動計算出結果。

執行這段程式碼後，您就會看到如圖 15-14 所示的圖表。

這個圖表顯示了丟擲兩個 D6 骰子時所得到結果的近似分佈。如您所見，總點數為 2 或 12 的可能性最小，而總點數為 7 的可能性則最大，這是因為有六種情況下取得的總點數都為 7，這六種情況分別是：1 和 6、2 和 5、3 和 4、4 和 3、5 和 2、6 和 1。

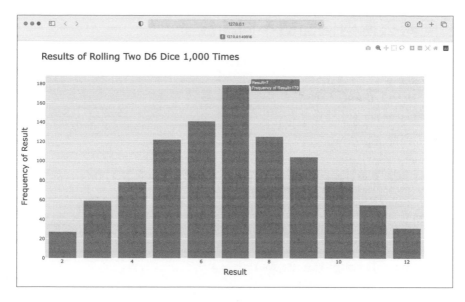

圖 15-14　模擬丟擲兩個 D6 骰子 1000 次的結果

更深入的自訂

對於剛剛生成的圖表還有問題待解決。圖表中有 11 個直條，x 軸預設的配置並沒有為每個直條加上標籤文字。雖然預設的情況在大多數視覺化呈現中都可以應付得很好，但在這張圖表中為每個直條都加上標籤文字是更好的表現方式。

Plotly 中有個 update_layout() 方法可用在圖表建立後對其進行各種更新修飾。以下的程式碼是告知 Plotly 為圖表中每個直條加上自己的標籤文字：

⬇ dice_visual.py

```
--省略--
fig = px.bar(x=poss_results, y=frequencies, title=title, labels=labels)

# Further customize chart.
fig.update_layout(xaxis_dtick=1)

fig.show()
```

update_layout() 方法作用於表示整體圖表的 fig 物件。這裡使用 xaxis_dtick 引數，它是用來指定 x 軸上刻度間的距離。我們把該間距設為 1，這樣就能讓 x 軸上每個直條都加上標籤文字。當您再次執行 dice_visual.py 後，應該會在每個直條上看到標籤文字。

同時丟擲兩個面數不同的骰子

讓我們來建立一個六面和一個十面的骰子，再看看同時丟擲這兩個骰子 50,000 次的結果：

⬇ different_dice.py

```
import plotly.express as px

from die import Die

# Create a D6 and a D10.
die_1 = Die()
❶ die_2 = Die(10)

# Make some rolls, and store results in a list.
results = []
for roll_num in range(50_000):
    result = die_1.roll() + die_2.roll()
    results.append(result)

# Analyze the results.
--省略--

# Visualize the results.
❷ title = "Results of Rolling a D6 and a D10 50,000 Times"
labels = {'x': 'Result', 'y': 'Frequency of Result'}
--省略--
```

為了要建立 D10 骰子，我們在建立第二個 Die 骰子實例時傳入了 10 來當作引數❶。我們還修改了第一個迴圈來模擬 50,000 次而不是 1,000 次的丟擲。我們也調整了圖表上標題的文字內容❷。

圖 15-15 顯示了最後的結果。出現機率最大的加總點數不只 1 個，而是有 5 個，這是因為出現最小點數（1 和 1）和最大點數（6 和 10）的組合都只有一種，但面數較小的骰子限制了取得中間點數的組合數量：得到加總點數為 7、8、9、10 和 11 的組合都有六種，所以這些加總點數是最常出現的結果，而您也可能擲出這些數字組合中的任一個。

使用 Plotly 來模擬丟擲骰子的能力，讓我們更能自由地探索這類現象。只需要在短短的幾分鐘內，就可模擬各種骰子多次丟擲的結果。

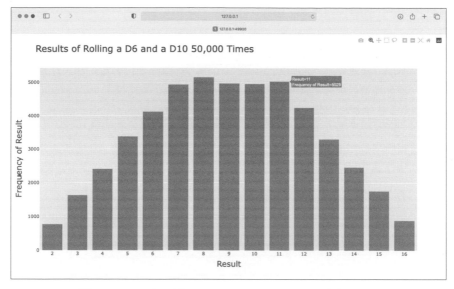

圖 15-15　同時丟擲 6 面和 10 骰子 50,000 次的統計結果

儲存圖表

當您生成喜歡的圖表後，可以隨時利用瀏覽器把圖表儲存成 HTML 檔。但也可以透過程式碼來進行儲存。若要把圖表儲存成 HTML 檔，請把 fig.show() 的呼叫替換為 fig.write_html() 的呼叫：

```
fig.write_html('dice_visual_d6d10.html')
```

write_html() 方法需要一個引數：要寫入的檔名。如果只提供檔名，則這個檔案就會儲存在與這支程式 .py 檔所在相同的目錄內。您還可以使用 Path 物件呼叫 write_html()，把輸出檔寫入系統中的任何位置。

實作練習

15-6. 兩個 D8 骰子：請模擬同時丟擲兩個八面的骰子 1,000 次的結果。在執行模擬之前，請試著描繪您想要的視覺化圖表的外觀；然後看看您的直覺是否正確。請逐漸增加丟擲的次數，直到超出系統效能的限制為止。

15-7. 同時丟擲三個骰子：如果同時丟擲三個 D6 骰子，可得到的最小加總點數為 3，最大加總點數為 18。請利用視覺化來呈現這個模擬的結果。

15-8. 點數相乘：同時丟擲兩個骰子時，一般都是把點數相加，這個練習改成利用視覺化來呈現同時丟擲兩個骰子的點數相乘結果。

15-9. 骰子解析：為了清楚說明起見，本節中的串列使用長式的 for 迴圈來處理。如果您習慣用串列解析式（list comprehension）來處理，請嘗試為這些程式中的一個或兩個迴圈編寫解析式。

15-10. 練習使用本章介紹的兩個程式庫：請試著使用 Matplotlib 來製作丟擲骰子結果的視覺化呈現，並嘗試使用 Plotly 來製作隨機漫步結果的視覺化呈現。(您需要查閱程式庫的相關文件才能完成此練習。)

總結

本章我們學會了如何生成資料集合，以及如何對這個集合進行視覺化的處理、如何運用 Matplotlib 建立簡單的圖表、如何使用散佈點來探討隨機漫步的過程、如何使用 Plotly 來建立直方圖，以及如何使用直方圖來探討同時丟擲兩個面數不同的骰子所呈現的結果。

利用程式碼來生成資料集合是一種很有趣的方式，可用來模擬和探討現實世界中的各種現象。在完成後面的資料視覺化專題練習時，要留意我們可運用哪些程式碼來模擬現實世界中的哪些現象。請回想在新聞媒體中常見到的視覺化呈現，看看您是否也能用類似在這些專題練習中所學到的方法來識別出他們的作法。

在第 16 章，我們將會從網路上下載資料，並繼續運用 Matplotlib 和 Plotly 來探索研究這些資料。

第 16 章
下載資料

本章我們將從網路資源下載資料集，並對這些資料進行視覺化處理。網路上的資料非常多，且大都未經驗證和檢查，若有能力把這些資料拿來分析，就能發現別人還沒發覺的模式規律和關聯性。

我們會以 CSV 和 JSON 等兩種常見的格式所儲存的資料進行存取和視覺化處理。還會使用 Python 的 csv 模組來處理以 CSV 格式（以逗號分隔的值）所儲存的氣象資料，找出兩個不同地區在某段時間內的最高溫和最低溫。隨後我們會使用 Matplotlib 依據下載的資料來建立圖表，展示阿拉斯加錫特卡和加州死亡谷這兩個不同地區的氣溫變化。在本章的後段，我們會使用 json 模組來存取以 GeoJSON 格式所儲存的地震資料，並使用 Plotly 繪製一張世界地圖，以顯示最近地震的位置和震級。

學習完本章之後，您就能夠處理各種類型和格式的資料集合了，而且會對如何建立複雜的圖表有更深入的了解。要處理各種現實世界的資料集的重要關鍵，是必須要能對各種類型和格式的線上資料進行存取和視覺化的處理。

CSV 檔案格式

要把資料儲存到文字檔中，最簡單的方式就是把資料當作一系列**以逗號分隔的值**（comma-separated values, CSV）來寫入檔案中。這樣的檔案稱為 CSV 檔。舉例來說，下列是一行 CSV 格式的氣象資料：

```
"USW00025333","SITKA AIRPORT, AK US","2021-01-01",,"44","40"
```

這裡節選了阿拉斯加錫特卡在 2021 年 1 月 1 日的氣象資料，其中含有當天的最高溫和最低溫，以及其他的測量值。CSV 檔對人類來說，在閱讀上會較為麻煩，但程式能輕鬆提取和處理其中的值，這對加快資料分析很有幫助。

我們先處理少量錫特卡（Sitka）的氣象資料，這些資料可以從本書所附的範例相關檔中找到（*https://ehmatthes.github.io/pcc_3e*）。請將 sitka_weather_07-2021_simple.csv 檔複製到存放本章程式的資料夾內。（一旦您下載了本書隨附的範例相關檔案後，您就有了這個專題應用的所有相關檔案。）

> NOTE
>
> 這個專題應用所使用的氣象資料源自於 *https://ncdc.noaa.gov/cdo-web*。

解析 CSV 檔案標頭

Python 的 csv 模組是存放在標準程式庫內，可用來解析 CSV 檔中的資料內容，讓我們能快速擷取想要的值。現在從下列這個範例來查看這個檔案的第一列內容，這些標頭資料含有一系列關於資料的描述：

⬇ sitka_highs.py

```
   from pathlib import Path
   import csv

❶ path = Path('weather_data/sitka_weather_07-2021_simple.csv')
   lines = path.read_text().splitlines()

❷ reader = csv.reader(lines)
❸ header_row = next(reader)
   print(header_row)
```

首先是匯入 Path 和 csv 模組。隨後建構一個 Path 物件，是放在 weather_data 資料夾中指向我們要使用的特定天氣資料檔❶。我們讀取檔案並鏈接 splitlines() 方法來取得檔案中所有的內容清單，並將其指定給 lines 變數。

接下來建構一個 reader 物件❷，這是個可用來解析檔案中每一行內容的物件。若要建構 reader 物件，請呼叫 csv.reader() 函式，並將 CSV 檔中的所有內容清單傳入。

呼叫 next() 函式時把 reader 物件傳入，就會返回檔案中的下一列內容，而且會從檔案開頭進行處理。在前面的程式碼中，我們只呼叫了一次 next()，因此取得檔案的第一列內容，這一列含有檔案的標頭❸。我們把返回的資料指定到 header_now 變數中，如您所見，header_now 含有與氣象相關的檔案標頭，指出每列資料中所存放的是哪些內容：

```
['STATION', 'NAME', 'DATE', 'TAVG', 'TMAX', 'TMIN']
```

reader 處理檔案中以逗號分隔的第一列資料，並把每項資料都當作一個元素存入串列中。檔案標頭 STATION 代表的是記錄此資料的氣象站代碼。此標題的位置告訴我們，每列資料的第一個值會是氣象站代碼。NAME 標頭指示出每列中的第二個值是進行記錄的氣象站名稱。其餘的標題則指出每次讀取中記錄了哪些資訊。我們目前最感興趣的資料是日期（DATE）、最高溫（TMAX）和最低溫（TMIN）。這是個簡單的資料集，僅含有與溫度相關的資料。當您下載自己要的天氣資料時，還可選擇包含其他關於風速、風向和更詳細降水量等量測資料。

印出檔案標頭及其位置

為了讓檔案標頭的資料更容易理解，我們把串列中的每個檔案標頭及其位置都印出來：

↓ sitka_highs.py

```
--省略--
reader = csv.reader(lines)
header_row = next(reader)

for index, column_header in enumerate(header_row):
    print(index, column_header)
```

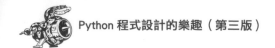

當您遍訪串列時，enumerate() 函式會返回每個項目的索引和每個項目的值。
（請留意這裡刪除了 print(header_row) 程式碼，轉而用印出更詳細的版本。）

輸出的內容如下，指出了每個檔案標頭的索引：

```
0 STATION
1 NAME
2 DATE
3 TAVG
4 TMAX
5 TMIN
```

從這裡可得知，日期和最高溫存放在索引為 2 和 4 欄中。若想要研究這些資料，我們要處理 sitka_weather_07-2021_simple.csv 檔中的每列資料，並擷取其中索引為 2 和 4 的值。

擷取和讀取資料

現在我們知道需要哪些資料後，就來讀取一些資料。首先讀取每天的最高溫：

⬇ sitka_highs.py

```
--省略--
reader = csv.reader(lines)
header_row = next(reader)

# Extract high temperatures.
❶ highs = []
❷ for row in reader:
❸     high = int(row[4])
      highs.append(high)

print(highs)
```

我們建立了一個 highs 的空串列❶，再以迴圈遍訪檔案中餘下的各列資料❷，reader 物件從其停留的地方繼續往下讀取 CVS 檔，每次都自動返回目前所在位置的下一列資料。由於我們已經讀取了檔案標頭，這個迴圈會從第二列開始，從這列開始的就是實際的資料，每次執行這個迴圈時，我們從索引 4 中提取資料，該資料對應於標頭 TMAX，並將其指定到 high 變數內❸。我們使用 int() 函式將儲存為字串的資料轉換為數值格式，以便於使用。隨後將這個值附加到 highs 變數中。

下面為 highs 目前存放的資料：

```
[61, 60, 66, 60, 65, 59, 58, 58, 57, 60, 60, 60, 57, 58, 60, 61, 63, 63, 70,
64, 59, 63, 61, 58, 59, 64, 62, 70, 70, 73, 66]
```

我們擷取了每天的最高溫，並把將值整齊地存放在一個串列內。現在讓我們對這些數值資料進行視覺化的處理。

繪製氣溫圖表

要把這些氣溫資料進行視覺化的處理，我們得先使用 Matplotlib 建立一個顯示每日最高氣溫的簡單圖表，其作法如下所示：

⬇ sitka_highs.py

```python
from pathlib import Path
import csv

import matplotlib.pyplot as plt

path = Path('weather_data/sitka_weather_07-2021_simple.csv')
lines = path.read_text().splitlines()
    --省略--

# Plot the high temperatures.
plt.style.use('seaborn')
fig, ax = plt.subplots()
❶ ax.plot(highs, color='red')

# Format plot.
❷ ax.set_title("Daily High Temperatures, July 2021", fontsize=24)
❸ ax.set_xlabel('', fontsize=16)
ax.set_ylabel("Temperature (F)", fontsize=16)
ax.tick_params(labelsize=16)

plt.show()
```

我們把最高溫串列傳入 plot() 中❶，並傳入 color='red' 來把資料點繪製成紅色（以紅色來代表最高溫，藍色來代表最低溫）。接下來我們設定一些其他的格式，如標題、字型大小和標籤等❷，這些在第 15 章有介紹過。由於我們還沒加上日期，因此沒有對 x 軸加上標籤，但 ax.set_xlabel() 修改了字型大小，讓預設的標籤更明顯清楚❸。圖 16-1 秀出簡單的折線圖，顯示出阿拉斯加錫特卡 2021 年 7 月每天的最高溫走勢圖。

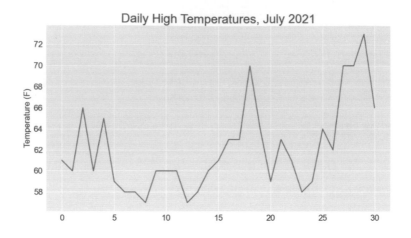

圖 16-1 阿拉斯加錫特卡 2021 年 7 月最高溫折線圖

datetime 模組

在圖表中新增日期讓它更有用途，在氣象資料檔內，第一個日期在第二列：

```
"USW00025333","SITKA AIRPORT, AK US","2021-07-01",,"61","53"
```

讀取這個資料時，取得的是個字串，所以要想辦法把字串 '2021-07-01' 轉換成一個代表對應日期的物件。若要建立代表 2021 年 7 月 1 日的物件，可使用 date time 模組中的 strptime()方法來處理。我們在終端會話模式內看看 strptime()的運作方式：

```
>>> from datetime import datetime
>>> first_date = datetime.strptime('2021-07-01', '%Y-%m-%d')
>>> print(first_date)
2021-07-01 00:00:00
```

我們先匯入 datetime 模組中的 datetime 類別，然後呼叫 strptime() 方法，把含有所需日期的字串當作第一個引數，而第二個引數則告知 Python 要怎麼設定日期格式。在這個範例中，'%Y-' 是讓 Python 把字串中第一個連字符號前面的部分當成四位的年份，'%m-' 則讓 Python 把第二個連字符號前的部分當作月份的數字，而 '%d' 是告知 Python 把字串最後一部分當成月份中的天數，1 到 31。

strptime() 方法可接受各種引數，並依據它們來決定如何解譯日期。表 16-1 列出一些常用的引數。

表 16-1　datetime 模組中設定日期和時間格式的引數

引數	意義
%A	星期，如 Monday
%B	月份，如 January
%m	以數字表示的月份，如 01 到 12
%d	以數字表示月份中幾號，如 01 到 31
%Y	四位數的年份，如 2019
%y	兩位數的年份，如 19
%H	24 小時制的時數，如 00 到 23
%I	12 小時制的時數，如 01 到 12
%p	AM 或 PM
%M	分鐘數，如 00 到 59
%S	秒數，如 00 到 61

在圖表中新增日期

我們可以透過提取每日高溫的日期，並在 x 軸上使用這些日期來增進圖表的呈現，如下所示：

⬇ sitka_highs.py

```python
from pathlib import Path
import csv
from datetime import datetime

import matplotlib.pyplot as plt

path = Path('weather_data/sitka_weather_07-2021_simple.csv')
lines = path.read_text().splitlines()
reader = csv.reader(lines)
header_row = next(reader)

# Extract dates and high temperatures.
❶ dates, highs = [], []
for row in reader:
❷     current_date = datetime.strptime(row[2], "%Y-%m-%d")
    high = int(row[5])
    dates.append(current_date)
    highs.append(high)
```

```
     # Plot the high temperatures.
     plt.style.use('seaborn')
     fig, ax = plt.subplots()
❸    ax.plot(dates, highs, color='red')

     # Format plot.
     ax.set_title("Daily High Temperatures, July 2021", fontsize=24)
     ax.set_xlabel('', fontsize=16)
❹    fig.autofmt_xdate()
     ax.set_ylabel("Temperature (F)", fontsize=16)
     ax.tick_params(labelsize=16)

     plt.show()
```

我們建立了兩個空的串列，用來儲存從檔案中擷取的日期和最高溫❶。隨後我們把含有日期資訊的資料（row[2]）轉換成 datetime 物件❷，並把它附加到 dates 串列的尾端。在❸這裡，我們把日期和最高溫的值傳入 plot() 來處理。在❹這裡則呼叫了 fig.autofmt_xdate() 來繪製斜放的日期標籤，以免標籤彼此重疊。圖 16-2 為顯示了日期後的圖表。

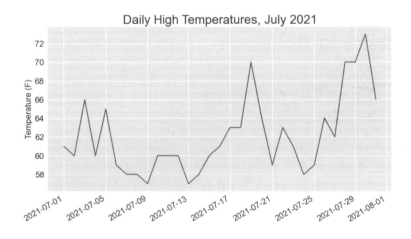

圖 16-2　現在圖表的 x 軸上有日期，讓資訊的呈現更有意義

繪製更長的時段

設定好圖表之後，我們來新增更多的資料進去，作成更複雜的錫特卡天氣圖。請把 sitka_weather_2021_simple.csv 檔複製到儲存本章程式的資料夾內，這個檔案含有整年份錫特卡氣象資料。

現在可以繪製涵蓋一整年份的天氣圖了：

↓ sitka_highs.py
```
--省略--
path = Path('weather_data/sitka_weather_2021_simple.csv')
lines = path.read_text().splitlines()
--省略--
# Format plot.
ax.set_title("Daily High Temperatures, 2021", fontsize=24)
ax.set_xlabel('', fontsize=16)
--省略--
```

這裡修改了檔名，使用新的資料檔 sitka_weather_2021_simple.csv，我們還修改了圖表的標題，反應這個圖表內容已有了變動。圖 16-3 為新生成的圖表。

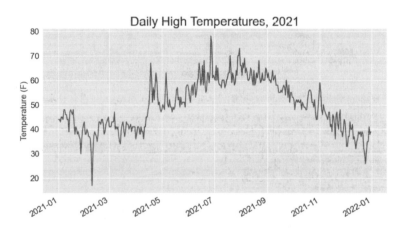

圖 16-3　顯示一年份的天氣資訊

繪製第二個資料數列

我們還可以在圖表中再新增最低溫的資料，讓圖表呈現更有用的訊息。要做到這一點，則需要從資料檔中擷取最低溫資料，並將它們新增到圖表內，程式的作法如下所示：

↓ sitka_highs_lows.py
```
--省略--
reader = csv.reader(lines)
header_row = next(reader)
```

```
    # Extract dates, and high and low temperatures.
❶  dates, highs, lows = [], [], []
    for row in reader:
        current_date = datetime.strptime(row[2], '%Y-%m-%d')
        high = int(row[4])
❷      low = int(row[5])
        dates.append(current_date)
        highs.append(high)
        lows.append(low)

    # Plot the high and low temperatures.
    plt.style.use('seaborn')
    fig, ax = plt.subplots()
    ax.plot(dates, highs, color='red')
❸  ax.plot(dates, lows, color='blue')

    # Format plot.
❹  ax.set_title("Daily High and Low Temperatures, 2021", fontsize=24)
    --省略--
```

在這裡我們新增了 lows 空串列❶，準備用來存放最低溫的資料。接下來從每列的第 6 欄（row[5]）擷取每天的最低溫資料❷。在❸這行則新增一個 plot() 的呼叫，使用藍色來顯示最低溫折線。最後我們修改了圖表的標題文字❹。圖 16-4 顯示了繪製的結果。

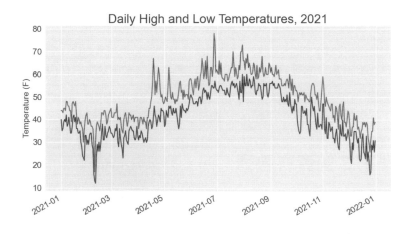

圖 16-4　在同個圖表中含有兩條資料數列

對圖表區域填色

在新增兩個資料數列後，我們就能掌握每天的氣溫範圍了。接著透過使用明暗填色來顯示每天高溫和低溫之間的範圍，為圖表增添風采。要做到這一點，我們會使用 fill_between() 方法，此方法會接受一個 x 值數列和兩個 y 值數列，並對兩個 y 值數列之間的空間填滿顏色：

⬇ sitka_highs_lows.py

```
--省略--
# Plot the high and low temperatures.
plt.style.use('seaborn')
fig, ax = plt.subplots()
❶ ax.plot(dates, highs, color='red', alpha=0.5)
  ax.plot(dates, lows, color='blue', alpha=0.5)
❷ ax.fill_between(dates, highs, lows, facecolor='blue', alpha=0.1)
--省略--
```

在❶這裡的 alpha 引數控制了顏色的透明度，alpha 值為 0 代表完全透明，1（此為預設值）則代表完全不透明。利用對 alpha 進行設定成 0.5，可讓紅色和藍色折線顯示得淺一些。

在❷這裡則對 fill_between() 傳入一個 dates 串列當作 x 值數列，還傳入 highs 和 lows 當作 y 值的兩個數列。facecolor 引數指定了填滿區域的顏色，我們還把 alpha 設成較小的值 0.1，讓填滿區域在連接兩條折線資料數列時不會太分散讀者的視線。圖 16-5 顯示了最高溫和最低溫之間區域填滿色彩。

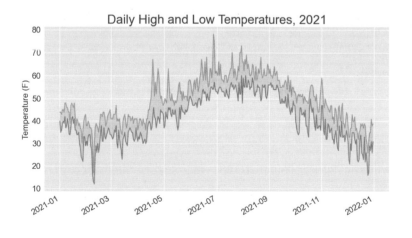

圖 16-5　兩個資料集合之間的區域填滿色彩

明暗填色有助於讓兩個資料集之間的範圍變得更清晰易見。

錯誤檢查

我們應該要能使用任何地方的氣象資料來執行 sitka_highs_lows.py 中的程式，但有些氣象站偶爾會出現問題，有時未能收集完整的資料。不完整的資料可能會引起程式例外異常，除非我們正確處理它們，否則可能會使程式當掉。

舉例來說，我們來看看生成加州死亡谷（Death Valley）的氣溫圖時所出現的狀況。把 death_valley_2021_simple.csv 檔複製到本章程式所在的資料夾內，再修改本章的程式檔。

首先，讓我們執行程式碼來查看這個資料檔中所包含的檔案標頭：

⬇ death_valley_highs_lows.py

```python
from pathlib import Path
import csv

path = Path('weather_data/death_valley_2021_simple.csv')
lines = path.read_text().splitlines()

reader = csv.reader(lines)
header_row = next(reader)

for index, column_header in enumerate(header_row):
    print(index, column_header)
```

其輸出結果為：

```
0 STATION
1 NAME
2 DATE
3 TMAX
4 TMIN
5 TOBS
```

日期一樣是在索引 2 的位置。但最高溫和最低溫則在索引 3 和索引 4 的位置，所以需要修改程式碼中的索引足標值來反應這裡的情況。這個氣象站沒有當天的平均溫度讀數，而是提供 TOBS，特定觀察時間的溫度讀數。

修改 sitka_highs_lows.py，使用我們剛剛記下的索引足標值，執行程式為死亡谷生成一個圖表，看看會發生什麼：

↓ death_valley_highs_lows.py

```
--省略--
path = Path('weather_data/death_valley_2021_simple.csv')
lines = path.read_text().splitlines()
--省略--

# Extract dates, and high and low temperatures.
dates, highs, lows = [], [], []
for row in reader:
    current_date = datetime.strptime(row[2], '%Y-%m-%d')
    high = int(row[3])
    low = int(row[4])
    dates.append(current_date)
--省略--
```

我們修改程式從加州死亡谷的資料檔中讀取資料，並修改索引值以對應於該檔案的 TMAX 和 TMIN 位置。

執行這支改過的程式時會出現錯誤，其錯誤原因如下最後一行所示：

```
Traceback (most recent call last):
  File "death_valley_highs_lows.py", line 17, in <module>
    high = int(row[3])
❶ ValueError: invalid literal for int() with base 10: ''
```

這個 Traceback 指出 Python 無法處理其中某天的最高溫，因為它無法將空字串（"）轉換成整數❶。與其瀏覽資料並找出讀取時所遺失的內容，不如直接處理遺失資料的情況。

當我們從 CSV 檔中讀取某些值時直接執行錯誤檢查程式碼，這樣就能處理可能出現的例外異常。其方式如下：

↓ death_valley_highs_lows.py

```
--省略--
for row in reader:
    current_date = datetime.strptime(row[2], '%Y-%m-%d')
❶  try:
        high = int(row[3])
        low = int(row[4])
    except ValueError:
❷      print(f"Missing data for {current_date}")
❸  else:
        dates.append(current_date)
        highs.append(high)
        lows.append(low)

# Plot the high and low temperatures.
--省略--
```

```
# Format plot.
❹ title = "Daily High and Low Temperatures, 2021\nDeath Valley, CA"
  ax.set_title(title, fontsize=20)
  ax.set_xlabel('', fontsize=16)
  --省略--
```

對檔案中每一列資料我們都會試著擷取日期、最高溫和最低溫的資料❶，只要少拿其中一項資料，Python 就會引起 ValueError 例外異常，我們可以印出一條錯誤訊息，指出少了資料的日期是哪一天❷。在印出錯誤訊息後，迴圈會接著處理下一列資料。如果在取得特定日期的所有資料時沒有發生錯誤，就會執行 else 程式碼區塊，並把資料附加到對應的串列尾端❸。由於我們繪圖時使用的是新的地方的天氣資訊繪圖，所以也修改了圖表標題文字以顯示出這個地區的訊息，並使用較小的字型來容納較長的標題❹。

假如現在執行 death_valley_highs_lows.py 程式檔，就會發現少了資料的日期只有一個：

```
Missing data for 2021-05-04 00:00:00
```

由於異常錯誤得到了適當的處理，因此程式能夠生成圖表，並跳過遺失的資料。圖 16-6 顯示出繪製的結果。

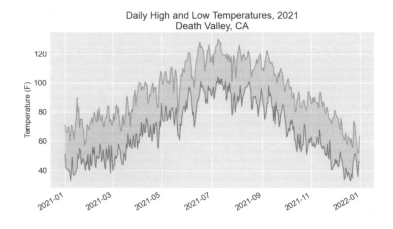

圖 16-6　死亡谷每天的最高溫和最低溫

比較這個圖表與錫特卡的圖表後，我們可以看出，整體來說，死亡谷比阿拉斯加東南部暖和，如預期的結果，而且每天的溫差範圍在沙漠中實際上是更大的，填入明暗色的範圍上下高度很明顯較大。

使用的資料集合可能都有資料的漏失、格式不對，或資料本身不正確等問題。對於這樣的情況，可用本書前面部分所介紹過的工具來處理。在這裡，我們用了 try-except-else 的程式碼區塊來處理資料漏失的問題。在某些情況下，可能需要用 continues 來跳過一些資料，或是使用 remove() 或 del 把已擷取的資料刪除掉。我們可以採用任何方法，只要能進行精確又有意義的視覺化處理即可。

下載您自己的資料

如果要下載自己選的天氣資料，請按照下列步驟操作：

1. 連上 NOAA Climate Data Online 網站，網址為：*https://www.ncdc.noaa.gov/cdo-web/*。然後在「Discover Data By」區塊中，請點按 **Search Tool**，並在 Select a Dataset 下拉方塊中，選取 **Daily Summaries**。

2. 在「Select Date Range」選取日期範圍，並在「Search For」中選取 **ZIP Codes**。輸入您感興趣的 ZIP Code，然後按下 **Search**。

3. 在下一頁面中，您會看一份地圖和關於您感興趣地區的一些資訊。請在地區資訊的下面點按 **View Full Details**，或是點按地圖，然後再按下 **Full Details**。

4. 向下捲動頁面，並點按 **Station List** 來查看該地區可用的氣象站。選取其中一個氣象站，冉點按 **Add to Cart**。就算這裡出現購物車的圖示，這些資料都是免費的。請在右上角點按購物車圖示。

5. 在「Select the Output」中請選 **Custom GHCN-Daily CSV**。確定您選的資料範圍是正確的，然後點按 **Continue**。

6. 在下一頁面中，您可以選取各類想要的資料。您可以選一種資料類型來下載，舉例來說，只把焦點放在氣溫，或是從氣象站中把所有可用的資料都下載下來。選好之後點按 **Continue**。

7. 在最後的頁面中，您會看到所有選購的資料匯總。請輸入您的電子郵件，按下 **Submit Order**。您會收到確認訊息，並在幾分鐘後，應該會收到另一封電子郵件，其中包含有下載資料的連結。

您下載的資料其結構會與我們在本節中所使用的資料一樣。這份資料的標題可能與本節中看到的標題不同。但如果您遵循這裡相同的操作步驟，應該能夠生成您感興趣資料的視覺化圖表。

實作練習

16-1. Sitka 降雨：Sitka 處於溫帶雨林，因此降雨很多。請在 sitka_weather_2021_simple.csv 資料檔中，有一個名為 PRCP 的標頭，它代表的是每日的降雨量。進行視覺化處理，重點放在這欄中的資料。如果您想知道沙漠中的降雨是否很少，可以對 Death Valley 進行相同的實作練習。

16-2. 比較 Sitka 和 Death Valley 的氣溫：在關於錫特卡和死亡谷的圖表中，氣溫刻度呈現了資料範圍的不同，為了能精確地比較這兩個地方的氣溫範圍，需要在 y 軸上使用相同的刻度。請修改圖 16-5 和 16-6 圖表的 y 軸設定，對錫特卡和死亡谷的氣溫範圍進行直接的比較（您也可以用相同的原理對任何兩個地方的氣溫範圍進行比較）。

16-3. 舊金山：舊金山的氣溫較接近錫特卡還是死亡谷呢？請下載舊金山的一些資料，並生成舊金山的高低溫圖表來進行比較。

16-4. 自動索引：在本節中，我們對與 TMIN 和 TMAX 欄相對應的索引值是直接以硬編碼寫死在其中。使用標頭列來確定這些值的索引足標，以便在程式中可用於 Sitka 或 Death Valley 的處理。也可以使用氣象站名稱為圖自動生成適當的標題。

16-5. 探索：請生成更多圖表，對您好奇感興趣的地方的其他氣象資料進行分析研究。

處理全球性的資料集合：GeoJSON 格式

本節我們會下載一個代表上個月世界上所有發生地震的資料集。隨後會製作一張地圖，顯示這些地震的位置以及地震的嚴重程度。因為資料是以 GeoJSON 格式儲存的，所以要用 json 模組對其進行處理。使用 Plotly 的 scatter_geo() 地圖繪製工具可建立視覺化的地圖呈現，清楚顯示地震的全球分佈情況。

下載地震資料

請在存放本章程式相關資料的同一個資料夾內建立一個的 eq_data 資料夾，並把 eq_1_day_m1.geojson 檔複製到這個新資料夾內。地震是按芮氏地震規模分類。這個檔案含有最近 24 小時（是指筆者在撰寫本文時）發生的 M1 級以上所有地震的資料。這些資料來自於美國地質調查局的地震資料源，可以在 *https://earthquake.usgs.gov/earthquakes/feed/* 中找到。

檢查 GeoJSON 資料

當您打開 eq_1_day_m1.geojson 檔時，會發現其中文字密密麻麻且難以閱讀：

⬇ population_ data.json

```
{"type":"FeatureCollection","metadata":{"generated":1649052296000,...
{"type":"Feature","properties":{"mag":1.6,"place":"63 km SE of Ped...
{"type":"Feature","properties":{"mag":2.2,"place":"27 km SSE of Ca...
{"type":"Feature","properties":{"mag":3.7,"place":"102 km SSE of S...
{"type":"Feature","properties":{"mag":2.92000008,"place":"49 km SE...
{"type":"Feature","properties":{"mag":1.4,"place":"44 km NE of Sus...
--省略--
```

這份檔案的格式是給機器設定的，而不是給人類看的。但還是可以看到檔案中含有一些字典以及我們感興趣的資訊，例如地震震級和位置。

json 模組提供了多種工具，可用於探索和使用 JSON 資料。其中有些工具能協助我們對檔案重新編排格式，以便於在開始以程式使用原始資料之前，可以更輕鬆地查閱原始資料。

首先，載入資料並以易於閱讀的格式來顯示這些資料。由於這是個很長的資料檔，因此並不印出來，而是把資料重寫成一個新檔案，然後開啟該檔案並輕鬆地在資料間來回捲動查看：

▼ eq_explore_data.py

```
from pathlib import Path
import json

# Read data as a string and convert to a Python object.
path = Path('eq_data/eq_data_1_day_m1.geojson')
contents = path.read_text()
❶ all_eq_data = json.loads(contents)

# Create a more readable version of the data file.
❷ path = Path('eq_data/readable_eq_data.geojson')
❸ readable_contents = json.dumps(all_eq_data, indent=4)
path.write_text(readable_contents)
```

這裡讀取資料檔的內容當作字串存放，並使用 json.loads() 把檔案的字串表示形式轉換為 Python 物件❶，這裡使用的方法與第 10 章介紹的做法相同。在這個範例中，整個資料集都會轉換到一個字典中存放，並指定給 all_eq_data。隨後定義一個新的 path，我們可以把相同的資料以更易讀的格式寫入檔案內❷。您在第 10 章中有看過 json.dumps() 函式可以採用可選擇性的 indent 引數❸，告知 Python 在資料結構中內縮多少巢狀嵌套的元素。

當您查看 eq_data 目錄並開啟 read_eq_data .json 檔時，以下是看到的第一部分：

▼ readable_eq_data.json

```
    {
        "type": "FeatureCollection",
❶      "metadata": {
            "generated": 1649052296000,
            "url": "https://earthquake.usgs.gov/earthquakes/.../1.0_day.geojson",
            "title": "USGS Magnitude 1.0+ Earthquakes, Past Day",
            "status": 200,
            "api": "1.10.3",
            "count": 160
        },
❷      "features": [
        --省略--
```

檔案的第一部分包含帶有 "metadata" 鍵的部分❶，這裡告知我們何時生成資料檔以及在網路上哪裡可以找到這資料。此檔案還提供了易於理解的標題以及地震次數。在過去這 24 小時期間，記錄了 160 次地震。

GeoJSON 檔的結構有助於以位置為基礎的資料。該資訊儲存在與 "features" 鍵關聯的串列內❷。由於這個檔案含有地震資料，因此該資訊採用串列形式，其中串列內的每個項目都對應一個地震。這種結構可能看起來很令人困惑，但功能非常強大。它能讓地質學家把所需要盡可能多的資訊儲存在有關每次地震的字典內，然後將所有這些字典填入到一個大串列之中。

讓我們看一下字典中代表一次地震的資料：

⬇ readable_eq_data.json

```
    --省略--
    {
        "type": "Feature",
❶      "properties": {
            "mag": 1.6,
            --省略--
❷          "title": "M 1.6 - 27 km NNW of Susitna, Alaska"
        },
❸      "geometry": {
            "type": "Point",
            "coordinates": [
❹              -150.7585,
❺              61.7591,
                56.3
            ]
        },
        "id": "ak0224bju1jx"
    },
```

"properties" 鍵含有許多關於每次地震的大量資訊❶。我們主要是對與 "mag" 鍵相關的每次地震的幅度感興趣。我們也對每次地震的 "title" 標題感興趣，該標題提供了震度級別和位置的詳盡摘要❷。

"geometry" 鍵能協助我們了解地震發生的位置❸。我們需要這些資訊來對應每個事件。另外在與 "coordinates" 鍵相關的串列內可找到每個地震發生地的經度❹和緯度❺。

這個檔案含有的巢狀嵌套比在編寫程式碼中使用的巢狀嵌套還要更多，如果看起來令人困惑，請不要擔心：Python 會搞定這些複雜的事情。我們一次只會處理一或兩個巢狀嵌套層級。接下來的程式碼範例一開始會把過去 24 小時內每次地震的字典資料提取出來。

> **NOTE**
> 我們在談論位置時，通常會先說位置的緯度，然後是經度。之所以會有這樣的慣例，是因為人們在提出經度概念之前就已經發現了緯度。但許多地理空間框架會先列出經度，然後才是緯度，因為這與我們在數學表示法中使用的 (x, y) 慣例相呼應。GeoJSON 格式遵循 (經度, 緯度) 慣例，如果您使用其他框架，那麼需要了解該框架所遵循的慣例是很重要的。

為所有地震製作串列

首先建立一個串列，其中含有關於每次地震的所有資訊。

⬇ eq_explore_data.py

```
from pathlib import Path
import json

# Read data as a string and convert to a Python object.
path = Path('eq_data/eq_data_1_day_m1.geojson')
contents = path.read_text()
all_eq_data = json.loads(contents)

# Examine all earthquakes in the dataset.
all_eq_dicts = all_eq_data['features']
print(len(all_eq_dicts))
```

我們取得與 'features' 鍵關聯的資料，並指定到 all_eq_dicts 變數中。我們知道這個檔案內含有 160 次地震的相關記錄，而且輸出結果證明我們已擷取了檔案中的所有地震：

```
160
```

有留意到這段程式碼是很簡短的吧。格式整齊的 read_eq_data.json 檔內有 6,000 多行。但是僅需幾行程式碼，我們就可以讀取所有資料並將其儲存在 Python 串列中。接下來要從每次地震中擷取震度資料。

擷取震級資料

使用含有每次地震資料的串列，我們可以遍訪該串列並提取所需的任何資訊。現在要取出每次地震的震度：

⬇ eq_explore_data.py

```
   --省略--
   all_eq_dicts = all_eq_data['features']

❶ mags = []
   for eq_dict in all_eq_dicts:
❷     mag = eq_dict['properties']['mag']
       mags.append(mag)

   print(mags[:10])
```

建立一個空串列來儲存震度，然後用迴圈遍訪 all_eq_dicts ❶。在這個迴圈中，每個地震是用 eq_dict 來代表。每個地震的震度存放在字典的 'mag' 鍵下的

'properties' 的區塊中❷。我們把每個震度指定到 mag 變數內，然後將其新增附加到 mags 串列中。

這裡印出前 10 個震度，以便於查看是否有取得正確的資料：

```
[1.6, 1.6, 2.2, 3.7, 2.92000008, 1.4, 4.6, 4.5, 1.9, 1.8]
```

接下來要提取每次地震的位置資料，然後用來繪製地震地圖。

提取位置資料

位置資料存放在 "geometry" 鍵之下。在 geometry 字典內是個 "coordinates" 鍵，在串列中的前兩個值是經度和緯度。以下是提取資料的方法：

⬇ eq_explore_data.py

```
--省略--
all_eq_dicts = all_eq_data['features']

mags, lons, lats = [], [], []
for eq_dict in all_eq_dicts:
    mag = eq_dict['properties']['mag']
❶    lon = eq_dict['geometry']['coordinates'][0]
    lat = eq_dict['geometry']['coordinates'][1]
    mags.append(mag)
    lons.append(lon)
    lats.append(lat)

print(mags[:10])
print(lons[:5])
print(lats[:5])
```

我們為經度和緯度製作空串列。eq_dict ['geometry'] 這行程式碼會存取字典中代表地震的 geometry 元素❶。第二個鍵 'coordinates'，會提取出與 'coordinates' 關聯串列中的值。最後，索引足標 0 會取出 coordinates 串列中的第一個值，該值對應於地震的經度。

當我們印出前五個經度和緯度時，輸出結果顯示提取的資料是正確的：

```
[1.6, 1.6, 2.2, 3.7, 2.92000008, 1.4, 4.6, 4.5, 1.9, 1.8]
[-150.7585, -153.4716, -148.7531, -159.6267, -155.248336791992]
[61.7591, 59.3152, 63.1633, 54.5612, 18.7551670074463]
```

有了這些資料，我們就可以繼續在地圖上繪製每個地震。

製作世界地圖

利用到目前為止所取得的資訊，就能製作出簡單的世界地圖。雖然這個地圖還不太能拿出來看，但還是要確保在處理樣式和展示問題之前，這些資訊是能正確顯示的。以下是初始的地圖：

⬇ eq_world_map.py

```
from pathlib import Path
import json

import plotly.express as px

--省略--
for eq_dict in all_eq_dicts:
    --省略--

title = 'Global Earthquakes'
❶ fig = px.scatter_geo(lat=lats, lon=lons, title=title)
fig.show()
```

我們匯入 plotly.express，並使用別名 px，如我們在第 15 章所做的一樣。scatter_geo() 函式❶允許我們在地圖上覆蓋含有地理資料的散佈圖。在此圖表類型的最簡單繪製中，只需要提供緯度串列和經度串列就能製作。我們把 lats 串列傳給 lat 引數，並將 lons 串列傳給 lon 引數。

執行此檔案應該會看到一個類似圖 16-7 的地圖。這裡再次展示了 Plotly Express 程式庫的威力，僅寫三行程式碼，我們製作出全球地震活動的地圖。

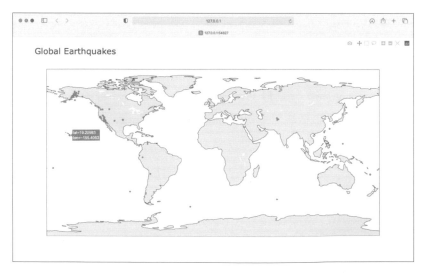

圖 16-7　顯示過去 24 小時內所有地震發生地點的簡單地圖

現在我們知道資料集中的資訊有正確地繪製出來了，接下來還可以做很多修飾，好讓這份地圖更具有意義且更易於閱讀。

表示震度大小

地震活動的地圖應該要顯示出每個地震的震度大小。現在我們已經知道資料有被正確地繪製出來了，但圖中還可以放入更多資料。

```
--省略--
# Read data as a string and convert to a Python object.
path = Path('eq_data/eq_data_30_day_m1.geojson')
contents = path.read_text()
--省略--

title = 'Global Earthquakes'
fig = px.scatter_geo(lat=lats, lon=lons, size=mags, title=title)
fig.show()
```

這裡載入 eq_data_30_day_m1.geojson 檔，取得整整 30 天的地震活動相關資料。我們在 px.scatter_geo() 的呼叫中使用 size 引數，該引數指定了地圖上圓點的尺寸大小。這裡把 mags 串列傳入的 size，因此地震的震度較大的會在地圖上顯示為較大的圓點。

設定完成的結果如圖 16-8 所示。地震通常發生在板塊交界的附近，而在此地圖中呈現了較長的地震活動分佈圓點，揭示了這些板塊交界的確切位置。

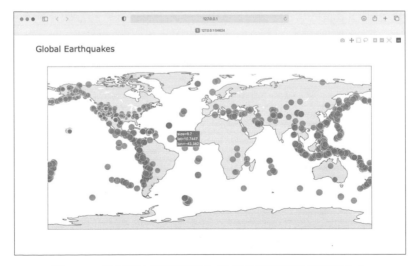

圖 16-8　地圖現在顯示了過去 30 天內所有地震的震度大小

這張地圖雖然更好了，但仍然很難挑選出哪個點代表了最重要的地震發生點。我們可以透過使用色彩來表示震度大小，進一步改善地圖的呈現。

自訂標記的顏色

我們可以使用 Plotly 的色盤來自訂每個標記的顏色，這樣能對每次地震的嚴重程度進行分類。這裡還會用不同的全球投影圖來當作底圖。

⬇ eq_world_map.py

```
--省略--
fig = px.scatter_geo(lat=lats, lon=lons, size=mags, title=title,
❶        color=mags,
❷        color_continuous_scale='Viridis',
❸        labels={'color':'Magnitude'},
❹        projection='natural earth',
     )
fig.show()
```

所有重大的修改都發生在 px.scatter_geo() 函式的呼叫中。color 引數告知 Plotly 每個標記應該使用色盤上的什麼色值來標示❶。我們使用 mags 串列來確定每個點的顏色，就像對 size 引數所做的相同處理。

color_continuous_scale 引數告知 Plotly 要使用的色盤是哪一個❷。Viridis 是個從深藍色到明亮黃色範圍的色盤，而且這個資料集套用 Viridis 色盤的效果很好。預設的情況下，地圖右側的色盤所用的標籤文字為 color，但這個標籤並不能呈現出真實的含義。第 15 章中介紹過 labels 引數能接收字典來當作為值傳入❸。只需要在此圖上設定自訂標籤，確保色盤的標籤文字改為 Magnitude 而不是 color。

我們加入了另一個引數，用來修改繪製地震的基本底圖。projection 引數能接受多種常見的地圖投影❹。在這裡，我們使用 'natural earth' 投影，這份投影底圖呈現橢圓框環繞全球的樣貌。另外請留意，最後一個引數後面有加了逗號。當函式呼叫中放入多個跨行的引數時，在最後一個引數後面加逗號是很常見的做法，讓我們可以隨時準備在下一行上加入另一個引數。

現在若執行程式，就會看到一張內容更豐富的地圖。在圖 16-9 中，色盤顯示了地震的嚴重程度。這裡的呈現是較嚴重的震度是明亮的黃色的圓點，而較暗色的圓點則表示震度較小，這樣就能判斷世界上哪些地區有更大的地震活動。

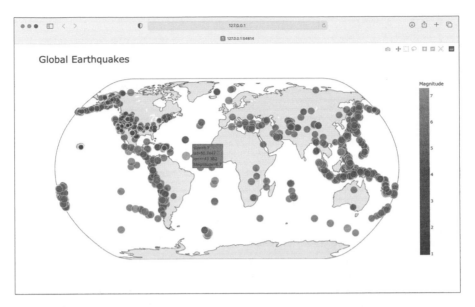

圖 16-9　在 30 天的地震中，以顏色和大小標示出每次地震的嚴重程度

其他的色盤

我們還有許多其他色盤可選用。若想要查看有哪些色盤可用，可開啟 Python 的
終端對話模式，輸入如下兩行指令：

```
>>> import plotly.express as px
>>> px.colors.named_colorscales()
['aggrnyl', 'agsunset', 'blackbody', ..., 'mygbm']
```

請隨意在地震地圖中嘗試使用這些色盤，或是使用任何連續變化的顏色範圍，
這樣可以幫助資料集呈現其資料的模式規律。

加入停放文字

為了要完成這份地圖，我們會新增一些訊息文字，當您將滑鼠游標停放在代表
地震的標記上時，這些文字就會顯示。除了顯示預設的經度和緯度之外，還要
顯示震度並提供大概位置的描述。

為了要進行這些修改，我們需要從檔案中提取更多資料：

⬇ eq_world_map.py

```
--省略--
❶ mags, lons, lats, eq_titles = [], [], [], []
    mag = eq_dict['properties']['mag']
    lon = eq_dict['geometry']['coordinates'][0]
    lat = eq_dict['geometry']['coordinates'][1]
    eq_title = eq_dict['properties']['title']
    mags.append(mag)
    lons.append(lon)
    lats.append(lat)
    eq_titles.append(eq_title)

title = 'Global Earthquakes'
fig = px.scatter_geo(lat=lats, lon=lons, size=mags, title=title,
    --省略--
    projection='natural earth',
❸  hover_name=eq_titles,
  )
fig.show()
```

首先是列出一個名為 eq_titles 的串列❶，用來存放每個地震的標題。地震資料的「title」部分除包含經度和緯度外，還包含有每個地震的震度和位置的描述性名稱。我們把這些資訊提取出來，並指定到 eq_title 變數中❷，隨後再將其附加到 eq_titles 串列尾端。

在 px.scatter_geo() 的呼叫中，我們把 eq_titles 傳給 hover_name 引數❸。Plotly 現在會將每次地震標題中的資訊加到每個圓點的停放文字中。執行這支程式時，您應該可以把滑鼠游標停放在任何標記上，查看發生地震位置的詳細描述，並讀取其確切震度訊息。圖 16-10 為顯示了此資訊的範例。

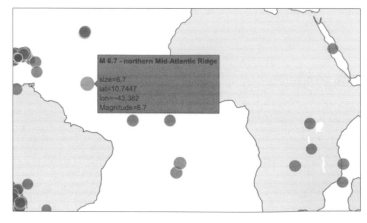

圖 16-10　停放文字現在放入了每個地震的摘要資訊

這項功能真是令人印象深刻啊！在大約 30 行程式碼中，我們建立了一張引人入勝且具有意義的全球地震活動地圖，這份地圖還勾勒出地球的地質結構。Plotly 提供了多種自訂視覺化外觀和行為的方式。使用 Plotly 的多種選項就可製作出準確顯示所需內容的圖表。

實作練習

16-6. 重構：從 all_eq_dicts 中提取資料的迴圈在將這些值新增附加到其適當的串列之前，把每次地震的震度、經度、緯度和標題指定到變數。這樣的處理方式是為了清楚說明怎麼從 GeoJSON 檔中提取資料，但在程式碼中則沒有必要這樣運用。不使用臨時變數，而是從 eq_dict 中提取每個值並將其新增附加到適當串列的一行內，這樣的作法應該能把迴圈的本體縮短為僅有四行。

16-7. 自動標題：在本節使用的是一般性的標題文字 Global Earthquakes，除上述作法外，您可以取用 GeoJSON 檔案內 metadata 部分中資料集的標題。把這個值提取出來，並指定給 title 變數。

16-8. 最近的地震：您可以在網路上查詢包含關於 1 小時、1 天、7 天和 30 天期間的最新地震資訊的資料檔。連到 *https://earthquake.usgs.gov/earthquakes/feed/v1.0/geojson.php* 網站，您會看到一個指向不同時間段的資料集的連結清單，焦點是在不同強度的地震。請下載其中一個資料集，並建立最近地震活動的視覺化圖表。

16-9. 世界大火：在本章的資源中，您會找到一個名為 world_fires_1_day.csv 的檔案。這個檔案含有關於全球不同位置放生大火的資訊，包括緯度、經度和每場大火的亮度。使用本章第一部分中的資料處理工作和本小節中的地圖繪製方法，製作一張地圖，顯示世界上有哪些地方受到大火的影響。

您可以在 *https://earthdata.nasa.gov/earth-observation-data/near-real-time/firms/firms/active-fire-data/* 下載此資料的最新版本。在「SHP, KML, and TXT Files」區段中可找到 CSV 格式的資料連結。

總結

本章您學會了如何處理現實世界中的資料集、如何處理 CSV 和 GeoJSON 檔案，與如何擷取想要的資料。學會如何使用 Matplotlib 來處理過去的氣象資料、如何使用 datetime 模組、如何在同一個圖表中繪製多個資料數列。學習了如何使用 Plotly 來繪製呈現各國資料的世界地圖。如何自訂 Plotly 地圖和圖表的樣式。

有了運用 CSV 和 JSON 檔案的經驗後，就能處理大多數要分析的資料了。大部分網路上的資料集都可以用這兩個格式之一來下載。學會處理這些格式，就等於已具備學習如何輕鬆地使用其他資料格式的基礎。

在下一章，我們將編寫能夠自動從網路上收集資料、並進行視覺化處理的程式。如果您只是把編寫程式當成興趣，學會這些技術將會為您增加更多運用的樂趣；若您想成為專業的程式設計師，那這些技術更是非學不可。

第 17 章
使用 API

本章我們將學習如何編寫一個自給式程式，並對其取得的資料進行視覺化處理。這支程式會使用**應用程式介面**（**application programming interface, API**）自動請求網站上的特定資訊，再對這些資訊進行視覺化處理。由於這樣編寫的程式能一直使用最即時的資料來生成視覺化的呈現，因此就算資料一直變化，它還是能呈現最即時的資訊。

使用 API

API 是網站的一部分，目的是與程式進行互動，這些程式使用非常明確的 URL 來請求某些資訊。這種請求稱之為 **API 呼叫**（**API call**）。請求的資料會以容易處理的格式（如 JSON 或 CSV 格式）來返回。依賴於外部資料來源的大多數應用程式都會仰賴 API 呼叫，舉例來說，整合社群媒體網站的應用程式就是一個例子。

Git 和 GitHub

我們會以來自 GitHub（*https://github.com/*）的資訊為基礎進行視覺化處理，GitHub 是個允許程式設計人員能夠協同開發一個專案的網站。我們會使用 GitHub 的 API 來請求該網站中關於 Python 專案的資訊，然後使用 Plotly 生成互動式的視覺化圖表，以展示這些專案的受歡迎程度。

GitHub 的名字來自於 Git，它是個分散式的版本控制系統。Git 能協助我們管理專案所做的工作，讓團隊中某個人所做的修改不會影響到其他成員所完成的部分。當您在專案中實作某項新功能時，Git 會追蹤您對每個檔案所做的變更。確定新程式碼可行之後，再**提交（commit）**所做的修改，而 Git 會記錄專案最新的狀態。如果出了錯想還原做過的修改，也能輕鬆地回到以前的任何可行狀態（若想要更深入了解怎麼使用 Git 進行版本控制，請參考本書附錄 D）。GitHub 上的專案都會存放在**倉庫（repositories）**中，其中包含與專案相關聯的一切內容：程式碼、專案參與者的資訊、議題或 bug 報告等。

對於喜歡的專案，GitHub 使用者可以加上星星來評等以表示支持，使用者還能追蹤想要使用的專案。本章我們會編寫一支程式，它能自動下載 GitHub 星等最高的 Python 專案之相關資訊，並對這些資訊進行視覺化的處理。

使用 API 呼叫來請求資料

GitHub 的 API 讓您能透過 API 呼叫來請求各種資訊，若想要知道 API 呼叫長什麼樣子，請在瀏覽器的網址列輸入如下網址並按下 Enter：

```
https://api.github.com/search/repositories?q=language:python+sort:stars
```

這個呼叫返回 GitHub 目前託管了多少個 Python 專案，還有關於最受歡迎的 Python 倉庫（repositories）的資訊。讓我們一起來檢驗這個呼叫吧，第一個段（https://api.github.com/）會請求發送到 GitHub 網站上回應 API 的呼叫部分，下一段（search/repositories）則會讓 API 搜尋 GitHub 上的所有倉庫。

repositories 後面的問號是我們要傳入一個引數，q 代表**查詢**，而等號讓我們能指定查詢內容（q=），藉由使用 language:python 來指出只想取得主要語言為 Python 的倉庫資訊，最後（+sort:stars）指出專案依其取得的星等來排序。

下列顯示了回應的前幾行內容。

```
    {
❶   "total_count": 8961993,
❷   "incomplete_results": true,
❸   "items": [
      {
        "id": 54346799,
        "node_id": "MDEwOlJlcG9zaXRvcnk1NDM0Njc5OQ==",
        "name": "public-apis",
        "full_name": "public-apis/public-apis",
        --省略--
```

從回應中能看到這個 URL 主要不是由人來輸入的，因為該 URL 的格式是由程式來處理。在筆者編寫本書時，GitHub 共找到有近九百萬個 Python 專案在進行❶。"incomplete_results" 的值為 true❷，得知請求的處理並不是完整的，GitHub 會限制每個查詢可以執行的時間，以維持 API 能對所有使用者回應。以上述範例說，它是幫我們找到了一些最流行的 Python 倉庫，但沒有足夠時間找出所有的倉庫，我們稍後會解決這個問題。"items" 返回的顯示中含有 GitHub 中最受歡迎的 Python 專案的詳細資訊❸。

安裝 requests

requests 套件能讓 Python 程式輕鬆地對網站請求資訊，和檢查返回的回應。請用 pip 指令來安裝 requests：

```
$ python -m pip install --user requests
```

如果在執行程式或安裝套件時使用的是 python3 或其他命令，請確定這裡使用的也是相同命令。

```
$ python3 -m pip install --user requests
```

處理 API 回應

現在來編寫程式，讓它能自動發出 API 呼叫和處理返回的結果：

⬇ python_repos.py
```
    import requests

    # Make an API call and check the response.
❶   url = "https://api.github.com/search/repositories"
```

```
    url += "?q=language:python+sort:stars+stars:>10000"
❷ headers = {"Accept": "application/vnd.github.v3+json"}
❸ r = requests.get(url, headers=headers)
❹ print(f"Status code: {r.status_code}")

    # Convert the response object to a dictionary.
❺ response_dict = r.json()

    # Process results.
    print(response_dict.keys())
```

首先是匯入 requests 模組，隨後是把 API 呼叫的 URL 指定到 url 變數內❶。這個 URL 有點長，因此我們將其分成兩行。第一行是 URL 的主要部分，第二行是查詢字串。我們在原始的查詢字串中加了一個條件「stars:>10000」，用來告知 GitHub 只尋找星數超過 10,000 的 Python 倉庫。這樣應該能讓 GitHub 返回一組完整且連貫的結果。

GitHub 目前的 API 是第三版，因此在定義 API 呼叫的 headers 時明確要求使用 v3 版本，並以 JSON 格式返回結果❷。隨後使用 requests 來呼叫 API ❸。這裡呼叫 get()並將我們定義的 URL 和 headers 傳入，再將回應物件指定到變數 r。

回應物件內含一個名為 status_code 的屬性，它讓我們知道請求是否成功（狀態碼 200 代表請求成功）。我們把 status_code 印出，用來確認呼叫是否成功❹。我們要求 API 返回 JSON 格式的資訊，因此用 json()方法把這些資訊轉換成 Python 字典❺。我們把轉換後的字典指定到 response_dict 變數中。

最後印出 response_dict 中的「鍵」，其輸出內容如下所示：

```
Status code: 200
dict_keys(['total_count', 'incomplete_results', 'items'])
```

從輸出得知其狀態碼為 200，因此知道請求成功了。回應字典中只含有三個鍵：'total_count'、'incomplete_results' 和 'items'。接下來一起看看回應字典中的內容有什麼。

處理回應字典

API 呼叫返回的資訊以字典來表示之後，我們就可以處理儲存在字典中的資料了。讓我們生成一些總結資訊內容。這是個不錯的方式，可以確認接收了想要的資訊，然後開始研究感興趣的資訊：

↓ python_repos.py

```
   import requests

   # Make an API call and store the response.
   --省略--

   # Convert the response object to a dictionary.
   response_dict = r.json()
❶ print(f"Total repositories: {response_dict['total_count']}")
   print(f"Complete results: {not response_dict['incomplete_results']}")

   # Explore information about the repositories.
❷ repo_dicts = response_dict['items']
   print(f"Repositories returned: {len(repo_dicts)}")

   # Examine the first repository.
❸ repo_dict = repo_dicts[0]
❹ print(f"\nKeys: {len(repo_dict)}")
❺ for key in sorted(repo_dict.keys()):
       print(key)
```

在❶這行印出了與 'total_count' 相關聯的值,這由 API 返回的值指出 GitHub 目前共有多少個 Python 倉庫。我們還取用與 'incomplete_results' 相關聯的值,因此會知道 GitHub 是否能完成所有的查詢處理。我們不是直接印出這個值,而是印出它的相反意義:True 值表示有完成所有的查詢處理。

與 'items' 相關聯的值是個串列,其中含有多個字典,而每個字典都含有關於一個 Python 倉庫的資訊。在❷這裡,我們把這個字典串列指定給 repo_dicts,接著印出 repo_dicts 的長度,得知取得多少個倉庫的資訊。

為了更深入了解返回關於每個倉庫的資訊,我們提取了 repo_dicts 中的第一個字典,再把它指定到 repo_dict 變數中❸。接下來印出這個字典所含有「鍵」的數量,得知其中有多少資訊❹。最後是印出字典的所有「鍵」,看看其中含有什麼資訊❺。

輸出的內容可讓我們對實際含有的資料有更清晰的認識:

```
   Status code: 200
❶ Total repositories: 248
❷ Complete results: True
   Repositories returned: 30

❸ Keys: 78
   allow_forking
   archive_url
   archived
```

```
--省略--
url
visiblity
watchers
watchers_count
```

在筆者撰寫本書時，超過 10,000 顆星評的 Python 倉庫只有 248 個。這裡可以看到 GitHub 有足夠的時間完全處理 API 的呼叫。在此回應中，GitHub 返回了符合我們查詢條件的前 30 個倉庫的相關資訊。如果想要取得更多的倉庫資料，可以請求更多的資料頁面。

GitHub 的 API 返回關於每個倉庫的大量資訊：repo_dict 含有 78 個鍵❶。藉由查看這些鍵，可大致了解能擷取關於專案的資訊有哪些（若想要精準地取得 API 會返回哪些資訊，那可能要閱讀相關文件，或像上述這樣使用程式碼來查看這些資訊內容）。

讓我們提取 repo_dict 中與一些「鍵」關聯的值：

⬇ python_repos.py

```
   --省略--
   # Examine the first repository.
   repo_dict = repo_dicts[0]

   print("\nSelected information about first repository:")
❶ print(f"Name: {repo_dict['name']}")
❷ print(f"Owner: {repo_dict['owner']['login']}")
❸ print(f"Stars: {repo_dict['stargazers_count']}")
   print(f"Repository: {repo_dict['html_url']}")
❹ print(f"Created: {repo_dict['created_at']}")
❺ print(f"Updated: {repo_dict['updated_at']}")
   print(f"Description: {repo_dict['description']}")
```

這裡我們印出了表示第一個倉庫的字典中與很多鍵相關聯的值。在❶這行印出了專案的名稱，專案擁有者是用一個字典表示的，因此在❷這行使用 owner 鍵來存取表示擁有者的字典，再用 login 鍵取得擁有者的登入名稱。在❸這裡我們印出專案取得了多少顆星的評等，以及專案在 GitHub 倉庫的 URL。接著我們顯示專案的建立時間❹和最近一次更新的時間❺。最後則印出倉庫的描述內容。其輸出內容類似下列這樣：

```
Status code: 200
Total repositories: 248
Complete results: True
Repositories returned: 30
```

```
Selected information about first repository:
Name: public-apis
Owner: public-apis
Stars: 191493
Repository: https://github.com/public-apis/public-apis
Created: 2016-03-20T23:49:42Z
Updated: 2022-05-12T06:37:11Z
Description: A collective list of free APIs
```

從上述輸出結果來看，GitHub 上星等最高的 Python 專案是 public-apis，其擁有
者也是相同的名稱，有近 200,000 個 GitHub 使用者對這個專案加上星評。我們
可看到這個專案的倉庫的 URL，其建立時間為 2016 年 3 月，且在最近又有更
新。此外，Description 中還告訴我們 public-apis 有程式設計師可能感興趣的免
費 API 清單。

最受歡迎倉庫的匯總

對這些資料進行視覺化處理時，我們要引入的倉庫不只一個。接著就來編寫以
迴圈印出 API 呼叫所返回每個倉庫的特定資訊，以便能在視覺化處理中放入這
些資訊：

↓ python_repos.py

```
    --省略--
    # Explore information about the repositories.
    repo_dicts = response_dict['items']
    print(f"Repositories returned: {len(repo_dicts)}")

❶ print("\nSelected information about each repository:")
❷ for repo_dict in repo_dicts:
        print(f"\nName: {repo_dict['name']}")
        print(f"Owner: {repo_dict['owner']['login']}")
        print(f"Stars: {repo_dict['stargazers_count']}")
        print(f"Repository: {repo_dict['html_url']}")
        print(f"Description: {repo_dict['description']}")
```

在❶這行我們印出一條說明訊息。在❷這裡則以迴圈遍訪 repo_dicts 中的所有
字典。在這個迴圈內，我們印出每個專案的名稱、擁有者、星等數量、在
GitHub 上的 URL 和描述內容：

```
Status code: 200
Total repositories: 248
Complete results: True
Repositories returned: 30
```

```
Selected information about each repository:

Name: public-apis
Owner: public-apis
Stars: 191494
Repository: https://github.com/public-apis/public-apis
Description: A collective list of free APIs

Name: system-design-primer
Owner: donnemartin
Stars: 179952
Repository: https://github.com/donnemartin/system-design-primer
Description: Learn how to design large-scale systems. Prep for the system
  design interview. Includes Anki flashcards.
--省略--

Name: PayloadsAllTheThings
Owner: swisskyrepo
Stars: 37227
Repository: https://github.com/swisskyrepo/PayloadsAllTheThings
Description: A list of useful payloads and bypass for Web Application Security
  and Pentest/CTF
```

上述的輸出內容中有些好玩的專案可能值得一看，但不要在這裡花費太多時間，因為我們會建立視覺化的呈現來讓您更容易閱讀其結果。

監控 API 的速率限制

大多數的 API 都有**速率限制**，也就是指您在特定時間內可執行的請求數量是受限制的。要知道您是否已接近 GitHub 的限制，可在瀏覽器輸入 *https://api.github.com/rate_limit* 來查看像下列這般的回應訊息：

```
  {
    "resources": {
      --省略--
❶    "search": {
❷      "limit": 10,
❸      "remaining": 9,
❹      "reset": 1652338832,
        "used": 1,
        "resource": "search"
      },
      --省略--
```

我們關心的資訊是 search API 的速率限制❶。從❷這行可得知限制為每分鐘 10 個請求，而在目前這一分鐘內我們還有 9 個請求可執行❸。reset 值代表的是當

我們重設配額時的 Unix 時間或新紀元時間（1970 年 1 月 1 日午夜以來的秒數）
❹。用完配額之後就會收到一條簡單的回應，由此得知已達到 API 限制，到達
極限後就必須等待配額重設。

> **NOTE**
>
> 很多 API 都會要求我們登錄註冊以取得 API key 或存取 token 後才能執行 API
> 呼叫。在編寫本書時，GitHub 還沒有這樣的要求，但取得存取 token 後可得
> 到的配額會高很多。

使用 Plotly 對倉庫進行視覺化處理

現在已取得一些有趣的資料後，我們就可以來進行視覺化的處理，展現 GitHub
上 Python 專案的受歡迎程度。我們要建立一個互動式的長條圖：長條的高度代
表專案得到多少顆星評。點按圖表中的長條時會引領進入專案在 GitHub 上的
主頁。

將編寫的程式碼的另存新檔為 python_repos_visual.py，然後對其進行修改，使
其內容如下：

⬇ python_repos_visual.py

```python
import requests
import plotly.express as px

# Make an API call and check the response.
url = "https://api.github.com/search/repositories"
url += "?q=language:python+sort:stars+stars:>10000"

headers = {"Accept": "application/vnd.github.v3+json"}
r = requests.get(url, headers=headers)
❶ print(f"Status code: {r.status_code}")

# Process overall results.
response_dict = r.json()
❷ print(f"Complete results: {not response_dict['incomplete_results']}")

# Process repository information.
repo_dicts = response_dict['items']
❸ repo_names, stars = [], []
for repo_dict in repo_dicts:
    repo_names.append(repo_dict['name'])
    stars.append(repo_dict['stargazers_count'])
```

```
   # Make visualization.
❹ fig = px.bar(x=repo_names, y=stars)
   fig.show()
```

這裡匯入 Plotly Express，然後像往常一樣進行 API 呼叫。隨後繼續印出 API 呼叫的回應狀態，以便了解是否有問題發生❶。當我們處理 Complete results 時，繼續印出訊息來確認是否有取得一組完整的結果❷。這裡也刪除了一些多餘 print()呼叫，因為我們不再處於探索階段，而是知道要擁有的所需資料了。

隨後建立兩個空串列❸來儲存要引入初始圖表中的資料。我們要用每個專案的名稱（repo_names）來當作長條圖的標籤，並以星星的數量（stars）來決定長條圖的高度。在迴圈中會把每個專案名稱及其星星數量新增到這些串列內。

我們只用兩行程式碼就完成了初始的視覺化呈現。這與 Plotly Express 的速成理念一致，也就在您能夠優化其外觀之前先盡快看到視覺化的呈現結果。這裡是用 px.bar() 函式來建立長條圖。我們把 repo_names 串列當作 x 引數傳入，並將 stars 當作 y 引數傳入。

圖表的結果如圖 17-1 所示。從圖中得知前幾個專案的受歡迎程度比其他專案高很多，但所有這些專案在 Python 生態系統內都是很重要的。

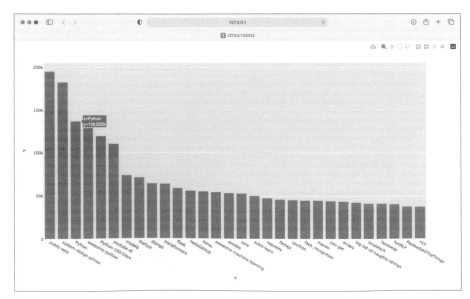

圖 17-1　GitHub 上得到星星數最多的 Python 專案

修飾 Plotly 圖表

在知道圖表呈現的資訊是正確的之後，可透過 Plotly 的多種方式來修飾和自訂圖表的樣式。我們會在初始的 px.bar() 呼叫中進行一些修改，隨後在建立 fig 物件時對其進行一些更進一步調整。

我們會透過為座標軸加入標題和標籤文字來開始進行圖表樣式的設定：

⬇ python_repos_visual.py

```
--省略--
# Make visualization.
title = "Most-Starred Python Projects on GitHub"
labels = {'x': 'Repository', 'y': 'Stars'}
fig = px.bar(x=repo_names, y=stars, title=title, labels=labels)

❶ fig.update_layout(title_font_size=28, xaxis_title_font_size=20,
        yaxis_title_font_size=20)

fig.show()
```

首先為座標軸加上標題和標籤文字，就像在第 15 和 16 章中所做的處理。隨後使用 fig.update_layout() 方法來修改圖表的特定元素。Plotly 有個慣例，圖表元素的各種相關設定是以底線來連接。當您熟悉 Plotly 的說明文件，就會在圖表的不同元素命名和修改中看到這個一致的慣例模式。在這個範例中，我們把標題字型大小設為 28，座標軸標題的字型大小為 20。其結果如圖 17-2 所示。

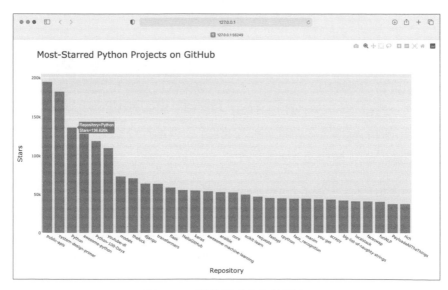

圖 17-2　調修樣式之後的圖表

新增自訂工具提示

在 Plotly 中，當滑鼠游標停在長條圖時會顯示其代表的資訊，這樣的功能一般稱為**工具提示**（**tooltip**）。以這個範例來看，目前顯示的是專案有多少個星星評等。接著建立自訂的工具提示，同時顯示專案的描述說明和其擁有者。

我們需要提取一些額外的資料來生成工具提示並修改 data 物件：

⬇ python_repos_visual.py

```
    # Process repository information.
    repo_dicts = response_dict['items']
❶ repo_names, stars, hover_texts = [], [], []
    for repo_dict in repo_dicts:
        repo_names.append(repo_dict['name'])
        stars.append(repo_dict['stargazers_count'])

        # Build hover texts.
❷       owner = repo_dict['owner']['login']
        description = repo_dict['description']
❸       hover_text = f"{owner}<br />{description}"
        hover_texts.append(hover_text)

    # Make visualization.
    title = "Most-Starred Python Projects on GitHub"
    labels = {'x': 'Repository', 'y': 'Stars'}
❹ fig = px.bar(x=repo_names, y=stars, title=title, labels=labels,
            hover_name=hover_texts)
    fig.update_layout(title_font_size=28, xaxis_title_font_size=20,
            yaxis_title_font_size=20)

    fig.show()
```

首先定義一個新的空白串列 hover_texts 來存放要為每個專案顯示的文字❶。在處理資料的迴圈中，我們提取出每個專案的擁有者和描述說明文字❷。Plotly允許我們在文字元素內使用 HTML 程式碼，因此對標籤所生成的字串中，專案擁有者的名稱和描述說明文字之間加了一個換行符號（
）❸。隨後把這個標籤附加到 hover_texts 串列內。

在 px.bar() 呼叫中加了 hover_name 引數，並把 hover_texts 指定給此引數❹，這是用來自訂全球地震活動地圖中每個點標籤的做法。當 Plotly 繪製長條圖時，它會從這個串列中提取出標籤文字，而且只有在觀看的人把滑鼠游標停放在長條圖上時才顯示出來。圖 17-3 為長條圖加上自訂工具提示後的成果。

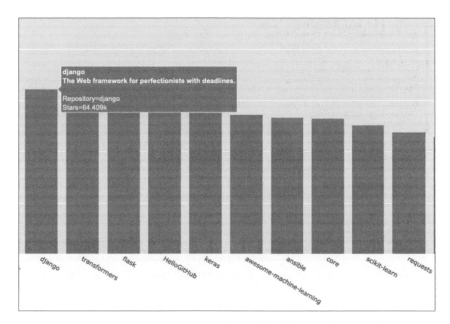

圖 17-3　當游標停在長條圖上時會顯示專案的擁有者和描述說明文字

在圖表中新增可點按的連結

因為 Plotly 允許我們在文字元素上使用 HTML，因此可以輕鬆地對圖表新增連結。我們就使用 x 軸標籤作為連結，讓觀看的人可連上該專案在 GitHub 的主頁。我們需要從資料中提取 URL 並在生成 x 軸標籤時使用：

⬇ python_repos_visual.py

```
    --省略--
    # Process results.
    response_dict = r.json()
    repo_dicts = response_dict['items']
❶ repo_links, stars, hover_texts = [], [], []
    for repo_dict in repo_dicts:
        # Turn repo names into active links.
        repo_name = repo_dict['name']
❷       repo_url = repo_dict['html_url']
❸       repo_link = f"<a href='{repo_url}'>{repo_name}</a>"
        repo_links.append(repo_link)

        stars.append(repo_dict['stargazers_count'])
        --省略--

    # Make visualization.
    title = "Most-Starred Python Projects on GitHub"
    labels = {'x': 'Repository', 'y': 'Stars'}
    fig = px.bar(x=repo_links, y=stars, title=title, labels=labels,
```

```
                 hover_name=hover_texts)

    fig.update_layout(title_font_size=28, xaxis_title_font_size=20,
            yaxis_title_font_size=20)

    fig.show()
```

這裡會把建立的 repo_names 串列名稱更新為 repo_links，以更準確地傳達要為圖表統整的資訊類型❶。隨後從 repo_dict 中提取專案的 URL，並將其指定到臨時變數 repo_url 內❷。接下來建立了專案的連結❸。在這裡使用了 HTML 錨定標記來生成連結，其格式為 <a href='URL'>link text</a>。隨後把這個連結新增附加 repo_links 串列中。

當我們呼叫 px.bar() 時，把 repo_links 串列用在圖表中的 x 值。結果看起來與前面的相同，但是現在觀看的人可點按圖表底部的任何專案名稱，就能連到該專案在 GitHub 上的主頁。藉由 API 所擷取的資料，現在我們已製作出一個能互動，且資訊豐富的視覺化圖表！

自訂標記色彩

建立圖表之後，大都可以透過 update 方法自訂圖表中的各種元素。我們之前就使用過 update_layout() 方法了，但還有另一個 update_traces() 方法可用來自訂圖表上所呈現的資料。

讓我們把長條圖更改為深藍色，並加上一點透明度：

```
--省略--
fig.update_layout(title_font_size=28, xaxis_title_font_size=20,
        yaxis_title_font_size=20)

fig.update_traces(marker_color='SteelBlue', marker_opacity=0.6)
fig.show()
```

在 Plotly 中，**trace** 是指圖表上的資料集合。update_traces() 方法可以接受許多不同的引數，所有以 marker_ 開頭的引數都是用來設定圖表上的標記。這裡的程式碼是把標記的色彩設定為 'SteelBlue'，這裡可以使用 CSS 色彩的名稱。我們還把每個標記的不透明度（opacity）設定為 0.6。不透明度設為 1.0 就會是完全不透明，而不透明度設為 0 則會是完全透明變成不可見的。

更多關於 Plotly 和 GitHub API 的資訊

Plotly 的說明文件很多、很廣泛且整理得很好，但有時候卻不知道要從哪裡開始著手閱讀，這裡提供一個很不錯的入門起點，請連到 *https://plotly.com/python/plotly-express/* 中找到「Plotly Express in Python」，這裡能讓您了解怎麼使用 Plotly Express 製作圖表的概述，您還可以找到關於各種圖表類型的相關連結，從中取得更詳細的資訊。

如果您想了解如何更好地自定義 Plotly 圖表，請連到 *https://plotly.com/python/styling-plotly-express* 中找到的「Styling Plotly Express Figures in Python」，這裡的內容能補充您在第 15 到 17 章所學的知識。

若想要更多 GitHub API 的說明資訊，請參閱 *https://docs.github.com/en/rest* 上的說明文件，在那裡可學到如何從 GitHub 中提取各種特定資訊。若想要補充您在某個專案中看到的內容，請在側邊欄中查詢 Search 部分的參考資料。如果您有 GitHub 帳戶，則可使用自己的資料和其他使用者倉庫的公共可用資料。

Hacker News API

為了探索怎麼使用其他網站的 API 呼叫，我們來看看 Hacker News（*http://news.ycombinator.com/*）。在 Hacker News 網站中，使用者會分享程式設計和技術相關的文章，並對這些文章內容展開積極的討論。Hacker News API 能讓我們存取這個網站上所有提交的文章和評論資訊，而且不需登錄註冊取得 key 就能使用 API。

下面的連結會返回本書編寫時最熱門的文章資訊：

```
https://hacker-news.firebaseio.com/v0/item/31353677.json
```

在瀏覽器中輸入這個 URL 後，您會看到頁面上的文字是用大括號括起來的，這表示它是字典型別。不過如果沒有更好的格式，則很難檢查回應的內容。讓我們利用 json.dumps() 方法執行這個 URL，就會像在第 16 章中的地震專題中所做的處理，如此一來就可以探索相關文章所返回的資訊類型：

⬇ hn_article.py

```
    import requests
    import json

    # Make an API call, and store the response.
    url = "https://hacker-news.firebaseio.com/v0/item/31353677.json"
    r = requests.get(url)
    print(f"Status code: {r.status_code}")

    # Explore the structure of the data.
    response_dict = r.json()
    response_string = json.dumps(response_dict, indent=4)
❶ print(response_string)
```

這程式的內容看起來應該很熟悉吧！因為在前兩章中都有使用過。這裡的主要的不同處是直接印出格式化之後的回應字串，輸出內容沒有很長，所以沒有將其寫入檔案中。

其輸出是關於 ID 為 31353677 文章相關資訊的字典：

```
    {
        "by": "sohkamyung",
❶      "descendants": 302,
        "id": 31353677,
❷      "kids": [
            31354987,
            31354235,
            --省略--
        ],
        "score": 785,
        "time": 1652361401,
❸      "title": "Astronomers reveal first image of the black hole
            at the heart of our galaxy",
        "type": "story",
❹      "url": "https://public.nrao.edu/news/.../"
    }
```

字典中含有許多可以使用的鍵。descendants 鍵告知文章已收到的評論數量❶。kids 鍵提供直接回應此提交的所有評論的 ID ❷。這些評論之中也可能有屬於他們自己的評論，因此提交的 descendants 數量通常大於其 kids 的數量。我們可以看到正在討論文章的標題❸，以及正在討論文章的 URL❹。

以下網址返回了關於 Hacker News 中目前最熱門文章的所有 ID 的簡易串列：

```
https://hacker-news.firebaseio.com/v0/topstories.json
```

我們可以使用這個呼叫來尋找目前主頁上的文章，然後生成一系列類似於剛剛檢查過的 API 呼叫。利用這種方法，現在可以把 Hacker News 首頁上的所有文章摘要印出來：

↓ hn_submissions.py

```
    from operator import itemgetter

    import requests

    # Make an API call and store the response.
❶  url = "https://hacker-news.firebaseio.com/v0/topstories.json"
    r = requests.get(url)
    print(f"Status code: {r.status_code}")

    # Process information about each submission.
❷  submission_ids = r.json()
❸  submission_dicts = []
    for submission_id in submission_ids[:5]:
        # Make a separate API call for each submission.
❹      url = f"https://hacker-news.firebaseio.com/v0/item/{submission_id}.json"
        r = requests.get(url)
        print(f"id: {submission_id}\tstatus: {r.status_code}")
        response_dict = r.json()

        # Build a dictionary for each article.
❺      submission_dict = {
            'title': response_dict['title'],
            'hn_link': f"http://news.ycombinator.com/item?id={submission_id}",
            'comments': response_dict['descendants'],
        }
❻      submission_dicts.append(submission_dict)

❼  submission_dicts = sorted(submission_dicts, key=itemgetter('comments'),
                                  reverse=True)

❽  for submission_dict in submission_dicts:
        print(f"\nTitle: {submission_dict['title']}")
        print(f"Discussion link: {submission_dict['hn_link']}")
        print(f"Comments: {submission_dict['comments']}")
```

首先進行 API 呼叫，然後印出回應的狀態❶。這個 API 呼叫會返回一個串列，其中含有這次呼叫時在 Hacker News 最受歡迎前 500 篇文章的 ID。隨後在❷這裡把回應物件轉換為 Python 串列，並將其指定到 submission_ids 中。我們會使用這些 ID 來建構一組字典，每個字典都存放著提交文章的資訊。

在❸這裡建立了一個空的串列 submission_dicts，用來存放這些字典。然後以迴圈遍訪前 5 名提交者的 ID。對每個提交都執行一個 API 呼叫，其中的 URL 含有 submission_id 的目前值❹，我們印出每次請求的狀態及其 ID 來了解請求是否成功。

接著為目前正在處理的提交製作一個字典❺，在其中存放了提交的標題、該專案討論頁面的連結、以及到目前為止該文章所收到的評論數量。接著把每個 submission_dict 新增附加到 submission_dicts 串列內❻。

Hacker News 上每篇提交的文章都是根據綜合評分來進行排名的，而評分取決於許多因素，包括它被推薦了多少次、收到了多少評論、以及提交投稿的時間有多久。我們要按照評論數量對字典串列進行排序，為此需要使用一個名為 itemgetter() 的函式❼，該函式來自 operator 模組。我們對該函式傳入 'comments' 鍵，它會從串列中的每個字典提取與 'comments' 鍵相關聯的值。接著 sorted() 函式使用這個值進行排序。我們以降冪方式對串列進行排序，把最多評論的文章放在第一位。

對串列排序後，在❽這裡以迴圈遍訪串列，並對最熱門的每篇文章都印出三項資訊：標題、指向討論頁面的連結，以及提交內容目前的評論數量：

```
Status code: 200
id: 31390506 status: 200
id: 31389893 status: 200
id: 31390742 status: 200
--省略--

Title: Fly.io: The reclaimer of Heroku's magic
Discussion link: https://news.ycombinator.com/item?id=31390506
Comments: 134

Title: The weird Hewlett Packard FreeDOS option
Discussion link: https://news.ycombinator.com/item?id=31389893
Comments: 64

Title: Modern JavaScript Tutorial
Discussion link: https://news.ycombinator.com/item?id=31390742
Comments: 20
--省略--
```

使用任何 API 來存取和分析資訊時，流程都很相似。有了這些資料後，您就可以進行視覺化處理，指出最近有哪些文章引發最激烈的討論。這也是這個應用程式的本質，為 Hacker News 這樣的網站提供自訂閱讀體驗。若想要了解更多關於 Hacker News API 可存取的資訊類型，請連上網路，瀏覽 *https://github.com/HackerNews/API/* 的文件頁面。

> **NOTE**
>
> Hacker News 有時會允許公司行號發布特殊的應徵招人貼文，且禁止在這類
> 貼文上發表評論。如果您在其中這類帖子出現時執行本書這支程式，就會收
> 到 KeyError 錯誤回報。如果這樣會造成問題，可以把建構 submission_dict 的
> 程式碼放入 try-except 區塊中，並設定跳過這類貼文。

實作練習

17-1. 其他程式語言：請修改 python_repos.py 中的 API 呼叫，在生成的圖
表中顯示使用其他程式語言所編寫最受歡迎的專案。請嘗試 JavaScript、
Ruby、C、Java、Perl、Haskell 和 Go 等程式語言。

17-2. 最活躍的討論：使用 hn_submissions.py 的資料來建立一個長條圖，
顯示 Hacker News 上目前最活躍的討論。長條圖的高度要對應於文章得到的
評論數量，而長條圖的標籤要有文章的標題，每個長條圖也要設定連結，在
點按時可連到該文章的討論頁面。當建立圖表時出現 KeyError 時，使用 try-
except 區塊來跳過這類可能的貼文。

17-3. 測試 python_repos.py：在 python_repos.py 中印出 status_code 的值
來確認 API 呼叫是否成功。請編寫一支取名為 test_python_repos.py 的程
式，使用單元測試來 assert 這個 status_code 值為 200。請思考您還可以做
出哪些 assert，例如返回的項目數量是否符合預期，倉庫總數是否超過特定
值等處理。

17-4. 進一步的探索：請連上網去瀏覽 Plotly、GitHub API 或 Hacker News
API 的相關文件。使用您所找到的資訊來自訂已經繪製好的圖表樣式，或者
擷取一些不同的資訊來建立屬於自己的視覺化圖表。如果您對探索其他 API
有興趣，請連到 https://github.com/public-apis，找尋 GitHub 倉庫中有
提到 API 的相關內容 。

總結

本章您學會了如何使用 API 來編寫自給式（self-contained）程式，可自動收集所需的資料來進行視覺化的處理。學會使用 GitHub API 來探索 GitHub 上星評最多的 Python 專案。初步了解 Hacker News API，並學會如何使用 Requests 套件來自動處理 API 呼叫，以及處置呼叫的回應結果。也學會了使用一些 Plotly 設定來對圖表外觀進行自訂的處理。

接著是本書的最後一個應用專題，我們會使用 Django 來建立 Web 應用程式。

第 18 章

Django 初學入門

隨著網際網路的發展,網站和行動應用程式之間的界限已經模糊分不清了。網站和應用程式都能協助使用者以多種方式與資料進行互動交流。很值得一提的是,我們可以利用 Django 建構一個專案,用來服務於動態網站和一組行動應用程式。**Django** 是 Python 最流行的 **Web 框架**,是一套用來協助開發互動式網站的工具。本章中您將學會如何使用 Django 建構一個名為「Learning Log(學習日誌)」的線上日誌系統,讓您能夠追蹤所學的特定主題之相關資訊。

我們會為這個應用專題制定規格(specification),再為應用程式使用的資料定義模型。我們將使用 Django 的管理系統來輸入某些初始資料,再學習編寫視圖(views)和模板(templates),讓 Django 能為我們的網站建立網頁。

Django 能回應網頁請求,還能讓我們更輕鬆地讀寫資料庫、管理使用者,以及進行其他更多的處理。在第 19 章和第 20 章,我們會調修改進「Learning Log(學習日誌)」這個專案,再將它部署到作用中的伺服器,讓您和您的朋友們(在網路世界上的其他人)能使用它。

設立專案

在開發 Web 應用程式這樣的重要專案前，先要在規格（specification 或 spec）中對專案的目標進行描述。一旦有了一套明確的目標，就能識別出可管理的任務，並以此來完成這些目標。

在本節中，我們會為學習日誌編寫規格，並起始專案的第一階段工作。這裡會牽涉到設定虛擬環境和建構 Django 專案的各種初始工作。

編寫規格

完整的規格會詳細描述專案的目標，說明專案的功能，並討論專案的外觀和使用者介面。就像所有寫得很好的專案企劃和商業企劃書一樣，規格會突顯出重點，協助我們讓專案維持在正確的軌道上。這裡的例子不會制定完整的專案企劃，只會列出一些明確的目標，用來突顯開發工作的重點。我們所制定的規格如下所示：

> 我們要編寫一個名稱為「Learning Log（學習日誌）」的 Web 應用程式，可讓使用者記錄感興趣的主題，並在學習每個主題的過程中可新增日誌記錄項目。「Learning Log（學習日誌）」的主頁有對此網站的功用進行描述，並邀請使用者登錄註冊。當使用者登錄之後，即可建立新主題、新增新的記錄項目、閱讀和編輯現有的記錄項目。

當您在學習新的主題時，把學到的知識記錄下來能幫助您追蹤和複習這些知識，這在學習技術類型的主題時更是重要。好的應用程式能讓這個記錄過程變得更有效率。

設立虛擬環境

要運用 Django 的話，需要先設立虛擬環境。**虛擬環境（virtual environment）**放在系統中的某個位置，可讓我們在其中安裝套件，並與其他 Python 套件隔開。把專案的程式庫與其他專案分隔開來是有好處的，且為了在第 20 章時可將「Learning Log」這個專案部署到伺服器上，這樣的處理是有必要的。

為專案建立一個名稱為「learning_log」的新目錄，到終端模式中切換到此目錄，再建立一個虛擬環境。使用下列命令來建立虛擬環境：

```
learning_log$ python -m venv ll_env
learning_log$
```

這裡執行了 venv 模組，用它來建立一個名稱為「ll_env」（請留意這裡是兩個小寫的 L，而不是數字的 1）的虛擬環境。如果在執行程式或安裝套件時使用的是 python3 之類的指令，那麼請確定在這裡使用的也是這個指令。

啟用虛擬環境

建立虛擬環境之後，需要使用下列的命令來啟用：

```
learning_log$ source ll_env/bin/activate
(ll_env)learning_log$
```

這個命令會執行 ll_env/bin 中的 **activate** 腳本，當環境處在啟用狀態時，環境名稱會放在括號內。這表示您可以在環境中安裝新套件，並使用已安裝的套件。在 ll_env 中安裝的套件僅在該環境啟用的狀態下才能使用。

> **NOTE**
> 如果您使用的是 Windows 系統，請用「ll_env\Scripts\activate」（沒有 source 這個字）命令來啟用這個虛擬環境。如果使用 PowerShell，則要用首字大寫的 Activate。

若想要停止使用虛擬環境，可輸入 deactivate 命令：

```
(ll_env)learning_log$ deactivate
learning_log$
```

如果關閉了執行虛擬環境的終端視窗，則虛擬環境也會關閉而不在啟用狀態。

安裝 Django

一旦建立並啟用虛擬環境後，就可安裝 Django 了：

```
(ll_env)learning_log$ pip install --upgrade pip
(ll_env)learning_log$ pip install django
```

```
Collecting django
--省略--
Installing collected packages: sqlparse, asgiref, django
Successfully installed asgiref-3.5.2 django-4.1 sqlparse-0.4.2
(ll_env)learning_log$
```

因為是從多個來源下載，所以 pip 更新相當頻繁。每當您要建立新的虛擬環境時，先更新 pip 是正確的好做法。

我們是在虛擬環境中運作，因此安裝 Django 的命令在所有系統上都是相同的。不需要指定--user 旗標，也不用 python -m pip install package_ name 這樣長的命令。請記住，Django 僅在 ll_env 環境是在啟用狀態時才能使用。

> **NOTE**
>
> Django 大約每 8 個月就會發佈一次新版本，因此您在安裝 Django 時可能會看到更新的版本。即使是在較新版本的 Django 上，書中這個專題所寫的內容應該都適用。如果要使用與書中相同版本的 Django，請使用 pip install django==4.1.* 命令來安裝，這樣會安裝 Django 4.1 的最新版本。如果您對使用的版本有任何疑問，請連到 *https://ehmatthes.github.io/pcc_3e*，查看本書的線上資源（online resources）。

在 Django 中設定專案

在處於作用中的虛擬環境下（ll_env 在括號內），輸入如下命令來建立專案：

```
❶ (ll_env)learning_log$ django-admin startproject ll_project .
❷ (ll_env)learning_log$ ls
  ll_env ll_project manage.py
❸ (ll_env)learning_log$ ls ll_project
  __init__.py asgi.py settings.py urls.py wsgi.py
```

在❶這行的命令讓 Django 建立一個叫作 ll_project 的新專案，此命令尾端的句點（.）會建立帶有目錄結構的新專案，並在專案開發完成後可以很輕鬆把應用程式部署到伺服器的這個目錄結構中。

> **NOTE**
>
> 別忘了這個句點，否則在部署應用程式時會遭遇一些配置上的問題。如果您忘了這個句點，可將建立的檔案和資料夾都刪除（但 ll_env 不能刪），再重新執行這個命令。

在❷這裡執行 ls 命令（在 Windows 系統中則用 dir），結果呈現 Django 建立了名為 ll_project 的目錄，它還建立了叫作 manage.py 的檔案，這個簡短的程式檔可放入命令，並將其交給 Django 相關部分去執行。我們會使用這些命令來管理像是使用資料庫和執行伺服器的工作。

ll_project 目錄中含有 4 個檔案❸，其中最重要的是 settings.py、urls.py 和 wsgi.py。settings.py 檔是控制著 Django 如何與您的系統互動和管理專案。在開發專案的過程中，我們可能會修改和新增一些設定。urls.py 檔告知 Django 要建立哪些網頁來回應瀏覽器的請求。wsgi.py 檔協助 Django 處理它建立的檔案，這個檔案的名稱是由 web server gateway interface 縮寫而來的。

建立資料庫

因為 Django 把大部分與專案相關的資訊都儲存在資料庫內，所以我們要建立一個可供 Django 運用的資料庫。請在虛擬環境為啟用中的狀態下執行下列命令來建立資料庫：

```
    (ll_env)learning_log$ python manage.py migrate
❶ Operations to perform:
      Apply all migrations: admin, auth, contenttypes, sessions
    Running migrations:
      Applying contenttypes.0001_initial... OK
      Applying auth.0001_initial... OK
      --省略--
      Applying sessions.0001_initial... OK
❷ (ll_env)learning_log$ ls
    db.sqlite3 ll_env ll_project manage.py
```

當修改資料庫時，我們是稱為「**轉移（migrating）**」資料庫。首次執行 migratc 命令時，會讓 Django 確定資料庫與專案的目前狀態有配合好。在使用 SQLite （後面會更詳細介紹 SQLite）的新專案中首次執行這個命令時，Django 會建立一個資料庫。在❶這裡，Django 回報說它會準備好資料庫來存放一些資訊，包括處理管理和身份驗證任務所需的資訊。

在❷這裡我們執行了 ls 命令，其輸出內容指出 Django 又建立了 db.sqlite3 這個檔案。SQLite 是個使用單一檔案的資料庫，是編寫簡易型應用程式時理想的選擇，因為它讓我們不用放太多注意力在資料庫管理的問題上。

> **NOTE**
>
> 在作用中的虛擬環境內，就算您是用諸如 python3 之類不同的命令來執行其他程式，在這裡也還是請您用 python 命令執行 manage.py。因為在虛擬環境中，python 命令所指的是虛擬環境本身的 Python 版本。

查看專案

讓我們一起來確認 Django 是否正確地建立了專案。如下輸入 runserver 命令來查看專案目前的狀態：

```
(ll_env)learning_log$ python manage.py runserver
Watching for file changes with StatReloader
Performing system checks...

❶ System check identified no issues (0 silenced).
  May 19, 2022 - 21:52:35
❷ Django version 4.1, using settings 'll_project.settings'
❸ Starting development server at http://127.0.0.1:8000/
  Quit the server with CONTROL-C.
```

Django 會啟動**開發伺服器**，讓我們能查看系統中的專案，了解其運作的情況。當我們在瀏覽器中輸入 URL 以請求網頁時，Django 伺服器會對請求進行回應，生成適合的網頁並傳送到瀏覽器中。

在❶這裡，Django 透過檢查確認有正確建立了專案。在❷這行則指出使用的 Django 版本和目前使用的設定檔案的名稱。在❸這裡則指出專案的 URL。*http://127.0.0.1:8000/* 這個 URL 表示專案會在您的電腦（也就是 localhost）的 8000 埠號上偵聽請求。localhost 只處理目前系統發出的請求，並不允許其他任何人查看您正在開發的網頁。

請開啟瀏覽器，輸入 URL 為 *http://localhost:8000/* 或 *http://127.0.0.1:8000/*，就會看到像圖 18-1 所示的頁面，此頁面是 Django 建立的，讓我們知道到目前為止一切都運作得很正常。目前暫時還不要關閉這個伺服器，但若想要關閉，請在發出 runserver 命令的終端視窗中按下 Ctrl+C 鍵即可關閉。

圖 18-1　一切運作都很正常

NOTE

如果出現錯誤訊息「That port is already in use」，請執行 python manage.py runserver 8001 命令，讓 Django 使用另一個埠號。如果這個埠號也不能用，可不斷執行上述命令，增大埠號的編號來試試，直到找到可用的埠號為止。

實作練習

18-1. 新專案：想要更了解更多 Django 的運作原理，可建立幾個空的專案，看看 Django 建立了什麼東西。新建一個目錄，取個簡單的名稱，如 tik_gram 或 insta_tok（不要在 learning_log 中建立此目錄）之類，在終端模式中切換到這個資料夾再建立虛擬環境。在此虛擬環境中安裝 Django，並執行「django-admin.py startproject tg_project．」（請記得這個在命令尾端的句點）。

看看這個命令建立了什麼檔案和目錄，並與「Learning Log」專案中的檔案和目錄進行比對。這樣多做幾次，直到對 Django 新建專案時所建立的東西都能掌握為止。接下來如果有需要可把專案目錄刪掉。

建立應用程式

Django **專案**是由一系列單獨**應用程式**（**app**）所組成的，這些應用程式會一起合作，讓專案成為一個整體。我們暫時只建立一個應用程式，讓它完成專案大部分的工作。在第 19 章我們會再新增一個管理使用者帳號的應用程式。

請保持開啟終端視窗內還執行著開發伺服器。再開啟一個終端視窗（或標籤頁面），切換到 magage.py 所在的目錄中，啟用此虛擬環境再輸入 startapp 命令：

```
   learning_log$ source ll_env/bin/activate
   (ll_env)learning_log$ python manage.py startapp learning_logs
❶ (ll_env)learning_log$ ls
   db.sqlite3 learning_logs ll_env ll_project manage.py
❷ (ll_env)learning_log$ ls learning_logs/
   __init__.py admin.py apps.py migrations models.py tests.py views.py
```

startapp appname 這個命令告知 Django 建構出建置應用程式所需的基礎設施。如果現在查看專案目錄，就會看到其中新增了一個 learning_logs 資料夾❶。可使用 ls 來查看 Django 建立了什麼內容❷。其中最重要的檔案是 models.py、admin.py 和 views.py。我們會使用 models.py 來定義要在應用程式中管理的資料。admin.py 和 views.py 在後面會做介紹。

定義模型

讓我們先來研究一下我們的資料。每位使用者都可能會在學習日誌中建立多個主題，使用者輸入的每個記錄項目都與特定主題相關，這些記錄項目會以文字的型式來呈現。我們還需要儲存每條記錄項目的時間戳記，如此才能告知使用者各條項目是什麼時間建立的。

請開啟 models.py 檔，看看目前含有哪些內容：

⬇ models.py
```
from django.db import models

# Create your models here.
```

這裡已為我們匯入 models 模式，之後讓我們建立模型。模型告知 Django 要怎麼處理應用程式中儲存的資料。從程式碼的角度來看，模型就是個類別，像前面介紹的類別一樣，都含有屬性和方法。以下是使用者會儲存主題的模型：

```
from django.db import models

class Topic(models.Model):
    """A topic the user is learning about"""
❶    text = models.CharField(max_length=200)
❷    date_added = models.DateTimeField(auto_now_add=True)

❸    def __str__(self):
        """Return a string representation of the model."""
        return self.text
```

我們建立了叫作 Topic 的類別，它繼承了 Model 這個 Django 中定義了模型基本功能的類別。Topic 類別只有兩個屬性：text 和 date_added。

text 屬性是個 CharField，是由字元或文字所組成的資料❶。需要儲存少量的文字，如名稱、標題或城市時，可使用 CharField。定義 CharField 屬性時必須告知 Django 要在資料庫中預留多少空間。在這裡範例中，我們把 max_length 設為 200 個字元，這對儲存大多數主題名稱來說已經足夠了。

date_added 屬性是個 DateTimeField，可記錄日期和時間的資料❷。我們傳入了 auto_now_add=True 這個引數，每當使用者建立新主題時，都會讓 Django 把這個屬性自動設成目前的日期和時間。

我們要告知 Django 預設怎麼表示模式的實例。如果模式中有 __str__() 方法，Django 會在需要生成指到該模型實例的輸出時呼叫這個方法。在這裡我們編寫了 __str__() 方法，它會返回指定給 text 屬性的值❸。

若想要了解可在模型中使用的各種欄位（field），請參考在 *https://docs.django project.com/en/4.1/ref/models/fields/* 的 Django Model Field Reference。以目前來看您並不需要全面了解其中的所有內容，但在未來自己開發應用程式時，這些內容將會提供很大的幫助。

啟用模型

若要使用模型，必須讓 Django 把應用程式放到專案中。其做法是開啟 settings.py 檔（放在 ll_project 目錄下），您會看到一段如下的程式片段，這是告知 Django 有哪些應用程式安裝在專案內：

⬇ settings.py

```
--省略--
INSTALLED_APPS = [
    'django.contrib.admin',
    'django.contrib.auth',
    'django.contrib.contenttypes',
    'django.contrib.sessions',
    'django.contrib.messages',
    'django.contrib.staticfiles',
]
--省略--
```

請把 INSTALLED_APPS 修改成下列這般，把前面的應用程式新增到這個區段之中：

```
--省略--
INSTALLED_APPS = [
    # My apps
    'learning_logs',

    # Default django apps.
    'django.contrib.admin',
    --省略--
]
--省略一
```

在專案不斷增大，要放入更多應用程式時，利用對應用程式編組有助於對應用程式進行追蹤記錄。這裡我們新增了叫作 My apps 的區段，目前它只含有 learning_logs 這個應用程式。請務必把您自己的應用放在預設應用程式之前，這樣在您需要使用自訂行為覆蓋預設應用程式的任何行為時才會有效。

接著要讓 Django 修改資料庫，讓它能儲存與 Topic 模型相關的資訊。請在終端視窗中執行如下命令：

```
(ll_env)learning_log$ python manage.py makemigrations learning_logs
Migrations for 'learning_logs':
  learning_logs/migrations/0001_initial.py
    - Create model Topic
(ll_env)learning_log$
```

makemigrations 命令會讓 Django 確定如何修改資料庫，讓它能儲存與我們定義的新模型相關的資料。從輸出可得知，Django 建立了名為 0001_initial.py 的轉移檔案，此檔案會在資料庫中為 Topic 模型建立一個資料表。

現在來套用這個轉移處理，讓 Django 替我們修改資料庫：

```
(ll_env)learning_log$ python manage.py migrate
Operations to perform:
  Apply all migrations: admin, auth, contenttypes, learning_logs, sessions
Running migrations:
  Applying learning_logs.0001_initial... OK
```

這個命令的大部分輸出都與我們第一次執行 migrate 命令時的輸出相同。我們
需要檢查的是最後一行輸出，這裡顯示 Django 確認對 learning_logs 套用轉移時
一切都 OK。

每當我們需要修改「Learning Log」所管理的資料時，都要進行如下的三個處
理步驟：修改 models.py、對 learning_logs 呼叫 makemigrations、讓 Django 轉
移專案。

Django 的管理網站

當您為應用程式定義模型時，利用 Django 提供的管理網站（admin site）會讓
您輕鬆處理模型。網站的管理者可使用這個管理網站，一般使用者是不能用
的。在本小節中，我們要設立管理網站，並透過它來運用 Topic 模型以新增一
些主題。

建立 Superuser

Django 允許建立擁有所有權限的 **superuser**（超級使用者）。**權限（privilege）**
決定了使用者可以執行的操作內容。最嚴格的權限設定只允許使用者「讀」網
站的公開資訊，而登錄註冊了的使用者通常可讀自己的私有資料，還可查看一
些只有會員才能查看的資訊。為了要有效地管理 Web 應用程式，網站擁有者一
般需要存取網站儲存的所有資訊。好的管理者會小心對待使用者的敏感資訊，
因為使用者對應用程式的存取放了有很多的信任進去。

要在 Django 中建立 Superuser，請執行下列命令和回應：

```
   (ll_env)learning_log$ python manage.py createsuperuser
❶  Username (leave blank to use 'ehmatthes'): ll_admin
❷  Email address:
❸  Password:
   Password (again):
   Superuser created successfully.
   (ll_env)learning_log$
```

當您執行 createsuperuser 命令時，Django 會提示輸入超級使用者的使用者名稱
❶，這裡我們用 ll_admin，但您可以用任何您想要的名稱。然後輸入電子郵件
位址，也可讓這裡的欄位留空❷。最後輸入兩次密碼❸。

> **NOTE**
>
> 管理者可能會把一些敏感的資訊隱藏起來，例如，Django 並不直接儲存您輸
> 入的密碼，而是儲存從密碼衍生出的 hash（雜湊、散列）值。每當您輸入密
> 碼時，Django 都會運算這個 hash 值，並把結果與儲存的 hash 值作比對，如
> 果兩個 hash 值相同才算通過身份認證。透過儲存 hash 值這樣的方式，就算駭
> 客取得網站資料庫的存取權限，也只能得到存放在其中的 hash 值而已，無法
> 取得實際的密碼。在網站配置正確的情況下，幾乎無法從 hash 值推算出原來
> 的密碼。

利用管理網站來註冊模型

Django 自動會在管理網站中新增一些模型，例如 User 和 Group 等，但對我們
所建立的模型，則必須要以手動方式新增。

當我們在啟動 learning_logs 應用程式時，Django 於 models.py 所在的目錄中會
建立一個 admin.py 的檔案，請開啟這個檔案：

⬇ admin.py

```
from django.contrib import admin

# Register your models here.
```

要以管理網站註冊 Topic，可輸入如下的程式碼：

```
from django.contrib import admin

from .models import Topic

admin.site.register(Topic)
```

這些程式碼會匯入我們要註冊的 Topic 模型，models 前面的句點告知 Django 在
admin.py 所在的目錄中找出 models.py。程式碼 admin.site.register() 讓 Django 透
過管理網站來管理我們的模型。

現在使用 superuser 帳號來存取管理網站，連到 *http://localhost:8000/admin/*，輸入前面所建立的 superuser 的使用者名稱和密碼，這樣就會看到如圖 18-2 所示的類似畫面。此網頁能讓我們新增和修改使用者（users）和群組（groups），還能管理與剛才定義的 Topic 模型相關的資料。

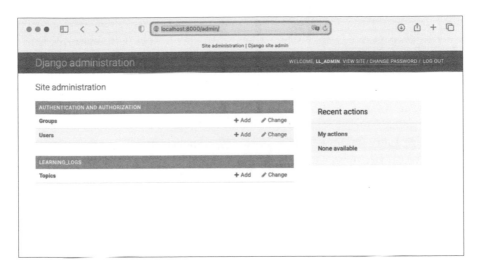

圖 18-2　含有 Topic 模型的管理網站

> **NOTE**
>
> 如果您在瀏覽器中看到一條「存取的網頁不能用」之類的訊息時，請確認您在終端視窗中有執行 Django 伺服器，如果沒有，請啟用虛擬環境，再執行 python manage.py runserver 命令。如果在開發過程中的任何時候發現無法檢閱專案時，那麼關閉所有開啟的終端視窗，並重新使用 runserver 命令再啟用一次。這是在故障排除時很不錯的第一步。

新增主題

現在 Topic 已註冊到管理網站了，讓我們新增第一個主題吧。點按 **Topics** 連接進入 Topics 網頁，目前幾乎是空的，因為我們還沒有新增任何主題進去。請點按 **Add Topic**，您會看到一個用來新增主題的表單顯示，在第一個方塊中輸入 **Chess**，再點按 **Save**，這樣會返回 Topics 管理頁面，其中就會看到剛才建立的主題了。

再來建立第二個主題，以便有更多資料可以使用。再次點按 **Add Topic**，建立另一個 **Rock Climbing** 主題。當您點按 **Save** 時，又會重回到 Topics 管理頁面，其中就有 Chess 和 Rock Climbing 二個主題。

定義 Entry 模型

要記錄下學到哪些關於下棋（Chess）和攀岩（Rock Climbing）的知識，需要為使用者在學習日誌中的各種記錄項目（Entry）定義模型。每個 Entry 都與特定主題相關，這種關係稱為**多對一的關係**，也就是多個 Entry 可關聯到同一個主題。

以下是 Entry 模型的程式碼，請將它放入 models.py 檔中：

⬇ models.py

```
    from django.db import models

    class Topic(models.Model):
        --省略--

❶ class Entry(models.Model):
        """Something specific learned about a topic"""
❷      topic = models.ForeignKey(Topic, on_delete=models.CASCADE)
❸      text = models.TextField()
        date_added = models.DateTimeField(auto_now_add=True)

❹      class Meta:
            verbose_name_plural = 'entries'

        def __str__(self):
            """Return a string representation of the model."""
❺          return f"{self.text[:50]}..."
```

就和 Topic 一樣，Entry 繼承了以 Django 為基礎的 Model 類別❶，第一個屬性 topic 是個 ForeignKey 實例❷，**外部鍵**（**foreign key**）是資料庫術語，它參照了資料庫中的另一筆記錄。這些程式碼把每個記錄項目關聯到特定主題。每個主題在建立時，都會為它分配一個**鍵**（或 **ID**）。當 Django 需要在兩項資料之間建立關係時，會使用與每項資訊相關聯的鍵。我們會依照這些關聯取得與特定主題相關的所有記錄項目（entry）。「on_delete = models.CASCADE」這項引數告訴 Django，當某個主題要刪除時，與該主題關聯的所有記錄項目也應該要刪除，這稱為**串聯刪除**（**cascading delete**）。

接著是 text 屬性，這是個 TextField 的實例❸。這類欄位不用限制大小，因為我們不想限制個別記錄項目（entry）的長度。date_added 屬性讓我們能依照建立順序來呈現記錄項目，並在每個項目旁邊放上時間戳記。

在❹這裡我們把 Meta 類別嵌入到 Entry 類別中。Meta 儲存用來管理模型的額外資訊，在這裡它允許我們設定一個特殊屬性來告訴 Django 在需要引用多個記錄項目時使用 Entries，如果沒有這個類別，Django 會把多個記錄項目以 Entrys 表示。

最後，__str__() 方法告知 Django 在引用個別的記錄項目時要顯示哪些資訊。因為記錄項目可能是一長串文字，所以我們告知 Django 只顯示文字的前 50 個字元❺。我們還要加上一個省略符號來指出這並不是整個記錄項目的內容。

轉移 Entry 模型

因為新增了一個模型，所以要再次轉移（migrate）資料庫，其處理過程逐漸會變得更熟悉好掌握：修改 models.py、執行 python manage.py makemigrations app_name 命令、再執行 python manage.py migrate 命令。

輸入下列命令來轉移資料庫並檢查其輸出結果：

```
(ll_env)learning_log$ python manage.py makemigrations learning_logs
Migrations for 'learning_logs':
❶  learning_logs/migrations/0002_entry.py
     - Create model Entry
(ll_env)learning_log$ python manage.py migrate
Operations to perform:
  --省略--
❷  Applying learning_logs.0002_entry... OK
```

這裡生成了一個新的轉移檔案 0002_entry.py，此檔案告知 Django 怎麼修改資料庫，讓它能儲存與 Entry 模型相關的資訊❶。當我們執行 migrate 命令時，會看到 Django 套用了這個轉移且一切正常❷。

以管理網站登錄註冊 Entry

我們還需要登錄註冊 Entry 模型，這個 admin.py 看起來要像下列這般：

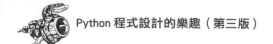
⬇ admin.py

```
from django.contrib import admin

from .models import Topic, Entry

admin.site.register(Topic)
admin.site.register(Entry)
```

回到 *http://localhost/admin/*，您會看到 Learning_Logs 下列出了 Entries。點按 Entries 的 **Add** 連結，或是點按 **Entries** 後再選取 **Add entry** 項。您會看到一個下拉式清單，讓您能選擇要為哪個主題建立記錄項目，此外還有一個可用來輸入記錄項目的文字方塊。從下拉式清單中選取 **Chess** 項，並新增一個記錄項目。這裡是我新增的第一個記錄項目內容（兩段文字）：

The opening is the first part of the game, roughly the first ten moves or so. In the opening, it's a good idea to do three things—bring out your bishops and knights, try to control the center of the board, and castle your king.

Of course, these are just guidelines. It will be important to learn when to follow these guidelines and when to disregard these suggestions.

（下西洋棋的第一階段是開局，大致是前 10 步左右。在開局時，最好做到三件事情：把主教和騎士調出來、努力控制棋盤中間區域、使用城堡保衛國王。

當然，這些只是指導原則而已，學習在什麼情況下遵守這些原則和什麼情況下別管這些原則，是很重要的事。）

當您點按 **Save** 時就會返回主要記錄項目的管理頁面。在這裡您會發現使用 text[:50] 來當作記錄項目字串來呈現的好處：在管理介面中，只顯示該條記錄項目的開頭前 50 個字而不是全部的文字，這樣可讓管理多個記錄項目時會更容易處理。

再來建立第二個關於 Chess 主題的記錄項目和關於 Rock Climbing 主題的記錄項目，這樣就有一些初始的資料可用。以下是第二個關於 Chess 主題的記錄項目內容：

In the opening phase of the game, it's important to bring out your bishops and knights. These pieces are powerful and maneuverable enough to play a significant role in the beginning moves of a game.

（在西洋棋開局階段，把主教和騎士調出來是很重要的。這些棋子的功用較
大，機動性也較強，在開局時能扮演重要的角色。）

以下是關於 Rock Climbing 主題的記錄項目內容：

One of the most important concepts in climbing is to keep your weight on your feet
as much as possible. There's a myth that climbers can hang all day on their arms. In
reality, good climbers have practiced specific ways of keeping their weight over
their feet whenever possible.

（在攀岩中最重要的概念之一是盡可能讓雙腳承受體重，有個迷思是攀岩者
能靠手臂來懸掛攀附一整天，但事實上，好的攀岩者會鍛練盡可能地用自己
的腳來承受身體的重量。）

在繼續往下開發「Learning Log」應用程式時，這三個記錄項目的內容文字會
成為我們提供的可用資料。

Django shell

輸入一些資料後就可利用互動式的終端對話模式，以編寫程式的方式來查看這
些資料了。這種互動式環境稱為 Django shell，這是個測試專案和除錯的好地
方。以下是互動式 shell 的範例：

```
(ll_env)learning_log$ python manage.py shell
❶ >>> from learning_logs.models import Topic
   >>> Topic.objects.all()
   <QuerySet [<Topic: Chess>, <Topic: Rock Climbing>]>
```

python manage.py shell（在啟用的虛擬環境中執行）命令會啟動 Python 直譯
器，可用它來探索儲存專案資料庫中的資料。在這裡我們匯入了 learning_logs.
models 模組中的 Topic 模型❶，然後用 Topic.objects.all() 方法來取 Topic 模組的
所有實例，返回的串列稱之為 queryset。

我們可以像用迴圈遍訪串列一樣來遍訪 queryset，這裡列出如何查看分配給每
個主題物件的 ID：

```
>>> topics = Topic.objects.all()
>>> for topic in topics:
```

```
...    print(topic.id, topic)
...
1 Chess
2 Rock Climbing
```

我們把 queryset 指定到 topics 中，然後印出每個主題的 id 屬性和字串代表。從輸出的內容可得知，主題 Chess 的 ID 為 1，而 Rock Climbing 的 ID 為 2。

在知道物件的 ID 後，就能用 Topic.objects.get() 方法取得該物件並查看其所有屬性。讓我們來看一下 Chess 的 text 和 date_added 屬性的值：

```
>>> t = Topic.objects.get(id=1)
>>> t.text
'Chess'
>>> t.date_added
datetime.datetime(2022, 5, 20, 3, 33, 36, 928759,
    tzinfo=datetime.timezone.utc)
```

我們也來查看與特定主題相關聯的記錄項目。之前我們對 Entry 模型定義了 topic 屬性，這是個 ForeignKey，可把記錄項目與主題關聯起來。利用這種關聯，Django 能取得與特定主題相關的所有記錄項目，如下列所示：

```
❶ >>> t.entry_set.all()
   <QuerySet [<Entry: The opening is the first part of the game, roughly...>,
   <Entry:
   In the opening phase of the game, it's important t...>]>
```

若想要透過外部鍵來取得資料，您可以用相關模型的小寫名稱接著底線和 set 單字來處理❶。舉例來說，假如您有 Pizza 和 Topping 模型，而 Topping 是透過外部鍵與 Pizza 模型關聯，如果您有一個名為 my_pizza 的物件來代表一塊披薩，就能用 my_pizza.topping_set.all() 來取得這塊披薩的所有配料。

當我們開始編寫使用者請求的頁面時，就會使用這種語法。shell 在確認程式碼能否取得所要的資料上是很有幫助的。如果程式碼在 shell 中的運作符合預期，那麼它們在專案檔中也能正常運作。如果程式觸發錯誤或取得的資料不如預期，那麼在簡單的 shell 環境排除這些問題，會比在生成網頁的檔案中排除問題會容易許多。我們不會講解太多 shell 的東西，但您還是應該繼續使用它來練習以 Django 的語法來存取儲存在專案中的資料。

每次修改模型後都需要重新啟動 shell，這樣才能看到修改後的結果。要離開 shell 會話模式，可按下 Ctrl+D 鍵，如果您用的是 Windows 系統，則要按下 Ctrl+Z，再按 Enter 鍵。

實作練習

18-2. 短的記錄項目：當 Django 在管理網站或 shell 中顯示 Entry 時，Entry 模型中的 __str __() 方法把一個省略符號附加到 Entry 的每個實例來顯示。請在 __str__() 方法中新增一條 if 陳述句，只有在記錄項目的內容超過 50 個字元時才新增省略符號。使用管理網站來新增一個內容長度少於 50 個字元的記錄項目，並檢測在顯示時是否沒有加上省略符號。

18-3. Django API：在編寫存取專案中資料的程式碼時，您編寫的是查詢功能。請連到 *https://docs.djangoproject.com/en/4.1/topics/db/queries/* 瀏覽關於怎麼查詢資料的相關文件，其中大部分內容對您來說可能都是新的，在未來您自己要開發專案時，這些內容將會很有幫助。

18-4. 披薩店：請開始建立一個取名為 pizzeria 的專案，並在其中新增一個 pizzas 的應用程式。定義一個叫做 Pizza 的模型，內含 name 欄位來存放披薩名稱，如 Hawaiian 和 Meat Lovers 等。再定義一個叫做 Topping 的模型，內含 pizza 和 name 欄位，其中 pizza 欄位是個關聯到 Pizza 的外部鍵，而 name 欄位則是存放披薩的配料，如 pineapple、Canadian bacon 和 sausage 等。

使用管理網站登錄註冊這兩個模型，並使用管理網站輸入一些披薩名稱和配料。再使用 shell 模式來查看輸入的資料。

製作網頁：Learning Log 的主頁

一般來說，使用 Django 來製作網頁的過程分為三個階段：定義 URL、編寫視圖（view）和編寫模板（template）。這三個階段沒有先後順序，但在這個專題中，我們先要定義 URL 的模式（pattern），URL 模式描述了 URL 是如何設計出來的，讓 Django 知道怎麼把瀏覽器的請求和網站 URL 配對起來，以確定返回的是哪一個網頁。

每個 URL 都會映對到特定的**視圖**（**view**），視圖函式會擷取和處理網頁所需要的資料。視圖函式一般會使用一個**模板**（**template**），它會建置瀏覽器能讀取的網頁。為了明白其中的運作原理，我們來實作 Learning Log 的主頁。我們會定義此主頁的 URL、編寫其視圖函式並建立一個簡單的模板。

因為我們所做的就是要確定「Learning Log」有按照要求來運作，所以會暫時讓這個網頁的內容盡量簡單。通常在 Web 應用程式的功能可正常運作後才再來設定樣式和美化，一個製作得很美卻不能用的應用程式則毫無意義。以現階段而言，這個主頁只顯示標題和簡單的描述。

映射 URL

使用者利用在瀏覽器中輸入 URL 和點按連結來請求網頁，因此我們要確定專案需要哪些 URL 來配合。主頁的 URL 是第一優先，它是使用者存取專案最基本的 URL。在目前基本的 URL，*http://localhost:8000/*，返回的是預設的 Django 網站，讓我們知道專案已建立成功。我們就來修改這個設定，把基本 URL 映射對應到「Learning Log」的主題。

請開啟專案的 ll_project 主資料夾中的 urls.py 檔，然後您會看到如下的程式碼內容：

⬇ urls.py

```
❶ from django.contrib import admin
   from django.urls import path

❷ urlpatterns = [
❸     path('admin/', admin.site.urls),
   ]
```

前兩行是匯入了 admin 模組和函式來管理專案管理網站的 URL 路徑❶。這個
檔案的本體定義了 urlpatterns 變數❷，在這個代表整個專案的 urls.py 檔案中，
urlpatterns 變數存放了專案中的應用程式 URL 集合，在❸這行的程式碼中含有
admin.site. urls 模組，此模組定義了可以在管理網站中請求的所有 URL。

我們需要為 learning_logs 放入的 URL 有：

```
from django.contrib import admin
from django.urls import path, include

urlpatterns = [
    path('admin/', admin.site.urls),
    path('', include('learning_logs.urls')),
]
```

在這裡匯入了 include() 函式，另外也新增了一行程式碼來引入 learning_logs.
urls 模組。

預設的 urls.py 檔放在 ll_project 資料夾中，現在我們要在 learnig_logs 資料夾內
建立第二個 urls.py 檔。建立新的 Python 檔案，並將其另存到 learning_logs 中
的 urls.py，並在其中輸入如下的程式碼：

⬇ learning_logs/urls.py
```
❶ """Defines URL patterns for learning_logs."""

❷ from django.urls import path

❸ from . import views

❹ app_name = 'learning_logs'
❺ urlpatterns = [
       # Home page
❻     path('', views.index, name='index'),
   ]
```

為了要搞清楚我們現在是在哪個 urls.py 檔中工作，我們在這個檔案的開頭新增
了一行文件字串（docstring）❶。接著匯入 path 函式❷，因為我們需要用它來
把 URL 映射到視圖。並匯入了 views 模組❸，其中的句點是告知 Python 從目
前 urls.py 模組相同的資料夾之中匯入 views.py 模組。app_name 變數可協助
Django 在專案內的其他應用程式中將此 urls.py 檔與同名檔案區分開❹。在這
個模組內，urlpatterns 變數是個串列，含有可在 learning_logs 應用程式❺中請
求的網頁。

實際的 URL 模式是個對 path() 函式的呼叫，此函式接受三個引數來處理❻。第一個引數是個字串，可協助 Django 正確地發送目前的請求。Django 接收請求的 URL，並嘗試將請求導引到視圖。為此，它會搜尋我們定義的所有 URL 模式，以找到與目前請求相符的 URL 模式。Django 會忽略專案的基本 URL（*http://localhost:8000/*），所以空字串（"）與基本 URL 比對相符，而其他 URL 都與這個模式比對都不會相符。如果請求的 URL 不能與任何現有的 URL 模式比對相符，則 Django 會返回錯誤頁面。

在❻這行 path() 的第二個引數指定了在 views.py 中要呼叫哪個函式。當請求的 URL 與我們定義的模式比對相符時，Django 會從 views.py 呼叫 index()（隨後下一小節中我們會編寫這個視圖函式的內容）。第三個引數把這個 URL 模式的名稱指定為 index，讓我們能在程式碼的其他部分引用它。每當需要提供連到這個主頁的連結時，我們都會使用這個名稱，而不直接寫出 URL。

編寫視圖

視圖函式（view function）從請求中取得資訊，準備好生成網頁所需要的資料，再把這些資料傳到瀏覽器，一般是透過使用定義頁面外觀的模板來處理。

Learning_logs 中的 views.py 檔案是我們在執行 python manage.py startapp 命令時自動生成的，其內容如下所示：

⬇ views.py

```
from django.shortcuts import render

# Create your views here.
```

現在這個檔案只匯入了 render() 函式，它會依據視圖提供的資料來渲染彩現回應。請開啟 views.py 檔並為主頁編寫下列的程式碼：

```
from django.shortcuts import render

def index(request):
    """The home page for Learning Log."""
    return render(request, 'learning_logs/index.html')
```

當 URL 請求與剛才定義的模式比對符合時，Django 會在 views.py 檔中尋找 index() 函式，再將 request 物件傳給這個視圖函式。在這個例子裡，我們不需要處理任何資料，因此這個函式中只有呼叫 render() 的程式碼。render() 函式在這裡用了兩個引數：原本的 request 物件和一個可用來建立網頁的模板。接下來就讓我們一起來編寫這個模板的內容吧。

編寫模板

模板（template）定義了網頁要長成什麼樣子，而每次當網頁被請求時，Django 會填入相關的資料。模板讓我們能存取視圖所提供的所有資料。目前我們的主頁視圖沒有提供任何資料，因此其對應的模板也很簡單。

在 learning_logs 資料夾內建立一個名為 templates 的資料夾。在 templates 資料夾中再建立一個名為 learning_logs 的資料夾。這感覺好像有點多餘（我們在一個名為 learning_logs 的資料夾中建立一個名為 templates 的資料夾，又在此資料夾中建立 learning_logs 資料夾），但是這樣就建立了一個 Django 清楚明確的結構，即使在含有很多單獨應用程式的大型專案中也是如此。在最裡面的 learning_logs資料夾中新建一個 index.html 的檔案，該檔的路徑將會是 ll_project /learning_logs/templates/learning_logs/index.html。請在這個檔案內編寫下列的程式碼：

⬇ index.html

```
<p>Learning Log</p>

<p>Learning Log helps you keep track of your learning, for any topic you're
learning about.</p>
```

這個檔案非常簡單，如果讀者不熟悉 HTML 語法，<p></p> 標記是用來標示段落的，而 <p> 標記指出段落的開頭位置，</p> 標記指出段落的結尾位置。我們有了兩個段落，第一個是文章的標題，第二個則是說明使用者能用「學習日誌（Learning Log）」來做些什麼事。

現在當您請求這個專案的基本 URL（*http://localhost:8000/*），就會看到剛才建立的網頁，而不是預設的 Django 網頁。Django 接受請求的 URL，發現此 URL 與 " 模式比對相符，就呼叫 views.index() 函式，這樣就會用 index.html 內的模板來渲染彩現這個網頁，其結果如圖 18-3 所示。

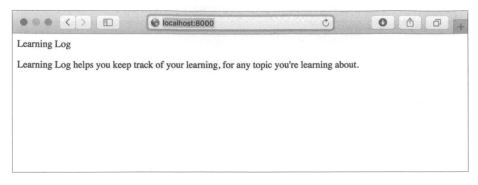

圖 18-3　「學習日誌（Learning Log）」的主頁

建立網頁的過程看起來感覺好像很複雜，但實際上把 URL、視圖和模板分開的運作成效很好，能允許我們分開思考專案不同的面向，當專案很大時，也能讓各個參與者可專注在本身最拿手的部分。例如，資料庫專家可專注在模型部分，程式設計師則把焦點集中在視圖程式碼，而 Web 設計師可專心處理模板。

> **NOTE**
>
> 您可能會遇到下列這樣的錯誤訊息：
>
> `ModuleNotFoundError: No module named 'learning_logs.urls'`
>
> 如果有看到，請在發出 runserver 命令的終端視窗中按 Ctrl-C 鍵停止開發伺服器，然後重新再執行 python manage.py runserver 命令。這樣就應該可以看到主頁了。每當您遇到這樣的錯誤時，請試著停止並重新啟動伺服器。

實作練習

18-5. 用餐計畫：假設您要開發一個應用程式，協助使用者規劃一週的用餐計畫。其做法是先建立一個 meal_planner 資料夾，再到此資料夾內建立一個 Django 專案。隨後建立一個 meal_plans 的應用程式，並為這個專案建立簡單的主頁。

18-6. 披薩店主頁：以 18-4 練習所完成的 Pizzeria 專案為基礎，為此專案建立一個主頁。

建置其他網頁

我們已經完成一個例行流程來建置頁面了，現在可以開始建置擴增學習日誌專案了。我們會建置兩個顯示資料的網頁，其中一個列出所有的主題，另一個則顯示特定主題的所有記錄項目。對每個建置的網頁都要指定 URL 模式、編寫視圖函式和模板。但在進行之前，我們先製作一個基底模板，專案中所有的模板都繼承此基礎來擴建。

模板的繼承

在建置網站時，幾乎都能找到在每個頁面上是必須要有且重複出現的一些元素。在這種情況下可編寫一個含有通用元素的基底模板，而不要直接在每個頁面中重複寫入這些通用的元素。這樣的作法能讓您專注在開發各個網頁更特別的工作，還能讓修改專案的整體外觀更為容易。

父模板

我們會建置一個 base.html 模板並儲存於 index.html 所在的同個資料夾內。這個檔案會有所有頁面都需要的通用元素，其他的模板也都繼承自 base.html。目前所有頁面都需要有的元素是在最頂端的標題。因為我們會在每個頁面中都引入這個模板，因此把這個標題設定為連到主頁的連結。

⬇ base.html

```
    <p>
❶    <a href="{% url 'learning_logs:index' %}">Learning Log</a>
    </p>

❷ {% block content %}{% endblock content %}
```

這個檔案的第一部分是建立一個含有專案名稱的段落，此段落也是個連到主頁的連結。要製作連結，我們用了模板標記（template tag）來處理，它是以大括號和百分比符號（{% %}）來標示的。模板標記是用來生成在網頁中顯示資訊的一小段程式碼。在這個範例中，模板標記 {% url 'learning_logs:index' %} 會生成一個 URL，此 URL 與 learning_logs/urls.py 中定義名為 index 的 URL 模式比對符合❶。在這個例子中，learning_logs 是個名稱空間（namespace），而 index

是該名稱空間中唯一命名的 URL 模式。命名空間來自在 learning_logs/ urls.py 檔案中指定給 app_name 的值。

在這個簡單的 HTML 頁面內，連結是用 anchor 標記 <a> 來定義的：

```
<a href="link_url">link text</a>
```

使用 template 標記生成 URL，這讓連結保持在最新狀態就容易許多了。要修改專案中的 URL 時，只需修改 urls.py 中的 URL 模式即可，這樣網頁在被請求時，Django 會自動插入修改後的 URL。在我們的專案內，每個網頁都繼承自 base.html，因此從現在開始，每個頁面都會引入連到主頁的連結。

在❷這裡我們插入一對 block 標記，此區塊名稱為 content，是個佔位用的符號，其中含有的資訊會由子模板來指定。

子模板並不一定要定義父模板中的每個區塊，因此在父模板中可使用任意個區塊來預留空間位置，而子模板可依據需要定義其對應數量的區塊。

> **NOTE**
>
> 在 Python 程式中，我們大都以四個空格來設定內縮。相對於 Python 檔案，模板檔的內縮層級更多，因此每一層大都只用兩個空格來表示內縮。您只需要確保自己的用法有維持一致即可。

子模板

現在需要重新編寫 index.html 檔，讓它繼承自 base.html，修改如下：

⬇ index.html

```
❶ {% extends "learning_logs/base.html" %}

❷ {% block content %}
    <p>Learning Log helps you keep track of your learning, for any topic you're
    learning about.</p>
❸ {% endblock content %}
```

如果把這些程式碼與原來的 index.html 相比對，就會發現我們把標題 Learning Log 換成了從父模板繼承的程式碼❶。子模板的第一行要有 {% extends %} 標記，讓 Django 知道是繼承自哪一個父模板。base.html 檔放在 learning_logs 資料夾中，因此父模板路徑中要放入 learning_logs。這行程式碼匯入 base.html 模板的所有內容，讓 index.html 能指定要在 content 區塊預留的位置中加上內容。

在❷這行我們插入一個內容的 {% block %} 標記來定義 content 區塊。不是把從父模板繼承的內容都插進這個 content 區塊內。這是說明描述學習日誌專案的段落。在❸這裡指出我們已經透過使用 {% endblock content %} 標記來定義內容。{% endblock %} 標記不需要名稱，如果模板內容中含有多個區塊，則準確知道哪個區塊是結尾會很有幫助。

模板繼承的好處開始顯現了，在子模板中只需要放入目前網頁特有的內容就好，其他通用的就直接繼承使用。這不僅簡化了每個模板的內容，還可讓網站的修改變容易。若想要修改多個頁面都有的通用元素，只需在父模板中修改該元素，所做的修改會傳到繼承該父模板的每個頁面上。在含有數十到數百個頁面的專案中，這樣的結構會使得網站的調修改進更快速且容易。

在大型專案中，一般都有一個用於整個網站的父模板 base.html，且網站的每個主要區段都會套用這個父模板。所有區段模板都繼承自 base.html，而網站的每個頁面都繼承自某個區段模板，這樣能讓您輕鬆地修改整個網站外觀，或修改網站中任一區段的外觀和任一網頁的外觀。這樣的配置結構提供了效率很高的運作方式，讓您能不斷地調修改善網站的呈現。

主題的頁面

現在已有了效率高的網頁建置方法，我們可以把重點放在接下來的兩頁內容了：概括主題頁面和顯示單個主題記錄項目的頁面。概括主題頁面顯示使用者建立的所有主題，這是涉及資料處理的第一個頁面。

主題的 URL 模式

首先要來定義顯示概括主題頁面的 URL，一般會使用簡單的 URL 單字片段來指出上頁面會顯示的資訊，我們使用 topics 這個單字，所以 URL（*http://localhost:8000/topics/*）返回顯示這個概括主題的頁面。以下示範要怎麼修改 learning_logs/urls.py 的內容：

⬇ learning_logs/urls.py

```
"""Defines URL patterns for learning_logs."""
--省略--
urlpatterns = [
    # Home page.
    path('', views.index, name='index'),
```

```
        # Page that shows all topics.
        path('topics/', views.topics, name='topics'),
]
```

新的 URL 模式是單字 topics，後跟著一條斜線。當 Django 在檢測請求的 URL 時，這樣模式會比對看看是否符合基本 URL 後面有跟了 topics 字樣的 URL。在 URL 結尾可以加斜線（/）或省略不加也可以，但 topics 後面不能有任何東西，否則模式比對就不會符合。任何比對符合這個模式的 URL 請求都會被傳到 views.py 中的 topics() 函式來處理。

主題的視圖

topics() 函式會從資料庫中取得一些資料，並把資料傳送到模板中。我們要在 views.py 中加入下列程式碼來實作：

▼ views.py

```
    from django.shortcuts import render

❶ from .models import Topic

    def index(request):
        --省略--

❷ def topics(request):
        """Show all topics."""
❸      topics = Topic.objects.order_by('date_added')
❹      context = {'topics': topics}
❺      return render(request, 'learning_logs/topics.html', context)
```

這裡先匯入與所需資料相關聯的模型❶。topics() 函式需要一個參數：Django 從伺服器收到的 request 物件❷。在❸這行我們要查詢資料庫，請求提供 Topic 物件，並按照 datc_added 屬性對它們排序。我們把返回的查詢集合指定到 topics 變數中。

在❹這行我們定義了一個要傳送到模板的 context，此 **context** 是個字典，其中的鍵（key）是我們要在模板中用來存取資料的名稱，而值（value）是我們傳送給模板的資料。在這裡只有一個鍵－值對，它含有我們要在網頁中顯示的一組主題。在建立使用資料的頁面時，除了 request 物件和模板的路徑外，我們還要把 context 變數傳給 render()❺。

主題的模板

顯示概括所有主題頁面的模板會收到 context 字典，所以能使用 topics() 所提供的資料。製作一個 topics.html 檔，並存到 index.html 所在的同個目錄中。以下是這個模板中顯示概括主題的程式碼：

↓ topics.html

```
    {% extends "learning_logs/base.html" %}

    {% block content %}

      <p>Topics</p>
❶    <ul>
❷      {% for topic in topics %}
❸        <li>{{ topic }}</li>
❹      {% empty %}
        <li>No topics have been added yet.</li>
❺      {% endfor %}
❻    </ul>

    {% endblock content %}
```

就像主頁模板一樣，我們先用 {% extends %} 標記來繼承 base.html，再開啟 content 區塊。這個網頁的主體是個項目清單，列出了使用者輸入的主題。在標準 HTML 項目清單稱為無序清單（unordered list），是以 <ul></ul>標記來表示。我們從❶這裡開始列出主題清單。

在❷這行我們用了一個很像 for 迴圈的模板標記，它會遍訪 context 字典中的 topics 串列。模板中使用的程式碼與 Python 程式碼會有些不一樣的地方：Python 是以內縮來指出哪些程式碼行是 for 迴圈內的組成部分，但在模板中，每個 for 迴圈都需要用 {% endfor %} 標記明確指出其結束位置。所以在模板中，您會看到像下列這樣編寫的迴圈：

```
{% for item in list %}
    do something with each item
{% endfor %}
```

在迴圈內我們要把每個主題轉換成一條項目清單。若想要在模板內印出變數，則要把變數名稱以雙大括號括起來。每次迴圈時，❸這行的 {{ topic }} 會換成 topic 目前的值。這些大括號不會出現在頁面中，它們只是用來告知 Django 我們用了模板變數。HTML 的 <li></li> 標記代表了一條項目清單，在 <ul></ul> 標記中，位在 <li>和</li> 標記之間的內容都會被視為一條項目清單。

在❹這行則用了 {% empty %} 模板標記，告知 Django 在串列為空的時候要做什麼。在這裡的例子是印出一條訊息，告訴使用者目前還沒有新增任何主題。最後兩行分別是結束 for 迴圈❺和項目清單❻的結尾標記。

現在我們要來修改基底模板，讓它放入顯示概括所有主題頁面的連結：

↓ base.html

```
  <p>
❶    <a href="{% url 'learning_logs:index' %}">Learning Log</a> -
❷    <a href="{% url 'learning_logs:topics' %}">Topics</a>
  </p>

  {% block content %}{% endblock content %}
```

我們在連到主頁的連結後面新增了一個連字符號❶，然後新增了一個顯示概括所有主題的頁面之連結，使用的也是 {% url %} 模板標記❷，這一行讓 Django 產生一個連結，它與 learning_logs/urls.py 中名為 topics 的 URL 模式比對符合。

現在如果更新瀏覽器中的主頁，就會看到 Topics 連結。點按這個連結會出現如圖 18-4 的頁面。

圖 18-4　顯示概括所有主題的頁面

個別主題的頁面

接著我們要來建置一個專門用於特定主題的頁面，會顯示此主題的名稱和主題內的所有記錄項目。同樣地，我們會定義一個新的 URL 模式、編寫視圖和建立模板。我們還會修改顯示概括所有主題的頁面，讓每個項目清單都變成連結，點按時會顯示對應該主題的所有記錄項目。

主題的 URL 模式

顯示特定主題的頁面的 URL 模式與前面的所有 URL 模式稍有不同，因為它用到主題的 id 屬性來指出請求的是哪一個主題。舉例來說，如果使用者要查看 Chess 主題（id 為 1）的詳細內容頁面，URL 會是 *http://localhost:8000/topics/1/*。以下是與這個 URL 相符的模式，它放在 learning_logs/urls.py 內：

⬇ urls.py

```
--省略--
urlpatterns = [
    --省略--
    # Detail page for a single topic
    path('topics/<int:topic_id>/', views.topic, name='topic'),
]
```

我們來仔細研究一下這個 URL 模式中的 'topics/<int:topic_id>/' 字串。字串的第一部分告知 Django 在基本 URL 之後尋找帶有 topic 單字的 URL。字串的第二部分 /<int:topic_id>/ 比對匹配的是兩條斜線之間的整數，並將該整數值儲存在名為 topic_id 的引數中。

當發現 URL 與這個模式比對符合時，Django 會呼叫 topic() 視圖函式，把指定到 topic_id 中的值當成引數傳入給它。在這個函式中，我們會用 topic_id 的值來取得對應的主題。

主題的視圖

topic() 函式需要從資料庫中取得指定的主題和其相關聯的所有記錄項目，如下所示，就像我們之前在 Django shell 中所做的一樣：

⬇ views.py

```
    --省略--
❶ def topic(request, topic_id):
    """Show a single topic and all its entries."""
❷    topic = Topic.objects.get(id=topic_id)
❸    entries = topic.entry_set.order_by('-date_added')
❹    context = {'topic': topic, 'entries': entries}
❺    return render(request, 'learning_logs/topic.html', context)
```

這是第一個除了要 request 物件之外還需要參數的視圖函式。此函式接收表示式 /<int:topic_id>/ 取得的值，並把它指定到 topic_id 中❶。在❷這行我們用 get() 來取得指定的主題，就像前面在 Django shell 所做的一樣。在❸這行我們取得與這個主題關聯的記錄項目，並讓它們依照 date_added 來排序，date_added 前面的減號是指定依降冪排序，也就是從最新的記錄項目先顯示。我們把主題和記錄項目都存放在 context 字典內❹。隨後呼叫 render()，傳入 request 物件、topic.html 模板和 context 字典❺。

> **NOTE**
> ❷和❸的程式碼稱為查詢，因為它們對資料庫查詢特定的資訊。在自己的專案中編寫這種查詢時，先到 Django shell 中試一試會很有幫助。相較於編寫視圖和模板，再到瀏覽器中檢查結果，在 shell 中執行能更快取得反饋。

主題的模板

這個模板需要顯示主題的名稱和記錄項目的內容，如果目前的主題還沒有任何記錄項目，還是要告知使用者目前是還沒有任何項目被記錄的狀態：

⬇ topic.html

```
    {% extends 'learning_logs/base.html' %}

    {% block content %}

❶   <p>Topic: {{ topic.text }}</p>

    <p>Entries:</p>
❷   <ul>
❸   {% for entry in entries %}
      <li>
❹       <p>{{ entry.date_added|date:'M d, Y H:i' }}</p>
❺       <p>{{ entry.text|linebreaks }}</p>
      </li>
❻   {% empty %}
      <li>There are no entries for this topic yet.</li>
    {% endfor %}
    </ul>

    {% endblock content %}
```

我們會像這個專案的其他頁面一樣都以 base.html 為基底來擴充。接著顯示被請求之主題的 text 屬性❶。topic 變數能用是因為它是包含在 context 字典內。隨後開始的是一個顯示每個記錄項目的項目清單❷，並像前面顯示概括所有主題一樣以迴圈遍訪所有記錄項目❸。

每個項目清單都會列出兩條資訊：記錄項目的時間戳記和完整的文字。為了要列出時間戳記，在❹這裡我們顯示 date_added 屬性的值。在 Django 模板中，直線（|）代表模板**過濾器**，在渲染彩現的過程中可對模板變數的值進行修改的功能。過濾器「date:'M d, Y H:i'」會以 January 1, 2022 23:00 這樣的格式來顯示時間戳記。下一行顯示目前 entry 之 text 屬性的值。過濾器 linebreaks ❺確保格式是含有換行符號的長記錄項目，且能讓瀏覽器解讀，以免顯示出沒有斷行超出畫面的文字區塊。在❻這行現次使用了 {% empty %} 模板標記來印出一條訊息，告知使用者目前主題還沒有任何記錄項目。

主題頁面的連結

在瀏覽器中查看顯示特定主題的頁面之前，我們還需要修改 topics 模板，讓每個主題都連結到對應的網頁，以下是 topics.html 的修改：

⬇ topics.html

```
--省略--
    {% for topic in topics %}
      <li>
        <a href="{% url 'learning_logs:topic' topic.id %}">
          {{ topic.text }}</a></li>
      </li>
    {% empty %}
--省略--
```

我們使用 URL 模板標記依據 learning_logs 中名為 topic 的 URL 模式來生成適合的連結。這個 URL 模式要求提供 topic_id 引數，所以我們在 URL 模板標記中新增了 topic.id 屬性。現在主題清單中的每個主題都會是個連結，可連結顯示對應的特定主題頁面內容，例如 *http://localhost:8000/topics/1/*。

如果現在更新顯示的概括所有主題的頁面，再點按其中某個主題時，就可連進如圖 18-5 這樣的頁面。

> **NOTE**
> topic.id 和 topic_id 之間有一些不易察覺但很重要的區別。表示式 topic.id 是檢查主題，並取得對應 ID 的值。變數 topic_id 是程式碼中該 ID 的參照。如果在使用 ID 時遇到錯誤，請確定是否有正確適當地使用了這些表示式。

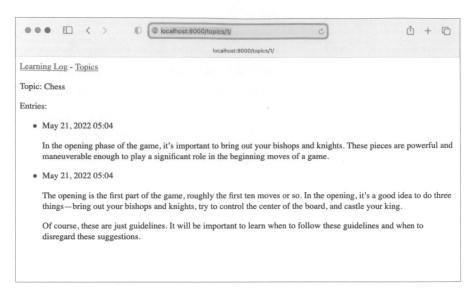

圖 18-5　特定主題的詳細頁面，顯示了這個主題的所有記錄項目

實作練習

18-7. 模板説明文件：請連到 *https://docs.djangoproject.com/en/4.1/ref/templates/* 來瀏覽 Django 模板文件說明。在您自己開發專案時，可再回頭來參考複習這裡的模板文件說明內容。

18-8. 披薩店頁面：在 18-6 練習中開發的 Pizzeria 專案中新增一個頁面，顯示店裡供應的披薩名稱。然後把每個披薩名稱都設定成連結，點按時可顯示詳細的頁面，列出對應披薩的所有配料。請一定要使用模板繼承的方式有效率地建立這些頁面。

總結

本章您會學到如何使用 Django 框架來建置 Web 應用程式。您制定了簡單的專案規格，在虛擬環境中安裝了 Django，再建立一個專案來確認此專案已正確建置。您學習了如何建立應用程式，以及如何定義代表應用程式資料的模型。同時學習了資料庫，以及了解在修改模型後，Django 可為您轉移資料庫時提供什麼樣的協助。您也學習了如何建立可存取管理網站（admin site）的 superuser，並使用管理網站輸入一些初始資料。

您還探索了 Django shell，了解它能讓您在終端對話模式中處理專案的資料。另外還學習了如何定義 URL、建立視圖函式和編寫為網站建立網頁的模板。最後應用了模板繼承的概念來簡化各個模板的結構，讓將來修改網站時能更容易處理。

在第 19 章，我們將要建立對使用者更友善直觀的網頁，讓使用者無須透過管理網站就能新增新的主題和記錄項目，以及編輯現存的記錄項目。我們還會新增一個使用者登錄註冊的系統，讓使用者能建立帳號和自己的學習日誌。能讓多位使用者相互交流運用是 Web 應用程式的核心所在。

第 19 章
使用者帳號

Web 應用程式的核心是要讓在世界上任何地方的使用者都能登錄註冊帳號和運用程式的功能。本章您會建立一些表單來讓使用者可新增主題和記錄項目，並且能編輯修改現有的記錄項目。還要學習 Django 怎麼防止對表單網頁所發起的常見攻擊，讓您不用花太多時間思考 Web 應用程式安全性的問題。

隨後會實作一個使用者身份查核驗證的系統。您會建立一個登錄註冊的頁面，讓使用者可建立新帳號，並讓有些頁面只提供已登錄的使用者存取。接著會修改一些視圖函式，讓使用者只能看到屬於自己的資料。您也會學習如何確保使用者資料的安全。

允許使用者輸入資料

在我們建置使用者帳號的身份驗證系統之前，先新增幾個頁面，讓使用者能輸入資料。我們會讓使用者能新增主題、新增記錄項目和編輯已有的記錄項目。

目前只有 superuser 能利用管理網站來輸入資料，我們不希望讓使用者與管理網站互動，所以會用 Django 的表單建置工具來建立讓使用者輸入資料的頁面。

新增主題

我們從讓使用者可以新增主題開始。建置以表單為基礎的頁面，其方法與前面建置網頁時幾乎是一樣的，要先定義 URL、編寫視圖函式和編寫模板。其中最大的差別是，這裡要匯入含有表單模組的 forms.py。

主題的 ModelForm

任何讓使用者輸入和提交資訊的頁面都是稱為**表單（form）**的 HTML 元素。使用者在輸入資訊時，我們需要進行**驗證（validate）**以確認所提供的資訊是正確的資料類型，而不是惡意的資訊，例如用來中斷伺服器的程式碼。隨後我們再對這些有效的資訊進行處理，並把它們儲存到資料庫中合適的地方。Django 會自動完成大多數這樣的工作。

在 Django 中建置表單的最簡單方式就是使用 ModelForm，它會依據我們在第18 章定義模型中的資訊自動建置表單。建立一個叫作 forms.py 的檔案，存放於 models.py 所在的目錄中，並在其中編寫您的第一個表單：

⬇ forms.py

```
    from django import forms

    from .models import Topic

❶ class TopicForm(forms.ModelForm):
        class Meta:
❷         model = Topic
❸         fields = ['text']
❹         labels = {'text': ''}
```

我們先匯入 forms 模組和要用的 Topic 模型。在❶這行定義了 TopicForm 的類別，並繼承自 forms.ModelForm。

ModelForm 最簡單的版本是由一個巢狀嵌套的 Meta 類別所組成，它告知
Django 哪個模型是以表單為基礎、哪些欄位要含在表單中。在❷這行是依據
Topic 模型來建立表單，此表單只有 text 欄位❸。labels 字典中的空字串是告知
Django 不要在 text 欄位生成標籤❹。

new_topic URL 模式

這個新網頁的 URL 取的名字應該是簡短而具有描述性的，當使用者想要新增
主題時，我們帶他們到 *http://localhost:8000/new_topic/* 頁面。以下是 new_topic
頁面的 URL 模式，我們把它新增到 learning_logs/urls.py 檔中：

⬇ learning_logs/urls.py

```
--省略--
urlpatterns = [
    --省略--
    # Page for adding a new topic
    path('new_topic/', views.new_topic, name='new_topic'),
]
```

這個 URL 模式會把請求傳給 new_topic() 視圖函式，我們接著就會來編寫這個
函式。

new_topic() 視圖函式

new_topic() 函式需要處理兩種情況：剛進入 new_topic 網頁的初始請求（這種
情況下會顯示空的表單）和對提交的表單資料進行處理。在處理資料後需要把
使用者重新導向回到 topics 網頁中：

⬇ views.py

```
    from django.shortcuts import render, redirect

    from .models import Topic
    from .forms import TopicForm

    --省略--
    def new_topic(request):
        """Add a new topic."""
❶      if request.method != 'POST':
            # No data submitted; create a blank form.
❷          form = TopicForm()
        else:
            # POST data submitted; process data.
❸          form = TopicForm(data=request.POST)
```

```
❹          if form.is_valid():
❺              form.save()
❻              return redirect('learning_logs:topics')

       # Display a blank or invalid form.
❼      context = {'form': form}
       return render(request, 'learning_logs/new_topic.html', context)
```

這裡匯入了 redirect 函式，在使用者提交主題後，我們會使用這個類別把使用者重新導向到 topics 網頁。redirect() 函式接收一個視圖名稱，並將使用者重新導向到該視圖。我們還匯入剛剛建立的 TopicForm 表單。

GET 與 POST 請求

建置 Web 應用程式時會用到的兩種主要請求類型是 GET 和 POST 請求。若只是從伺服器讀取資料的頁面就會使用 GET 請求，在使用者需要用表單提交資訊時，大都會用 POST 請求。我們會指定處理所有表單的 POST 方法（雖然還有一些其他類型的請求，但不會在這個專案中使用到）。

new_topic() 函式把 request 物件當成參數。當使用者初次請求這個頁面時，瀏覽器會傳送 GET 請求；使用者填寫表單並提交時，瀏覽器則會傳送 POST 請求。依據請求的類型，我們可以確定使用者請求的是空的表單（GET 請求）還是要對填好的表單進行處理（POST 請求）。

❶這行的檢測是要確定請求方法是 GET 還是 POST，如果請求方法不是 POST，那請求就可能是 GET，因此需要返回一個空的表單（就算請求是其他類型，返回一個空的表單也不會引起什麼問題）。我們建立一個 TopicForm 實例❷，把它指定到 form 變數內，再把這個表單傳送到 context 字典中的模板❼。由於實例化 TopicForm 時並沒有指定任何引數，因此 Django 會建立一個可讓使用者填寫的空表單。

如果請求的方法是 POST 就執行 else 程式區塊，對提交的表單資料進行相關處理。我們會拿使用者輸入的資料（指定在 request.POST 中）來建立一個 Topic Form 實例❸，form 物件會含有使用者提交的資訊。

要把提交的資訊儲存到資料庫之前必須先經過檢測，確定資訊是有效合法的 ❹。is_valid() 函式確認使用者對所有必填的欄位都填入資料了（表單欄位預設都是必填的），且輸入的資料與要求的欄位型別是一致的（例如，text 欄位要少於 200 個字元，在第 18 章的 models.py 中有對這個欄位進行設定）。這種自動驗證能避免我們去手動處理一大堆工作。如果所有欄位填入的資訊都合法有效，就可呼叫 save() ❺把表單中的資料寫入資料庫中。

儲存資料之後就可以離開這個頁面了，redirect() 函式接受視圖的名稱並將使用者重定導向到與該視圖關聯的頁面。這裡使用 redirect() 把使用者的瀏覽器重新導向到 topics 頁面❻，使用者應在該頁面上看到他們剛剛在主題清單中輸入的主題。

context 變數是在 view 函式結尾的後面定義的，而且頁面是使用 new_topic.html 模板彩現的，此模板接下來會建立。這段程式碼放在所有 if 區塊的外面；如果建立了空白表單，它會執行；如果確定提交的表單無效，它也會執行。無效的表單中會含有一些預設的錯誤訊息，協助使用者提交能被接受的資料。

new_topic 模板

現在我們要來建立 new_topic.html 模板，用來顯示剛建立的表單內容：

⬇ new_topic.html

```
    {% extends "learning_logs/base.html" %}

    {% block content %}
      <p>Add a new topic:</p>

❶   <form action="{% url 'learning_logs:new_topic' %}" method='post'>
❷     {% csrf_token %}
❸     {{ form.as_div }}
❹     <button name="submit">Add topic</button>
    </form>

    {% endblock content %}
```

這個模板延伸自 base.html 檔，因此其基本結構與「Learning Log」的其他頁面相同。在❶這裡使用 <form></form> 定義了 HTML 表單，action 引數告知瀏覽器提交的表單資料是要傳送到哪裡，在這個例子裡我們把它傳送給new_topic() 視圖函式。method 引數讓瀏覽器以 POST 請求的方式來提交資料。

Django 使用模板標記 {% csrf_token %} ❷防止駭客使用表單來取得對伺服器未經授權的存取（此種攻擊被稱為跨站請求偽造，cross-site request forgery）。在❸這行顯示表單，從這裡就知道 Django 完成顯示表單等工作有多容易，我們

只需引入模板變數 {{ form.as_div }}，讓 Django 自動建立顯示表單所需的所有欄位。as_p 修飾符號讓 Django 以段落格式渲染彩現所有表單元素，例如 HTML <div></div> 元素，這是整齊顯示表單的簡單方法。

Django 不會為表單建立提交按鈕，所以我們在❹這行定義了一個按鈕。

連結到 new_topic 頁面

接著我們在 topics 頁面中新增一個連到 new_topic 頁面的連結：

⬇ topics.html

```
{% extends "learning_logs/base.html" %}

{% block content %}

  <p>Topics</p>

  <ul>
    --省略--
  </ul>

  <a href="{% url 'learning_logs:new_topic' %}">Add a new topic</a>

{% endblock content %}
```

這個連結放在現有主題清單的後面，圖 19-1 為顯示所生成的表單。請使用這個表單來新增一些主題。

圖 19-1　用來新增主題的頁面

新增記錄項目

現在使用者可以新增主題了，但使用者還想要新增記錄項目。我們再次定義 URL，編寫視圖函式和模板，並製作連結到新增記錄項目的網頁。在此之前我們需要在 forms.py 中先新增一個類別。

記錄項目的 ModelForm

我們需要建立一個與 Entry 模型相關聯的表單，但這個表單的自訂程度要比 TopicForm 要更多一些：

⬇ forms.py

```
from django import forms

from .models import Topic, Entry

class TopicForm(forms.ModelForm):
    --省略--

class EntryForm(forms.ModelForm):
    class Meta:
        model = Entry
        fields = ['text']
❶       labels = {'text': ''}
❷       widgets = {'text': forms.Textarea(attrs={'cols': 80})}
```

我們修改了 import 陳述句，匯入 Topic 和 Entry。新建立的 EntryForm 類別繼承自 forms.ModelForm，並且有一個巢狀嵌套的 Meta 類別，它列出了以哪個模型為基礎，以及在表單中含有哪些欄位。我們再次對 'text' 欄位指定一個空白的標籤❶。

在❷這行引入了 widgets 屬性，**widget** 小工具是個 HTML 表單元素，例如單行式的文字方塊、多行式的文字方塊或下拉式清單等。藉由引入 widgets 屬性，您可以重寫 Django 的預設 widget 選項。藉由告知 Django 使用 forms.Textarea 元素，我們自訂了 'text' 欄位的輸入 widget，將文字區塊的寬度設定為 80 欄（column）而不是預設的 40 欄。這樣可以讓使用者有足夠的空間來輸入有意義的記錄項目內容。

new_entry URL 模式

在用來新增記錄項目的頁面的 URL 模式中需要放入 topic_id 引數，因為記錄項目必須要與特定的主題相關聯。我們會在 learning_logs/urls.py 中新增此 URL 模式，其程式碼編寫如下：

⬇ learning_logs/urls.py

```
--省略--
urlpatterns = [
    --省略--
    # Page for adding a new entry
    path('new_entry/<int:topic_id>/', views.new_entry, name='new_entry'),
]
```

這個 URL 模式與形式為 *http://localhost:8000/new_entry/id/* 的 URL 比對相符合，其中的 id 對應的是主題 ID 的數字。<int:topic_id> 程式碼會擷取一個數字值，並將此數字指定到 topic_id 變數中。請求的 URL 與這個模式比對符合時，Django 會把請求與主題 ID 傳送給 new_entry() 視圖函式。

new_entry() 視圖函式

new_entry 的視圖函式與新增主題的函式很像，請在 views.py 新增如下程式：

⬇ views.py

```
from django.shortcuts import render, redirect

from .models import Topic
from .forms import TopicForm, EntryForm

--省略--
def new_entry(request, topic_id):
    """Add a new entry for a particular topic. """
❶    topic = Topic.objects.get(id=topic_id)

❷    if request.method != 'POST':
        # No data submitted; create a blank form.
❸        form = EntryForm()
    else:
        # POST data submitted; process data.
❹        form = EntryForm(data=request.POST)
        if form.is_valid():
❺            new_entry = form.save(commit=False)
❻            new_entry.topic = topic
            new_entry.save()
❼            return redirect('learning_logs:topic', topic_id=topic_id)

    # Display a blank or invalid form.
    context = {'topic': topic, 'form': form}
    return render(request, 'learning_logs/new_entry.html', context)
```

我們更改了 import 陳述句，把剛才建立的 EntryForm 引入。new_entry() 的定義
有個 topic_id 參數來儲存從 URL 中取得的值。我們需要知道是用哪個主題來呈
現頁面並處理表單的資料，所以用 topic_id 來取得正確的 topic 物件❶。

在❷這裡會檢測請求的方法是 POST 或是 GET，如果是 GET 請求，就執行 if
程式碼區塊，會建立一個空的 EntryForm 實例❸。

如果是 POST 請求，就建立一個 EntryForm 實例對資料進行處理，並使用
request 物件中的 POST 資料來填入❹。再檢測表單是否合法有效，如果有效，
我們需要在儲存到資料庫之前先設定記錄項目物件的 topic 屬性。當我們呼叫
save() 時傳入 commit=False 引數❺，讓 Django 建立一個新的記錄項目物件，並
把它指定到 new_entry 中，但先不儲存進資料庫內。我們把 new_entry 的 topic
屬性設為在這個函式一開始從資料庫取得的主題❻，然後不再指定任何引數來
呼叫 save()。這樣會把記錄項目存進資料庫內，並讓它與正確的主題相關聯。

在❼這裡的 redirect() 呼叫需要兩個引數：要重新導向過去的視圖名稱和視圖函
式需要的引數。在這裡我們重新導向到 topic()，需要的是 topic_id 引數。隨後
這個視圖會顯現使用者為其輸入記錄項目的主題頁面，在項目清單中應該會看
到其新增的記錄項目。

在該函式的尾端，我們建立了一個 context 字典並使用 new_entry.html 模板渲染
彩現頁面。此程式碼是針對空白表單或已提交但結果無效的表單來執行的。

new_entry 模板

從下列的程式碼就知道 new_entry 模板與 new_topic 模板很相似：

⬇ new_entry.html

```
    {% extends "learning_logs/base.html" %}

    {% block content %}
❶   <p><a href="{% url 'learning_logs:topic' topic.id %}">{{ topic }}</a></p>

    <p>Add a new entry:</p>
❷   <form action="{% url 'learning_logs:new_entry' topic.id %}" method='post'>
      {% csrf_token %}
      {{ form.as_div }}
      <button name='submit'>Add entry</button>
    </form>

    {% endblock content %}
```

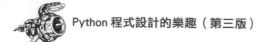

我們在頁面的最上方顯示了主題❶，讓使用者知道他是在哪一個主題中新增記錄項目，這個主題名稱也是個連結，可用來返回到這個主題的主頁面。

表單的 action 引數含有 URL 中的 topic_id 值，可讓視圖函式能把新的記錄項目關聯到正確的主題❷。除此之外，這個模板的內容看起來就和 new_topic.html 是一樣的。

連結到 new_entry 頁面

接下來，我們要在每個主題頁面放入一個連到 new_entry 頁面的連結：

⬇ topic.html

```
{% extends "learning_logs/base.html" %}

{% block content %}

  <p>Topic: {{ topic }}</p>
  <p>Entries:</p>
  <p>
    <a href="{% url 'learning_logs:new_entry' topic.id %}">Add new entry</a>
  </p>

  <ul>
  --省略--
  </ul>

{% endblock content %}
```

我們在顯示記錄項目之前新增連結，因為新增新的記錄項目會是此頁面最常見的操作。圖 19-2 是 new_entry 的頁面範例。現在使用者可以新增新的主題，並在每個主題中新增其記錄項目。請在現有的主題中新增一些記錄項目內容，試一下使用 new_entry 頁面的操作。

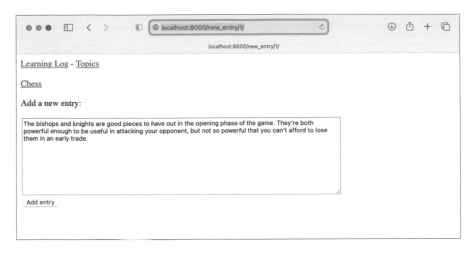

圖 19-2　new_entry 頁面

編輯記錄項目

現在我們來建立一個頁面，可讓使用者能編輯現有的記錄項目。

edit_entry 的 URL 模式

這個頁面的 URL 需要傳入想要編輯的記錄項目的 ID，下列為修改後的 learning
_logs/urls.py 檔：

⬇ urls.py

```
--省略--
urlpatterns = [
    --省略--
    # Page for editing an entry
    path('edit_entry/<int:entry_id>/', views.edit_entry, name='edit_entry'),
]
```

這個 URL 模式比對符合 *http://localhost:8000/edit_entry/id/*，而其中的 id 的值會
指定到 entry_id 參數，Django 會把比對符合此格式的請求傳送到 edit_entry()
視圖函式。

edit_entry() 視圖函式

當 edit_entry 頁面收到 GET 請求時，edit_entry() 會返回一個表單來讓使用者可以對記錄項目進行編輯。此頁面在記錄項目文字已經過修改並收到 POST 請求時，會將修改後的文字儲存到資料庫內：

⬇ views.py

```python
from django.shortcuts import render, redirect

from .models import Topic, Entry
from .forms import TopicForm, EntryForm
--省略--

def edit_entry(request, entry_id):
    """Edit an existing entry. """
❶  entry = Entry.objects.get(id=entry_id)
    topic = entry.topic

    if request.method != 'POST':
        # Initial request; pre-fill form with the current entry.
❷      form = EntryForm(instance=entry)
    else:
        # POST data submitted; process data.
❸      form = EntryForm(instance=entry, data=request.POST)
        if form.is_valid():
❹          form.save()
❺          return redirect('learning_logs:topic', topic_id=topic.id)

    context = {'entry': entry, 'topic': topic, 'form': form}
    return render(request, 'learning_logs/edit_entry.html', context)
```

我們先匯入了 Entry 模型，在❶這裡取得使用者要修改的記錄項目物件，以及與這個記錄項目關聯的主題。當請求方法是 GET 時就執行 if 程式碼區塊，用 instance=entry 當引數來建立 EntryForm 實例❷，這個引數會讓 Django 建立表單，並使用現有的記錄項目物件中的資訊預先填入表單。使用者會看到現有的資料，並能編輯修改。

當處理 POST 請求時，我們傳入的引數分別是 instance=entry 和 data= request. POST❸，讓 Django 依據現有記錄項目物件來建立一個表單實例，並依據 request.POST 中的相關資料對其進行修改。隨後我們會檢查表單內容是否合法有效，如果有效就以不指定任何引數的方式呼叫 save()，因為記錄項目已關聯到正確的主題上❹。接下來重新導向到顯示記錄項目所屬的 topic 頁面，使用者會在其中看到剛才編輯的記錄項目最新的狀態❺。

如果顯現的是用於編輯記錄項目的初始表單，或者如果提交的表單是無效不合法的，就建立 context 字典並使用 edit_entry.html 模板呈現頁面。

edit_entry 模板

這裡的 edit_entry.html 與 new_entry.html 模板很相似：

⬇ edit_entry.html

```
{% extends "learning_logs/base.html" %}

{% block content %}

  <p><a href="{% url 'learning_logs:topic' topic.id %}">{{ topic }}</a></p>

  <p>Edit entry:</p>

❶ <form action="{% url 'learning_logs:edit_entry' entry.id %}" method='post'>
    {% csrf_token %}
    {{ form.as_div }}
❷  <button name="submit">Save changes</button>
  </form>

{% endblock content %}
```

在❶這裡，action 引數把表單傳回給 edit_entry() 函式來處理，我們引入 entry.id 當成引數放在 {% url %} 標記，讓視圖物件能修改到正確的記錄項目物件。我們把提交按鈕標籤名稱取為 Save changes，用來提醒使用者在點按此按鈕則會儲存所做的編輯修改，而不是建立新的記錄項目❷。

連結到 edit_entry 頁面

現在我們要在主題頁面中為每個記錄項目新增一個連到 edit_entry 頁面的連結：

⬇ topic.html

```
--省略--
  {% for entry in entries %}
    <li>
      <p>{{ entry.date_added|date:'M d, Y H:I' }}</p>
      <p>{{ entry.text|linebreaks }}</p>
      <p>
        <a href="{% url 'learning_logs:edit_entry' entry.id %}">
          Edit entry</a></p>
    </li>
  --省略--
```

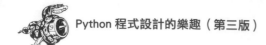

我們把編輯的連結（Edit entry）放在每條記錄項目的日期和內容文字後面。在迴圈中我們使用 {% url %} 模板標記，依據 edit_entry 的 URL 模式和目前記錄項目的 ID 屬性（entry.id）來確定 URL。連結文字為「Edit entry」，會出現在現在頁面中每條記錄項目的後面，圖 19-3 是顯示了含有這項連結的主題頁面。

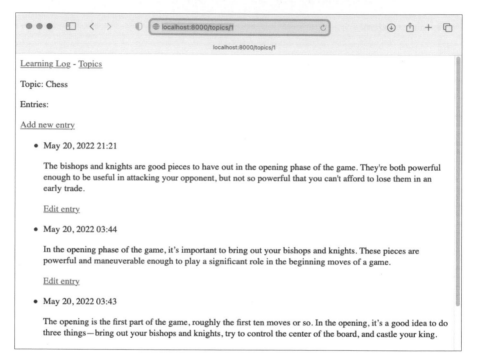

圖 19-3　每條記錄項目後都有一個用來編輯的連結

Learning Log 到目前為止已具有其所需的大部分功能。使用者可以新增主題（Add new Topic）和新增記錄項目（Add new entry），還可依需要查看任一組記錄項目。在下一節中會實作一個使用者登錄註冊系統，讓大家都可以向 Learning Log 申請帳號，並建立屬於自己的學習主題和記錄項目。

實作練習

19-1. 部落格：請建立一個新的 Django 專案，名稱為 Blog。在這個專案中建立名為 blogs 的應用程式，並在其中建立代表整體部落格的模型和代表單個部落格貼文的模型。模型中要含有適當的一組欄位。為此專案建立 superuser 帳號，並使用管理網站來建立部落格和加上幾個簡單的貼文。建置主頁（home page）按照適當的順序來顯示所有貼文。

建立幾個頁面，其中一個用來建立部落格、一個用來發佈新貼文、一個則用來編輯現有貼文。請試著使用這些頁面，以確定它們能順利運作。

設定使用者帳號

在這一節，我們要設定一個使用者登錄註冊和身份驗證的系統，讓使用者可以註冊帳號，並能夠登入和登出。我們會建置新的應用程式，其中會含有與處理使用者帳號相關的所有功能。我們還會用 Django 內建預設的使用者身份驗證系統來完成最多的工作。我們也會對 Topic 模型做些修改，讓每個主題都歸屬其特定使用者帳號。

accounts 應用程式

我們先用 startapp 命令來建立名為 accounts 的應用程式：

```
(ll_env)learning_log$ python manage.py startapp accounts
(ll_env)learning_log$ ls
❶ accounts db.sqlite3 learning_logs ll_env ll_project manage.py
(ll_env)learning_log$ ls accounts
❷ __init__.py admin.py apps.py migrations models.py tests.py views.py
```

預設的身份驗證系統是圍繞著使用者帳戶的概念來建構的，因此使用名稱帳戶可以更輕鬆地與預設的系統整合起來。此處顯示的 startapp 命令建立了一個名為 accounts 的新目錄❶，其結構與 learning_logs 應用程式相同❷。

把 accounts 加到 settings.py 中

我們要把這個新的應用程式新增到 settings.py 中的 INSTALLED_APPS 內，如下所示：

⬇ settings.py

```
--省略--
INSTALLED_APPS = (
    # My apps
    'learning_logs',
    'accounts',

    # Default django apps.
    --省略--
)
--省略--
```

現在 Django 會把 accounts 應用程式引入整個專案之中。

引入 accounts 應用程式的 URL

接著我們要修改專案根目錄中的 urls.py，讓它引入我們要為 accounts 應用程式所定義的 URL：

⬇ urls.py

```
from django.contrib import admin
from django.urls import path, include

urlpatterns = [
    path('admin/', admin.site.urls),
    path('accounts/', include('accounts.urls')),
    path('', include('learning_logs.urls')),
]
```

我們加了一行程式從 accounts 來引入 urls.py 檔，這行程式與任何以 accounts 為開頭的 URL 都比對符合，例如 *http://localhost:8000/accounts/login/*。

登入頁面

首先來實作登入（login）頁面的功能。我們會使用 Django 提供的預設 login 視圖，因此 URL 模式會有點不同。在目錄 ll_project/accounts/ 中建立一個新的 urls.py 檔，並新增以下內容：

⬇ urls.py

```
"""Defines URL patterns for accounts."""

from django.urls import path, include

app_name = 'accounts'
urlpatterns = [
    # Include default auth urls.
    path('', include('django.contrib.auth.urls')),
]
```

我們先匯入 path 函式再匯入 include 函式，以便讓我們可以引入 Django 定義的一些預設身份驗證的 URL。這些預設的 URL 包括已命名的 URL 模式，如 'login' 和 'logout'。我們把 app_name 變數設定為 'accounts'，以便讓 Django 可以將這些 URL 與其他應用程式的 URL 區分開。就算是 Django 提供的預設 URL，當引入 accounts 應用程式的 urls.py 檔時，也都能透過 accounts 名稱空間來進行存取。

登入頁面的 URL 模式與 URL *http://localhost: 8000/accounts/login/* 相配符合，當 Django 讀到這個 URL 時，accounts 這個單字會讓 Django 在 accounts/urls.py 尋找，而 login 這個字會讓它把請求傳送到 Django 預設的 login 視圖。

login 模板

使用者請求登入頁面時，Django 會使用預設視圖函式來處理，但我們還是需要為這個頁面提供模板。預設身份驗證視圖會在名為 registration 的資料夾中尋找模板，因此需要建立這個資料夾。其做法是在 ll_project/accounts/ 資料夾中建立一個 templates 資料夾，並在其中建立一個 registration 資料夾。下列為 login.html 模板，是存放在 ll_project/accounts/templates/registration 資料夾中：

⬇ login.html

```
   {% extends "learning_logs/base.html" %}

   {% block content %}

❶  {% if form.errors %}
     <p>Your username and password didn't match. Please try again.</p>
   {% endif %}

❷  <form action="{% url 'accounts:login' %}" method='post'>
     {% csrf_token %}
❸     {{ form.as_div }}
```

```
❹      <button name="submit">Log in</button>
    </form>

{% endblock content %}
```

這個模板延伸自 base.html，為的是確保登入頁面的外觀與網站中其他頁面一致。請留意，應用程式中的模板是可以繼承自另一個應用程式中的模板。

如果表單的 errors 屬性被設定，就會顯示一條錯誤訊息❶，回報告知輸入的使用者名稱和密碼組合與資料庫中儲存的並不相符。

我們要讓 login 視圖來處理表單，因此把 action 引數設定為 login 頁面的 URL❷，login 視圖把一個 form 物件傳送給模板並在模板中顯示這個表單❸，並新增一個提交按鈕❹。

LOGIN_REDIRECT_URL 的設定

一旦使用者成功登入，Django 需要知道這個使用者要傳送到哪裡。我們會在設定檔案進行控制。

請在 settings.py 檔中新增以下程式碼：

⬇ login.html
```
--省略--
# My settings.
LOGIN_REDIRECT_URL = 'learning_logs:index'
```

在 settings.py 的所有預設設定之後，標記新加入的新設定部分會很有幫助。這裡加入的第一個新設定是 LOGIN_REDIRECT_URL，它告知 Django 在成功登入後重定導向到哪一個 URL。

連結到 Login 頁面

讓我們在 base.html 中加上連到 login 頁面的連結，好讓所有頁面都有這個連結。若使用者已登入時，我們就不顯示這個連結，所以把它嵌入到 {% if %} 標記中：

⬇ base.html
```
<p>
  <a href="{% url 'learning_logs:index' %}">Learning Log</a> -
```

```
    <a href="{% url 'learning_logs:topics' %}">Topics</a> -
❶  {% if user.is_authenticated %}
❷    Hello, {{ user.username }}.
    {% else %}
❸    <a href="{% url 'users:login' %}">Log in</a>
    {% endif %}
  </p>

  {% block content %}{% endblock content %}
```

在 Django 身份驗證系統中的每個模板都可以使用 user 物件變數,此變數有設
is_authenticated 屬性:如果使用者已登入,此屬性會設為 True,不然就設為
False。這樣能讓我們向已通過身份驗證的使用者顯示訊息,也能向身份驗證沒
通過的使用者顯示另一條訊息。

在這裡我們向已登入的使用者顯示一條問候語句❶。對已通過身份驗證的使用
者還設定了username 屬性,可用這個屬性來讓問候語句更顯得個人化,讓使用
者知道已登入成功❷。在❸這行則對沒有通過身份驗證的使用者顯示一個連到
登入頁面的連結。

使用 Login 頁面

我們已設定了使用者帳號,所以就來登入一下,看看登入頁面是否能用。請連
到 *http://localhost:8000/admin/*,如果您依然是以管理者的身份登入的,請在頁
面上方標頭中找到**登出**(**logout**)連結並點按登出。

登出之後再連到 *http://localhost:8000/accounts/login/*,會看到如圖 19-4 類似的
畫面,請輸入您在前面所設好的使用者名稱和密碼,這樣就能回到主頁面。在
這個主頁上方的標頭中會顯示一條個人化的問候語句,裡頭會有使用者名稱。

圖 19-4　Login 頁面

登出

現在還需要提供一個讓使用者可登出（logout）的路徑。我們將在 base.html 中放置一個連結來讓使用者登出；當他們點按此連結時，就會轉到確認已登出的頁面。

在 base.html 中新增登出連結

這裡會把登出連結新增到 base.html，這樣在每個頁面上都可以使用。我們會把連結放另一個 if 區塊中，只有已登入的使用者才能看到它：

⬇ base.html

```
--省略--
{% block content %}{% endblock content %}

{% if user.is_authenticated %}
❶  <hr />
❷  <form action="{% url 'accounts:logout' %}" method='post'>
    {% csrf_token %}
    <button name='submit'>Log out</button>
  </form>
{% endif %}
```

登出的預設 URL 模式是「accounts/logout/」。但請求必須當作 POST 請求傳送，不然駭客攻擊者可以輕鬆強制執行 logout 請求。為了讓登出請求使用 POST，我們定義了一個簡單的表單。

我們把表單放在頁面的底部，放在水平線元素（<hr />）的下方❶。這是一種始終把 Log out 按鈕保持在頁面上任何其他內容下方一致位置的簡單方法。表單本身把登出 URL 當作其 action 引數，並以 post 當作請求的方法❷。Django 中的每個表單都需要引入 {% csrf_token %}，即使是簡單表單也需要，這裡除了提交按鈕之外，這個表單是空的。

LOGOUT_REDIRECT_URL 設定

當使用者點按 Log out 按鈕時，Django 需要知道把他們傳送到哪裡。我們在 settings.py 檔中控制這種處理：

⬇ settings.py
```
--省略--
```

```
# My settings.
LOGIN_REDIRECT_URL = 'learning_logs:index'
LOGOUT_REDIRECT_URL = 'learning_logs:index'
```

此處顯示的 LOGOUT_REDIRECT_URL 設定告知 Django 把登出的使用者重定
導向回到主頁。這是確認使用者已登出的簡單做法，因為他們在登出後就不會
再看到自己的使用者名稱。

登錄註冊頁面

接著要來建立讓使用者可以登錄註冊的頁面。我們會使用 Django 預設提供的
UserCreationForm 表單，但會編寫自己的視圖和模板。

登錄註冊的 URL 模式

下列的程式碼提供了登錄註冊頁面的 URL 模式，一樣也是放在 accounts/urls.py
檔案之中：

⬇ accounts/urls.py

```
"""Defines URL patterns for accounts."""

from django.urls import path, include

from . import views

app_name = accounts
urlpatterns = [
    # Include default auth urls.
    path('', include('django.contrib.auth.urls')),
    # Registration page.
    path('register/', views.register, name='register'),
]
```

這裡從 accounts 匯入 views 模組，因為我們會為登錄註冊頁面編寫自己的視
圖。這個模式與 URL *http://localhost:8000/accounts/register/* 比對相符，且會把
請求傳送到我們後面要編寫的 register() 函式來處理。

register() 視圖函式

在登錄註冊頁面第一次被請求時，register() 視圖函式需要顯示一個空的註冊表
單，並在使用者填好資料提交此表單時對它進行處理。如果登錄註冊成功，這

個函式還需要讓使用者登入進系統。請在 accounts/views.py 檔案中新增下列的程式碼：

⬇ accounts/views.py

```
from django.shortcuts import render, redirect
from django.contrib.auth import login
from django.contrib.auth.forms import UserCreationForm

def register(request):
    """Register a new user. """
    if request.method != 'POST':
        # Display blank registration form.
❶       form = UserCreationForm()
    else:
        # Process completed form.
❷       form = UserCreationForm(data=request.POST)

❸       if form.is_valid():
❹           new_user = form.save()
            # Log the user in and then redirect to home page.
❺           login(request, new_user)
❻           return redirect('learning_logs:index')

    # Display a blank or invalid form.
    context = {'form': form}
    return render(request, 'registration/register.html', context)
```

先匯入 render() 和 redirect() 函式，然後再匯入 login() 函式來讓使用者在正確填寫登錄註冊資訊時可順利登入系統。接著也匯入預設的 UserCreationForm，在 register() 函式中會檢測回應的是不是 POST 請求，如果不是，就在不提供任何初始資料下建立 UserCreationForm 實例❶。

如果回應的是 POST 請求，就以提交的資料來建立 UserCreationForm 實例❷，並檢測這些資料是否合法有效❸，在這裡的要求是使用者名稱不能有不合法的字元、輸入的兩個密碼要相同、使用者沒有試圖做任何惡意的事情。

如果提交的資料合法有效，我們就呼叫表單的 save() 方法，把使用者名稱和密碼的 hash 值儲存到資料庫內❹。save() 方法返回新建的使用者物件，我們會把它指定到 new_user 中。當使用者的資訊儲存後，會呼叫 login() 函式，把 request 和 new_user 物件傳入❺，這會為新使用者建立有效合法的對話（session）階段。最後我們把使用者重新導向到主頁❻，其上方標頭中會顯示一條個人化的問候語句，讓使用者知道已登錄註冊成功。

在函式的尾端會彩現頁面，該頁面不是空白表單就是無效的提交表單。

登錄註冊模板

現在要建立的登錄註冊模板與登入模板很相似，此模板請存放在 login.html 所在的目錄內：

▼ register.html
```
{% extends "learning_logs/base.html" %}

{% block content %}

  <form action="{% url 'accounts:register' %}" method='post'>
    {% csrf_token %}
    {{ form.as_div }}

    <button name="submit">Register</button>
  </form>

{% endblock content %}
```

這裡的內容看起來很像之前一直編寫的其他以表單為基底的模板。我們再次使用了 as_div 方法，讓 Django 在表單中正確地顯示所有欄位，且如果使用者沒有正確填寫表單時，也會顯示錯誤訊息。

登錄註冊頁面的連結

接著我們要新增下列程式碼，在使用者沒有登入時會顯示連到登錄註冊頁面的連結：

▼ base.html
```
--省略--
  {% if user.is_authenticated %}
    Hello, {{ user.username }}.
  {% else %}
    <a href="{% url 'accounts:register' %}">Register</a> -
    <a href="{% url 'accounts:login' %}">Log in</a>
  {% endif %}
--省略--
```

現在已登入的使用者看到的是個人化的問候語句和登出連結，而未登入的使用者則顯示登錄註冊和登入連結。請試著使用登錄註冊頁面來新建幾個使用者名稱都不相同的帳號。

在下一節中，我們會對一些頁面加上限制，僅讓已登入的使用者可存取，我們還會確保每個主題都歸屬特定使用者所有。

NOTE

「Learning log（學習日誌）」應用程式的這個登錄註冊系統允許任何人建立多個帳號，但有些系統會透過傳送使用者必須回覆的電子郵件來驗證身份。這樣做的話，系統生成的垃圾帳號會比這裡的簡單系統少很多。但我們現在是在學習建置 App 應用程式的過程，使用簡易版的使用者登錄註冊系統來進行練習是非常合適的。

實作練習

19-2. 部落格帳號：以您完成的練習 19-1 的 Blog 專案為基礎，為它新增一個使用者身份驗證和登錄註冊系統。讓已登入的使用者在螢幕上能看到其名稱，並讓沒登入的使用者看到一個登錄註冊連結。

允許使用者擁有自己的資料

使用者應該要能輸入專屬於他個人的資料，因此我們建置一個系統來確定哪些資料屬於哪個使用者所有，然後我們限制某些頁面的存取權限，以便讓使用者只能使用自己輸入的資料。

我們將會修改 Topic 模型，讓每個主題（topic）能歸屬特定使用者所有。這也會影響記錄項目（entry），因為每個記錄項目都歸屬特定主題所有。我們先來限制對一些頁面的存取權限。

使用 @login_required 來限制存取

Django 提供了 @login_required 修飾器（decorator）讓我們能輕鬆實現對某些頁面設定只有已登入（login）的使用者才能存取。回顧第 11 章介紹過的**修飾器（decorator）**，或譯**修飾子**，是放在函式定義前面的指令，Python 在函式執行之前，會依據它來修改函式中程式碼的處理行為。讓我們一起來看個例子。

限制 Topics 頁面的存取

每個主題都是由使用者所建立擁有的，因此只有登入的使用者才能夠請求主題頁面。請將以下程式碼新增到 learning_logs/views.py 檔中：

↓ learning_logs/views.py

```
from django.shortcuts import render, redirect
from django.contrib.auth.decorators import login_required

from .models import Topic, Entry
--省略--

@login_required
def topics(request):
    """Show all topics. """
    --省略--
```

我們先匯入 login_required() 函式，再將 login_required() 當作修飾模式用在 topics() 視圖函式，在它前面加上@符號和 login_required，讓 Python 在執行 topics() 的程式碼前先執行 login_required() 的程式碼。

login_required() 的程式碼會檢測使用者是否已登入，只有在使用者已登入時，Django 才會執行 topics() 的程式。如果使用者還沒登入，就會重新導向到登入頁面。

要做到這種重新導向的處理，我們要修改 settings.py，讓 Django 知道要到哪裡去尋找登入頁面。請在 settings.py 檔的尾端加上下列程式碼：

↓ settings.py

```
--省略--
# My settings.
LOGIN_REDIRECT_URL = 'learning_logs:index'
LOGOUT_REDIRECT_URL = 'learning_logs:index'
LOGIN_URL = 'accounts:login'
```

現在，當還沒經過身份驗證的使用者請求由 @login_required 修飾模式所保護的頁面時，Django 會把使用者傳送到 settings.py 中由 LOGIN_URL 定義的 URL。

您可以藉由登出使用者帳號並轉到主頁來測試這項設定。接著請點按 **Topics** 連結，該連結應該會把您重新導向到登入頁面。隨後以您的帳號登入，並從主頁再次點按 **Topics** 連結，這樣應該就可以存取主題頁面了。

對整個「Learning log」頁面進行限制

Django 讓您可以很輕鬆地限制頁面的存取權限，但必須選出要處理的是哪些頁面。最好先確定專案中有哪些頁面不需保護和限制，再來對其他所有頁面進行限制的處理。您可以輕鬆修改過度限制的存取權限，比起都不限制敏感的頁面，這個風險比較低。

在「Learning log」專案中，我們對主頁、登錄註冊頁面和登出頁面是不設限制的，但其他所有的頁面則都要設存取的限制。

在下列的 learning_logs/views.py 中，把 @login_required 修飾模式套用到 index() 以外的每個視圖：

↓ learning_logs/views.py

```
--省略--
@login_required
def topics(request):
    --省略--

@login_required
def topic(request, topic_id):
    --省略--

@login_required
def new_topic(request):
    --省略--

@login_required
def new_entry(request, topic_id):
    --省略--

@login_required
def edit_entry(request, entry_id):
    --省略--
```

如果在還沒登入的情況下試著存取這些頁面時，就會被重新導向到登入頁面。您還不能點按 new_topic 等頁面的連結，但如果輸入 URL *http://localhost:8000/new_topic/* 就會重新導向到登入頁面。對於所有與使用者個人資料相關聯的 URL，都應該要限制其存取權限。

把資料連接到特定使用者

現在我們要把資料連接到提交它們的使用者上，我們只需要把最高層級的資料連接到使用者，這樣低層級的資料就會跟著連接到所屬的使用者。舉例來說，在 Learning Log 專案中，主題（topic）是應用程式最高層級的資料，而所有記錄項目（entry）都會連接到主題，只要每個主題都歸屬於特定使用者，我們就能追蹤到資料庫中每個記錄項目的擁有者。

我們要來修改 Topic 模型，在其中新增一個外部鍵（foreign key）連接使用者。隨後會修改轉移（migrate）資料庫。最後還必須對某些視圖進行修改，讓它們只顯示與目前登入使用者相關有連接的資料。

修改 Topic 模型

對 models.py 的修改只有兩行：

⬇ models.py

```
from django.db import models
from django.contrib.auth.models import User

class Topic(models.Model):
    """A topic the user is learning about"""
    text = models.CharField(max_length=200)
    date_added = models.DateTimeField(auto_now_add=True)
    owner = models.ForeignKey(User, on_delete=models.CASCADE)

    def __str__(self):
        """Return a string representation of the model."""
        return self.text

class Entry(models.Model):
    --省略--
```

我們先匯入 django.contrib.auth 中的 User 模型，然後在 Topic 中新增 owner 欄位，它會建立一個外部鍵的關係連到 User 模型。如果使用者刪除了，則與該使用者關聯的所有主題內容也會被刪除。

識別現有的使用者

我們在轉移資料庫時，Django 會對資料庫進行修改，讓它能儲存使用者和每個主題之間的關聯。要進行轉移，Django 需要知道每個現有主題是要關聯到哪個使用者。最簡單的方法是把現有的主題都連接到同一個使用者，例如 super user。第一步是要知道這個使用者的 ID。

讓我們來查看已建立的所有使用者 ID，請開啟 Django shell 會話模式，並執行下列命令：

```
   (ll_env)learning_log$ python manage.py shell
❶ >>> from django.contrib.auth.models import User
❷ >>> User.objects.all()
   <QuerySet [<User: ll_admin>, <User: eric>, <User: willie>]>
❸ >>> for user in User.objects.all():
   ...     print(user.username, user.id)
   ...
   ll_admin 1
   eric 2
   willie 3
   >>>
```

在❶這行我們在 shell 對話模式中匯入了 User 模型，然後查看到目前為止已建立了哪些使用者❷。輸出中列了三位使用者：ll_admin、eric、willie。

在❸這行用迴圈遍訪使用者串列，並印出每位使用者的使用者名稱和 ID。當 Django 詢問要把現有主題關聯到哪個現有的使用者時，我們會使用其中一個 ID 值。

轉移資料庫

現在我們知道使用者ID，就可以轉移資料庫了。當我們這麼做時，Python 會要求暫時把 Topic 模型連接到特定的擁有者，或對 models.py 檔新增預設值以告知它該怎麼做。請選擇選項 1：

```
❶ (ll_env)learning_log$ python manage.py makemigrations learning_logs
❷ It is impossible to add a non-nullable field 'owner' to topic without
  specifying a default. This is because...
❸ Please select a fix:
   1) Provide a one-off default now (will be set on all existing rows with a
      null value for this column)
   2) Quit, and let me add a default in models.py
❹ Select an option: 1
❺ Please enter the default value now, as valid Python
  The datetime and django.utils.timezone modules are available...
  Type 'exit' to exit this prompt
❻ >>> 1
  Migrations for 'learning_logs':
    learning_logs/migrations/0003_topic_owner.py
    - Add field owner to topic
  (ll_env)learning_log$
```

我們從執行 makemigrations 命令開始❶，在❷這裡的輸出中，Django 指出我們試著要對現有 Topic 模型新增一個必要（不能為空的）的欄位，而此欄位沒有預設值。在❸這裡 Django 給我們兩種選擇：馬上提供預設值，或是退出並在

models.py 中新增預設值。在❹這裡我們選了第一種，因此 Django 讓我們輸入預設值❺。

為了要把所有現有的主題與原本的管理者 ll_admin 關聯起來，我在❻這裡輸入1 的使用者 ID。您可以使用已建立的任何使用者 ID，不一定都要用 superuser。接下來 Django 會使用這個值來轉移資料庫，並生成轉移檔案 0003_topic_owner.py，會在 Topic 模型中新增 owner 欄位。

現在可以進行轉移了。請在啟用的虛擬環境中輸入以下內容：

```
(ll_env)learning_log$ python manage.py migrate
Operations to perform:
  Apply all migrations: admin, auth, contenttypes, learning_logs, sessions
Running migrations:
❶  Applying learning_logs.0003_topic_owner... OK
(ll_env)learning_log$
```

Django 套用了新的轉移，其結果顯示一切 OK ❶。

為了驗證轉移結果如我們所預期，可在 shell 對話模式中輸入如下內容：

```
>>> from learning_logs.models import Topic
>>> for topic in Topic.objects.all():
...     print(topic, topic.owner)
...
Chess ll_admin
Rock Climbing ll_admin
>>>
```

我們從 learning_logs.models 中匯入 Topic，再以迴圈遍訪所有的現有主題，並印出每個主題和其所屬的使用者。如您所見，現在每個主題都歸屬 ll_admin 使用者。（如果在執行這段程式碼時發生錯誤，請退出 shell 模式，重新啟動新的shell 模式再試試。）

> **NOTE**
>
> 您可以重新設定資料庫而不是以轉移的方式來處理，但如果重新設定，現有的資料就會遺失掉。學會如何在轉移資料庫的同時也確保使用者資料的完整性是個很好的練習。如果您真的想要一個全新的資料庫，可執行 python manage.py flush 命令來重建資料庫的結構，這樣做的話需要建立新的 superuser，而且原本的所有資料都會遺失。

限制只能存取屬於自己的主題

目前不管您以哪個使用者的身份登入，都能看到所有的主題。我們要來修改這種情況，限制只能存取屬於自己的主題。

請在 views.py 中對 topics() 函式進行如下的修改：

⬇ learning_logs/views.py

```
--省略--
@login_required
def topics(request):
    """Show all topics. """
    topics = Topic.objects.filter(owner=request.user).order_by('date_added')
    context = {'topics': topics}
    return render(request, 'learning_logs/topics.html', context)
--省略--
```

當使用者登入後，request 物件會有個 request.user 屬性，此屬性內含關於該使用者的資訊。Topic.objects.filter(owner=request.user) 這段程式碼會讓 Django 只從資料庫中取得其 owner 屬性比對符合目前使用者的 Topic 物件。由於我們沒有修改主題的顯示方式，因此不需要對主題頁面的模板進行修改。

若想要查看這是否有效，請以有連接到所有現有主題的使用者身份來登入，然後進入主題頁面，就應該會看到所有的主題。現在請登出，並以其他使用者身份重新登入，那麼主題頁面會顯示「No topics have been added yet.」訊息。

保護使用者的主題

我們還沒真的限制存取主題頁面，所以任何已登入的使用者都可輸入類似像 *http://localhost:8000/topics/1/* 這樣的 URL 來存取對應的主題頁面。

請動手試一下，以擁有所有主題的使用者帳號登入，存取特定的主題，並複製這個頁面的 URL，或將其中的 ID 記下來。隨後登出並以另一個使用者的帳號登入，再輸入之前顯示頁面的 URL，雖然現在以另一個身份帳號登入，但還是看得到該主題中的記錄項目。

為了要修改這樣的問題，我們在 topic() 視圖函式取得請求的記錄項目之前先執行檢測：

⬇ learning_logs/views.py

```
from django.shortcuts import render, redirect
```

```
    from django.contrib.auth.decorators import login_required
❶  from django.http import Http404

    --省略--
    @login_required
    def topic(request, topic_id):
        """Show a single topic and all its entries. """
        topic = Topic.objects.get(id=topic_id)
        # Make sure the topic belongs to the current user.
❷      if topic.owner != request.user:
            raise Http404

        entries = topic.entry_set.order_by('-date_added')
        context = {'topic': topic, 'entries': entries}
        return render(request, 'learning_logs/topic.html', context)
    --省略--
```

當請求的資源不在伺服器上時，標準的錯誤回應是返回 404 回應（response）。
在這裡我們匯入 Http404 例外異常❶，當使用者請求它不能查閱的主題時會引
發這個例外。在接收到主題請求之後，我們在顯示頁面之前要先確定該主題所
屬的使用者與目前登入的使用者是否吻合。如果請求的主題不屬於目前使用者
所有，就會引發 Http404 例外❷，讓 Django 返回一個 404 錯誤頁面。

現在如果您試圖查閱其他使用者的主題記錄項目，就會看到 Django 傳送 Page
Not Found 訊息頁面。在第 20 章中我們會對這個專案進行配置設定，讓使用者
能看到更合適的錯誤頁面。

保護 edit_entry 頁面

edit_entry 頁面的 URL 格式為 *http://localhost:8000/edit_entry/entry_id/*，其中
entry_id 是個數字。讓我們來保護這個頁面，這樣任何人都不能以這個 URL 來
存取他人的記錄項目：

⬇ learning_logs/views.py

```
--省略--
@login_required
def edit_entry(request, entry_id):
    """Edit an existing entry. """
    entry = Entry.objects.get(id=entry_id)
    topic = entry.topic
    if topic.owner != request.user:
        raise Http404

    if request.method != 'POST':
        --省略--
```

我們取得指定的記錄項目和與之關聯的主題，然後檢測主題的擁有者是否為目前登入的使用者，如果不是，就引發 Http404 例外。

把新主題關聯到目前使用者

目前我們新增新主題的頁面是有問題的，因為它不會把新主題與任何特定使用者相關聯起來。如果您試著新增新的主題，會看到 IntegrityError 錯誤訊息「NOT NULL constraint failed: learning_logs_topic.owner_id」，指出 learning_logs _topic.user_id 不能是 NULL。Django 的意思是，如果不為主題的 owner 欄位指定一個值，就不能建立新的主題。

因為我們可以透過 request 物件存取目前使用者，所以這個問題就有個簡單的解決方法，請加入以下程式碼，把新主題關聯到目前使用者：

⬇ learning_logs/views.py

```
--省略--
@login_required
def new_topic(request):
    --省略--
    else:
        # POST data submitted; process data.
        form = TopicForm(data=request.POST)
        if form.is_valid():
❶          new_topic = form.save(commit=False)
❷          new_topic.owner = request.user
❸          new_topic.save()
            return redirect('learning_logs:topics')

    # Display a blank or invalid form.
    context = {'form': form}
    return render(request, 'learning_logs/new_topic.html', context)
--省略--
```

我們先呼叫 form.save() 並把 commit=False 當引數傳入，這是因為我們要先修改新主題，再把它儲存進資料庫中❶。隨後把新主題的 owner 屬性設為目前使用者❷。最後對剛定義的主題實例呼叫 save()❸。現在主題有了所有必要不可少的資料，且會儲存成功。

每個登入的使用者想新增多少個新主題都可以。而每位使用者只能存取他們自己的資料，無論是要查閱資料、輸入新資料或是修改舊資料都一樣。

實作練習

19-3. 重構：在 view.py 中有兩個地方要檢測與主題相關聯的使用者就是目前登入的使用者。請把這個檢測程式碼放在一個名為 check_topic_owner() 的函式中，並在適當的時候呼叫這個函式來使用。

19-4. 保護 new_entry：使用者可以透過輸入具有屬於另一個使用者主題的 ID 之 URL，將新記錄項目新增到這個使用者的 Learning log 學習日誌內。在儲存新記錄項目之前，先檢測目前使用者是否擁有該記錄項目的主題，以防止不當的存取。

19-5. 受保護的部落格：請在您建立的 Blog 專案中確定每篇貼文都與其特定使用者相關聯。確定所有貼文都能公開存取，但只有已登入的使用者可發佈貼文及編輯現有的貼文。在讓使用者能編輯其貼文的視圖中，在處理表單之前要檢測使用者所要編輯的是他自己發佈的貼文。

總結

本章您學會了如何使用表單來讓使用者新增新的主題、新增記錄項目和編輯現有的記錄項目。隨後學習了如何實作使用者帳號，可讓現有使用者可登入和登出，並學到如何使用 Django 所提供的 UserCreationForm 表單來讓使用者能建立新帳號。

建立簡單的使用者身份驗證和登錄註冊系統之後，可以藉由 @login_required 修飾模式限制登入的使用者存取特定頁面。隨後可以透過使用外部鍵把資料連接到特定的使用者上，還學習到如何在要您指定某些預設資料的情況下修改轉移資料庫。

最後您學到如何修改視圖函式，讓使用者只能看到屬於他建立的資料。使用 filter() 方法來取得合適的資料，並學到怎麼比對請求資料的擁有者與目前登入的使用者，看看是否相同。

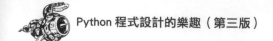
要讓哪些資料可隨意存取，而哪些資料要進行限制保護呢？這個問題可能不是那麼好回答，但透過不斷練習和實作就能掌握其中的技巧。本章我們是怎麼決定要如何限制保護使用者的資料呢？答案也許在與別人合作開發專案的過程中，因為有別人對專案進行檢查會更容易發現不足的地方在哪裡。

到目前為止，我們已建立了一個功能齊備的專案，能在本機上執行。在本書的最後一章，我們要設定這個專案的樣式，讓這個 Web 應用程式更美觀漂亮。我們還會把它部署到一台網路伺服器上，讓網路上的所有人都能連到這裡來登錄註冊並建立帳號。

第 20 章
對應用程式設定樣式和
進行部署

現在的「Learning log（學習日誌）」已功能完備，但還沒有設定樣式，也還只是在本機上執行而已。本章我們會為這個專案套上簡單而專業的樣式，再把它部署到一台伺服器上，讓世界上的任何人都可藉由網路連到這裡來建立帳號和使用它。

我們會使用 Bootstrap 程式庫來設定樣式，Bootstrap 程式庫是一組工具，能用來為 Web 應用程式設定樣式，讓它在各種裝置，如大型平板或是手機上都能看起來很專業。要做到這一點，我們會使用 django-bootstrap5 app 來協助，這也讓您練習使用其他 Django 開發人員所開發的應用程式。

我們會使用 Platform.sh 部署「Learning Log」，Platform.sh 是個網站，可以讓您把專案推送到其中一台伺服器，讓大家可以透過網際網路來連接使用。我們還會使用 Git 版本控制系統來追蹤對這個專案所進行的修改。

在完成「Learning Log」之後，您就有能力可以開發簡單的 Web 應用程式了，能讓它們看起來更專業、美觀，也能部署到伺服器中。您還能利用更進階的學習資源來提升自己的開發技巧。

為學習日誌設定樣式

我們之前都專注在「learning log（學習日誌）」的功能上，直到現在才開始考慮樣式設定，這樣的安排對程式開發來說是對的，因為只有能正確執行的應用程式才是核心的重點。當然，在應用程式能正確執行後，就要考量外觀了，因為好看的應用程式才能吸引別人想要使用。

在本節中我會安裝 django-bootstrap5 這個應用程式並新增到專案內。隨後在專案內使用其樣式來套用到各別的頁面中，讓整個專案的各個頁面都維持一致且專業的樣貌。

django-bootstrap5 應用程式

我們會用 django-bootstrap5 來把 Bootstrap 整合到專案內，這個程式下載需要的 Bootstrap 檔案，把它們放置在專案的適當位置，並讓樣式指令能在您的專案模板中可使用。

請在啟用的虛擬環境中，執行如下的命令來安裝 django-bootstrap5：

```
(ll_env)learning_log$ pip install django-bootstrap5
--省略--
Successfully installed beautifulsoup4-4.11.1 django-bootstrap5-21.3
    soupsieve-2.3.2.post1
```

接著要在 settings.py 的 INSTALLED_APPS 中新增下列程式碼，在專案內引入 django-bootstrap5 應用程式：

▼ settings.py
```
--省略--
INSTALLED_APPS = (
    # My apps.
    'learning_logs',
    'accounts',

    # Third party apps.
    'django_bootstrap5',
```

```
# Default django apps.
'django.contrib.admin',
--省略--
```

請建立一個叫作「Third party apps」第三方應用程式的區段，並在其中新增 'django_bootstrap5'，請確認要把這個區段放在 # My apps 後面，而在 # Default django apps 之前。

使用 Bootstrap 來美化學習日誌

Bootstrap 基本上是個大型的樣式設定工具集，擁有大量的模板可讓我們套用在專案中以建立獨特美觀的整體風格。使用這些模板要比使用單獨的樣式工具更容易。想查看 Bootstrap 提供什麼樣的模板，可連到 *http://getbootstrap.com/*，點按 **Examples** 連結。我們將會使用 Navbar static 模板，此模板提供了簡單的導航工具列和用來放置頁面內容的容器。

圖 20-1 為套用了 Bootstrap 模板到 base.html，並小幅修改 index.html 後的主頁顯示畫面。

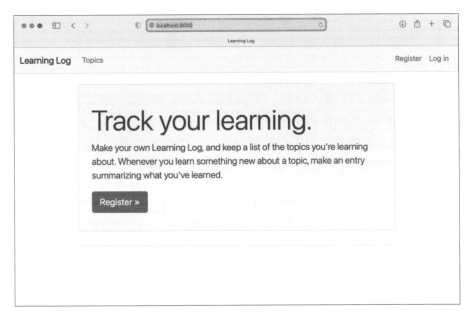

圖 20-1　使用了 Bootstrap 的「Learning log」主頁

修改 base.html

我們需要修改 base.html 模板來配合 Bootstrap 的模板。我們會把新的 base.html 分成幾個部分來說明。這是一個很大的檔案，如果您想從線上資源中本書隨附的檔案內複製取用此檔案，其網址在 *https://ehmatthes.github.io/pcc_3e*。就算您已確實複製了該檔案，您仍應閱讀以下各小節的內容來了解所做的更改。

定義 HTML 標頭

對 base.html 的第一個修改就是這份檔案中的 HTML 標頭部分。我們還會在模板中新增一些要用到 Bootstrap 所需要的東西。刪掉 base.html 原本全部的內容，取而代之是輸入如下的程式碼：

▼ base.html

```
❶ <!doctype html>
❷ <html lang="en">
❸ <head>
     <meta charset="utf-8">
     <meta name="viewport" content="width=device-width, initial-scale=1">
❹   <title>Learning Log</title>

❺   {% load django_bootstrap5 %}
     {% bootstrap_css %}
     {% bootstrap_javascript %}

   </head>
```

首先是宣告為使用 English ❷編寫的 HTML 文件❶。HTML 檔分成兩個部分：標頭（head）和本體（body）。在這個檔案內，標頭從 <head> 標記這裡開始算起❸。HTML 檔的標頭部分沒有內容：此部分只把正確顯示頁面所需的訊息告訴瀏覽器。在❹這裡引入 <title> 元素，在瀏覽器中開啟 Learning log 的頁面時，瀏覽器的標題列會顯示這個元素的內容。

在結束 head 部分之前，載入 django-bootstrap5 中可用的模板標記集合❺。模板標記 {% bootstrap_css %} 是 django-bootstrap5 的自訂標記能引入實作 Bootstrap 樣式所需的所有 CSS 檔案。後面的標記可以啟用您在頁面上使用的所有互動行為，例如可折疊的導航工具列。❼這裡為結束標記 </head>。

Bootstrap 所有的樣式現在都可以在任何繼承自 base.html 的模板中使用。如果想要用來自 django-bootstrap5 的自訂模板標記，各個模板都需要引入 {% load django_bootstrap5 %} 標記來配合。

定義導航工具列

定義頁面最上方導航工具列的程式碼很長，因為它必須在狹窄的手機螢幕和寬大的桌上型顯示器中都能正常工作。我們會在這小節一一說明導航工具列。

以下是導航工具列的第一部分：

⬇ base.html

```
    --省略--
    </head>
    <body>

❶   <nav class="navbar navbar-expand-md navbar-light bg-light mb-4 border">
      <div class="container-fluid">
❷       <a class="navbar-brand" href="{% url 'learning_logs:index' %}">
            Learning Log</a>

❸       <button class="navbar-toggler" type="button" data-bs-toggle="collapse"
          data-bs-target="#navbarCollapse" aria-controls="navbarCollapse"
          aria-expanded="false" aria-label="Toggle navigation">
          <span class="navbar-toggler-icon"></span>
        </button>

❹       <div class="collapse navbar-collapse" id="navbarCollapse">
❺         <ul class="navbar-nav me-auto mb-2 mb-md-0">
❻           <li class="nav-item">
❼             <a class="nav-link" href="{% url 'learning_logs:topics' %}">
                Topics</a></li>
          </ul> <!-- End of links on left side of navbar -->
        </div> <!-- Closes collapsible parts of navbar -->

      </div> <!-- Closes navbar's container -->
    </nav> <!-- End of navbar -->

❽ {% block content %}{% endblock content %}

    </body>
    </html>
```

第一個新元素是起始標記 <body>，HTML 檔的本體含有使用者在頁面上會看到的內容。接著是個 <nav>元素，處理頁面上導航連結的部分❶。對於這個元素內的所有內容都會依據 navbar、navbar-expand-md 和其餘在這裡見到的選擇器來定義 Bootstrap 樣式規則以設定樣式。**選擇器**（**selector**）會決定特定樣式規則要套用到頁面上的哪一些元素。navbar-light 和 bg-light 選擇器以淺色背景為導航工具列設定樣式。mb-4 中的 mb 是 margin-bottom 的縮寫；這個選擇器可確保在導航工具列和頁面的其他部分中間有留下間距。border 選擇器在淺色背景周圍提供了一個細框線，讓它與頁面的其餘部分稍有不同。

下一行的 <div> 標記是個可調整大小的容器，它用來容納整個導航工具列。div 這個字是 division 的縮寫，是指分區的意思；我們可以透過把網頁分為多個區段，並定義適用於該區段的樣式和行為規則來建構網頁。在起始 <div> 標記中定義的所有樣式或行為規則都會影響我們看到的內容，這個分割區段寫到直到它對應的結束標記 </div> 為止。

接下來是把專案名稱「Learning Log」設為導航工具列上的第一個元素❷，這也會當作主頁的連結，如同前兩章中建構專案時最小化樣式版本中所做的處理。navbar-brand 選擇器會對該連結進行樣式設定，讓它能在其餘連結中突顯出來，這也是對網站進行美化突顯的方式。

Bootstrap 模板隨後定義了一個按鈕，如果瀏覽器視窗太窄而無法水平顯示整條導航工具列，則會顯示該按鈕❸。當使用者點按該按鈕，導航元素會在下拉式清單中顯示出現。在使用者縮小瀏覽器視窗，或網站顯示在小螢幕的行動裝置上時，collapse 會把導航工具列折疊起來。

接下來再建立導航工具列的新部分 <div> ❹，這個部分會根據瀏覽器視窗的大小來進行折疊。

Bootstrap 把導航元素定義為無序清單列表中的項目❺，其樣式規則讓它看起來不像清單列表。在工具列上需要的每個連結或元素都可以當作項目放入無序清單列表內❻。在這裡，清單列表中的唯一項目是連到 Topics 頁面的連結❼。請留意連結末尾後面是有 </li> 結束標記，每個起始標記都需要有一個相對應的結束標記來配合。

後面列出其餘結束所有已起始的標記。在 HTML 中，注釋是這樣寫的：

```
<!-- This is an HTML comment. -->
```

結束標籤通常沒有注釋，但如果您是 HTML 新手，標記一些結束標籤會很有幫助。單個缺失的標籤或額外的標籤可能會影響整個頁面的佈局。我們還包括內容塊 8 和結束 </body> 和 </html> 標記。

結束標記通常都不會寫入注釋，但如果您還是 HTML 新手，在結束標記中加入注釋會很有幫助。少寫或多寫一個標記都可能會影響整個頁面的版面配置。接著還引入 content 區塊❽，並加上 </body> 和 </html> 結束標記。

這裡還沒有完成導航工具列的所有設置，但現在已有一個完整的 HTML 文件。如果 runserver 目前處於作用中的狀態，請停止目前伺服器並重新啟動。切換到專案的主頁，您應該會看到一個導航工具列，如圖 20-1 中所示的一些元素。接下來讓我們繼續把其餘元素加到導航工具列中。

新增使用者帳戶的連結

我們仍然需要加上與使用者帳戶相關聯的連結。除了登出單之外，這裡加入了所有與帳戶相關的連結。

請對 base.html 進行以下更改：

⬇ base.html

```
            --省略--
          </ul> <!-- End of links on left side of navbar -->

          <!-- Account-related links -->
❶        <ul class="navbar-nav ms-auto mb-2 mb-md-0">

❷          {% if user.is_authenticated %}
            <li class="nav-item">
❸            <span class="navbar-text me-2">Hello, {{ user.username }}.
              </span></li>
❹          {% else %}
            <li class="nav-item">
            <a class="nav-link" href="{% url 'accounts:register' %}">
                Register</a></li>
            <li class="nav-item">
            <a class="nav-link" href="{% url 'accounts:login' %}">
                Log in</a></li>
          {% endif %}

        </ul> <!-- End of account-related links -->

      </div> <!-- Closes collapsible parts of navbar -->
      --省略--
```

這裡使用另一個 <ul> 標記，開始一組新的連結❶。頁面上可放上任意數量的連結群組。選擇器 ms-auto 是 margin-start-automatic 的縮寫：該選擇器檢測導航工具列中的其他元素，並計算出把這些連結群組推到螢幕右側所需的左間距。

if 區塊與之前用來判斷是否登入到使用者顯示適當訊息的條件區塊相同❷。這個區塊現在內容有點長，因為條件標記中有一些樣式規則。經過身份驗證的使用者的問候語包在 <span> 元素中。span 元素算是較長段行的文字或頁面元素所要的設定樣式。div 元素在一個頁面中會建立自己的分區，而 span 元素在較大區段內的設定效果是連續的。一開始這可能會造成混淆，因為許多頁面具有多層巢狀嵌套的 div 元素。在這裡會使用 span 元素在導航工具列上設定資訊文字的樣式，以這個例子來看是已登入使用者的名稱。

在為身份驗證沒通過的使用者所執行的 else 區塊中，我們放入用於登錄註冊新帳戶和登入的連結❹，這些看起來應該與主題頁面的連結相同。

如果要對導航工具列加上更多連結，請使用與在此處相同的樣式指令把另一個 <li> 項目加到導航工具列中定義的任何 <ul> 群組內。

接著讓我們把登出表單加到導航工具列中。

把登出表單加到導航工具列上

在之前第一次編寫登出 Logout 表單時，我們是把它加在 base.html 的底部。但現在讓我們把它放在更好的位置，放在導航工具列中：

⬇ base.html

```
          --省略--
          </ul> <!-- End of account-related links -->

          {% if user.is_authenticated %}
            <form action="{% url 'accounts:logout' %}" method='post'>
              {% csrf_token %}
❶            <button name='submit' class='btn btn-outline-secondary btn-sm'>
                Log out</button>
            </form>
          {% endif %}

        </div> <!-- Closes collapsible parts of navbar -->
        --省略--
```

登出Logout表單應放置在與帳戶相關的連結群組後面，但在導航工具列的可折疊部分之中。表單中唯一的變化是在 <button> 元素中加了一些 Bootstrap 樣式類別，這樣就會把 Bootstrap 樣式元素套用到「Log out」按鈕上❶。

重新載入主頁後，您應該能夠使用建立的任何帳戶登入和登出。

這裡還需要新增一些內容到 base.html。我們會定義兩個區塊，讓個別頁面可用來放置指定的內容。

定義頁面的主體部分

base.html 剩下的部分是頁面的主體內容：

```
    --省略--
    </nav> <!-- End of navbar -->

❶  <main class="container">
❷    <div class="pb-2 mb-2 border-bottom">
       {% block page_header %}{% endblock page_header %}
     </div>
❸    <div>
       {% block content %}{% endblock content %}
     </div>
    </main>


    </body>
    </html>
```

首先使用 <main> 起始標記❶。**main** 元素是用在頁面中本體最重要的部分。在這裡指定了 bootstrap 選擇器 container，這是把頁面上的元素群組起來的簡單方法。我們會在 container 中放置兩個 div 元素。

第一個 div 元素❷中內含一個 page_header 區塊。我們使用這個區塊為大多數頁面新增標題。為了讓這個區段在頁面的其餘部分中脫穎而出，我們在標題下方放置了一些間距留白。**間距留白（padding）** 是指元素內容與其邊框之間的空白。pb-2 選擇器是個 bootstrap directive，它在樣式元素的底部會提供適度的間距留白。**邊距（margin）** 是指元素邊框和頁面上其他元素之間的間距。mb-2 選擇器為這個 div 區段的底部提供了適量的邊距。我們在這個區塊的底部需要邊框，因此使用選擇器 border-bottom，該選擇器在 page_header 區塊的底部提供了一個細邊框。

在❸這裡，我們再定義一個 div 元素，其中含有區塊內容。這裡不會對區塊套用任何特定的樣式，因此可以依據需要為這個頁面設定樣式。base.html 檔的結尾有 main、body 和 html 元素的結束標記來對應配合。

如果在瀏覽器中載入 Learning log 的主頁，就會看到一個像圖 20-1 所示的專業導航工具列。請試著縮小視窗讓它變得很窄，此時導航工具列就會變成一個按鈕，假如您按下此按鈕，就會展開一個下拉清單，其中放了所有的導航連結。

使用 jumbotron 來設定主頁的樣式

為了要更新主頁，我們使用叫作 jumbotron 的 Bootstrap 元素，該元素是個很大的方框，與頁面的其他部分相比是很明顯的存在。一般來說，在主頁中這個大框一般都用來呈現對整個專案的簡要描述，並指示操作來讓觀看的人參與。

以下是 index.html 的內容：

⬇ index.html

```
{% extends "learning_logs/base.html" %}

❶ {% block page_header %}
❷   <div class="p-3 mb-4 bg-light border rounded-3">
      <div class="container-fluid py-4">
❸       <h1 class="display-3">Track your learning.</h1>

❹       <p class="lead">Make your own Learning Log, and keep a list of the
        topics you're learning about. Whenever you learn something new
        about a topic, make an entry summarizing what you've learned.</p>

❺       <a class="btn btn-primary btn-lg mt-1"
          href="{% url 'accounts:register' %}">Register &raquo;</a>
      </div>
    </div>
  {% endblock page_header %}
```

在❶這裡告知 Django 我們將定義 page_header 區塊中的內容。jumbotron 被實作為一對 div 元素，並套用了一組樣式指令❷。外層的 div 設定了留白和邊距、淺色背景和圓角框。內層的 div 則是個會隨視窗大小而變化的容器，而且也設定了一些留白間距。py-4 選擇器在 div 元素的頂端和底部加上留白。請試著隨意調整這些設定中的數字，再看看主頁會如何變化。

在 jumbotron 中有三個元素。首先是一條簡短的訊息「Track your learning」，它讓第一次瀏覽的人可以了解 Learning Log 有什麼功能❸。<h1>元素是第一層級的標題，而且 display-3 選擇器還為這個特別的標題套上了細長的外觀。在❹這裡提供了一條較長的訊息，其中是有關使用者可以如何使用 Learning Log 的更多說明。這裡格式化為 lead 段落，目的是讓這個段落能突顯脫穎而出。

在❺這裡不僅僅是使用文字連結，還建立了一個按鈕，邀請使用者來登錄註冊 Learning Log 的帳號。這個連結與標題中的連結相同，但該按鈕在頁面上更突顯，對瀏覽的人顯示使用這個應用程式專案所需的操作。您在這裡看到的選擇器會做出一個大按鈕，讓人可按下進行相關動作。&raquo 這個代碼是個看起來

像兩個直角括號（>>）組合在一起的 HTML entity。最後這裡的 div 結束標記
關上 page_header 區塊。由於這個頁面中只用了兩個 div 元素，因此在結束標記
的 div 標記中不用加上注釋。我們不會在此頁面中加入更多內容，因此無須在
此頁面上定義 content 區塊。

現在的索引主頁畫面如圖 20-1 所示，與設定樣式之前相比已有了很大的改進。

設定登入頁面的樣式

我們改進了登入頁面的整體外觀，但還沒改變登入表單，所以接下來要修改
login.html，讓表單看起來與頁面的其他部分是一致的：

⬇ login.html

```
{% extends "learning_logs/base.html" %}
❶ {% load django_bootstrap5 %}

❷ {% block page_header %}
    <h2>Log in to your account.</h2>
  {% endblock page_header %}

  {% block content %}
  <form action="{% url 'accounts:login' %}" method='post'>
    {% csrf_token %}
❸    {% bootstrap_form form %}
❹    {% bootstrap_button button_type="submit" content="Log in" %}
  </form>

  {% endblock content %}
```

首先把 bootstrap5 模板標記載入到這個模板中❶。隨後定義了 page_header 區
塊，用這個標頭區塊來描述這個頁面的用途❷。請留意一點，我們從這個模板
中刪除了 {% if form.errors %} 程式碼區塊，因為 django-bootstrap5 會自動管理
表單的錯誤。

我們使用模板標記 {% bootstrap_form %} 來顯示表單❸，這個標記取代了我們
在第 19 章中使用的 {{ form.as_div }} 元素。{% bootstrap_form %} 模板標記把
Bootstrap 樣式規則套用到表單的各個元素中。

接著使用 {% bootstrap_button %} 標記和指定它當作 submit 按鈕的引數，並給
它 Log in 文字標籤❹，生成了提交按鈕。

圖 20-2 是目前表單套用樣式後所呈現的畫面。這個頁面比以前整潔很多，風格呈現也一致，其用途也明確呈現。如果使用錯誤的使用者名稱和密碼登入，顯示錯誤訊息的頁面樣式也和整個網站的風格一致。

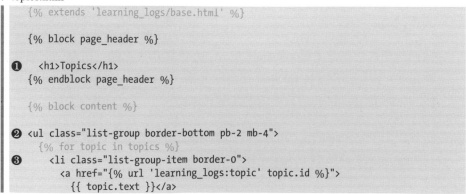

圖 20-2　使用 Bootstrap 設定樣式後的登入頁面

設定 topics 頁面的樣式

現在來確定用來查看資訊的頁面風格也套入了合適的樣式，首先從設定 topics 頁面的樣式開始：

↓ topics.html

```
{% extends 'learning_logs/base.html' %}

{% block page_header %}
❶   <h1>Topics</h1>
{% endblock page_header %}

{% block content %}

❷ <ul class="list-group border-bottom pb-2 mb-4">
   {% for topic in topics %}
❸    <li class="list-group-item border-0">
       <a href="{% url 'learning_logs:topic' topic.id %}">
        {{ topic.text }}</a>
```

```
        </li>
    {% empty %}
❹     <li class="list-group-item border-0">No topics have been added yet.</li>
    {% endfor %}
    </ul>

    <a href="{% url 'learning_logs:new_topic' %}">Add a new topic</a>

    {% endblock content %}
```

我們不需要 {% load bootstrap5 %} 標記，因為在這個檔案中沒有使用到任何 bootstrap5 所定義的標記。我們把 Topics 標題移到 page_header 區塊中，讓它變成 <h1> 元素而不是個簡單的段落❶。

這個頁面的主要內容是主題清單，因此我們用 Bootstrap 的 **list group** 元件來渲染彩現頁面。這樣會套入一組簡單的樣式指令到整份清單和清單中的每個項目內。在使用 <ul> 標籤起始時，我們會先引入 list-group 類別，把預設的樣式指令套用到清單❷。接著進行一步對清單進行自訂處理：在清單底部放置一個邊框，並在清單下方放入一些留白（pb-2），以及在底部邊框下方放入一個邊距（mb-4）。

清單中的每個項目都需要用到 list-group-item 類別，這裡透過刪除個別項目周圍的框線來自訂預設的樣式❸。清單為空時顯示的訊息也是需要這些用到相同的類別❹。

若現在存取主題頁面的話，您應該會看到這個頁面所套用的樣式與主頁風格一致且匹配。

設定 topic 頁面中記錄項目的樣式

在 topic 頁面中我們會使用 Bootstrap 的 card 元件來突顯出每條記錄項目。**card** 是指一組附有彈性且預先定義樣式的 div，非常適合用來顯示主題中的各條記錄項目：

↓ topic.html

```
    {% extends 'learning_logs/base.html' %}

❶ {% block page_header %}
    <h1>{{ topic.text }}</h1>
    {% endblock page_header %}
```

```
{% block content %}
  <p>
    <a href="{% url 'learning_logs:new_entry' topic.id %}">Add new entry</a>
  </p>

  {% for entry in entries %}
❷  <div class="card mb-3">
    <!-- Card header with timestamp and edit link -->
❸    <h4 class="card-header">
      {{ entry.date_added|date:'M d, Y H:i' }}
❹      <small><a href="{% url 'learning_logs:edit_entry' entry.id %}">
        edit entry</a></small>
    </h4>
    <!-- Card body with entry text -->
❺    <div class="card-body">{{ entry.text|linebreaks }}</div>
  </div>
  {% empty %}
❻  <p>There are no entries for this topic yet.</p>
  {% endfor %}

{% endblock content %}
```

我們先把主題放在 page_header 區塊內❶，隨後刪除了這個模板中以前使用的無序項目清單結構。在❷這裡，我們以選擇器 card 來建立 div 元素，而不是把每條記錄項目當成項目清單。這個 card 有兩個巢狀嵌套元素：一個用來存放時間戳記和編輯記錄項目的連結，另一個則用於存放記錄項目的本體。card 選擇器負責處理 div 所需的大部分樣式，這裡的自訂處理是在每個 card 的底部加入小邊距（mb-3）。

card 中的第一個元素是標題，它是帶有選擇器 card-header 的 <h4> 元素❸。這個 card-header 含有記錄項目的日期和編輯該記錄項目的連結。包住 edit_entry 連結的 <small> 標記會讓它顯示得比時間戳記小一些❹。第二個元素是帶有 card-body 選擇器的 div ❺，這裡會把記錄項目的文字放置在 card 上的簡單方框內。請留意一點，Django 程式碼只修改會影響頁面外觀的元素，對於在頁面中引入資訊的都沒有做修改。由於不再有無序清單，所以在空的清單訊息中使用簡單的段落標記❻，而不是用清單項目標記。

圖 20-3 顯示了 topic 頁面的新樣貌。「Learning log」網站的功能都沒有變，但呈現出來的樣貌更專業了，也更能吸引使用者來使用。

> **NOTE**
> Bootstrap 專案中有很好的說明文件。請連到 *https://getbootstrap.com* 網頁，並點按 **Docs** 連結，就能了解關於 Bootstrap 提供內容的更多資訊。

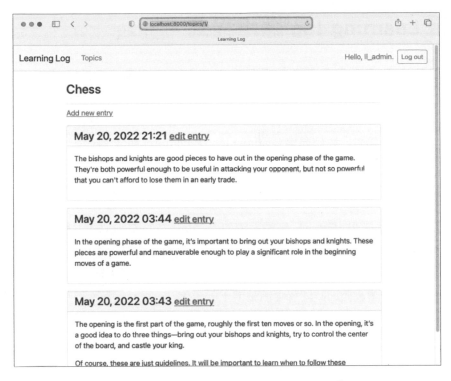

圖 20-3　使用 Bootstrap 設定樣式後的 topic 頁面

如果您想使用別的 Bootstrap 模板，請遵照與本章到目前為止所做的步驟流程。
先將模板複製到 base.html 中，並修改含有實際內容的元素，以便模板顯示專案
的訊息，然後使用 Bootstrap 的個別樣式設定工具來設計每個頁面上內容呈現
所用的樣式。

實作練習

20-1. 其他表單：我們對 login 頁面都套入了 Bootstrap 樣式，請對其他以
表單為基礎的頁面進行相同的修改，這些頁面包括：new_topic、new_
entry、edit_entry 和 register 頁面等。

20-2. 設定部落格的樣式：針對第 19 章實作練習時所建置的部落格，使用
Bootstrap 設定和套入樣式。

部署 Learning log 應用程式

到目前為止，Learning log 應用程式這個專題的外觀也變得很專業了，接下來我們會將它部署到伺服器中，讓連到網際網路的人都能使用它。我們會使用 Platform.sh 來做這件事，這是個以 Web 為基礎的平台，能讓我們管理 Web 應用程式的部署。我們要讓 Learning log 在 Platform.sh 上執行。

建立 Platform.sh 帳號

若想要建立 Platform.sh 帳號，請連上 *https://platform.sh*，並點按其中的 Free Trial 按鈕。Platform.sh 有個免費方案，在撰寫本書時，這項服務還不需要輸入信用卡資訊。試用期間允許我們使用最少的資源來部署應用程式，在付費託管之前，能讓我們即時部署中測試手上的專案。

> **NOTE**
>
> 試用計劃的具體限制往往會定期修改，因為託管平台需要處理和應付垃圾郵件和資源的濫用。請定期連到 https://platform.sh/free-trial，查閱免費試用的當下有什麼樣的限制。

安裝 Platform.sh CLI

若想要在 Platform.sh 上部署和管理開發專案，您會需要用到它的 Command Line Interface（CLI）中的工具來配合。請安裝最新版本的 CLI，連到 https://docs.platform.sh/development/cli.html，並按照適用於您作業系統的說明來進行安裝和設定。

在大多數系統中是可以透過在終端模式中執行以下命令來安裝 CLI：

```
$ curl -fsS https://platform.sh/cli/installer | php
```

在命令執行完畢之後，您需要開啟一個新的終端視窗才能使用 CLI。

> NOTE
>
> 此命令可能無法在 Windows 的標準終端模式中執行，您可以換用 Windows
> Subsystem for Linux (WSL)或 Git Bash 的終端模式。如果需要安裝 PHP，可以
> 使用 https://apachefriends.org 中的 XAMPP 安裝程式。假如在安裝 Platform.sh
> 的 CLI 中遇到任何疑難，可參閱附錄 E 中更詳細的安裝說明。

安裝 platformshconfig

您還需要再安裝一個額外的 platformshconfig 套件。此套件能協助偵檢開發的
專案是在本機系統上執行還是在 Platform.sh 伺服器上執行。請在作用中的虛擬
環境內輸入以下命令：

```
(ll_env)learning_log$ pip install platformshconfig
```

當它在 live server 上執行時，我們會用這個套件來修改專案的設定。

建立 requirements.txt 放入套件清單

遠端伺服器需要了解 Learning Log 專案會用到哪些套件，因此會用 pip 來生成
一個檔案，在其中列出這些套件的清單。同樣地，請進入啟用後的虛擬環境，
並執行下列命令：

```
(ll_env)learning_log$ pip freeze > requirements.txt
```

freeze 命令能讓 pip 把專案中目前安裝的所有套件名稱都寫入 requirements.txt 檔
中。請開啟這個 requirements.txt，查看其中安裝的套件和版本訊息：

⬇ requirements.txt
```
asgiref==3.5.2
beautifulsoup4==4.11.1
Django==4.1
django-bootstrap5==21.3
platformshconfig==2.4.0
soupsieve==2.3.2.post1
sqlparse==0.4.2
```

「Learning log」應用程式需要用到 7 個特定版本的套件，因此在對應的遠端伺服器中也有相符的環境才能正確執行。（我們手動安裝了其中 3 個套件，另外 4 個是這些套件的依賴的項目，會自動安裝。）

我們部署「Learning log」應用程式時，Platform.sh 會安裝 requirements.txt 中所列出的套件，並使用與本機所用的相同套件來建立一個環境。基於這個理由，我們可以確信部署的專案將會像我們在本機系統一樣能順利執行。當您開始在系統上建置和維護各種專案應用程式時，這種管理專案的方式有很大的優勢。

> **NOTE**
>
> 如果在您的系統中所列出的套件，其版本編號與書中列出的版本編號不同，請保留您系統上所用的版本。

額外的部署需求

live server 還需要兩個額外的套件。這些套件會在上線作業的環境內為專案提供服務，讓多位使用者可同時發出請求。

在存放 requirements.txt 檔案的同一目錄中，建立名為 requirements_remote.txt 的新檔案。在其中加入以下兩個套件：

⬇ requirements_remote.txt
```
# Requirements for live project.
gunicorn
psycopg2
```

gunicorn 套件在進入遠端伺服器時回應請求，這個取代了一直在本機使用的開發伺服器。另外還需要 psycopg2 套件，讓 Django 能管理 Platform.sh 使用的 Postgres 資料庫。Postgres 是一套開放原始碼的資料庫，非常適合真正上線作業的應用程式。

新增配置檔

每個託管平台都需要一些配置才能讓開發專案在其伺服器上正確執行。在本小節中會新增三個配置檔：

- platform.app.yaml 這是專案的主要配置檔。告知 Platform.sh 我們正在部署的是什麼樣的專案，以及專案需要什麼樣的資源來配合。這個檔案中還包括用在伺服器上建構專案的命令。

- platform/routes.yaml 這個檔案定義了我們專案的路由設定。當 Platform.sh 收到請求時，能協助把這些請求導向到專案特定的配置。

- platform/services.yaml 這個檔案定義了專案需要的所有其他附加服務。

這些都是 YAML 檔（YAML 不是標記語言）。YAML 是一種專為編寫配置檔案而設計的語言，這種語言能讓人與電腦都可輕鬆閱讀解析。您可以手動編寫或拿典型的 YAML 檔案來修改，但電腦可以明確讀取和解譯這種檔案。

YAML 檔非常適合部署配置，因為這種檔案可以讓您很好地控制部署過程中發生的事情。

讓隱藏檔顯現

大多數作業系統會隱藏以「點（.）」開頭的檔案和資料夾，例如 .platform 這種檔案。當您開啟檔案總管時，預設的情況下是不會看到這類檔案和資料夾的，但身為程式設計師的您是需要看到這類檔案的。以下是查看隱藏檔的方法，具體的做法會依作業系統而有所不同：

- 在 Windows 系統中，請開啟 Windows 的檔案總管，然後開啟某個資料夾，例如桌面。點按「**檢視**」標籤，確定有勾選「**副檔名**」和「**隱藏的項目**」。

- 在 macOS 系統中，在任何 Finder 視窗中可以按下 ⌘ + SHIFT + .（點）組合鍵，這樣就能查看隱藏的檔案和資料夾。

- 在 Ubuntu 等 Linux 系統中，在檔案瀏覽器內按下 CTRL + H 鍵就能顯示隱藏的檔案和資料夾。若想要讓此設定永久生效，請開啟 Nautilus 這類檔案瀏覽器，並點按選項按鈕（三條線的圖示），勾選「**顯示隱藏檔**」核取方塊。

.platform.app.yaml 配置檔

第一個配置檔最長，因為它控制著整個部署過程。我們會分幾個部分來展示說明。您可以在文字編輯器中手動輸入，也可以直接從本書隨附的線上資源網站下載：*https://ehmatthes.github.io/pcc_3e* 取用。

以下是 .platform.app.yaml 檔的第一個部分，這個檔案要放在 manage.py 所在的資料夾內：

⬇ .platform.app.yaml

```
❶ name: "ll_project"
   type: "python:3.10"

❷ relationships:
       database: "db:postgresql"

   # The configuration of the app when it's exposed to the web.
❸ web:
       upstream:
           socket_family: unix
       commands:
❹          start: "gunicorn -w 4 -b unix:$SOCKET ll_project.wsgi:application"
❺      locations:
           "/":
               passthru: true
           "/static":
               root: "static"
               expires: 1h
               allow: true

   # The size of the persistent disk of the application (in MB).
❻ disk: 512
```

儲存這個檔案時，請確定檔案名稱的開頭一定是個點（.），如果略掉這個點，Platform.sh 就找不到該檔案，開發專案就無法進行部署。

現階段您還不需要了解 .platform.app.yaml 中的所有內容，我會把配置設定中最重要的部分先突顯出來介紹。這個檔案一開是指定專案的名稱，我們稱為「ll_project」，讓這個名字與原本啟動專案時使用的名稱維持一致❶。我們還需要指定使用的 Python 版本（在撰寫本書時是 3.10 版）。您可以在 *https://docs.platform.sh/languages/python.html* 中找到受支援版本的清單。

接下來是 relationships 標記的區段，其中定義了專案需要的其他服務❷，這裡唯一的關係設定是 Postgres 資料庫。隨後是 web 部分❸，commands:start 區段告知 Platform.sh 要使用什麼處理程序來處理傳入的請求，這裡指定 gunicorn 來處理請求❹。此命令取代了之前一直在本機使用的 python manage.py runserver 命令。

locations 區段告知 Platform.sh 要把傳入的請求發送到哪裡❺。大多數請求應該傳給 gunicorn 來處理。我們的 urls.py 檔會告知 gunicorn 要如何處理這些請求。

靜態檔的請求要單獨處理，每小時更新一次。最後一行顯示在 Platform.sh 的伺服器上需要 512MB 的磁碟空間。

.platform.app.yaml 檔的其餘內容如下所示：

```
--省略--
disk: 512

    # Set a local read/write mount for logs.
❶ mounts:
      "logs":
          source: local
          source_path: logs

    # The hooks executed at various points in the lifecycle of the application.
❷ hooks:
     build: |
❸        pip install --upgrade pip
         pip install -r requirements.txt
         pip install -r requirements_remote.txt

         mkdir logs
❹        python manage.py collectstatic
         rm -rf logs
❺    deploy: |
         python manage.py migrate
```

mounts 區段❶讓我們定義在專案執行時可以讀取和寫入資料的目錄。這裡為已部署的專案定義一個「logs/」目錄。

hooks 區段❷定義了在部署過程中的各個點所採取的操作。在 build 區段中安裝了在 live 環境中為專案提供服務所需的所有套件❸。我們還執行了 collectstatic❹，它把專案所需的所有靜態檔都收集到一個地方，以便能有效地運用。

最後，在 deploy 區段❺中指定每次部署專案時都應該要執行轉移處理。在簡單的開發專案中，如果沒有什麼更改，這裡的命令就不起作用。

接下來的另外兩個配置檔要簡短得多，讓我們現在開啟動手編寫吧！

routes.yaml 配置檔

路由（route）是伺服器處理請求時所採用的路徑。當 Platform.sh 收到請求時，它需要知道把請求發送到哪裡。

請在 manage.py 所在的目錄中建立一個名為 .platform 的新資料夾，請確定名稱的開頭是點（.）。在這個資料夾內建立一個名為 routes.yaml 的檔案，並輸入以下內容：

⬇ .platform/routes.yaml

```
# Each route describes how an incoming URL will be processed by Platform.sh.

"https://{default}/":
    type: upstream
    upstream: "ll_project:http"

"https://www.{default}/":
    type: redirect
    to: "https://{default}/"
```

該檔案確保像 https://project_url.com 和 www.project_url.com 這樣的請求會被路由指到同一個地方。

services.yaml 配置檔

最後一個配置檔指定了專案執行所需的服務。將這個檔案與 routes.yaml 一起儲存在「.platform/」目錄內：

⬇ .platform/services.yaml

```
# Each service listed will be deployed in its own container as part of your
# Platform.sh project.

db:
    type: postgresql:12
    disk: 1024
```

這個檔案定義了一個服務，就是 Postgres 資料庫。

修改 settings.py 來部署到 Platform.sh

現在我們需要在 settings.py 的最末端加入一個區段來修改 Platform.sh 環境的相關設定。將下列程式碼加到 settings.py 的最後：

⬇ settings.py

```
    --省略--
    # Platform.sh settings.
❶ from platformshconfig import Config

    config = Config()
```

```
❷ if config.is_valid_platform():
❸     ALLOWED_HOSTS.append('.platformsh.site')

    if config.appDir:
❹         STATIC_ROOT = Path(config.appDir) / 'static'
❺     if config.projectEntropy:
        SECRET_KEY = config.projectEntropy

    if not config.in_build():
❻         db_settings = config.credentials('database')
        DATABASES = {
            'default': {
                'ENGINE': 'django.db.backends.postgresql',
                'NAME': db_settings['path'],
                'USER': db_settings['username'],
                'PASSWORD': db_settings['password'],
                'HOST': db_settings['host'],
                'PORT': db_settings['port'],
            },
        }
```

通常我們會把 import 陳述句放在模組的開頭，但在這個範例中則是把所有遠端的設定放在一個區段內，這樣會更有幫助。這裡 import 是從 platformshconfig 匯入 Config❶，有助於確定遠端伺服器上的設定。我們只在 config.is_valid_platform() 方法返回 True 時❷才修改設定，表示只有在 Platform.sh 伺服器上才使用這些設定。

我們修改 ALLOWED_HOSTS 來讓專案以 .platformsh.site 結尾❸的主機來提供服務。部署到免費層的所有專案都會使用此主機來提供服務。如果在部署的應用程式目錄中載入設定❹，就會設定 STATIC_ROOT 路徑來正確提供靜態檔。我們還在遠端伺服器上設定了一個更安全的 SECRET_KEY ❺。

最後是配置上線作業的資料庫相關設定❻。只有在建構過程已完成執行且正在為專案提供服務時才會設定。在這裡看到的所有內容都是 Platform.sh 為專案所作的必要設定，如此才能讓 Django 與 Postgres 伺服器互動對話。

使用 Git 來追蹤專案的內容

如果您讀過第 17 章，就會知道 Git 是個版本控制程式，能讓您在每次成功實作出新功能後都會擷取專案程式碼的快照（snapshot）來備存。不論出現什麼問題，例如在實作新功能時出現 bug，您都可以輕鬆還原到最新可用的那一個快照記錄。每個快照這裡都被稱為 commit。

使用 Git 之後，您就不用擔心在實作新功能時會把專案搞壞掉了。在把專案部署到伺服器時需要確定部署的是可行能用的版本。如果您想要更詳盡地了解 Git 和版本控制的內容，請參考本書附錄 D。

安裝 Git

Git 有可能已安裝到您的系統內了，若想要知道 Git 是否已安裝，請開啟一個新的終端視窗並執行 git --version 命令：

```
(ll_env)learning_log$ git --version
git version 2.30.1 (Apple Git-130)
```

如果因為某些原因而收到錯誤訊息，請參閱附錄 D 中的安裝 Git 說明。

配置 Git

Git 可記錄追蹤是誰修改了專案，就算專案只有一個人開發也是這樣的情況。若要開始記錄追蹤專案，Git 需要知道您的使用者名稱和 email，因此要提供使用者名稱，但對於練習用的專案，可隨意使用一個 email 來配合：

```
(ll_env)learning_log$ git config --global user.name "eric"
(ll_env)learning_log$ git config --global user.email "eric@example.com"
```

如果您忘了這個步驟，當您第一次提交時，Git 會提醒您要提供這些資訊。

忽略檔案

由於不需要 Git 記錄追蹤專案中的每個檔案，我們會告知 Git 要忽略某些檔案。其做法是在 manage.py 所在的資料夾中建立一個名為 .gitignore 的檔案，請留意這個檔案名稱是以點（.）開頭且沒有副檔名。下面是這個檔案中的內容：

⬇ .gitignore
```
ll_env/
__pycache__/
*.sqlite3
```

我們讓 Git 忽略 ll_env/ 目錄，因為隨時都可以自動重新建立。我們也不想追蹤 __pycache__/ 目錄，此目錄含有 Django 執行 .py 檔時自動產生的 .pyc 檔案。我們也不會追蹤本機資料庫的修改，因為這不是好的做法：如果您在伺服器上使用的是 SQLite，當您把專案推送到伺服器時，有可能會不小心用本機測試的資料庫覆蓋到線上的資料庫。*.sqlite3 中的 * 星號告知 Git 忽略所有副檔名為 .sqlite3 的檔案。

> **NOTE**
>
> 如果您用的是 macOS，請將 .DS_Store 新增到 .gitignore 檔內，這個檔案是用來儲存關於 macOS 上資料夾設定的資訊，與專案無關。

提交專案

我們需要初始化 Learning log 專案的 Git 倉庫（repository），將所有必要的檔案新增到倉庫中，並提交專案的初始狀態。以下是我們的做法：

```
❶ (ll_env)learning_log$ git init
   Initialized empty Git repository in /Users/eric/.../learning_log/.git/
❷ (ll_env)learning_log$ git add .
❸ (ll_env)learning_log$ git commit -am "Ready for deployment to Platform.sh."
   [main (root-commit) c7ffaad] Ready for deployment to Platform.sh.
    42 files changed, 879 insertions(+)
    create mode 100644 .gitignore
    create mode 100644 .platform.app.yaml
    --省略--
    create mode 100644 requirements_remote.txt
❹ (ll_env)learning_log$ git status
   On branch main
   nothing to commit, working tree clean
   (ll_env)learning_log$
```

在❶這裡執行 git init 命令，在 Learning log 專案所在的目錄中初始化一個空的倉庫。在❷這裡則執行了「git add .」命令（別忘了句點），這會把未忽略的所有檔案新增到這個倉庫中。在❸這裡執行了「git commit -am commit message」命令，其中的 -a 旗標讓 Git 在這個提交中放入所有修改過的檔案，而 -m 旗標會讓 Git 記錄 log 訊息。

在❹這執行了 git status 命令，輸出指出目前位在 main 分支中，而工作目錄是乾淨的（clean），這是您把專案推送到遠端伺服器時最希望看到的狀態。

在 Platform.sh 中建立專案

到目前為止，「Learning Log」專案仍然在本機系統上執行，另外也配置為能在遠端伺服器上正確執行。我們會使用 Platform.sh CLI 在伺服器上建立一個新專案，隨後將專案推送到遠端伺服器。

請確定您在終端模式內，切換到 learning_log/ 目錄中，並寫出如下命令：

```
(ll_env)learning_log$ platform login
Opened URL: http://127.0.0.1:5000
Please use the browser to log in.
--省略--
❶ Do you want to create an SSH configuration file automatically? [Y/n] Y
```

此命令會開啟一個瀏覽器標籤，讓您可以在其中登入。登入後可以關閉瀏覽器標籤並返回終端模式。如果系統提醒您建立 SSH 配置檔❶，請輸入 Y，讓您可以在稍後連接到遠端伺服器。

現在我們會建立一個專案。會有很多輸出訊息，所以我們會分成多個區段來查看建立的過程。首先是建立專案的命令：

```
(ll_env)learning_log$ platform create
* Project title (--title)
Default: Untitled Project
❶ > ll_project

* Region (--region)
The region where the project will be hosted
  --省略--
  [us-3.platform.sh] Moses Lake, United States (AZURE) [514 gCO2eq/kWh]
❷ > us-3.platform.sh
* Plan (--plan)
Default: development
Enter a number to choose:
  [0] development
  --省略--
❸ > 0

* Environments (--environments)
The number of environments
Default: 3
❹ > 3

* Storage (--storage)
The amount of storage per environment, in GiB
Default: 5
❺ > 5
```

第一個提示要求輸入專案的名稱❶，因此輸入名稱 ll_project。下一個提示詢問伺服器是位於哪個區域❷，請選擇離您最近的伺服器，以筆者來說，那是 us-3.platform.sh。剩下的其他提示，您可以接受預設值來設定：最低開發計劃的伺服器、專案的 3 個環境❹，以及整個專案是 5GB 的儲存空間❺。

還有三個提示需要回應：

```
   Default branch (--default-branch)
   The default Git branch name for the project (the production environment)
   Default: main
❶ > main

   Git repository detected: /Users/eric/.../learning_log
❷ Set the new project ll_project as the remote for this repository? [Y/n] Y

   The estimated monthly cost of this project is: $10 USD
❸ Are you sure you want to continue? [Y/n] Y
   The Platform.sh Bot is activating your project
```

```
   The project is now ready!
```

一個 Git 倉庫可以有多個分支。Platform.sh 會詢問我們專案的預設分支是否應該是 main ❶。隨後它會詢問是否要把本機專案的倉庫連接到遠端倉庫❷。最後會提醒，如果免費試用期結束後若要繼續執行該專案，則每月的費用約為 10 美元。如果您還沒有輸入信用卡，則不必擔心這筆費用。如果您在沒有提供信用卡的情況下超出免費試用期，Platform.sh 會直接暫停這個專案。

推送到 Platform.sh

在見到專案的 live 上線版本之前，最後一步是把程式碼推送到遠端伺服器。請在啟用的終端模式中輸入如下命令：

```
   (ll_env)learning_log$ platform push
❶ Are you sure you want to push to the main (production) branch? [Y/n] Y
   --省略--
   The authenticity of host 'git.us-3.platform.sh (...)' can't be established.
   RSA key fingerprint is SHA256:Tvn...7PM
❷ Are you sure you want to continue connecting (yes/no/[fingerprint])? Y
   Pushing HEAD to the existing environment main
```

```
--省略--
To git.us-3.platform.sh:3pp3mqcexhlvy.git
* [new branch] HEAD -> main
```

當您送出 platform push 命令時，系統會要求再次確認是否真的要推送專案❶。
如果是第一次連接到該站點，您可能還會看到關於 Platform.sh 的授權訊息❷。
請在這些提示中輸入 Y，接著會看到一堆輸出內容。這些輸出乍看之下很多也
很嚇人，但如果出現任何問題，這些內容能對於故障排除是非常有用的。如果
您有瀏覽輸出內容，就會看到 Platform.sh 在什麼位置安裝了必要的套件、收集
了靜態檔、套用轉移並為專案設定 URL。

> **NOTE**
> 您可能會看到一些可以輕鬆判斷的錯誤，例如在某個配置檔中的拼寫錯誤。
> 如果發生這種情況，請在文字編輯器中修復錯誤，儲存檔案，然後重新送出
> git commit 命令，隨後就可以再次執行 platform push。

查看上線的專案

推送完成後就可以打開專案：

```
(ll_env)learning_log$ platform url
Enter a number to open a URL
  [0] https://main-bvxea6i-wmye2fx7wwqgu.us-3.platformsh.site/
  --省略--
> 0
```

platform url 命令會列出與已部署專案相關聯的 URL，您可以選擇幾個對您的專
案有效的 URL。選擇一個後，您的專案應該會在新的瀏覽器標籤中開啟！這看
起來應該就像我們一直在本機執行的專案，但這個 URL 可以讓世界上的任何
人透過網路來連接，大家可以存取和使用您所開發的專案。

> **NOTE**
> 當您使用試用帳戶來部署專案時，可能頁面載入時間會比較長，請不要太驚
> 訝。在大多數託管平台上，閒置的免費資源通常會暫停，只有在有新請求時
> 才會重新啟動。大多數平台對有付費的託管計劃其回應速度會快很多。

調修 Platform.sh 部署

現在我們會利用建立 superuser 來調修和優化部署的工作，就像在本機時所做的一樣。我們還會藉由把 DEBUG 設定為 False 來讓這個專案更安全，這樣使用者在錯誤訊息中就看不到額外的訊息，以防他們使用這些訊息來攻擊伺服器。

在 Platform.sh 上建立 superuser

上線的 live 專案要用的資料庫已經建立，但它完全是空的。我們之前所建立的所有使用者只存在本機版本的專案內。

若想要在專案的 live 上線版本上建立 superuser，需要啟動 SSH（secure socket shell）會話，我們可以在遠端伺服器上執行管理命令：

```
(ll_env)learning_log$ platform environment:ssh


 _  _\ _ _| |_ /  _|__ _ _ _    _| |
| | / .` | | ./ o \ '.| ' \ _(-< ' \
|_| |_\_,_|_\_|_\_/_| |_|_|_()_/_|_|

Welcome to Platform.sh.

❶ web@ll_project.0:~$ ls
accounts learning_logs ll_project logs manage.py requirements.txt
      requirements_remote.txt static
❷ web@ll_project.0:~$ python manage.py createsuperuser
❸ Username (leave blank to use 'web'): ll_admin_live
Email address:
Password:
Password (again):
Superuser created successfully.
❹ web@ll_project.0:~$ exit
logout
Connection to ssh.us-3.platform.sh closed.
❺ (ll_env)learning_log$
```

在第一次執行 platform environment:ssh 命令時，您可能會得到此主機的另一個授權認證的提示。如果您看到這項訊息，請輸入 Y，這樣就應該登入到遠端終端 session。

執行 ssh 命令之後，您的終端模式應該就會像遠端伺服器上的終端模式一樣。請留意，提示應該已更改為指示正在與名為 ll_project 專案❶關聯的 Web session 中。如果送出 ls 命令，就將看到已推送到 Platform.sh 伺服器的檔案。

送出第 18 章中使用的同一個 createsuperuser 命令❷。但在這裡，我輸入了一個管理員使用者名稱「ll_admin_live」，它與我在本機所使用的名稱不同❸。在遠端終端 session 中完成工作之後，輸入 exit 命令離開❹。您的提示會表示已再次回到本機系統中工作❺。

現在您可以把「/admin/」加到上線應用程式的 URL 尾端，並登入到管理站台。如果已有其他人使用這個專案應用程式，別忘了您可以存取他們的所有資料！請千萬小心對待和使用這個超級權限，否則使用者就不會再把資料交付給您保管了。

> **NOTE**
>
> 就算您是用 Windows 系統也應該使用這裡列出的 ls 命令而不是 dir，因為您是透過遠端連接來執行某個 Linux 的終端機。

保護上線專案的安全

目前我們部署的專案有個嚴重的安全問題：在 settings.py 中 DEBUG=True，這個設定在發生錯誤時會顯示除錯訊息。開發專案時，Django 的錯誤頁面提供了重要的除錯訊息，但如果已把專案部署到伺服器後還保留這個設定，等於為攻擊者提供大量可用的訊息。

想要了解這種情況有多糟糕，可轉到已部署專案的主頁。登入到使用者的帳戶並將 /topics/999/ 加到主頁 URL 的尾端。假設您還沒有建立數千個主題，您應該會在 /topics/999/ 看到一個含有 DoesNotExist 訊息的頁面。如果向下捲動，就會看到關於這個專案程式和伺服器的一大堆資訊。您不會希望使用者看到這些內容，當然也不希望任何想要攻擊此站點的人都能看到這些資訊。

我們可以透過在專案部署版本的 settings.py 檔中設定 DEBUG = False 來防止相關訊息顯示在上線的網站中。這樣的設定可以讓您繼續在本機查看除錯資訊，這些資訊在除錯時是很有用的，但不會顯示在上線的網站中。

請在文字編輯器中開啟 settings.py 檔，在修改 Platform.sh 設定區段的內容中加入一行程式碼：

⬇ settings.py

```
--省略--
```

```
if config.is_valid_platform():
    ALLOWED_HOSTS.append('.platformsh.site')
    DEBUG = False
    --省略--
```

為專案的部署版本所進行配置的所有工作都已得到回報。在想要對專案的上線
版本進行調整時，只需更改之前設定的相關配置部分即可。

提交並推送修改

現在需要提交 settings.py 所做的修改，並將更改推送到 Platform.sh。下列的終
端對話模式示範了這個處理過程：

```
❶ (ll_env)learning_log$ git commit -am "Set DEBUG False on live site."
   [main d2ad0f7] Set DEBUG False on live site.
     1 file changed, 1 insertion(+)
❷ (ll_env)learning_log$ git status
   On branch main
   nothing to commit, working tree clean
   (ll_env)learning_log$
```

我們使用 git commit 命令來指定 一個簡短但具有描述性的提交訊息❶。請記
住，-am 旗標讓 Git 提交所有修改過的檔案，並記錄 log 訊息。Git 會識別出修
改過的檔案，並把修改提交到倉庫中。

執行 git status 命令所顯示的狀態指出我們是在倉庫的 main 分支上工作，且現
在沒有新的更改要提交❷。推送到遠端伺服器之前先檢查狀態是很重的，如果
您沒看到 clean status，則說明有未提交的修改，而這些修改將不會推送到伺服
器。在這種情況下，可試著再執行 commit 命令，但如果您不知道要怎麼解決
這個問題，可參考附錄 D 來更深入了解 Git 的應用。

現在讓我們把更新的倉庫推送到 Platform.sh：

```
(ll_env)learning_log$ platform push
Are you sure you want to push to the main (production) branch? [Y/n] Y
Pushing HEAD to the existing environment main
--省略--
  To git.us-3.platform.sh:wmye2fx7wwqgu.git
    fce0206..d2ad0f7 HEAD -> main
(ll_env)learning_log$
```

Platform.sh 發現倉庫有了變動，因此重新建置專案，確定所有修改都發揮作
用。它並沒有重建資料庫，所以不會遺失任何資料。

為確保修改真的有生效，請再次連到 /topics/999/ 的 URL。您應該只會看到
「Server Error (500)」錯誤訊息，根本不會顯現關於專案程式的敏感資訊。

建置自訂的錯誤頁面

在第 19 章時，我們對 Learning log 應用程式進行了相關的配置，讓使用者在請
求不屬於他的主題或記錄項目時返回 404 錯誤。從前一小節的設定中，您已遇
過屬於 500 的伺服器錯誤。這裡談到的 404 錯誤通常是指 Django 程式碼是正確
的，但請求的目標不存在時才產生的。500 錯誤則指出您編寫的程式碼有問
題，例如 views.py 中的函式有問題。目前在這兩種情況下 Django 都會返回通
用的錯誤頁面，但我們可以編寫外觀與 Learning log 應用程式一致的 404 和 500
錯誤頁面模板，這些模板必須放在根模板目錄內。

建立自訂的模板

在 learning_log 最外層的資料夾中建立一個名為 templates 的資料夾，在這個資
料夾內建立名為 404.html 的檔案，其路徑為 learning_log/templates/404.html，在
此檔案中輸入如下內容：

⬇ 404.html
```
{% extends "learning_logs/base.html" %}

{% block page_header %}
  <h2>The item you requested is not available. (404)</h2>
{% endblock page_header %}
```

這個簡單的模板指定了通用的 404 錯誤頁面所要放的內容，而且這個頁面的外
觀會與網站應用程式的其他頁面維持一致。

再建立一個 500.html 的檔案，並在這個檔案中輸入如下內容：

⬇ 500.html
```
{% extends "learning_logs/base.html" %}

{% block page_header %}
  <h2>There has been an internal error. (500)</h2>
{% endblock page_header %}
```

這些新檔案需要對 settings.py 做些細微的修改來配合：

↓ settings.py

```
--省略--
TEMPLATES = [
    {
        'BACKEND': 'django.template.backends.django.DjangoTemplates',
        'DIRS': [BASE_DIR / 'templates'],
        'APP_DIRS': True,
        --省略--
    },
]
--省略--
```

這項修改會讓 Django 在根模板目錄中尋找錯誤頁面模板，以及與特定應用程式無關的其他模板。

把修改推送到 Platform.sh

現在需要提交剛才所做的修改，並將它們推送到 Platform.sh：

```
❶ (ll_env)learning_log$ git add .
❷ (ll_env)learning_log$ git commit -am "Added custom 404 and 500 error pages."
   3 files changed, 11 insertions(+), 1 deletion(-)
   create mode 100644 templates/404.html
   create mode 100644 templates/500.html
❸ (ll_env)learning_log$ platform push
   --省略--
     To git.us-3.platform.sh:wmye2fx7wwqgu.git
        d2ad0f7..9f042ef  HEAD -> main
   (ll_env)learning_log$
```

在這裡我們執行了「git add .」命令❶，這是因為在專案中建立了一些新的檔案。隨後提交這些修改❷，並將修改後的專案推送到 Platform.sh❸。

現在當錯誤頁面顯示時，其外觀樣式應該會與網站應用程式的其他部分維持一致，這樣在錯誤發生時，使用者也不會感到太突兀。

持續開發

把 Learning log 專案應用程式推送到上線的伺服器後，您可能還會想要進一步開發或是開發要部署的其他專案應用程式，其更新專案的過程幾乎相同。

首先您對本機專案進行必要的修改，如果在修改過程中建立了新的檔案，就要使用「git add .」命令（請記住這個命令尾端有個句點）把它們加到 Git 倉庫中。如果有修改要求轉移資料庫（migrate database）時，也要執行這個命令，因為每個轉移修改都會生成新的轉移檔案。

隨後使用「git commit -am "commit message"」命令把修改提交到倉庫，再使用「platform push」命令把修改推送到 Platform.sh。最後連到上線的專案應用程式頁面，確認您期望的修改已發生作用。

在這些步驟過程中很容易出錯，因此看到錯誤時也別太擔心，如果程式不能正確運作，請重新檢測所做的工作內容，試著從中找出錯誤的所在。如果還找不出錯誤，或者不知道如何還原錯誤，可參考附錄 C 中關於如何尋找協助的建議。向人尋求幫助也沒什麼，所以不用害羞，別人在學習開發專案時都可能遇到您所碰到的問題，所以大家都會樂於對您伸出援手的。透過解決遇到的每個問題，可讓您的技能更穩健地成長，最後能開發出可靠又有用的專案應用程式，而且您也能為別人解答難題。

在 Platform.sh 上刪除專案

使用同一個專案或一系列小專案來多次執行部署的整個過程，直到對部署的作業過程都完全掌握為止，這樣的練習是很不錯的作法，但您必須要學會如何刪除已部署的專案。Platform.sh 也可能會限制您可以免費託管的專案數量，而且您也不會希望在您的帳號中混雜了一大堆練習的專案。

您可以利用 CLI 來刪除專案：

```
(ll_env)learning_log$ platform project:delete
```

系統會要求您確認是否真的要執行此項破壞性的操作。請回應提示，這樣您的專案就會被刪除。

使用 platform create 命令時還會為本機 Git 倉庫提供一個參照，此參照是連到 Platform.sh 伺服器上遠端倉庫。您也可以從命令行中刪除這項遠端參照：

```
(ll_env)learning_log$ git remote
platform
(ll_env)learning_log$ git remote remove platform
```

git remote 命令會列出與目前倉庫關聯的所有遠端 URL 的名稱。git remote remove remote_name 命令則會從本機倉庫中刪除這些遠端 URL。

您還可以透過登入 Platform.sh 網站，並在 *https://console.platform.sh* 上的儀表板來刪除專案的資源。這個頁面列出了您所有作用中的專案。請按下專案方框中的三個點，然後點按 **Edit Plan**。這是專案的定價頁面，點按頁面底部的 Delete Project 按鈕，就會看到確認頁面，您可以在其中完成刪除的操作。就算您會使用 CLI 刪除專案，但熟悉託管服務商的儀表板操作也是有好處的。

> **NOTE**
>
> 刪除 Platform.sh 上的專案並不會影響本機中的專案版本。如果沒有人使用過您部署的專案，而您只是在練習部署過程，那麼刪除 Platform.sh 上的這個專案並重新部署是完全合理的。但請注意，如果相關功能好像停止運作，那有可能是遇到了主機的免費服務限制。

實作練習

20-3. 線上部落格：將前面章節實作練習開發的 Blog 部署到 Platform.sh。確定有把 DEBUG 設為 False，因此在出現問題時，使用者並不會看到完整的 Django 錯誤頁面。

20-4. 擴充 Learning log：在 Learning log 專案中新增一個功能，將修改推送到上線作業中的部署。試著做一個簡單的修改，例如在主頁中對應用程式寫入更詳細的描述說明；再試著新增一項更進階的功能，例如讓使用者能把主題設定為公開的。做法是在 Topic 模型中新增一個 public 的屬性（預設值為 False），並在 new_topic 頁面中加入一個表單元素，讓使用者能把私有的主題改成公開的。隨後您要轉移專案並修改 views.py 檔，讓未獲授權的使用者也可看到所有公開的主題。

總結

本章您學會了怎麼使用 Bootstrap 程式庫和 django-bootstrap5 應用程式來讓專案的應用程式外觀變簡單而專業。使用 Bootstrap 代表著無論使用者以哪種裝置連到這個專案應用程式，套用的樣式都能讓外觀維持一致。

您也學會使用 Bootstrap 模板中的 Navbar static 模板來套入 Learning log 專案，讓應用程式的外觀簡捷專業。還學習如何使用 jumbotron 來突顯主頁中的訊息，了解如何讓網站的所有頁面設定套用一致的樣式。

您在本章的最後部分學習了怎麼把專案部署到遠端伺服器，讓連到網路上的人都能取用這個 Web 應用程式。您會建立一個 Platform.sh 帳號，並安裝一些協助管理部署的工具。您也會使用 Git 來記錄追蹤專案，並將能正確執行的專案提交到倉庫中，再把這個倉庫推送到 Platform.sh 伺服器。最後設定 DEBUG=False 來提升 Web 應用程式的安全性。您還學會製作自訂的錯誤訊息頁面，在出現不可避免的錯誤時讓錯誤訊息頁面看起來是有得到妥善的處理。

到目前為止已開發完成「Learning log（學習日誌）」這個專題，您可以開始自己動手開發屬於自己的應用專題了，請先盡量讓專案由簡單開始，確定它能正確執行後，再逐步新增功能。祝您能開心學習且程式開發順利！

附錄 A
安裝與疑難排解

Python 有多個不同的版本，而且在不同的作業系統中安裝的方式也有很多種。如果第 1 章介紹的方法不夠用，或是您想要安裝不是系統內建的 Python 版本，這個附錄的內容也許能幫的上忙。

Windows 中的 Python

第 1 章指導您如何利用 *https://python.org/* 官網上的安裝程式來安裝 Python，如果使用安裝程式不能取得 Python，這個小節中的教學指引能協助您安裝 Python 和執行。

使用 py 而不是 python

如果您執行最新的 Python 安裝程式，然後在終端模式中送出 python 命令，您應該會看到終端模式中顯示 Python 提示符號（>>>）。當 Windows 不能識別

python 命令時，會開啟 Microsoft Store，因為它認定系統還沒有安裝 Python，或許還會收到一條訊息，例如「找不到 Python」。如果打開了 Microsoft Store，請將其關閉。最好使用來自 *https://python.org* 的官方 Python 安裝程式來安裝，而不要用 Microsoft 所提供和維護的安裝程式。

在不對系統進行任何修改的情況下，最簡單的解決方案是嘗試使用 py 命令。這是個 Windows 公用程式，能找出系統中安裝的最新版本 Python，並執行該版本的直譯器。如果此命令有效且您想要繼續使用，只需在本書中看到 python 或 python3 命令的任何地方改用 py 即可。

重新執行安裝程式

Python 不能作用的最常見原因是大家在執行安裝程式時忘了選擇把 Python 路徑加到 PATH 選項中，這是很容易犯的錯誤。PATH 變數是個重要的系統設定，它告知 Python 放在那個路徑，在執行應該到哪裡尋找其常用的程式。如果忘記把路徑加到 PATH 中，Windows 就不知道要去哪裡找 Python 的直譯器。

在這種情況下最簡單的解決方法是再次重新執行 Python 的安裝程式。如果在官網 *https://python.org* 中有提供更新的安裝程式，請下載並執行這個新的安裝程式，確定安裝過程中有勾選「**Add Python to PATH**」方塊。

如果您已經有了最新的安裝程式，請再次執行並選取「**Modify**」選項。您會看到可選擇性的功能清單，保留在此畫面上所選的預設選項，隨後點按 **Next**，並勾選「**Add Python to Environment Variables**」方塊。最後點按 **Install**。安裝程式會識別出 Python 已經安裝，並將 Python 直譯器的位置加到系統的 PATH 變數中。請確定關閉了所有開啟的終端視窗，因為它們仍是使用舊的 PATH 變數設定。開啟新的終端視窗，再次送出 python 命令，您應該就會看到 Python 提示符號（>>>）有顯示出來了。

macOS 中的 Python

第 1 章中的安裝指示建議您使用官網 *https://python.org* 的安裝程式，官方安裝程式多年來一直執行得很好，但有幾件事可能會無法滿足您的要求。如果出現不能運作，本小節的內容也許能幫上忙。

不小心安裝了 Apple 版的 Python

如果您執行 python3 命令，且您的系統尚未安裝 Python，就很可能會看到一條訊息，提示您需要安裝**命令列開發者工具**（**command line developer tools**）。此時最好的方法是關閉顯示此訊息的彈出視窗，然後連到 https://python.org，下載官方的 Python 安裝程式，然後執行。

如果在顯示的提示中選擇安裝了命令列開發者工具，macOS 就會安裝 Apple 版的 Python 以及開發者工具。這裡的問題是 Apple 的 Python 版本通常會落後於最新的官方 Python 版本。還好您仍然可以從 *https://python.org* 下載並執行官方的安裝程式，這樣在使用 python3 時也會指向新安裝的版本。不用擔心安裝了開發者工具，這裡也有一些好用的工具，例如在附錄 D 中討論的 Git 版本控制系統。

舊版本 macOS 中的 Python 2

舊版本的 macOS 系統，在 Monterey（macOS 12）之前，系統預設安裝了 Python 2 的過時版本。在這類舊系統中，使用 python 命令會指向這套過時的系統直譯器。如果您使用的是安裝了 Python 2 的 macOS 版本，請確定您使用的 python3 命令，這樣才會使用您安裝新 Python 版本。

Linux 中的 Python

幾乎所有的 Linux 中都預設安裝了 Python，但如果預設的版本早於 Python 3.9 版，建議您安裝最新的版本。以下的指引說明適用於大多數 apt-based 系統。

使用預設的 Python 安裝

如果您想使用 python3 指向的 Python 版本，請確定安裝了這三個附加套件：

```
$ sudo apt install python3-dev python3-pip python3-venv
```

這些套件包括對開發者會用到的工具和讓您安裝第三方套件的工具，本書後半部分的專案中就有使用到這樣的工具。

安裝最新版本的 Python

我們會使用名為 deadsnakes 的套件，這套工具可以輕鬆協助我們安裝多個版本的 Python。輸入以下命令：

```
$ sudo add-apt-repository ppa:deadsnakes/ppa
$ sudo apt update
$ sudo apt install python3.11
```

上述的命令會把 Python 3.11 安裝到您的系統中。

輸入以下命令來啟動執行 Python 3.11 的終端模式：

```
$ python3.11
>>>
```

在這種情況下，本書中寫出 python 命令的地方，請改用 python3.11 替代。當您從終端模式執行程式時，也還是要使用這個 python3.11 命令。

您需要再安裝兩個套件來充分發揮 Python 的安裝：

```
$ sudo apt install python3.11-dev python3.11-venv
```

這些套件含有安裝和執行第三方套件時所需要的模組，本書後半部分的專案程式開發中就有用到這些模組。

> **NOTE**
>
> deadsnakes 這個套件已經開發和維護了相當長時間。當有更新版本的 Python 出現時，您就可以使用這些相同的命令，把 python3.11 替換為目前可用的最新版本。

檢查您用的是哪個版本的 Python

如果您在執行 Python 或安裝其他套件時遇到問題，準確了解您用的是哪個版本的 Python 會很有幫助。系統中有可能安裝了多個版本的 Python，而且您也不清楚目前使用的是哪個版本。

請在終端模式中送出以下命令：

```
$ python --version
Python 3.11.0
```

這裡會準確地告知 python 命令目前是指向哪個版本。使用較短的 python -V 命令也會提供相同的輸出結果。

Python 關鍵字和內建函式

Python 含有一系列的關鍵字和內建函式。在為變數取名字時，請務必留意這些問題：變數名稱不能與這些關鍵字相同，也不能與內建函式名稱相同，不然就會覆蓋掉原本內建的函式。

在本小節中，這裡會列出 Python 的關鍵字和內建函式名稱，讓您可以避開這些單字。

Python 關鍵字

下列的關鍵字都各有其特殊意義，如果用來當成變數的名字就會引發錯誤：

False	await	else	import	pass
None	break	except	in	raise
True	class	finally	is	return
and	continue	for	lambda	try
as	def	from	nonlocal	while
assert	del	global	not	with
async	elif	if	or	yield

Python 內建函式

使用內建函式的名稱來當作變數名字時，雖不會引起錯誤，但會覆蓋原有的函式功能：

```
abs()           complex()       hash()          min()           slice()
aiter()         delattr()       help()          next()          sorted()
all()           dict()          hex()           object()        staticmethod()
any()           dir()           id()            oct()           str()
anext()         divmod()        input()         open()          sum()
ascii()         enumerate()     int()           ord()           super()
bin()           eval()          isinstance()    pow()           tuple()
bool()          exec()          issubclass()    print()         type()
breakpoint()    filter()        iter()          property()      vars()
bytearray()     float()         len()           range()         zip()
bytes()         format()        list()          repr()          __import__()
callable()      frozenset()     locals()        reversed()
chr()           getattr()       map()           round()
classmethod()   globals()       max()           set()
compile()       hasattr()       memoryview()    setattr()
```

附錄 B
文字編輯器與 IDE

程式設計人員要花很長的時間來編寫、閱讀和編輯程式碼，而使用文字編輯器或整合開發環境（IDE）能提升這類工作的效率。有效率的編輯器要能突顯出程式碼的結構，讓您在工作時能發覺常見的錯誤，但不會分散您的注意力。編輯器還要能自動內縮編排、顯示程式碼適當長度的標記和用來處理一般操作的快速鍵。

IDE 也是個文字編輯器，其中含有許多其他工具，例如互動式除錯器和程式碼自動檢查。IDE 在您輸入程式碼時會對其進行檢查，並試著了解正在建構的專案結構。舉例來說，當您開始輸入函式名稱時，IDE 可能會提示該函式可接受的所有引數。當一切都正常而您也了解所看到的內容，那麼這些協助就很有用了。但是，當您不確定為什麼程式碼無法在 IDE 中執行時，這些協助對於初學者來說就沒什麼用，也很難進行故障排除。

如今的文字編輯器和 IDE 之間的界限已經模糊。大多數流行的編輯器都有一些屬於 IDE 獨有的功能。同樣地，大多數 IDE 都能設定配置為以更輕鬆的模式來執行，在這種模式下我們比較不會分心，但在有需要時馬上就能取用更高階的功能。

如果您已經安裝了喜歡的編輯器或 IDE，並且已經配置設定好，有搭配系統中最新版本的 Python 一起使用，那麼我建議您繼續使用您已經就熟悉的工具。探索不同的編輯器好像很有趣，但這也是避免學習新語言的一種方式。

如果您還沒有安裝編輯器或 IDE，我推薦您使用 VS Code，原因有很多：

■ 它是免費的，而且是以開放原始碼的授權方式發布的。

■ 它可以安裝在所有主流的作業系統中。

■ 它對初學者很友好，功能也足夠強大，許多專業程式設計師把這套工具當作主要的編輯器。

■ 它會找到您安裝的 Python 版本，通常不需要任何配置設定就能執行您的第一個程式。

■ 它有一個整合的終端模式，因此執行的輸出結果與程式碼會顯現在同一個視窗內。

■ 可以使用 Python 的延伸模組，讓編輯器能夠更有效率地編寫和維護 Python 程式碼。

■ 它有很高的自由度可進行自訂調整，因此您可以把這套工具調整成以符合您處理程式碼的方式。

在這個附錄中會講解如何開始設定和配置 VS Code，讓這套工具能幫您好好地工作。您還會學到一些讓更有效率的快捷工作方式，成為打字很快的高手在程式設計領域中並不是那麼重要，但理解編輯器並知道怎麼有效地運用才是對您有幫助的重點。

話雖如此，VS Code 也不一定都適合所有人。如果由於某種原因而不能很好地在您的系統上執行，或者這套工具在您工作時會分散您的注意力，那麼您應該去發掘其他更好用的編輯器。本附錄中會介紹一些其他您可以考慮使用的編輯器和 IDE。

高效活用 VS Code

在第 1 章中，您已安裝 VS Code 並加裝了 Python 延伸模組。本小節會介紹一些進一步的配置設定，以及高效處理程式碼的快捷方式。

配置設定 VS Code

有幾種方法可以更改 VS Code 預設的配置設定。有些修改是透過操作界面進行，有些則需要更改配置檔。這些更改有時會對您在 VS Code 中所做的一切生效，而有些更改只會影響配置檔所在資料夾中的檔案。

舉例來說，如果在 python_work 資料夾中有配置檔，則這些設定只會影響這個資料夾（及其子資料夾）中的檔案。這是個很好用的功能，因為這能讓您在覆蓋全域設定中有專屬於某個專案的個別設定。

使用 Tab 和空格

如果在程式碼中混合使用了 Tab 和空格，那麼在程式中會引起層級混亂、縮排難辨的問題。在安裝了 Python 延伸模組的 .py 檔中工作時，VS Code 會配置為在按下 TAB 鍵時直接插入四格空格。如果您在編寫自己的程式碼時已安裝了 Python 延伸模組，那就永遠不會遇到 Tab 鍵和空格的問題。

但有可能您安裝的 VS Code 在配置設定上出問題，另外也可能會碰到需要處理混用了 Tab 和空格的程式檔。如果您懷疑 Tab 鍵和空格有任何問題，請查看 VS Code 視窗底部的狀態列，隨後點按「**空格：4**」或「**定位點大小：4**」，就會出現一個下拉功能表，允許您在使用 Tab 和使用空格之間切換。您還可以更改預設內縮層級，並將檔案中的所有內縮轉換為 Tab 或空格。

如果您正在查閱某些程式碼且不確定縮排是 Tab 還是空格所組成，請選取反白這幾行程式碼，這樣就能讓沒有顯現的空白符號顯示出來。一格空格會顯示成為一個點，一格 Tab 會顯示為一個箭頭。

> **NOTE**
>
> 在程式設計和編寫的過程中，空格會比 Tab 鍵好，因為所有處理程式碼檔案的工具都能明確地直譯空格。Tab 鍵的寬度則可能因為不同的工具而有不同的解釋，這樣在診斷錯誤時會有困難。

更改色彩主題

VS Code 預設是使用淺色佈景主題。如果要更改此設置，請選取**檔案**（macOS 功能表中的**程式碼**），然後點選**喜好設定**項並選取**主題**中的**色彩佈景主題**，接著會出現一個下拉方塊，能讓您選擇適合的主題配色。

設定行長指示器

大多數編輯器允許我們設定目視提示（visual cue），通常是一條垂直線，以顯示畫面一行應該在哪裡結束。在 Python 社群中，慣例是把一行長度限制為 79 個字元或更少的字元數。

若想要設定此項功能，請點按**檔案**（macOS 功能表為**程式碼**），再點按**喜好設定**，然後選取**設定**，在出現的對話方塊中輸入 Rulers。您會看到「Editor: Rulers」，請點按「**在 settings.json 內編輯**」連結。隨即會顯現 settings.json 檔，把以下內容加到 editor.rulers 設定中：

⬇ settings.json

```
"editor.rulers": [
    80,
]
```

這會在編輯視窗的 80 個字元位置加入一條垂直線。您可以設定多條垂直線，例如，如果您還想要在 120 個字元的位置加一條垂直線，則可將設定值改為 [80, 120]。如果您沒有看到垂直線顯示，請確定有儲存了 settings.json 檔。您可能還需要結束退出並重新開啟 VS Code，這樣就能讓設定更改在系統上生效。

簡化輸出

預設的情況下，VS Code 在嵌入式終端視窗中顯示會程式的輸出結果。此輸出包括用來執行檔案的命令。在許多情況下，這種顯示是好的，但當您是學習 Python 的新手，這種多餘的顯示可能會讓您分心。

若想要簡化輸出，請關閉所有在 VS Code 中開啟的標籤，然後退出 VS Code。再次啟動 VS Code 並打開含有正在處理之 Python 檔的資料夾，這可能是儲存 hello_world.py 的 python_work 資料夾。

點按「**執行與除錯**」圖示（看起來是個帶有小蟲的三角形），然後再點按「**建立 launch.json 檔案**」的連結。在出現的提示中選取 Python 選項，在打開的 launch.json 檔案中，進行以下更改：

⬇ launch.json

```
{
    --省略--
    "configurations": [
        {
            --省略--
            "console": "internalConsole",
            "justMyCode": true
        }
    ]
}
```

在這裡，我們把主控台設定從 integratedTerminal 更改為 internalConsole。儲存設定檔之後，再打開一個 .py 檔，例如 hello_world.py，然後按下 CTRL+F5 鍵執行。在 VS Code 的輸出窗格中，點按「**偵錯主控台**」（如果沒有選中），您應該只會看到執行的輸出結果，而且每次執行程式時都應該會更新輸出的內容。

> **NOTE**
> 偵錯主控台是唯讀的，它不適用於您在第 7 章開始使用的 input() 函式的程式檔。當您需要執行需要互動輸入輸出的程式時，可將主控台設定改回預設的 integratedTerminal，或者您可以在單獨的終端視窗中執行這類程式，以第 1 章「在終端對話中執行 Python 程式」小節所述方式來執行。

探索更多的自訂處理

您可以透過多種自訂 VS Code 的設定來幫助您更有效率地工作。若想要探索可用的自訂處理，點按**檔案**（macOS 功能表為**程式碼**），再點按**喜好設定**，然後選取**設定**。您會看到一個標題為「**經常使用的**」的列表項目，點按任何子標題可查看修改 VS Code 安裝的一些常用方法。花點時間看看是否有任何東西可以讓 VS Code 更符合您的工作習慣，但不要因為配置設定編輯器而迷失自我，以至於忘了學習 Python 語言才是真正重點所在！

VS Code 的快捷方式

所有編輯器和 IDE 都提供了高效的方法來處理編寫和維護程式碼時需要執行的常見工作。舉例來說，您可以輕鬆內縮一行程式碼或整段程式碼區塊，您也可以輕鬆地在檔案中上下移動某行程式。

因為版面有限，有太多的快捷方式無法完整描述。本小節會分享一些讀者在編寫第一支 Python 檔時可能會覺得有用的內容。如果您用的不是 VS Code 編輯器，請確定怎麼在您選擇的編輯器中也能高效完成這些相同的工作。

縮排和取消縮排

若想要縮排整段程式碼區塊，請先選取這段程式碼，然後按下 CTRL +] 鍵（在 macOS 上是 ⌘ +]）。若想要取消縮排（凸排）整段程式碼區塊，請選取這段程式碼，然後按下按 CTRL + [鍵（在 macOS 上按 ⌘ + [）。（Windows 中文版安裝的 VS Code 中其 CTRL +] 鍵有可能被中文輸入法佔用，請參考後面「查詢其他快捷方式」小節中介紹的快捷鍵查詢。）

把整段程式碼區塊注釋掉

若想要暫時停用某段程式碼區塊，請先選取這段程式碼然後對其進行注釋（註解），這樣 Python 就會忽略不執行這段內容。選取要停用的程式碼區段，然後按下 CTRL + K 再按 CTRL + C 鍵（在 macOS 上是 ⌘ + K 再按 ⌘ + C），所選取的程式行就會被注釋掉，井號（#）與程式碼行在同一層級內縮，表明這些不是常規注釋。當您想要取消注釋某段程式碼區塊時，選取要已注釋的程式碼區段，然後按下 CTRL + K 再按 CTRL + U 鍵（在 macOS 中是 ⌘ + K 再按 ⌘ + U）。

向上或向下移動程式行

隨著程式變得越來越複雜，您可能需要在檔案中上下移動一段程式碼。為此，請選取要移動的程式碼區段，然後按下 ALT + ↑或↓（在 macOS 按 Option + ↑或↓），就能讓選取的程式行在檔案中上下移動。如果您要向上或向下移動單行程式，則可以將游標停在該行的任意位置再按下相同的組合鍵，無須選取單行再移動。

隱藏檔案總管

VS Code 中整合的檔案總管非常方便。但在您編寫程式碼時，它可能會分散您的注意力，並且會佔用螢幕一些寶貴空間。按下 CTRL+B（在 macOS 上是 ⌘ + B）來切換檔案總管窗格的顯示與隱藏。

查詢其他快捷方式

在編輯環境中有效率地處理工作是需要用心和多加練習的。當您學習處理程式碼時，試著留意您一直重複做的事情。在編輯器中執行的任何操作都可能有對應的快捷方式，如果您還在以滑鼠點按功能表中的指令來執行編輯工作，請試著尋找這些操作的快捷方式。假如您經常在鍵盤和滑鼠之間切換工作，請找出可以不用滑鼠就能運作的對應快捷方式。

請透過點按**檔案**（macOS 功能表中的**程式碼**），再點按**喜好設定**，然後選取**鍵盤快速鍵**來查看 VS Code 中的所有鍵盤的快速鍵組合。在這裡可以使用搜尋方塊來找出特定的快捷方式，也可以上下捲動來瀏覽清單中的內容，找出可以幫助您更有效率工作的快捷方式。

話雖如此，但請記住，您最好還是專注在要處理的程式碼上，不要花費太多時間在您使用的工具操作。

其他文字編輯器與 IDE

您可能有聽說或看到許多使用其他文字編輯器的人。可以把別人的經驗和配置設定學起來，對 VS Code 進行相同的自訂來提升自己的使用效率。以下是您可能有聽過的一些文字編輯器。

IDLE

IDLE 是 Python 的內建編輯器，與其他現代的編輯器相比，它並不那麼像編輯軟體，但有些針對初學者的教學有提到這個 IDLE 是適合初學者使用者的，建議您也可以試一試。

Geany

Geany 是一個簡單型的文字編輯器，能讓您直接從編輯器執行任何程式。它能在終端視窗中顯示程式執行輸出結果，可協助您習慣使用終端模式。Geany 的介面很簡單但功能強大，不少資深的程式設計師還在使用它。

如果您發現 VS Code 功能太多且會分散您的注意力，請考慮改用 Geany。

Sublime Text

Sublime Text 是另一套極簡主義的編輯器，如果您覺得 VS Code 功能太多，應該考慮使用這套極簡編輯器。Sublime Text 有個非常乾淨的界面，而且就算開啟非常大的檔案也能很好地處理。它是一套不會妨礙您的編輯器，能讓您專注於正在編寫和設計的程式碼中。

Sublime Text 可以無限免費試用，但不是免費或開放原始碼的。如果您喜歡它且有能力購買完整授權，就一定要支持一下。購買費用是一次性而不是訂閱。

Emacs 和 vim

Emacs 和 vim 是兩套蠻流行的編輯器，受到很多資深程式設計師的喜愛，因為使用者完全可以經由鍵盤來操控一切。因此在學會使用這些進階的編輯器後，編寫、閱讀和編輯程式碼的效率會提升很多，這也意謂著它們的難度較高，要花點心思來學習使用。大多數的 Linux 和 macOS 系統中都有內建 Vim。Emacs 和 Vim 可以完全在終端模式中執行。因此常以遠端連接到伺服器上，在終端對話模式中編寫程式碼。

大多的程式設計師會推薦您試一試，但資深程式設計師忘了新手在學習時會花不少時間。了解這些編輯器自然有好處，但請先從簡單型的編輯器著手，它們能讓您先把焦點放在學習程式設計這件事上，而不是花很多時間去學習怎麼使用編輯器。等您熟悉編寫程式之後，再去使用這些進階型的編輯器也不遲。

PyCharm

PyCharm 是 Python 程式設計師中很流行的 IDE，因為它是專門為 Python 而設計的。完整版需要訂閱付費，但它提供了稱為 PyCharm Community Edition 的免費版本，很多開發人員都覺得很好用。

如果您嘗試使用 PyCharm，請留意，在預設情況下，它會為每個專案設定一個隔離的環境。雖然這是件好事，但如果您不了解它這麼做的原理，有可能會讓您開發的程式產生意外的行為。

Jupyter Notebook

Jupyter Notebook 是一套與傳統文字編輯器或 IDE 不同的工具，它是一個主要由區塊（block）建構的網路應用程式；每個區塊可以是程式碼區塊或文字區塊。文字區塊會在 Markdown 中呈現，因此您可以在文字區塊中加入簡單的格式設定。

Jupyter Notebook 原本是為了支援 Python 在科學應用程式中的使用，但從這以後便擴展到各種層面都很有用。我們不僅可以在 .py 檔案中編寫注釋（註解），在編寫文字時還可以使用簡單的格式，例如標頭、項目符號和程式碼區段之間的超連結等。每支程式碼區塊都能獨立執行，因此允許只測試程式的某一小部分，也可以一次執行所有程式碼區塊。每個程式碼區塊都有自己的輸出區域，可依據需要切換輸出區域的顯示或隱藏。

由於不同單元之間的相互作用，Jupyter Notebook 有時可能會造成混亂。如果您在單元中定義一個功能，則該功能也能用於其他單元。在多數情況下，這是有好處的，但是在愈來愈長的 Notebook 中，如果不完全了解 Notebook 環境的工作方式，就有可能會造成混淆。

如果您要使用 Python 進行任何科學或是以資料為中心的工作，那麼肯定會再碰到 Jupyter Notebook。

附錄 C
尋求協助

每個人在學習程式設計時都可能會遇到困難，所以身為程式設計人，需要學會的最重要技能之一，就是如何有效快速地排除難題、擺脫困境。這個附錄會簡單介紹幾種方法來協助您脫離程式設計的困境。

第一步

當您卡住了，第一步應該是先評估您的情況。在得到其他人的幫助之前，您需要清楚地回答以下三個問題：

- 您想要做什麼？

- 您已試過哪些方法？

- 結果如何？

答案最好盡量具體一點。對於第一個問題，要像「我要在 Windows 系統的筆電中安裝最新版本的 Python」這樣具體明確且詳細的描述，才能讓 Python 社群的其他人能協助您。但像「我想要安裝 Python」這樣的描述並沒有提供足夠的訊息，別人無法提供太多幫助。

第二個問題的答案也應該要提供多一點的細節，這樣別人就不會建議您去重複您已經試過的方法，舉例來說，相較於「我連上 Python 網站並下載了一些東西」這樣的描述，「我連到 *http://python.org/downloads/*，並點按適用於我系統的 Download 鈕下載，然後執行此安裝程式」這樣的描述所提供的訊息就詳細很多。

至於第 3 個問題，知道確切的錯誤訊息對於在線上搜尋解決方案或尋求協助是很有用的。

有時候利用這三個問題的審視，您自己就會發現遺漏了什麼，可能不用做其他什麼事情就擺脫困境了。程式設計師甚至對這種情況取了個名字，這叫作「**黃色小鴨除錯法（rubber duck debugging）**」。如果您向黃色小鴨（或任何沒有生命的東西）清楚地描述說明自己的處境，並對它提出具體的問題，通常您自己就有答案了。有些程式設計公司會在辦公室裡放置黃色小鴨，目的是鼓勵程式設計師們「與這隻鴨子談一談」。

再試試

只需要重頭再來一次，就足以解決很多問題。假設您正在模擬本書的某個範例來編寫一個 for 迴圈，您可能在過程中遺漏了某個簡單的東西，如 for 陳述句尾端的冒號，那麼重頭再試一次可能就能幫您避免這樣的錯誤。

休息一下

如果您花了很長的時間在試圖解決同一個問題，那麼休息一下可能是您能採取的最佳戰術。當我們長時間從事相同的任務時，我們的大腦可能只會有一個解決方案，對所做的假設往往會視而不見，而休息一下會有助於您從不同的角度來看問題。不用休息很長的時間，只需讓您能跳脫目前的思緒就行了。如果您坐了很長時間，就起身動一動、走一走，或到外面停留一會兒，也可喝杯水或吃點清爽健康的零食。

如果您感到沮喪，那麼把您的工作停放一天可能是值得的。好的睡眠幾乎是讓問題變簡單的好方法。

參考本書的線上資源

線上參考資源，本書提供的支援網站 *https://ehmatthes.github.io/pcc_3e/*，其中有很多有用的資訊，例如怎麼設定系統以及如何解決每章可能遇到的難題。如果您還沒有查看過這些資料，現在就去看看吧，也許能幫上您的忙。

線上搜尋

有可能是別人也遇到了同樣的問題，並且已經在網路上寫了這個問題的相關文章。好的搜尋技巧和具體的關鍵字運用能幫助您找到想要的資源，讓您參考並解決目前的難題。舉例來說，如果您無法在使用 Windows 系統的電腦上安裝 Python，那麼搜尋「install python windows」，並將時間限制為過去 1 年的資源可能會讓您馬上找到解決問題的方案。

搜尋電腦所顯示的錯誤訊息也很有幫助，例如，假設您在 Windows 的終端模式中試著執行 Python 程式時，出現了下列的訊息：

```
> python hello_world.py
Python was not found; run without arguments to install from the Microsoft
  Store...
```

把這條完整的「Python was not found; run without arguments to install from the Microsoft Store」訊息拿來搜尋，也許能得到不錯的建議。

當您搜尋與程式設計相關的主題時，有幾個網站可能會常出現，下列就一一簡介這些網站，讓您了解這些網站可能會提供什麼樣的協助。

Stack Overflow

Stack Overflow（*http://stackoverflow.com/*）是最受程式設計師歡迎的 Q & A 網站之一，當您進行與 Python 相關的搜尋時，它常會出現在第一個搜尋結果頁面中。此網站的會員遇到問題時在這裡提出，而其他會員也會努力提供協助給與答案。使用者可以推薦他認為最有幫助的答案，因此前幾個答案通常是最佳的回答。

很多基本的 Python 問題，Stack Overflow 上都有很明確的回答，因為這個社群一直在不斷更新改進。使用者會被鼓勵發佈更多新的貼文，因此這裡的答案通常都還蠻即時的。在編寫本書時，Stack Overflow 回答與 Python 相關的問題已累積超過兩百萬多個了。

在 Stack Overflow 網站上發文之前，請先做些準備功課。提出的「問題」應該以最簡短來呈現，如果您用 5~20 行程式碼來生成您所面臨的錯誤，而且您已試過本附錄前面「第一步」小節中提到方法，那麼發出去的問題就有可能會得到別人的協助。如果您發文分享的是含有多個大型檔案的專案連結，別人不太可能會提供協助。在 https://stackoverflow.com/help/how-to-ask 中有個很好的指南，會教您怎麼寫出好的提問，這本指南中的建議也適用於任何其他程式設計社群。

Python 官方文件

Python 官方文件（*http://docs.python.org/*）對初學者來說可能有點像大海撈針般的存在，因為其主要用途是闡述這套程式語言，而不是解說教學。官方文件中的範例是蠻有用的，您也許無法完全搞懂，但官方文件還是不錯的參考資源，如果它出現在搜尋結果中，就值得您去參考看看，另外隨著您對 Python 的了解愈深，這裡的資源用途就會愈大。

官方程式庫文件

如果您使用了某個程式庫（library），如 Pygame、Matplotlib、Django 等，搜尋的結果中都會有連到官方文件的連結，例如 *http://docs.djangoproject.com/* 是很有用的參考。如果您要使用這些程式庫，最好熟悉這些官方文件。

r/learnpython

Reddit 套件由一些稱為 subreddits 的子論壇所組成，其中的 r/learnpython
（*http://reddit.com/r/learnpython/*）就很活躍，能提供很多有用的資訊。您可以
在這裡從多個角度理解您提出的問題，對於想要更深入了解您正在研究的主題
是非常有幫助。

部落格

很多程式設計師都有部落格，並分享其對於運用程式語言的一些心得和經驗。
在閱讀文章之前，應該找到該文章的發布日期，看看這些資訊是否過時，是否
適用於您正在使用的 Python 版本。

Discord

Discord 是個 Python 社群的線上聊天環境，我們可以在其中尋求幫助，並關注
與 Python 有關的討論。

若想要上去看看，請連到 *https://pythondiscord.com/* 網站，然後點按右上角的
Discord 連結。如果您已經擁有 Discord 帳號，則可以使用現有帳號登入。如果
還沒有帳號，請輸入使用者名稱，然後按照提示完成 Discord 登錄註冊。

如果這是您第一次連上 Python Discord，則需要接受社群規則，然後才能完全
參與。完成此項操作後，就可以加入任何感興趣的頻道。如果需要協助，請在
Python Help 頻道中貼文求助。

Slack

Slack 是另一個線上聊天環境。通常用於公司內部的溝通，但是現在也有許多
公共群組可加入。如果要探查 Python Slack 群組，請從 *https://pyslackers.com/*
開始。點按頁面最上方的 **Slack** 連結，然後輸入電子郵件地址以取得邀請。

進入 Python Developers 工作區後，就會看到一個頻道清單。點按 **Channels**，然
後選取感興趣的主題。您可以從 #help 和 #django 頻道開始。

附錄 D
使用 Git 來做版本控制

當專案應用程式在可運作執行的狀態下，版本控制軟體
就能記錄拍下其快照（snapshots）備份，隨後當專案有
更新修改，像是加上新功能等，因為修改而讓專案變得
不能正常執行時，就能用快照備份來回復到前一個可執行
的狀態。

藉由使用版本控制軟體，您就可以放心地更新修改專案，不用擔心修改專案時
出錯而破壞了原本的功能。對大型專案來說，這更為重要，但對較小型的專
案，就算僅是含有一個檔案的程式，這樣的版本控制也很有助益。

在本附錄您將會學到如何安裝 Git，以及如何使用 Git 來對目前開發的應用程式
進行版本控制。Git 是現在最為流行的版本控制軟體，其中含有很多進階工
具，能協助團隊開發大型專案，但其最基本的功能也很適合獨立開發人員的使
用。Git 透過追蹤記錄專案中每個檔案所做的更改來實作版本控制，如果在修
改過程中出了錯，您可以回復到之前儲存的狀態。

安裝 Git

Git 可在所有的作業系統上執行，但其安裝方法則可能會依不同作業系統而有所不同。接下來會細部介紹怎麼在各種作業系統中安裝 Git。

Git 在某些系統中是預設內建的，而且通常與您已經安裝的其他軟體套件捆綁在一起。在嘗試安裝 Git 之前，請查看它是否已經裝在您的系統中了。請打開一個新的終端視窗並送出「**git --version**」命令。如果您在輸出結果中看到具體的版本編號，那就表示系統已安裝好 Git 了，如果您看到一條訊息告訴您要安裝或升級 Git 時，只需依照畫面上的說明指示去做就可以了。

如果您在螢幕畫面中沒有看到任何說明指示，且您用的是 Windows 或 macOS，則可以連到 *https://git-scm.com/* 取得 Git 安裝程式。如果您是使用 apt 相容系統的 Linux 使用者，則可以用「sudo apt install git」命令來安裝 Git。

設定配置 Git

Git 會追蹤記錄是誰修改了專案的內容，就算參與專案的人只有一個它也會記錄。要做到這一點，Git 需要知道您的使用者名稱和電子郵件。你必須提供一個使用者名稱，但是可以隨意輸入一個假的電子郵件地址：

```
$ git config --global user.name "username"
$ git config --global user.email "username@example.com"
```

如果您忘了這一步，在您首次提交專案時，Git 會提示您要提供這樣的訊息。

最好也在每個專案中設定主要分支的預設名稱，很常用的名字是 main：

```
$ git config --global init.defaultBranch main
```

這項配置設定會讓您使用 Git 管理的每個新專案都會從一個名為 main 的提交分支做為起始。

建立專案

我們來建立一個要進行版本控制的專案,在系統中建立一個名為 git_practice 的資料夾。在此資料夾內建立一個簡單的 Python 程式:

↓ hello_git.py
```
print("Hello Git world!")
```

我們會以這個程式來探索 Git 的基本功能。

忽略檔案

副檔名為 .pyc 的檔案是由 .py 檔案自動生成的,所以我們不需要 Git 追蹤記錄。這些檔案存放在 __pycache__ 目錄中,要讓 Git 忽略這個目錄,可建立一個名為 .gitignore 的特殊檔案(此檔案名稱以句點開頭,且沒有副檔名),並在其中輸入如下內容:

↓ .gitignore
```
__pycache__/
```

這能讓 Git 忽略 __pycache__ 目錄中的所有檔案。使用 .gitignore 檔可以讓您的專案更自由、更容易打理。

您可能要修改系統和文字編輯器的設定,以便顯示隱藏檔案,這樣才能打開 .gitignore 檔。在 Windows 檔案總管中,請勾選**檢視**標籤內「**隱藏項目**」核取方塊。若在 macOS 系統中,可按下 ⌘ + SHIFT + .(點)。若在 Linux 系統中,可尋找標記為「**顯示隱藏檔**」的設定。

> NOTE
>
> 如果您使用的是 macOS 系統,請在 .gitignore 檔中再多加一行。加入名稱 .DS_Store,這些都是隱藏檔,內含關於 macOS 系統中各個目錄的資訊,如果您不把這個加到 .gitignore 中,這些檔案會讓您的專案變得很混亂。

初始化倉庫

現在您已有一個含有 Python 檔案和 .gitignore 檔案的目錄，就可以來初始化 Git 倉庫。請打開終端模式，切換到 git_practice 資料夾，然後執行以下命令：

```
git_practice$ git init
Initialized empty Git repository in git_practice/.git/
git_practice$
```

從輸出得知 Git 在 git_practice 中初始化了一個空的倉庫。**倉庫**（**repository**）存放的程式是被 Git 主動追蹤記錄的一組檔案。Git 用來管理倉庫的檔案都儲存在隱藏的 .git 目錄中，您不用管這個目錄，但千萬不要刪除，否則會遺失專案的所有歷史記錄。

檢查狀態

執行其他操作之前，請先來看一下專案目前的狀態：

```
  git_practice$ git status
❶ On branch main
  No commits yet

❷ Untracked files:
    (use "git add <file>..." to include in what will be committed)
        .gitignore
        hello_git.py

❸ nothing added to commit but untracked files present (use "git add" to track)
  git_practice$
```

在 Git 中，**分支**（**branch**）是專案的一個版本，從上述輸出中可得知我們位在 main 分支上❶。您每次檢查專案的狀態時，輸出都會指出您位在 main 分支上。隨後從輸出中會看到將要進行初始提交（initial commit），**提交**是專案在某特定時間點的快照（snapshot）備存。

Git 指出專案內還沒有被追蹤的檔案❷，因為我們還沒有告知要追蹤哪些檔案，隨後我們被告知還沒把任何東西新增到目前提交中，但我們可能需要將未追蹤的檔案加入到倉庫中❸。

把檔案加到倉庫內

讓我們新加兩個檔案到倉庫內，並再次檢查狀態：

```
❶ git_practice$ git add .
❷ git_practice$ git status
  On branch main
  No commits yet

  Changes to be committed:
    (use "git rm --cached <file>..." to unstage)
❸       new file: .gitignore
        new file: hello_git.py

  git_practice$
```

git add . 命令會把專案中未被追蹤的所有檔案都加入到倉庫內❶，但不包括列在 .gitignore 中的檔案。它還沒提交列在這些檔案，而只是讓 Git 開始注意這些檔案。現在檢查專案的狀態時，發現 Git 找出需要提交的一些修改變動❷。new file 標籤表示這些檔案是新加到倉庫中的檔案❸。

執行提交

我們來做第一次的提交：

```
❶ git_practice$ git commit -m "Started project."
❷ [main (root-commit) cea13dd] Started project.
❸ 2 files changed, 5 insertions(+)
   create mode 100644 .gitignore
   create mode 100644 hello_git.py
❹ git_practice$ git status
  On branch main
  nothing to commit, working tree clean
  git_practice$
```

我們執行「git commit -m "message"」命令來拍存專案的快照❶，-m 旗標會讓 Git 把後面的訊息（"Started project."）記錄到專案的歷史記錄中，輸出內容表示我們在 main 分支上❷，且有兩個檔案被修改了❸。

現在檢查專案的狀態時，發現我們在 main 分支上，且工作目錄是乾淨的❹，這是您每次提交專案的可行狀態時都會希望看到的訊息。如果顯示的訊息不是這樣，請仔細閱讀輸出內容，您很可能在提交前忘了新加檔案進去。

檢查提交的記錄

Git 會記錄專案所有的提交歷程日誌（log）。讓我們來看一下這個 log 的內容：

```
git_practice$ git log
commit cea13ddc51b885d05a410201a54faf20e0d2e246 (HEAD -> main)
Author: eric <eric@example.com>
Date: Mon Jun 6 19:37:26 2022 -0800

    Started project.
git_practice$
```

每次您在提交時，Git 都會生成一個含有 40 個字元的唯一參照 ID，它記錄提交是由誰來執行的，還有提交的時間和提交時指定的訊息。並非在任何情況下您都需要所有的這些內容，因此 Git 提供了一個選項，讓您能印出提交 log 的更簡單版本：

```
git_practice$ git log --pretty=oneline
cea13ddc51b885d05a410201a54faf20e0d2e246 (HEAD -> main) Started project.
git_practice$
```

「--pretty=oneline」旗標指定顯示兩項最重要的資訊：第一項是提交的參照 ID，第二項是提交記錄的訊息。

第二次提交

要看到版本控制的真正威力，我們需要對專案進行更改並再次提交。在這裡，我們要加另一行程式到 hello_git.py：

⬇ hello_git.py
```
print("Hello Git world!")
print("Hello everyone.")
```

如果我們現在檢查專案的狀態，會發現 Git 注意到這個檔案已有變化：

```
   git_practice$ git status
❶ On branch main
   Changes not staged for commit:
     (use "git add <file>..." to update what will be committed)
     (use "git restore <file>..." to discard changes in working directory)

❷ modified:   hello_git.py
```

```
❸ no changes added to commit (use "git add" and/or "git commit -a")
  git_practice$
```

輸出內容指出我們目前所在的分支❶，和有變動修改的檔案名稱❷，還指出所做的修改尚未提交❸。讓我們來提交所做的修改，並再次檢查狀態：

```
❶ git_practice$ git commit -am "Extended greeting."
  [main 945fa13] Extended greeting.
   1 file changed, 1 insertion(+), 1 deletion(-)
❷ git_practice$ git status
  On branch main
  nothing to commit, working tree clean
❸ git_practice$ git log --pretty=oneline
  945fa13af128a266d0114eebb7a3276f7d58ecd2 (HEAD -> main) Extended greeting.
  cea13ddc51b885d05a410201a54faf20e0d2e246 Started project.
  git_practice$
```

我們執行新的提交，並在執行 git commit 時指定 -am 旗標❶。-a 旗標會讓 Git 把倉庫中所有修改的檔案加入到目前的提交中。（如果您在提交之間建立任何新檔案，只需重新執行 git add . 命令即可，這樣會把新檔案引入倉庫內。）而 -m 旗標則讓 Git 在提交 log 中加上一條訊息。

我們在檢查專案的狀態時，會發現工作目錄也是乾淨的❷。最後我們發現提交 log 中有兩個提交❸。

還原修改

現在來看如何放棄改變，並還原到前一個工作狀態。首先，新增一行新程式到 hello_git.py 檔：

⬇ hello_git.py
```
print("Hello Git world!")
print("Hello everyone.")

print("Oh no, I broke the project!")
```

儲存並執行這個檔案。

接著來檢查專案的狀態，Git 已注意到檔案有做了修改：

```
  git_practice$ git status
```

```
On branch main
Changes not staged for commit:
  (use "git add <file>..." to update what will be committed)
  (use "git checkout -- <file>..." to discard changes in working directory)

❶    modified: hello_git.py

no changes added to commit (use "git add" and/or "git commit -a")
git_practice$
```

Git 有注意到我們修改了 hello_git.py ❶，我們可以提交所做的修改，但這次我們不提交，而是要還原到最後一次的提交，那次提交時專案是能正常執行的。

我們不會對 hello_git.py 做任何事情，也不會在文字編輯器中使用「還原」功能或手動刪除剛新加的那一行。但會在終端對話模式中輸入以下命令：

```
git_practice$ git restore .
git_practice$ git status
On branch main
nothing to commit, working tree clean
git_practice$
```

git restore filename 命令能讓您還原到之前的提交狀態。git restore . 命令放棄自最後一次提交後所做的任何修改，會把專案還原到最後一次提交的專案狀態。

如果我們回到文字編輯器再看 hello_git.py 檔，您會發現已還原回下面這樣：

```
print("Hello Git world!")
print("Hello everyone.")
```

就以這個簡單的專案來看，因為只改了一行內容，所以還原到前一個狀態好像沒什麼，但如果我們開發的是大型專案，其可能有數十個檔案被修改了，那麼還原到前一個狀態就有其效用了，自上次提交以來所有已更改的檔案都會被還原。這項功能很有用，在對專案實作新功能時，您可以依照需求做各種修改，如果修改不可行，只要還原恢復，對專案是不會有什麼傷害的。您不需要記下做了什麼修改，因此不必手動回復那些修改，Git 會自動幫您還原。

> **NOTE**
>
> 您可能要回到編輯器視窗來更新檔案，以顯示之前版本的內容。

檢出以前的提交版本

使用還原檢出 **checkout** 命令，配合使用參照 ID 的前六個字元就能重新找回 log 中的任何一個提交版本。利用還原檢出和檢視更早以前的提交版本，您不僅能返回到最後提交的版本，或是放棄最近的修改工作，並能選擇更早之前的提交來重新開始：

```
git_practice$ git log --pretty=oneline
945fa13af128a266d0114eebb7a3276f7d58ecd2 (HEAD -> main) Extended greeting.
cea13ddc51b885d05a410201a54faf20e0d2e246 Started project.
git_practice$ git checkout cea13d
Note: switching to 'cea13d'.

❶ You are in 'detached HEAD' state. You can look around, make experimental
changes and commit them, and you can discard any commits you make in this
state without impacting any branches by switching back to a branch.

If you want to create a new branch to retain commits you create, you may
do so (now or later) by using -c with the switch command. Example:

  git switch -c <new-branch-name>

❷ Or undo this operation with:

  git switch -

Turn off this advice by setting config variable advice.detachedHead to false

HEAD is now at cea13d Started project.
git_practice$
```

還原檢出以前的提交版本後，您會離開 main 分支並進入 Git 的 detached HEAD 狀態❶。HEAD 表示專案目前的提交狀態，我們處在分離（detached）狀態，因為已經離開了命名的分支（在這裡是指 main）。

要回到 main 分支，請按照建議❷還原之前的操作：

```
git_practice$ git switch -
Previous HEAD position was cea13d Started project.
Switched to branch 'main'
git_practice$
```

這樣會讓您回到 main 分支，除非您要使用 Git 更進階的功能，不然在檢出以前的提交後，最好不要對專案做任何的修改。但如果參與專案的開發人員只有您自己，而您又想要放棄最近的所有提交版本，還原回復到以前的狀態，也可以把專案重置到以前的提交。要做到這一點，可在處於 main 分支的情況下，執行下列命令：

```
❶ git_practice$ git status
   On branch main
   nothing to commit, working directory clean
❷ git_practice$ git log --pretty=oneline
   945fa13af128a266d0114eebb7a3276f7d58ecd2 (HEAD -> main) Extended greeting.
   cea13ddc51b885d05a410201a54faf20e0d2e246 Started project.
❸ git_practice$ git reset --hard cea13d
   HEAD is now at cea13dd Started project.
❹ git_practice$ git status
   On branch main
   nothing to commit, working directory clean
❺ git_practice$ git log --pretty=oneline
   cea13ddc51b885d05a410201a54faf20e0d2e246 (HEAD -> main) Started project.
   git_practice$
```

我們先檢查專案的狀態，確認我們位在 main 分支上❶。查看提交 log 時，我們會看到有兩個提交❷。接著我們執行 git reset --hard，並在其中指定要永久還原回復到的提交參照 ID，只用輸入前六個字元即可❸。再次檢查專案的狀態，發現我們在 main 分支上，且沒有需要提交的修改❹。隨後再查看提交 log 時，發現我們處在要回復的提交上❺。

刪除倉庫

有時候倉庫的歷史記錄弄亂掉了，而您又不知怎麼還原時，您應該先考慮使用附錄 C 所介紹的方法來尋求協助。如果真的無法還原，且專案開發的人只有您自己，那可以繼續使用這些檔案，但要把專案的歷史記錄都刪掉，也就是把 .git 目錄刪除掉。這並不會影響任何檔案的目前狀態，但會刪除所有的提交版本，因此您就無法再還原檢出專案的其他版本了。

要做到這一點，請開啟檔案總管並刪除 .git 倉庫，或者從命令提示字元中執行這個刪除。之後，您需要重新建一個新的倉庫，以再次開始追蹤記錄您的更改。以下是整個流程在終端對話模式中的樣子：

```
❶ git_practice$ git status
   On branch main
   nothing to commit, working directory clean
❷ git_practice$ rm -rf .git/
```

```
❸ git_practice$ git status
   fatal: Not a git repository (or any of the parent directories): .git
❹ git_practice$ git init
   Initialized empty Git repository in git_practice/.git/
❺ git_practice$ git status
   On branch main
   No commits yet

   Untracked files:
     (use "git add <file>..." to include in what will be committed)
         .gitignore
         hello_git.py

   nothing added to commit but untracked files present (use "git add" to track)
❻ git_practice$ git add .
   git_practice$ git commit -m "Starting over."
   [main (root-commit) 14ed9db] Starting over.
    2 files changed, 5 insertions(+)
    create mode 100644 .gitignore
    create mode 100644 hello_git.py
❼ git_practice$ git status
   On branch main
   nothing to commit, working tree clean
   git_practice$
```

我們先檢查專案的狀態，發現工作目錄是乾淨的❶。接著使用 rm -rf .git/（在 Windows 系統中要用 del .git）命令刪除 .git 目錄❷。刪掉 .git 目錄後，當再次檢查專案的狀態時，出現這不是 Git 倉庫的警告訊息❸。Git 用來追蹤倉庫的訊息都會存放在 .git 目錄內，因此刪除掉這個目錄就等於刪掉整個倉庫。

接下來我們用 git init 命令新建一個全新的倉庫❹。隨後檢查狀態，發現又回到初始狀態，等待第一次的提交❺。我們把所有檔案都加入倉庫，並執行第一次提交❻。然後再檢查狀態，就會發現我們在 master 分支上，且沒有任何未提交的修改❼。

雖然您需要經過一定的練習才能學會使用版本控制，但當您一開始使用，您就會離不開它了。

附錄 E
部署的故障排除

順利成功地部署應用程式是很讓人很高興的事情，特別是您第一次順利完成這樣的工作。然而，在部署過程中可能會出現許多障礙，很不幸的是，其中有些問題可能難以識別和解決。這個附錄的內容會協助您了解現代部署的做法，並在出現疑難問題時，提供一些部署過程中可以排除故障的具體做法。

如果本附錄中的提供的附加資訊還不足以幫助您成功完成部署的過程，請連到本書的線上資源 *https://ehmatthes.github.io/pcc_3e*，那裡的更新內容應該能協助您成功部署。

了解部署

當您試著對特定的部署進行故障排除時，能清楚理解典型部署的工作原理會很有幫助。**部署**是指取得在本機系統上執行的專案，並將該專案複製到遠端伺服器的過程，使其能夠回應來自網際網路上任何使用者的請求。遠端環境在許多方面與典型的本機系統是不同的：它可能與您正在使用的作業系統（OS）不同，而且很可能是某個實體伺服器中的多個虛擬伺服器之一。

當您要部署一個專案，或將其推送到遠端伺服器時，需要執行以下步驟：

■ 在資料中心的實體機器上建立虛擬伺服器。

■ 在本機系統和遠端伺服器之間建立連線。

■ 把專案的程式碼複製到遠端伺服器。

■ 確定專案的所有相依賴的內容，並將它們安裝到遠端伺服器中。

■ 設定資料庫並執行現有的轉移。

■ 將靜態檔案（CSS、JavaScript 檔和媒體檔）複製到能夠有效供應的位置。

■ 啟動伺服器來處理傳入的請求。

■ 一旦準備好處理請求，就開始將傳入的請求路由送到專案來執行。

當我們認真考量部署中的所有內容時，就有可能發掘部署過程中失敗的原因。幸運的是，一旦您了解了會發生的情況，就有機會確定出問題的地方在哪裡。如果您能確定出問題的地方，就可以進行修復，讓下一次的部署順利完成。

您可以在某種作業系統上本機中進行開發，然後再推送到不同作業系統的伺服器中執行。了解您要推送到哪種系統是很重要，因為這樣能提供一些故障排除所需的資訊。在撰寫本書時，Platform.sh 上的基本遠端伺服器執行的是 Debian Linux 系統，大多數遠端伺服器都是在 Linux 系統中執行。

基本的故障排除

有些故障排除步驟是針對某種作業系統的，稍後會介紹說明。首先，讓我們思考一下大家在對部署進行故障排除時都會嘗試的處置步驟。

最好的參考資源是在推送期間所生成的輸出內容。這些輸出內容看起來很多，如果您不熟悉部署應用程式，這些內容看起來就感覺到技術性的色彩很濃，而且內容也有很多。不過好消息是您不需要了解其中的所有內容，在瀏覽 Log 日誌輸出時，有兩個目標要留意：識別出所有有效的部署步驟，並找出所有無效的步驟。如果能做到這一點，就可弄清楚要在您的專案或部署過程中進行哪些修改，讓您的下一次推送能順利成功。

遵循螢幕畫面上的建議

有時候推送到的平台會生成一條訊息，告知關於怎麼排除問題的明確建議。舉例來說，如果您在初始化 Git 倉庫之前建立 Platform.sh 專案，然後試著推送該專案時，就會看到以下訊息：

```
$ platform push
❶ Enter a number to choose a project:
   [0] ll_project (votohz445ljyg)
   > 0

❷ [RootNotFoundException]
   Project root not found. This can only be run from inside a project
     directory.
❸ To set the project for this Git repository, run:
     platform project:set-remote [id]
```

這裡試著推送一個專案，但本機專案尚未與遠端專案相關聯。因此，Platform.sh CLI 會詢問我們要推送到哪個遠端專案中❶。我們輸入 0 來列出唯一的專案。但接下來我們會看到 RootNotFoundException 訊息❷。發生這種情況是因為 Platform.sh 在檢查本機專案時會尋找 .git 目錄，以確定如何把本機專案與遠端專案連結起來。在這個範例中，由於建立遠端專案時沒有 .git 目錄，因此沒有建立連結。CLI 建議了修復的做法❸，它告知可以使用 project:set-remote 命令指定應該與本機專案關聯的遠端專案。

讓我們嘗試這個建議的做法：

```
$ platform project:set-remote votohz445ljyg
Setting the remote project for this repository to: ll_project (votohz445ljyg)

The remote project for this repository is
   now set to: ll_project (votohz445ljyg)
```

在之前的輸出內容中，CLI 顯示了遠端專案的 ID：votohz445ljyg。因此，我們使用此 ID 來配合執行建議的命令，這樣子 CLI 就能夠在本機專案和遠端專案之間建立連結。

現在讓我們再次嘗試推送該專案：

```
$ platform push
Are you sure you want to push to the main (production) branch? [Y/n] y
Pushing HEAD to the existing environment main
--省略--
```

這次的推送順利成功了。按照螢幕畫面上的建議來處置是能成功的。

對於不完全理解的命令，在執行前還是小心謹慎對待。但如果您已完全理解並相信命令不會造成什麼危害，也相信建議的來源，那麼按照工具所提供的建議來處置是很合理的做法。

> **NOTE**
>
> 請記住，有些人給您的執行命令可能會抹除您的系統或將您的系統暴露給遠端滲透。聽從可以信任的公司或組織所提供之工具的建議是不同於聽從網路上隨便的人所給的建議。不管何時，在處理遠端連接時都要格外小心應對。

讀取 Log 日誌輸出

如前所述，當您執行諸如 platform push 之類的命令後，產生的 log 日誌輸出內容雖然能提供有用的資訊，但過多的內容又令人生畏。請快速通讀以下日誌輸出片段，這些內容是使用 platform push 的不同嘗試，看看您是否能發現問題：

```
--省略--
Collecting soupsieve==2.3.2.post1
  Using cached soupsieve-2.3.2.post1-py3-none-any.whl (37 kB)
Collecting sqlparse==0.4.2
  Using cached sqlparse-0.4.2-py3-none-any.whl (42 kB)
Installing collected packages: platformshconfig, sqlparse,...
Successfully installed Django-4.1 asgiref-3.5.2 beautifulsoup4-4.11.1...
```

```
W: ERROR: Could not find a version that satisfies the requirement gunicorrn
W: ERROR: No matching distribution found for gunicorrn

130 static files copied to '/app/static'.

Executing pre-flight checks...
--省略--
```

當部署嘗試失敗時，最好的策略是查閱 log 日誌輸出內容，查看是否可以發現什麼警告或錯誤的內容。警告的訊息很普遍，通常是關於專案依賴內容發生了變化的訊息，能幫助開發人員在引發失敗之前就先去解決問題。

成功的推送也可能會有警告，但不應該有任何錯誤出現。從上面的範例來看，Platform.sh 無法找到安裝 gunicorrn 的方法，這是 requirements_remote.txt 檔中有拼錯字，該檔案應該是放入 gunicorn（只有一個 r）才正確。在 log 日誌輸出中發現問題的根源並不總是那麼容易，尤其是當問題引發一系列連鎖錯誤和警告時。就像在本機系統中閱讀 traceback 訊息一樣，請仔細查看列出的前幾個錯誤以及最後幾個錯誤，而介於這兩者之間的大多數錯誤訊息往往是內部套件的連鎖抱怨，而這些錯誤訊息會傳給其他內部套件。我們需要修復的實際錯誤通常是列在第一個或最後一個錯誤。

有時候我們能夠從輸出中發現錯誤，但有時候卻不知道輸出內容是什麼意思。話雖如此，但還是值得一試，從 log 日誌輸出內容成功診斷出錯誤是很令人興奮的。當您願意花更多時間查看 log 日誌輸出內容，就有可能更好地識別出對您有意義的訊息。

針對特定作業系統的故障排除

我們可以在喜歡的作業系統上開發並推送到喜歡的主機中運作。現代推送專案的工具已經發展到可以根據需要來修改您的專案，讓專案能在遠端系統上正確執行。

但也可能會有一些針對特定作業系統會出現的問題。在 Platform.sh 部署的過程中，最有可能的困擾之一是安裝 CLI。以下是安裝的命令：

```
$ curl -fsS https://platform.sh/cli/installer | php
```

上述的命令是以 curl 開頭，這套工具能讓我們在終端模式中透過存取 URL 來請求遠端資源。在這裡是使用從 Platform.sh 伺服器下載的 CLI 安裝程式。命令的 -fsS 部分是一組旗標，用來修改 curl 的執行方式。f 旗標會讓 curl 抑制大多數錯誤訊息，CLI 安裝程式會對這些訊息進行處理而不是全部回報給您。s 旗標會讓 curl 靜默執行，它會讓 CLI 安裝程式決定在終端模式中顯示哪些訊息。S 旗標則是讓 curl 在整個命令失敗時顯示一條錯誤訊息。| 命令末尾的 php 告知系統使用 PHP 直譯器執行下載的安裝程式檔，因為 Platform.sh 的 CLI 是使用 PHP 編寫的。

這樣就代表您的系統需要 curl 和 PHP 才能安裝 Platform.sh CLI。要使用 CLI，您還需要 Git 和一個可以執行 Bash 命令的終端樣式。Bash 是一種在大多數伺服器環境中都可用的程式語言。現在大多數的系統都有足夠的空間可安裝多個這樣的工具。

以下部分將幫助您滿足操作系統的這些要求。如果您尚未安裝 Git，請參閱附錄 D 中的「Git 安裝說明」小節，然後再轉至此處查閱適用於您作業系統的部分內容。

> **NOTE**
>
> *https://explainshell.com* 網站是理解終端命令的絕佳工具。請輸入您想要理解的命令，該網站會向您顯示該命令所有相關說明文件。您可以使用前面介紹的安裝 Platform.sh CLI 命令來嘗試看看。

從 Windows 部署

近年來，Windows 系統又重新變成程式設計師喜歡使用的系統。Windows 整合了其他作業系統的多種不同元素，提供使用者在本機開發工作和與遠端系統互動的多種選擇。

從 Windows 進行部署的最大困難之一是 Windows 作業系統核心與 Linux 的遠端伺服器使用的作業系統不同。Windows 系統與 Linux 系統的基底兩者有著不同的工具和程式語言集合，因此要從 Windows 執行部署工作，您需要把 Linux 的相關工具集整合到您的本機環境中。

Windows 子系統 Linux 版

有種流行的做法是使用適用於 Linux 的 Windows 子系統（WSL），這是一種允許 Linux 直接在 Windows 系統中執行的環境。如果您設定了 WSL，那麼在 Windows 中使用 Platform.sh CLI 就會像在 Linux 上一樣簡單。CLI 不會知道它是在 Windows 中執行，它只會看到正在使用的是 Linux 環境。

設定 WSL 分為兩步：首先是安裝 WSL，然後再選擇一個 Linux 發行版安裝到 WSL 環境中。設定 WSL 環境的內容超出了本書的範圍，如果您對這種做法感興趣且尚未設定，可參閱 *https://learn.microsoft.com/zh-tw/windows/wsl/about* 上的說明文件。設定完 WSL 之後，您就可以按照本附錄中 Linux 部分的說明繼續部署的工作。

Git Bash

另一種建構可部署的本機環境做法是使用 Git Bash，這是一種與 Bash 相容但在 Windows 上執行的終端環境。下載 *https://git-scm.com* 的安裝程式來執行安裝時，Git Bash 會與 Git 一起安裝。這種做法是可行，但沒有 WSL 那麼精簡。在這種做法中，您必須使用 Windows 終端模式來執行某些步驟，然後又要用 Git Bash 終端模式執行其他步驟。

首先您需要安裝 PHP，可以利用 XAMPP 來進行，這是一套 PHP 與開發工具捆綁在一起的套件。請連到 *https://www.apachefriends.org* 網站並點按 XAMPP for Windows 版本的下載按鈕進行下載。隨後打開安裝程式並執行，如果您看到關於使用者帳戶控制（UAC）限制的警告，請按下確定繼續，並接受安裝程式的所有預設的設定來進行安裝。

安裝程式完成執行之後，需要把 PHP 加到系統 Path 路徑中，告知 Windows 在執行 PHP 時要去哪裡找到程式。請開啟 Windows 的系統內容對話方塊，點按「環境變數」鈕，點選其中 Path 項，按下「編輯」鈕，再按下「新增」鈕，把新的路徑加到目前 Path 清單中。假設您在執行 XAMPP 安裝程式時都是以預設設定來安裝，那麼路徑應該是「C:\xampp\php」，輸入後按下「確定」鈕。完成之後，關閉所有打開的系統對話方塊。

滿足這些要求之後，您就能安裝 Platform.sh CLI 了。您需要使用具有系統管理員權限的 Windows 終端模式，請在「開始」功能表中輸入命令，然後以滑鼠右鍵選取「命令提示字元」應用程式，再選取「以系統管理員身份執行」。在出現的命令提示字元終端模式中，輸入以下命令：

```
> curl -fsS https://platform.sh/cli/installer | php
```

如前所述，這行命令會安裝 Platform.sh CLI。

接下來您會在 Git Bash 中工作。請打開 Git Bash 終端模式，請點選「開始」功能並找尋 git bash 項，點按出現的 **Git Bash** 應用程式，接著會看到一個終端視窗開啟。

您可以在這個終端模式中使用傳統的 Linux 的命令（如 ls），也可以使用 Windows 的命令（如 dir）。為確保安裝成功，請送出 platform list 命令，您應該會在 Platform.sh CLI 中看到所有命令的清單。從現在開始，在 Git Bash 終端視窗中使用 Platform.sh CLI 來執行所有部署的工作。

從 macOS 部署

macOS 作業系統並非以 Linux 為基礎，但它們都是基於相似的原理所開發的。實際上，這代表您在 macOS 中使用的許多命令和工作流程也可以在遠端伺服器環境中執行。您可能需要安裝一些開發人員專用的資源，以便在您的本機 macOS 環境中能使用這些工具。如果您在工作中的任何時候接收到要安裝**命令行開發者工具**的提示，請按下「**安裝**」批准執行。

安裝 Platform.sh CLI 時最可能遇到的困難是確定有安裝了 PHP。如果您看到一條訊息，提示找不到 php 命令，那就表示需要安裝 PHP。安裝 PHP 的最簡單方法之一是使用 Homebrew 套件管理器，它能幫助程式設計師安裝所有相依賴的各種程式套件。如果您尚未安裝 Homebrew，請連到 *https://brew.sh* 網站，並按照其中指示說明進行安裝。

安裝 Homebrew 後，使用以下命令安裝 PHP：

```
$ brew install php
```

這需要執行一小段時間，一旦完成，您應該能成功安裝 Platform.sh CLI 了。

從 Linux 部署

因為大多數伺服器環境都是 Linux base 的，所以安裝和使用 Platform.sh CLI 應該沒有什麼困難。如果您嘗試在全新安裝 Ubuntu 的系統上安裝 CLI，它會準確告訴您還需要安裝哪些軟體套件來配合：

```
$ curl -fsS https://platform.sh/cli/installer | php
Command 'curl' not found, but can be installed with:
sudo apt install curl
Command 'php' not found, but can be installed with:
sudo apt install php-cli
```

實際輸出的內容中會含有關於其他可用套件的更多訊息和版本資訊。以下的命令會安裝 curl 和 PHP：

```
$ sudo apt install curl php-cli
```

運行此命令後，Platform.sh CLI 安裝命令應該會成功運行。　由於您的本地環境與大多數基於 Linux 的託管環境非常相似，因此您在終端中工作的大部分知識也將適用於在遠程環境中工作。

其他部署方法

如果 Platform.sh 不適合您，或者您想嘗試不同的做法，還有很多託管平台可供選擇。有些工作流程類似於第 20 章中描述的過程，但有些則採用截然不同的做法來執行本附錄開頭描述的步驟：

- Platform.sh 允許使用瀏覽器處理使用 CLI 執行的步驟。如果您更喜歡以瀏覽器的界面而不是終端界面的工作流程，那您可能更喜歡這種做法。

- 還有許多其他託管服務供應商提供以 CLI 和瀏覽器為基礎的做法。其中有些供應商在瀏覽器中提供終端模式，所以不必在系統中安裝任何東西。

- 有些供應商允許我們把專案推送到遠端程式碼託管站點（例如 GitHub），隨後再把 GitHub 倉庫連接到託管主機。主機隨後會從 GitHub 拉取專案的程式碼，而不會要求您把程式碼從本機系統直接推送到主機。Platform.sh 也支援這種工作流程。

- 有些供應商會提供一系列服務供我們選擇，這樣就能把適用於專案的基礎架構組合在一起。這通常需要更深入地了解部署的過程，以及理解遠端伺服器需要什麼才能為專案提供服務。這些主機供應商包括亞馬遜網路服務（AWS）和微軟的 Azure 平台。在這類平台上追蹤花費的成本可能會較為困難，因為每項服務都可能產生單獨的費用。

- 許多人把他們的專案託管在虛擬私人伺服器（virtual private server，VPS）中。在這種做法是租用一台虛擬伺服器，它就像一台遠端電腦，在登入到伺服器後，再安裝執行專案所需的軟體，隨後複製您的程式碼，設定正確的連接，並允許伺服器開始接受請求。

市面上通常在一段時間後會出現新的託管平台和做法，請找出對您最具吸引力的平台，然後花點時間學習它的部署過程。在您維護專案一段時間後，就會更了解什麼樣的供應商做法是適合您的，而什麼是不適合的。世界上並沒有完美的託管平台，您需要持續判斷目前使用的供應商是否真的能夠滿足您的需要。

最後我在這裡提出一些關於選擇部署平台和整體部署做法的建議和提醒。有些人會熱情地引導您採用過於複雜的部署做法和服務，而這些做法和服務的目的是要讓您的專案有更高的可靠性，並能夠同時為數百萬使用者提供服務。然而許多程式設計師花費大量時間、金錢和精力來建構複雜的部署策略，卻發現幾乎沒有什麼人在使用他們開發的專案。大多數 Django 專案都可以在小型託管計劃上進行設定，並調整為每分鐘處理數千個請求。如果您的專案獲得的流量低於這個水準，請先花點時間配置設定您的部署，讓專案能在這種小型平台上執行良好，然後再去投資花費一些在大型站點中適用的基礎設施。

部署是很有挑戰性的工作，當您上線的專案能執行良好時，您會很有成就感。請享受這項挑戰，並在需要時尋求協助。

Python 程式設計的樂趣｜範例實作與專題研究的 20 堂程式設計課 第三版

作　　者：Eric Matthes
譯　　者：H&C
企劃編輯：蔡彤孟
文字編輯：江雅鈴
設計裝幀：張寶莉
發 行 人：廖文良

發 行 所：碁峰資訊股份有限公司
地　　址：台北市南港區三重路 66 號 7 樓之 6
電　　話：(02)2788-2408
傳　　真：(02)8192-4433
網　　站：www.gotop.com.tw
書　　號：ACL066500
版　　次：2023 年 05 月三版
建議售價：NT$680

國家圖書館出版品預行編目資料

Python 程式設計的樂趣:範例實作與專題研究的 20 堂程式設計課 / Eric Matthes 原著；H&C 譯. -- 三版. -- 臺北市：碁峰資訊, 2023.05
　　面；　公分
　譯自：Python Crash Course, 3rd ed.
　ISBN 978-626-324-504-4(平裝)
　1.CST：Python(電腦程式語言)
312.32P97　　　　　　　　　　　　　　112006544

讀者服務

- 感謝您購買碁峰圖書，如果您對本書的內容或表達上有不清楚的地方或其他建議，請至碁峰網站:「聯絡我們」\「圖書問題」留下您所購買之書籍及問題。(請註明購買書籍之書號及書名，以及問題頁數，以便能儘快為您處理)
  http://www.gotop.com.tw

- 售後服務僅限書籍本身內容，若是軟、硬體問題，請您直接與軟體廠商聯絡。

- 若於購買書籍後發現有破損、缺頁、裝訂錯誤之問題，請直接將書寄回更換，並註明您的姓名、連絡電話及地址，將有專人與您連絡補寄商品。